浙江省普通本科高校"十四五"重点立项建设教材

一流本科专业一流本科课程建设系列教材

虚拟设计与施工

贺成龙　博　洋　项雪萍　舒成贵　乔梦甜

庄天文　何丹丹　栗晓林　刘文莉　黄怡萍

张洪军　余　飞　徐建伟　都瑞鹏　张伶俐　编著

蒲金波　蒋晓丹　陈　顺　周敏强　王　飞

高　路　沙　磊　赵　鑫　陈是权　潘炫吉

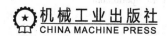

机械工业出版社

CHINA MACHINE PRESS

本书为浙江省普通本科高校"十四五"重点立项建设教材。

本书基于新工科成果导向教育理念，以国产软件为主，以实际应用的工程项目为案例，深入浅出地阐述了数维协同设计、数字化工程模拟、PKPM一体化数字设计实训、基于Revit的BIM正向设计实训、CIM虚拟场景集成应用实训等内容。本书坚持高阶性、创新性和挑战度的有机结合，着力培养和提升学生的协同设计能力、工程模拟能力、CIM场景搭建与数据信息应用能力。

为方便教学，本书各章附有知识目标、能力目标和思考题，并针对重点和难点制作了相关授课视频，读者可扫描书中二维码深入学习。本书还配有PPT课件、教学大纲、案例工程图、构件库、案例模型等辅助教学资源包，任课教师可登录机械工业出版社教育服务网（www.cmpedu.com）查询、下载。

本书主要作为高等院校工程管理、智能建造、土木工程、工程造价、房地产开发与管理等土木建筑类相关专业的本科教材，也可以作为建设单位、勘察设计单位、建筑施工单位、工程咨询单位相关技术或管理人员的学习参考书。

图书在版编目（CIP）数据

虚拟设计与施工/贺成龙等编著. —北京：机械工业出版社，2024.6

浙江省普通本科高校"十四五"重点立项建设教材　一流本科专业一流本科课程建设系列教材

ISBN 978-7-111-75935-5

Ⅰ. ①虚… Ⅱ. ①贺… Ⅲ. ①仿真系统－高等学校－教材 Ⅳ. ①TP391.92

中国国家版本馆 CIP 数据核字（2024）第 107757 号

机械工业出版社（北京市百万庄大街22号　邮政编码100037）

策划编辑：冷　彬	责任编辑：冷　彬　刘春晖
责任校对：张爱妮　王　延	封面设计：王　旭
责任印制：邓　博	

北京盛通数码印刷有限公司印刷

2024年7月第1版第1次印刷

184mm×260mm · 31.5印张 · 740千字

标准书号：ISBN 978-7-111-75935-5

定价：88.80元

电话服务　　　　　　　　　　网络服务

客服电话：010-88361066　　机　工　官　网：www.cmpbook.com

　　　　　010-88379833　　机　工　官　博：weibo.com/cmp1952

　　　　　010-68326294　　金　书　网：www.golden-book.com

封底无防伪标均为盗版　　机工教育服务网：www.cmpedu.com

前　言

智能建造作为新一代信息技术与先进工业化建造技术深度融合的工程建造新模式，已成为推动建筑业转型升级和高质量发展的重要手段。住建部《"十四五"建筑业发展规划》，要求应用数字化手段丰富方案创作方法，提高建筑设计方案创作水平。当前形势下，推广数字化协同设计成为建筑业加快智能建造与新型建筑工业化协同发展的主要任务之一。随着数字技术与建筑业及相关行业的深度融合，数字化设计与工程模拟等新技术不断融入高等学校土木建筑类专业的人才培养方案中。比如，《高等学校工程管理类专业评估（认证）文件（适用于工程管理和工程造价专业）》（第四版）要求，工程管理类专业需新开设"虚拟设计与施工"专业类课程和实验。

虚拟设计与施工（Virtual Design and Construction，VDC）是一种数字化的建筑设计和施工方式，就是利用计算机技术和虚拟现实技术进行建筑设计、施工和管理。通过 VDC，建筑师和工程师可以在计算机上完成设计工作，并在虚拟环境中进行施工和项目管理，以实现更高效、精确与可持续的建筑设计和施工。

VDC 的优势在于提高效率、降低成本、增强协作和降低风险。在传统的设计与施工过程中，设计师需要通过不断调整和完善设计方案来解决各种问题，这样既耗时又耗力。而 VDC 技术的出现，使设计师能够利用虚拟环境提前预测和解决项目设计中的潜在问题，从而大大提高工作效率。同时，VDC 还可有效降低材料损耗和人力成本，为建筑企业带来经济效益。

在实际应用中，VDC 需要利用计算机技术与虚拟现实技术进行设计和施工。其中，CAD 技术是 VDC 的基础，用于进行建筑设计和绘图。BIM（Building Information Modeling）技术是 VDC 的核心，用于进行建筑信息建模和管理。虚拟现实技术则用于在计算机上呈现虚拟的建筑环境和施工过程。

本书正是紧密结合当前国家政府部门相关政策及行业的实际应用及发展需求，基于新工科成果导向教育（Outcome Based Education，OBE）理念，由高校教师联合设计单位、建筑施工单位、软件开发单位的专业技术人员编写的，目的是为高校工程管理等大土木建筑类专业的"虚拟设计与施工"课程教学提供所需的适用教材。全书以国产软件为主，以实际应用的工程项目为案例，深入浅出地介绍了数维协同设计、数字化工程模拟、PKPM 一体化数字设计实训、基于 Revit 的 BIM 正向设计实训、CIM 虚拟场景集成应用实训等内容，着力培养和提升学生的协同设计能力、工程模拟能力、CIM 场景搭建与数据信息应用能力。

为适应当前教学的需要，本书各章附有知识目标、能力目标和思考题，制作了难点和重点内容视频，可扫描书中二维码学习。本书配有辅助教学资源包，包括 PPT 课件、教学大纲、案例工程图、构件库、案例模型等，任课教师可以登录机械工业出版社教育服务网（www. cmpedu. com）查询或下载。

参与本书编写的人员有嘉兴大学的贺成龙、博洋、庄天文、何丹丹、栗晓林、刘文莉，嘉兴南湖学院的项雪萍，巨匠建设集团股份有限公司的舒成贵、徐建伟、蒲金波，浙江利恩工程设计咨询有限公司的乔梦甜、张伶俐、蒋晓丹，嘉兴恒创电力设计院有限公司的沙磊，鲁班软件股份有限公司的张洪军、都瑞鹏、周敏强、陈是权，北京构力科技有限公司的黄怡萍、王飞、赵鑫、潘炫吉，华东建筑设计研究院有限公司的余飞、陈顺，嘉兴孪数光线科技有限公司的高路。具体编写分工如下：第 1 章由贺成龙、何丹丹、栗晓林、刘文莉共同编写；第 2 章由贺成龙、博洋、庄天文、刘文莉、项雪萍、何丹丹、栗晓林共同编写；第 3 章由项雪萍、舒成贵、贺成龙、徐建伟、蒲金波、博洋共同编写；第 4 章由黄怡萍、余飞、贺成龙、陈顺、王飞、赵鑫、潘炫吉、博洋共同编写；第 5 章由乔梦甜、张伶俐、蒋晓丹、沙磊、贺成龙、博洋共同编写；第 6 章由张洪军、都瑞鹏、周敏强、陈是权、高路、贺成龙、博洋、庄天文、刘文莉共同编写。

本书参考了一部分国内外专家学者的文献及一些工程资料，在此谨对相关文献作者表示深深的谢意！

限于作者水平，书中难免有疏漏之处，敬请各位读者批评指正！

作者

数字资源（重点授课视频）目录

序号	资源名称	章节位置	二维码图形
1	数维协同设计平台企业级管理	2.2.1	
2	数维协同设计平台项目级管理	2.3.1	
3	楼层管理	2.4.1	
4	总图导入与定位	2.4.3	
5	空心方桩构件创建	2.5.1	
6	布置桩1	2.5.2	
7	布置桩2	2.5.2	

（续）

序号	资源名称	章节位置	二维码图形
8	桩承台	2.5.3	
9	协同与分享	2.6.1	
10	发现、创建与解决问题	2.7.1	
11	导入结构计算模型	2.8.1	
12	一层构造柱	2.9.3	
13	一层墙体定位分析	2.9.4	
14	一层墙体布置	2.9.4	
15	墙体及构造柱定位分析	2.10.1	
16	门窗构件设计与布置	2.10.6	

（续）

序号	资源名称	章节位置	二维码图形
17	楼梯细部尺寸分析	2.11.1	
18	楼梯布置	2.11.3	
19	基础柱钢筋节点动画制作	3.1.2	
20	静力压桩动画制作	3.2.1	
21	静力压桩动画成果展示	3.2.1	
22	土方开挖制作步骤	3.2.3	
23	土方开挖动画成果展示	3.2.3	
24	4D 施工进度模拟制作	3.5.3	
25	4D 施工进度模拟动画展示	3.5.3	

（续）

序号	资源名称	章节位置	二维码图形
26	BIM+GIS 场景集成与优化	6.1.2	
27	WBS 工程树创建与关联	6.2.1	
28	基于 CIM 的进度管理	6.2.2	
29	基于 CIM 的安全管理	6.2.3	
30	基于 CIM 的质量管理	6.2.4	
31	基于 CIM 的质检评定	6.2.4	
32	基于 CIM 的文档管理	6.2.5	
33	基于 CIM 的工程物联网数据挂接	6.2.6	
34	建设运营指挥中心操作与应用	6.2.7	

目 录

【知识目标】

了解我国建筑业现状与高质量发展要求，理解数字化设计和数字化模拟的概念、方法和应用前景。

【能力目标】

具有数字化设计和数字化模拟应用场景分析能力。

1.1 建筑业现状与高质量发展要求

"十三五"期间，我国建筑业改革发展成效显著，全国建筑业增加值年均增长 5.1%，占国内生产总值比例保持在 6.9% 以上，建筑企业签订合同额年均增长 12.5%，勘察设计企业营业收入年均增长 24.1%，工程监理、造价咨询、招标代理等工程咨询服务企业营业收入年均增长均超过 15%。2022 年，全国建筑业总产值达 31.2 万亿元，实现增加值 8.3 万亿元，占国内生产总值（121 万亿元）的比例达到 6.9%；房屋施工面积为 156.45 亿 m^2，房屋竣工面积为 40.54 亿 m^2；建筑业从业人数达 5141 万人，占全国就业人员总数（73351 万人）的 7.0%。建筑业作为国民经济支柱产业的作用不断增强，为促进经济增长、缓解社会就业压力、推进新型城镇化建设、保障和改善人民生活做出了重要贡献。

在取得成绩的同时，建筑业依然存在发展质量和效益不高的问题，集中表现为发展方式粗放、劳动生产率低、高耗能高排放、市场秩序不规范、建筑品质总体不高、工程质量安全事故时有发生等，与人民群众日益增长的美好生活需要相比仍有一定差距。

建筑业迫切需要树立新的发展思路，将扩大内需与转变发展方式有机结合起来，同步推进，从追求高速增长转向追求高质量发展，从"量"的扩张转向"质"的提升，走出一条内涵集约式发展新路，推动智能建造与新型建筑工业化协同发展，加快建筑业转型升级，实现绿色低碳发展，切实提高发展质量和效益。

当今世界正在进入以信息产业为主导的新经济发展时期，而建筑业信息化水平较低，生产方式粗放、劳动效率不高、能源资源消耗较大、科技创新能力不足等问题比较突出，亟须进行一场深刻变革。智能建造作为新一代信息技术与先进工业化建造技术深度融合的工程建造新模式，已经成为推动建筑业转型升级和高质量发展的重要手段，有着巨大的市场潜力。

2020 年 7 月 3 日，住房和城乡建设部等 13 部门联合发布《关于推动智能建造与建筑工业化协同发展的指导意见》（建市〔2020〕60 号）要求，加快推动新一代信息技术与建筑工业化技术协同发展，在建造全过程加大建筑信息模型（BIM）、互联网、物联网、大数据、云计算、移动通信、人工智能、区块链等新技术的集成与创新应用；推进数字化设计体系建设，统筹建筑结构、机电设备、部品部件、装配施工、装饰装修，推行一体化集成设计；积极应用自主可控的 BIM 技术，加快构建数字设计基础平台和集成系统，推广应用数字化技术，实现设计、工艺、制造协同。该文还提到，以加快打造建筑产业互联网平台为重点，推进建筑业数字化转型；以大力发展装配式建筑为重点，推动建筑工业化升级；以积极推广应用建筑机器人为重点，促进建筑业提质增效。

2021 年 7 月 28 日，住房和城乡建设部发布了"智能建造与新型建筑工业化协同发展可复制经验做法清单（第一批）"；2021 年 11 月 22 日，住房和城乡建设部发布了"智能建造新技术新产品创新服务典型案例清单（第一批）"，其中包括"自主创新数字化设计软件典型案例""部品部件智能生产线典型案例""智慧施工管理系统典型案例""建筑产业互联网平台典型案例"和"建筑机器人等智能建造设备典型案例"。

为贯彻落实党中央、国务院决策部署，大力发展智能建造，以科技创新推动建筑业转型发展。2022 年 10 月 25 日，住房和城乡建设部发布通知，决定将北京市、嘉兴市、温州市等 24 个城市列为智能建造试点城市，大力发展智能建造，以科技创新推动建筑业转型发展；试点自公布之日开始，为期 3 年。该通知要求试点城市要严格落实试点实施方案，建立健全统筹协调机制，加大政策支持力度，有序推进各项试点任务，确保试点工作取得实效。

2023 年 11 月 16 日，住房和城乡建设部公布第二批发展智能建造可复制经验做法清单，总结推广试点城市在加大政策支持力度、推动建设试点示范工程、创新工程建设监管机制、强化组织领导和宣传交流等方面的经验，要求各地以试点示范为抓手，加快完善发展智能建造的政策体系、产业体系和技术路径，推动建筑业转型发展工作取得积极成效。

2023 年 11 月 23 日，住房和城乡建设部在浙江省温州市召开智能建造工作现场会，贯彻落实全国住房和城乡建设工作会议精神，通报智能建造试点工作进展，交流各地发展智能建造的经验做法，部署推进重点工作任务，推动建筑业实现高质量发展。会议强调，要锚定"提品质、降成本"的目标方向，发展数字设计，推广智能生产，推进智能施工，推动智慧运维，建设建筑产业互联网，研发应用建筑机器人等智能建造装备，通过科技赋能提高工程建设的品质和效益，为社会提供高品质的建筑产品。

推广数字化协同设计成为我国建筑业加快智能建造与新型建筑工业化协同发展的主要任务之一。住房和城乡建设部《"十四五"建筑业发展规划》要求，应用数字化手段丰富方案创作方法，提高建筑设计方案创作水平；鼓励大型设计企业建立数字化协同设计平台，推进建筑、结构、设备管线、装修等一体化集成设计，提高各专业协同设计能力；完善施工图设计文件编制深度要求，提升精细化设计水平，为后续精细化生产和施工提供基础。

1.2　智能建造

信息技术用于工程建造，经历了以下发展历程：计算机辅助设计（Computer Aided Design，CAD）→计算机辅助工程（Computer Aided Engineering，CAE）→计算机辅助工艺规划（Computer Aided Process Planning，CAPP）→计算机辅助生产（Computer Aided Manufacturing，CAM）。

信息技术在工程建造的不同阶段、不同环节或不同场景，有不同的应用或提法：

1）提高工程某阶段工作效率水平：计算设计（Computational Design）、数字加工（Digital Fabrication）、虚拟施工（Virtual Construction）、智慧施工（Smart Construction）。

2）打通工程建造全过程：数字建构（Digital Tectonics）、数字工匠（Digital Crafting）、虚拟设计与施工（Virtual Design and Construction）、建筑信息模型（Building Information Modeling，BIM）、数字建造（Digital Construction）、数字土木工程（Digital Civil Engineering）、智能建造（Intelligent Construction）。

3）工程产品功能提升与服务：建筑自动化系统（Building Automation）、家居自动化（Home Automation）、虚拟建筑（Virtual Building）、智能家居（Smart Home）、智慧空间（Smart Space）、智能建筑终端（Smart Space）。

建筑业是我国国民经济的重要支柱产业之一，带动了上下游供应链的发展，提供了大量的劳动岗位，推动着社会和经济的发展。传统建筑业面临着安全、成本、效率等诸多难题，信息化及智能化是推动行业进步的必然要求。随着信息化、科技化的崛起和飞速发展，建筑领域走向融合现代化技术的信息化智能建造时代，物联网、GIS、大数据、数字孪生、云计算、5G、人工智能等新技术被广泛应用于建筑行业。智能建造是面向工程产品全生命周期，实现泛在感知条件下建造生产水平提升和现场作业赋能的高级阶段，是实现人工智能与建造要求深度融合的一种建造方式，国内部分学者对于智能建造技术应用的观点见表 1-1。

表 1-1　国内部分学者对于智能建造技术应用的观点

学者	观点
丁烈云	智能建造是以智能技术为核心的现代信息技术与先进的工业化建造方式深度融合的新型建造模式，现阶段主要体现为设计生产施工交付一模到底、工程要素感知互联网络协同、机器换人改善作业环境和数据驱动的智能决策四个方面，推动建筑业转型升级，促进发展数字经济。数字技术与工程建造融合创新，形成面向全产业链一体化的工程建模与软件、面向智能工地的智能感知与工程物联网、面向人机共融的智能化工程机械、面向智能决策的工程大数据等领域关键技术，并在工程项目全生命周期广泛应用
钱七虎	智能建造首先是全面贯彻感知系统，通过设备、传感器去全面感知，结合物联网、互联网及大数据技术，实现数据信息在有效时间内的高速传输，在信息全面覆盖之下最大化地减少劳动力、提高工作效率，同时最大限度地节省材料、降低对环境的破坏，在资源最优配置之下完成项目建设

1.2.1　国内发展概况

1. 智能建造与 BIM

建筑信息模型（Building Information Modeling，BIM）是指建设工程从设计、施工、运行直至建筑全生命周期终结的过程中，对其进行数字化表达，将各种信息集于一个三维模型信息数据库中，创建可视化载体模型。BIM 技术在智能建造方面具有举足轻重的作用。该技术以三维数字技术为基础，集成项目各种相关数据信息形成三维模型，连接了工程建设项目全生命周期中不同阶段的信息，提供自动计算、查询、组合拆分的实时工程数据。

在 BIM 模型中赋予各种信息，包含建筑构件、设备、参与方、任务等功能性和说明性信息，如构件数量、模型编码、材料性能、材料价格、参与方信息、任务资料、管理过程等，可用于三维交底、验工计价、基坑监测、进度计划、校核等项目运行的不同环节的具体工作，可见，通过 BIM 技术提高设计与施工阶段的效率、准确性，实现智能化、信息化、智慧化，全面体现了智能建造中 BIM 技术的实用性与高效性。同时，结合协同管理平台，将项目全生命期各个阶段点上面的应用进行集合，以提升管理效率为核心目标，收集 BIM 模型中的招采、设计成果、施工方维护信息，打通底层数据，满足各参建方的个性化需求，保障建造过程中各种信息同步不滞后、各类问题得到及时闭环。

BIM 技术是一种数字化管理模式，在工程领域方面应用广泛，主要应用于工程建造、工程设计、工程管理方面。BIM 技术凭借其可视化优势，区别于 CAD 图的抽象表达，依靠计算机语言技术创造图像模型及动画，完美展现了虚拟建筑。BIM 可视化技术的应用不仅体现了模型的直观表达，更重要的是，项目各个阶段的信息交流与合作都能在此状态下同步进行，节约时间、降低成本。BIM 本质是一种兼容体系，除包含可视化、协调性、模拟性的特点外，其对于工程项目最大的优势是对项目全生命周期的优化过程，这将利用可视化提供准确的建筑信息，协调帮助检查各构件之间是否存在碰撞问题，模拟绿色分析等技术提供最优可持续发展的方案，提高建筑能源利用率。在项目应用中打通底层数据，可直接查看各项目实时的进度、投资、安全、质量、考勤、监控等信息，以及技术资料、BIM 模型、BIM 应用、验工计价等成果资料，极大地提高了各参建方的工作效率，推进智能建造的进程。

BIM 三维实体模型不仅能呈现项目工程的具体结构，而且能够直观展示结构中的不同构件，在建模后通过 BIM 模型的碰撞检查，对设计有矛盾的地方可及时修改完善，保证设计图内容的可实施性，保障工程项目的安全性。同时，针对部分重要节点进行单独建模，区别于其他构件，提高建模的准确性，以便把控材料成本。

目前轨道交通智能建造方面所使用的现代化技术，处于国内智能建造领域中的前沿。以集成平台为核心，结合相关制度法规搭建智能化、信息化体系框架，利用现代化技术集合每一条线路、每一个项目、每一个工序乃至每一个构件的信息，实现设计、施工、运维数据一体化，便于各参建方进行数据协同平台管理。协同管理平台是项目全生命期各个阶段的点上面的应用的集合，以提升管理效率为核心目标，收集 BIM 模型中的招采、设计成果、施工方维护信息，打通底层数据，满足各参建方的个性化需求，保障建造过程中各种信息同步不滞后、各类问题得到及时闭环，从而提高管理效率与质量，保障项目的安全、质量、进度、资金的平稳可控，助力项目完美落地。

2. 智能建造与 GIS

地理信息系统（Geographic Information System，GIS）是一种特定的、十分重要的空间信息系统，它是将原有建筑信息模型通过与多尺度、多源异构 GIS 数据融合，实现电子化沙盘建设。通过 GIS 可视化手段，结合无人机倾斜摄影技术、激光三维点云采集技术，能够获取工程项目周边环境的各项地理数据，为其他各项应用方案提供了空间上的信息支持。GIS 技术在区域管理、城市管理、环境管理等方面发挥了巨大的作用，GIS 技术在工程智能建造应用方面主要表现为 BIM 与 GIS 的集成应用。BIM+GIS 技术为建筑业信息化、数据化、智能化发展创造了更好的发展前景。BIM 以三维模型创建，直观表达出建筑的空间及建筑物构件的形状、位置和功能等。GIS 技术的应用可对 BIM 模型提供的重要数据进行在建工程的精准定位，在运营阶段中，GIS 技术兼容模型信息和管控区域的信息，可对集合的海量业务数据进行整理、分析并汇总，可见，将 BIM 与 GIS 深度集成应用，有助于实现建筑工程项目的智能信息化管理。

3. 智能建造与物联网

物联网是以人、机、物为联通枢纽，达到互联互通、信息交换和智能服务。物联网技术在智能建造应用十分广泛。在工程施工方面，通过外在感知技术实时传输数据，可实现有效时间内的精准定位，从而提高施工质量，保证在系统化生产管理下的施工安全。物联网技术在智能建造中最大的优势在于全面感知和实时互联，在此技术的支持下，智能建造工程各阶段的数据信息及多个项目之间皆能实现互联，使用者能够方便地在管理平台上及时、准确、有效地掌握项目建设过程中人员、设备、结构、进展、资产等关键信息，实现大量数据集中分类、分析、处理、决策等过程，优化建设管理者的整体工作。

传统的交通信息管理已经无法满足人们的日常生活需求，而基于物联网技术的交通管理则可以实现对城市公路交通的各个环节的全面监控，以及实时预警和自动控制化等功能，从而提高城市公路交通管理的效率和精准度。例如，利用物联网技术，实现智能路灯、智能交通信号灯、智能道路监控等设备的智能化管理，减少劳动力、提高安全性，更加有效地管理交通。物联网技术中的传感器设备可以对物质性质、环境状态、行为模式等信息开展大规模长期有效的获取，可以实现对交通管理中车辆行驶轨迹、车速、燃油消耗等信息实时监控，有效地维护城市公路交通的秩序和安全。

4. 智能建造与大数据

大数据又称巨量资料，是指所涉及的资料量规模巨大无法透过主流软件工具，在合理时间内运用各种计算模式对巨多的数据达到撷取、管理、处理及整理，保证大数据的隐私和安全。

大数据技术在智能建造中应用广泛，在工程造价管理领域，大数据技术的应用对智能建造工程无疑是至关重要的一步。从大数据角度出发，对工程造价数据进行剖析，包括工程信息数据、工程造价数据、技术方案数据等，这些数据的展示形式多样化，在工程造价数据采集时需要大批量的数据分析，针对如此多的数据分析，大数据技术发挥了重要作用，数字化技术将采集的信息数据进行存储与管理，对于数据来源的多样性、复杂性，大数据进行异构多源分析。为了解决不同问题，需要将多种大数据计算框架部署在统一的集群中，达到共享资源，且在保证工程安全性范围内可以最大限度地节约资源、降低成本，为上层应用提供统一的资源管理的效果。

5. 智能建造与人工智能

人工智能（Artificial Intelligence，AI）是研究、开发用于模拟、延伸和扩展人的智能的理论、方法、技术，以及通过计算机手段模拟人的思维模式，以达到未来生产的智能系统能够承载人类的智慧。人工智能可以通过模拟技术预先搭建安全的工地施工环境，进行安全性分析检测，基于智能决策，构建具有自动控制能力的智能控制系统，保证建筑工程全方位的安全性。在建筑后期保护工作中，人工智能具有目前较为成熟的图像识别技术、三维扫描技术等手段，可以全面有效记录工程建设的真实信息，并在虚拟现实领悟中利用交互的手段来展示信息收集成果。从智能设计的角度来说，人工智能建造本质是应用智能设备，在人工智能技术的支持下，实现建筑设计的智能化和高效化。例如，AI可自动生成建筑工程图、自动计算建筑物的相关数据，减少不必要的劳动力，与人机结合提高劳动效率，降低工程成本，提高经济效益。

6. 智慧园区中的综合应用

智慧园区是"精智"城市管理、"数智"产业集聚、"品智"生活体验的概念体现，也就是实现高效城市管理，集聚产业要素，提升人居体验。智慧园区建设通过赋能数字化城市配套，带动数智相关产业集聚和人才集聚，形成"城""人""产"螺旋式发展良性循环。利用物联网、5G、AI算法、大数据极速融合园区管理、运营等数据和智能分析应用，实现安防管理、人员管理、车辆管理、消防管理、能源管理的智能化和数字化。在智慧建造中应用BIM建设管理平台，智慧运营中利用一站式企业服务平台、商户支持服务系统、商业物业服务系统等。以BIM管理体系为中心，建立三级垂管体系，保障项目高质量实施、应用落地。支撑信息化与BIM同步实施模式，依托平台和标准，实施规范化BIM服务。BIM顾问标准化项目BIM实施策略，为建设单位信息化管理赋能。推广以BIM模型可视化、工程全过程信息管理与协同为主的BIM平台，利用平台管理和维护工程全过程相关数据与信息，建立模型和数据之间的关联，管理全过程的技术数据和业务数据。结合物联中台、CIM中台，实现物联感知设备的统一接入、集中管理、远程调控和数据共享，支撑智慧应用服务，融合多源异构时空数据，为园区智慧应用提供时空数据服务，为数字孪生园区提供支撑。

1.2.2 国外发展概况

美国的建筑业信息化研究开始相对早，并影响了其他发达国家的BIM实践。截至目前，BIM的研究和应用已经达到世界先进水平，先进的BIM技术已经在很多建筑工程中发挥了极大的作用。从2006年开始，美国国家标准技术研究院开始在IFC标准的基础上制定国家BIM标准NBIMS，初步形成了国家BIM标准体系。2007年起，要求所有重要项目通过BIM进行空间规划。

与大多数发达国家不同的是，英国政府强制要求使用 BIM。为此英国政府颁发了政府建设战略文件。迄今为止，英国建筑业 BIM 委员标准协会已发布了一系列的 BIM 标准文件，针对英国建筑业发展中 BIM 技术的应用方向做出了可靠的战略规划。

近年来，随着数字化、人工智能技术的迅速发展，智能建造逐渐成为建筑业的重要发展趋势。而发达国家的智能建造发展更是日新月异，凭借拥有的先进技术，总数已经建造完成数万座智能建筑。国外先进智能建造业的蓬勃发展，其根源不仅是先进技术的研发，更在于对资源的最优配置、对专业人才的培养及不断完善体系制度。目前部分发达国家仍占据智能建筑领域的金字塔尖，引领整个体系的发展及标准的制定。表 1-2 给出了国外部分国家建筑业智能建造领域的发展战略。

表 1-2　国外部分国家建筑业智能建造领域的发展战略

国家	战略	发展目标
美国	美国基础设施重建战略规划	美国在建筑业兴起之时就规定所有重要的工程项目都需使用 BIM 技术，利用 BIM 技术实现数据信息集成，在智能技术应用下建设利于人类可持续生存发展的低碳绿色建筑
新加坡	智能建设可持续发展战略	全面推进智慧建造发展战略，共享信息化智能建设工程。在利用高科技的智能设备下，寻求具有全球智能建设的高阶人才，拓展经济效益高和具有竞争力的产业，带动国家建筑业稳步发展，同时产生边际效应，为经济长期增长奠定坚实基础
英国	英国建造 2025 战略	在国家智能建造中加强 BIM 技术的应用程度，摒弃传统建业中的烦琐过程，提高工作效率，催生新一代智能技术，使其为建筑业从旧建设到智能建设的革新提供强有力的技术支持，实现建筑企业在过渡中获得更多收益，保证了工程建筑的安全，且最大化减少碳排放，实现绿色智能建筑发展
日本	"i-Construction"战略	制定建筑业的行业规定，明确建筑企业的发展目标。在建筑信息化时代下，大力发展智能化建筑，提升建筑企业地位，解决建筑产品的质量、效益问题
德国	新高科技战略、数字化设计战略	提出高科技、数字化发展战略，符合国家建筑业发展需求。推动国家工程建造领域中智能技术的全面革新和应用。重点推广 BIM 技术，在工程建设成本方面，采取安全保障范围内的成本最低控制措施。同时大力推进建筑业中数据信息集成技术的升级，不断完善协同管理平台
法国	节能减排，持续发展	国家政策加强管理建筑业应用节能减排措施，支持铁路道路建设，贯通建筑发展路线。在基础建设中注重 BIM 技术应用，降低能源消耗，合理安排项目资源，大幅提高工作效率，实现人力协同管理和项目建设全过程的控制管理。在数据信息化时代，融合大数据、5G 数据技术，结合节能减排措施，实现建筑业智能化转型持续发展

近年来，我国智能建造领域发展迅速，取得了诸多成就，但在技术研发、人才培养、体系制度等方面仍面临着巨大的难点。以智能建造为代表的新型建筑工业化，是力求高质量、高效率、高寿命、低资源消耗、低环境破坏的建设。在工程建设管理中，智能建造技术的优化应用对于完善工程施工质量、施工进度、施工安全及建设投资的管理具有非常重要的作用和意义，是推动传统建筑行业实现工业化、数字化、智能化的关键，融合现代化技术实现智能建造是我国建筑业未来发展的必然趋势。

1.3 数字化设计

数字化设计是指利用计算机、软件、网络和其他数字化技术来进行产品设计、分析和制造的过程。数字化设计涉及多个领域，包括计算机图形学、CAD（计算机辅助设计）、CAE（计算机辅助工程）、数字制造等。

数字化设计的主要优势在于其高效、精确和可重复性。通过数字化设计，设计师可以在计算机上直接进行设计，简化了传统的手工绘图和模型制作的具体流程，大大提高了设计效率。同时，数字化设计可以非常精确地模拟和分析产品的性能和行为，从而在设计早期阶段发现和解决潜在的问题。此外，数字化设计还可以轻松地实现共享和协作，使得不同部门和团队之间可以更好地协同工作。

数字化设计的应用非常广泛，包括汽车、航空、船舶、建筑、电子、医疗等领域。随着技术的不断发展，数字化设计将继续发挥越来越重要的作用，推动产品设计和制造的创新和发展。

要实现智能建造，数据是基础，模型是核心，软件是工具。因此，开展数字化设计是推行智能建造的先行基础。在工程领域，对数字化设计，有的学者称为 BIM 正向设计，目前还没有统一的概念。本书作者认为，数字化设计既指设计的模式，也指设计的结果。数字化设计就是设计师利用数字化软件，将设计意图直接表达在三维模型上，并赋予相关数据信息，实现工程项目的三维空间数字化表达的设计模式，该三维模型能作为设计、建造、运维等数字化应用的载体。这是对传统设计流程的变革，也是传统设计思维的转变。

1.3.1 数字化设计与传统设计模式的区别

在 BIM 还没有被广泛关注时，基于 CAD 的传统设计模式一直是建筑业的主流。但是随着 BIM 技术的推广，传统设计的劣势已经渐渐显露。

传统设计模式下项目从设计阶段到竣工交付阶段，整个生命周期都以平面图为参照，项目运行中的沟通交流、专业协同效率低下。正向数字设计可以将平面图不好表达的构件直观地表现在模型中，通俗易懂，有利于项目各方沟通交流，特别是方便了非专业人士。

数字化设计与传统设计模式的主要区别有以下几点：

1）设计载体不同。简单来说就是三维与二维的区别，但这个区别对设计师的思维方式有非常大的影响，传统设计需要设计师在二维图的基础上推敲造型与空间。尤其对于机电专业来说，对设计思维的转变要求更高。CAD 模式的机电设计，大部分是平面思维，仅在最后的管线综合阶段才会考虑管线高度方面的协调。而 BIM 设计模式要求所有的实体构件在设计初期都要考虑高度，相当于提前考虑了以往偏后期的设计工作，这对于专业协调是有利因素；纯以"制图"来说，这在一定程度上降低了效率，虽然设计效果应该会更好，但是设计周期也应适当加长。

2）制图原理不同。CAD 模式以线条及符号为主要表达形式，并形成了一整套完善的表达习惯。BIM 模型以三维为出发点，其制图原理是基于三维模型进行投影或剖切，得出二维的视图，但其中的二维线条仍然跟三维构件是关联的，无法像在 AutoCAD 软件里那样自由编辑。

3）设计流程不同。数字化设计的设计流程与传统设计流程没有本质的区别，一般来说整体的设计节奏仍按方案、初设、施工图三个阶段划分，其主要区别在于：

由于图中与实体相关的图元主要来自模型，标注图元也大部分提取自模型信息，因此图面的整理与标注相对快捷，可以将设计的侧重点放在模型及其信息的设计上。

数字化设计对专业协同的要求更高，为了提升整体效率，机电专业的流程需要调整，在初步设计阶段就应建好各系统的主管线模型，并通过初步管线综合确保空间净高，确定路由走向。

对结构专业来说，由于结构计算模型与 BIM 模型尚未融为一体，目前仍需基于 CAD 重建结构 BIM 模型，或从计算模型导出 BIM 模型再完善，在这种模式下 BIM 更像是结构本身的设计流程的分支，作为本专业成果的三维表达与其他专业进行提资与配合。BIM 模型对于结构出图来说，以仅表达几何尺寸的模板图为主，钢筋信息的表达尚未成熟。

管线综合的流程与传统设计流程相比区别较大。传统流程中，初设阶段也会进行专业间协调，以确定各系统主路由，但精细化的管综一般到施工图阶段甚至施工图出图后才会进行。在施工图的设计过程中，各专业管线间、管线与结构构件间的协调是相对较少的，很容易造成净高不够或互相冲突的结果。使用数字化设计流程，全专业均在一个整合模型下工作，各专业负责人也需要随时把握本专业成果在整体设计中的效果，发现较大冲突时及时处理，因此在施工图过程中已消化掉大部分的管线碰撞，管线已完成了初步避让，管线综合图、预留孔洞图均有条件与各专业施工图同步出图。

4）协同方式不同。协同是指各专业之间互相配合的过程。CAD 模式主要通过 dwg 文件的外部参照方式进行，属于较为松散的协同，很容易出现因各专业的文件版本对不上而导致冲突的问题。在数字化设计模式里，各专业之间的协同紧密程度高很多，以 Revit 软件为例，通过其工作集模式与链接模式的结合，使设计团队内部几乎可以实时协同，各专业的工作文件就是其他专业的链接文件，可保持最新版本，工作文件的唯一性得到较高度的保障；同时，全专业模型可以随时合模，使协同设计的效果大幅提升。

5）提资方式不同。基于协同方式的不同，各专业间互提资料的方式也有显著区别。CAD 模式下以"DWG+云线圈示+引注说明"为主，传递的是独立的 DWG 文件，容易造成版本对不上且管理基本依靠人工核对的问题。Revit 软件的协同方式使各专业之间可以互相引用对方的视图，其云线或者专门的标注图元自带属性，可以用明细表的方式进行列表管理，解决 CAD 模式下的不足。当然，在操作的规范性方面要求也更加严格。

数字化设计从参数化模型的建立到最终的出图，项目的设计工作都是有组织、有规划地高效协作，且项目设计阶段的信息会完整保存，通过通用数据环境高效、完整地传递，能够更好地服务于项目之后的建造与运营阶段。

1.3.2　数字化设计的特点

与传统二维设计相比，数字化设计主要有如下特点：

1) 三维可视化。传统二维设计是利用 CAD 将点、线、面作为设计元素，利用平面作图法，将实际的三维构件进行平面投影二维表达，其缺点是非本专业设计人员对设计图的理解会有偏差。数字化设计模型三维可视化可降低各方沟通成本，提高沟通效率。

2) 数据信息存留性。二维图的图形信息主要是通过各种标注和注释进行表达，但三维模型各构件不是简单的形体体块的堆砌，每个构件包含大量的属性信息，可以实现全面完整的信息储备。这对于构件的生产加工、施工安装、运维调试、管理维护等提供了数字化建造和运维的可能。

3) 实时协调性。传统二维设计的平面表达形式及各专业分别独立的设计模式，经常会因各专业之间配合度有限而影响设计图质量，图中存在很多问题没有被及时发现，造成施工的返工、材料的浪费、工期的延长。数字化设计可以有效将施工阶段错漏碰缺等问题前置，并在设计阶段将其解决，提高设计质量。

4) 专业协同配合度高。基于多专业的三维 BIM 模型协同设计，能有效提高专业配合质量。

5) 交付成果完备，满足甲方、施工单位多样化要求。基于 BIM 模型可衍生出更多的设计成果，如可视化成果、性能分析成果、工程量统计成果等，在提高设计质量的同时，也提升了服务附加值。

6) 设计问题少，有利于提高设计质量。基于 BIM 模型进行设计，设计师可更全面控制设计效果；利用 BIM 模型的二三维联动、数模联动，可以及时发现设计错误，减少施工问题，提高设计质量。

7) 可运用于智能楼宇运维。数字化交付的设计 BIM 模型可以延续应用至施工乃至运维阶段，也是未来城市信息模型（CIM）的组成基础。

1.3.3 应用现状

在数字经济的社会大背景下，为促进企业降本增效，完成数字化转型是传统建筑设计企业的必经之路。实现数字化转型需要因地制宜、因企制宜，但转型路上仍有较多问题亟待解决。一是 BIM 技术集成化应用程度有待加强。目前，BIM 技术虽然已在相关项目中得到大范围普及，但仍主要集中在较为传统常规的应用上，需要全面拓展应用维度，不应为"做"而"做"，要充分发挥 BIM 全链条价值。二是数字化设计项目比例不高。纵观整个建筑设计行业，数字化设计的应用仍处于探索阶段，仅在重点项目、高复杂性项目中得到试点，尚未形成规模化的成熟体系与模式，能够应用 BIM 技术进行数字化设计的从业人员比例偏低。三是业务需从高数量增长向高质量、模式创新型增长转变。BIM 技术与新兴技术的结合需进一步加强，包括 BIM 技术与互联网、物联网、大数据、云计算、人工智能、区块链等新技术的集成融合应用，由科技创新引领业务发展，需要加强跨学科探索与人才培养。四是科研成果转化水平需进一步增强。需要将科研成果应用到更多的项目中去，实现科研成果产业化，提升科研成果的转化能力和转化水平。

随着新一代信息技术的深入渗透和数字经济的不断发展，数字化设计正成为工程建设行业发展的重要驱动力，勘察设计企业也正在向更深层次的数字化设计生产模式转型。随着

BIM 技术和数字化工具的不断发展和应用数字化设计潜力的进一步释放，数字化设计已成为建筑行业的重要组成部分。

BIM 是数字化设计的核心技术之一，它将建筑设计过程中所涉及的各种信息整合到统一的三维模型中，并在模型中进行多种检查、分析和模拟，便于在设计过程中及时发现问题并予以解决。业内提出了数字化设计这个概念，通过使用 BIM 完成设计阶段到交付阶段的全过程设计工作，并在项目全生命周期，利用 BIM 技术实现协同设计、信息关联和信息传递等。与传统二维设计相比，数字化设计的水平、质量和效率均有提高，专业协作更加完善，内容表达更加丰富，尤其是在工业厂房、桥梁隧道、公共建筑等方面均有应用。

在大跨度斜拉桥设计中，将 BIM 技术应用在解决复杂造型结构设计、钢筋工程设计、钢锚箱设计等方面，完成了复杂造型设计、二维出图、工程量统计、碰撞检查等工作。在特高压线路工程设计中，将数字化设计应用于勘测、设计、施工、移交、运维各阶段，取得较好成效。

例如，西安至十堰高速铁路项目采用全线全专业推进数字化设计，在标准规范完善、全专业数字化设计、多专业协同设计、综合审查展示平台等方面进行探索，实践表明多专业协同设计是数字化设计的关键。

大量的工程实践证明，我国的数字化设计应用范围广泛，但是仍处于初始阶段，主要应用于设计阶段，以设计图为导向的数字化设计具有很强的时代局限性。未来应该扩大到建筑全生命周期的各个阶段，全生命周期的应用还面临诸多挑战。

1.4　数字化模拟

数字化模拟是指将实际世界中的物理过程或系统转化为数字形式，利用计算机模拟这些过程或系统的行为，以便于对复杂系统的深入理解和分析。这种模拟可以包括物理、化学、生物、经济、社会等各种领域的模拟，通过建立数学模型和计算机程序来模拟实际情况并进行预测和分析。数字化模拟可以帮助人们更好地理解和预测复杂的现实世界情况，为科学研究、工程设计和决策制定提供重要的参考和支持。这种方法广泛应用于工程、科学和其他领域的研究和开发中。数字化模拟通常涉及以下步骤：

1）数据采集。将实际物理系统的输入和输出转化为数字形式的数据，如通过传感器或测量设备。

2）数学建模。根据采集到的数据和对系统行为的理解，建立数学模型来描述系统的动态和静态特性。

3）模拟算法。利用数学模型和计算机算法对系统进行数字化模拟，以预测系统的行为和响应。

4）分析和优化。利用模拟结果对系统进行分析，找出潜在问题并进行优化，以改进系统的性能和可靠性。

数字化模拟可以应用于汽车工程、航空航天、生物医学、环境科学等各种领域。它可以帮助工程师和科学家更好地理解和预测复杂系统的行为，加快产品开发周期，减少实验成本，提高系统性能。

1.4.1　工程模拟

工程模拟是一种使用数学模型和计算机技术来模拟和预测实际工程系统的行为和性能的方法。通过工程模拟，工程师可以在实际建造之前预测和优化系统的性能，从而降低开发成本，缩短开发周期，并提高产品质量，优化设计方案。此外，工程模拟还可以用于优化产品设计、改进制造工艺和提高生产效率。

工程模拟通常涉及多个学科领域，包括数学、物理、化学、机械、电子等。它使用各种数值方法和计算机技术，如有限元分析、有限差分法、边界元法、离散元素法等，来模拟系统的行为。

工程模拟的实现通常需要使用专业的仿真软件，这些软件可以处理复杂的数学模型和大规模的计算，并提供可视化的结果展示。常用的工程模拟软件包括 ANSYS、Simulink、COMSOL Multiphysics 等。这些技术可以模拟各种物理现象，如结构力学、流体动力学、电磁场、温度场等。

工程模拟在许多领域都有应用，如汽车、航空航天、能源、建筑等。通过数字化工程模拟，工程师可以更好地理解系统的行为和性能，并优化设计以满足性能要求和降低成本。

工程模拟的应用非常广泛，包括但不限于以下领域：

1）机械工程。模拟机械系统的运动、力学和热学行为，如汽车、航空器和船舶等。

2）化学工程。模拟化学反应过程、流体流动和传热等，如石油化工、制药和生物技术等。

3）土木工程。模拟建筑结构、地震反应和流体流动等，如桥梁、建筑和水利工程等。

4）电子工程。模拟电路、电磁场和微电子器件等，如集成电路、微波和光电子等。

5）生物医学工程。模拟人体生理系统、药物输送和医疗器械等，如医疗器械设计、药物开发和医学影像技术等。

工程模拟在建设项目中的应用主要体现在以下几个方面：

1）设计阶段。在大型工程的设计阶段，模拟仿真技术能够帮助设计师对建筑物进行全方位的评估和优化，尤其是在建筑物的结构设计方面。通过运用数学模型、物理模型和计算机仿真技术，设计师能够对建筑物的负荷情况、结构强度和变形等问题进行精确分析，从而提升建筑物的结构安全性。

2）施工阶段。在施工阶段，工程模拟技术可以用于优化施工流程，提高施工效率，降低施工成本。通过模拟施工过程，可以发现潜在的问题和风险，提前进行预防和解决，避免在施工过程中出现不必要的损失和延误。

3）运维阶段。在建筑物的运维阶段，工程模拟技术可以用于评估建筑物的性能和安全性。通过模拟各种极端情况下的建筑物反应，提前采取措施进行维护和修复，延长建筑物的使用寿命。

4）应急响应。在发生紧急情况时，工程模拟技术可以快速模拟出最佳应急响应方案，为救援人员提供科学的决策依据，最大限度地减少人员伤亡和财产损失。

5）环境影响评估。在建设项目的环境影响评估中，工程模拟技术可以模拟建设项目对环境的影响，为决策者提供科学的决策依据，避免因环境问题而导致社会和经济问题。

总之，工程模拟在建设项目中的应用非常广泛，可以提高建设项目的效率、安全性和可持续性。随着技术的不断发展，工程模拟的应用前景将更加广阔。

1.4.2　施工模拟

施工模拟是一种利用计算机技术对施工过程进行模拟的方法，目的是预测和优化施工过程中的各种问题和挑战。通过施工模拟，工程师和设计师可以在施工前对设计及施工方案进行评估和优化，从而提高施工效率、降低成本、减少风险和缩短工期。

施工模拟通常使用专业的计算机软件进行，这些软件可以模拟施工过程中的各种因素，如施工机械、人员、材料、环境等；也可以模拟施工过程中的各个环节，包括土方开挖、基础施工、主体结构施工、装修施工等。通过模拟，可以预测施工过程中的各种问题，如施工进度、材料需求、人员安全等，从而提前采取措施进行优化和调整。

施工模拟在建筑、道路、桥梁、隧道等工程领域中广泛应用，已经成为现代施工管理的重要工具之一。通过施工模拟，可以更好地协调各方的利益和需求，提高施工的可持续性和经济效益。

施工模拟还可以用于评估施工方案的可行性和优化施工计划。通过模拟不同施工方法的实施过程，可以比较各种方法的优缺点，选择最佳的施工方案。同时，施工模拟还可以帮助施工团队更好地理解施工过程中的各种参数和变量，如施工环境、气候条件、材料性能等，从而更好地控制施工过程，帮助施工单位合理安排人力、物力和财力，提高施工效率，缩短工期。

思　考　题

1. 结合当前建筑业的现状，探讨建筑业高质量发展的建议。
2. 收集智能建造示范城市的做法，总结我国智能建造的应用现状，与国外智能建造的发展进行对比，谈谈个人的建议。
3. 简述数字化设计的特点和应用现状。
4. 简述工程模拟及其在建设项目中的应用前景。
5. 简述施工模拟及其应用场景。

第**2**章
数维协同设计

【知识目标】

掌握数维建筑设计、数维结构设计和协同数字设计的方法及其应用。

【能力目标】

培养协同设计能力、空间想象能力和工匠精神。

2.1 数维设计平台

2.1.1 数维设计平台概述

目前传统的设计暴露出不少问题，如业务流程割裂、专业割裂、数据割裂，岗位重复低效劳动，企业组织能力分散，生产、组织、资源管理呈碎片化特征，管理模式缺乏数字化改造，急需数字化转型升级。具体来说，包括同一设计元素工作量大，质量无保障；设计图难以用于后续分析，加大了建模与出图工作量；工期紧，变更多，图纸杂乱，导致设计工作恶性循环；设计过程无法自主校核，多版本合规性难以保证；跨专业工作效率低，数据传递出错率高等。当前 BIM 设计模型应用效果差，信息传递效率低，模型合规性无法保证，多专业协同存在偏差，模型数据在多软件间传递存在较多问题，二维出图效果差、效率低，构件表达和本土化标准契合度低，外立面、墙身详图、节点详图实现较为困难。

数维协同设计平台的应用可有效解决传统设计行业的发展瓶颈问题，帮助企业在管理模式上进行全面数字化升级改造。本节以广联达数维协同设计平台为例，介绍其基本功能和特点。

1. 数维设计平台组成

广联达数维设计平台（Glodon Design Modeling Platform，GDMP）是完全自主知识产权的高性能三维图形平台，它基于广联达自主研发的 BIM 几何造型引擎和 BIM 渲染引擎开发，具有 BIM 数据定义、图形交互框架、参数化建模引擎、协同建模引擎、数据格式交换、开放的二次开发接口 API 和可扩展的技术框架等能力，全方位满足构件三维图形建模应用。

GDMP 系统开放，具有广泛的适应性，可支撑工程建设领域设计、施工、运维等多专业三维图形系统的开发。

广联达数维房建全专业协同设计包含广联达数维建筑设计、广联达数维结构设计、广联达数维机电设计和广联达数维构件设计 4 个工具产品，以及广联达数维协同设计平台、广联达构件坞平台 2 个支撑平台。以设计数据标准为核心，采用"云+端"的产品架构为用户建立全专业协同设计环境，结合三维和二维工具优势及高效的构件级云端全专业协同设计，减少设计错误，提高设计质量，保障设计效率。

2. 工具产品

1）广联达数维建筑设计软件服务与设计院及建筑设计师，聚焦于施工图阶段，以参数化建模为基础，实现数据驱动的智能化、模块化、一体化设计，支持跨专业协同设计，满足施工图出图的需求，数据成果可传递至广联达算量等应用，不断延伸 BIM 设计价值。

2）广联达数维结构设计软件为结构设计师提供高效的结构 BIM 施工图设计，具有以下优势：

① 打通设计和分析模型数据，提升设计师工作效率。结构分析模型快速转换为结构设计模型，减少重复设计建模，模型作为协同设计的基础数据，支持增量更新，提高结构设计效率。实现设计和分析模型的双向互通，降低设计师两处调改的工作量，从而降低错漏碰缺问题，提升项目设计质量。

② 跨专业高效协同，同步建筑构件精准定位。建立与建筑专业充分进行构件级协同的机制，同步建筑特定类构件，快速准确获取模型，读取建筑模型墙体材料、门窗洞口等数据自动计算荷载，一键校核荷载错漏问题，保证设计周期内的跨专业设计一致性，实现建筑模型、结构设计模型、结构分析模型的高效互通。

③ 自动设计和校审，提高设计效率。以内置设计业务规则进行构件施工图的自动化设计，降低设计师重复性劳动，提高工作效率；并对设计师的设计结果进行规范条文的比对检查，以保证设计质量。

3）广联达数维机电设计软件是基于 BIM 的三维正向机电协同设计工具，它为给排水、暖通、电气等专业设计及其深化设计提供高效、专业、协同、一体化的解决方案，以规范和标准赋能机电设计，降低设计难度的同时，为设计提质、增效。该软件具有以下优势：

① 基于"云+端"的协同设计，高效完成施工图设计。以数据为基础，提供丰富的构件及配置等设计资源。采用"云+端"的新型协作方式，实现机电设计资源多端实时更新并保持统一。基于机电业务场景的智能化布置连接及一键自动标注功能，辅助设计师快速完成施工图设计，为机电设计提效。

② 基于规范的专业计算，计算驱动设计，保障设计质量。提供了满足国内规范标准的机电设计专业计算功能，支持设计师自定义相关参数，设计和交互流程更贴合国内设计师习惯。基于模型自动提取，计算结果驱动模型的优化设计，辅助设计师高质量完成项目成果交付。

③ 模型数据专业间互通，扩展 BIM 价值。将编码体系贯穿机电分类与属性集，植入机电构件库与管材库，在机电设计、机电深化、机电算量等多个阶段实现数字化信息传递，实现一模多用，并为施工、运维等后端应用提供数据基础，让设计数据贯穿建筑全生命周期，

扩展、落地 BIM 价值。

4）广联达数维构件设计是自主国产化、参数化的构件设计工具。参数化构件设计提供草图设计和特征建模，以自主研发的约束解算能力为基础，通过参数调节快速驱动二维和三维形体变化，实现构件的参数化设计。个性化二次开发提供丰富的接口以支持个性化开发，满足第三方针对特定业务场景的开发需求，成果可以插件应用形式嵌入软件中使用。

3. 支撑平台

1）广联达数维协同设计平台以构件级设计数据为核心，提供全专业、全过程、全参与方的协同设计解决方案，可全面提高设计阶段的协同效率，提高设计数据的应用价值，为设计算量施工一体化提供平台支撑。它集二维和三维协同设计、设计资源管理、设计项目管理、智能审查、数据化交付为一体，支持广联达数维设计软件、Revit 及其他主流二维设计工具，提供基于云端的多专业 BIM 协同设计解决方案。具有以下优势：

① 构件级协同，协同效率翻倍。该平台提供构件级设计协同，实现设计过程线上实时沟通与修改，第一时间解决错漏碰缺等问题，实时、精准、高效。

② 设计过程智能审查，规范强条零违反。云端模型智能审查"快、准、省"，全面支持国家标准或规范的强制性条文，自动生成审图结果，云端轻量化在线校验，精准定位问题构件，大大减少人工审查时间，解放审图人力，助力设计质量的提升。

③ BIM 成果数字化，随时随地云交付。实现 BIM 成果交付效率和质量提升。BIM 可视化成果形成具有价值的数据资产，贯通上下游进行高效传递，实现设计—算量—施工全流程数据一体化。

④ 多专业全平台支持，多数据无缝集成。该平台多端全专业支持，适用数维设计软件、Revit、CAD 等多个设计软件，一个平台支持不同类型设计项目。

2）广联达构件坞平台是一个面向工程建设行业的设计资源平台。平台为设计师提供丰富的参数化构件资源，降低工程建设项目的设计建模门槛、提高设计效率。为设计企业沉淀数字资产，提供方法、工具、内容。收录真实品牌的厂家产品信息，为项目中设备、材料的设计选型提供依据。构件库提供海量行业级公共构件资源，通过多样化的手段实现精准、快捷地搜索，支持构件模型、关联图例及其详细数据的快速预览，并可一键布置到项目中。产品库提供丰富的真实厂家产品数据，通过在线产品手册或属性检索快速查找符合平台技术要求的产品，快速获得设计支持。个人网盘支持收藏公共构件和上传、管理个人构件，个人构件上传后可实现构件模型及数据的快速浏览，并支持一键下载或布置。

2.1.2 数维设计基本术语

1. 工作单元

工作单元是承载设计师设计建模工作的基本单位，数维协同平台没有传统意义上"文件"的概念。工作单元是广联达数维建筑设计统一的 BIM 模型称谓，设计师需要通过以工作单元为主体完成本专业设计生产任务。工作单元在项目初始化时需要设置工作单元对应的负责人、专业（建筑、结构、机电），例如，给工作单元设置了建筑专业，那么就只能由数维建筑设计工具端打开对应的工作单元。

例如，一栋房子由多个工作单元组成，一个工作单元又由很多个构件实例组成，不同的构件实例有不同的构件类别；每个构件类别赋予不同的规格尺寸等信息，就形成不同的构件类型（表 2-1）。

表 2-1　构件实例、类别与类型

BIM 模型	构件实例	构件类别	构件类型
实物举例	一栋房子	组成房子的构件，如柱、梁、墙、板、门、窗等	每个构件有不同规格的尺寸，如某个类型的门，有 M0921、M1021 等

数维设计中用来标识对象的大多数术语都是行业通用的标准术语。这里没有 Revit 族的术语，与之类似的，叫作"构件"，这与国内习惯称呼类似，其扩展名是".gac"。

（1）图元

数维设计的基本的图形单元被称为图元。图元有三种，分别是建筑图元、基准图元、视图专有图元。

1）建筑图元。建筑图元是表示建筑的实际三维几何图元，它们显示在模型的相关视图中。建筑图元又分为两种，分别是主体图元和构件模型图元。例如，墙、屋顶等都属于主体图元，窗、门、橱柜等都属于构件模型图元。

2）基准图元。基准图元是指可以帮助定义项目定位的图元。例如，标高、轴网和参照平面等都属于基准图元。

3）视图专有图元。视图专有图元只显示在放置这些图元的视图中，可以帮助对模型进行描述或归档。视图专有图元也可以分为两种，分别是注释图元和详图图元。例如，尺寸标注、标记等都是注释图元，详图线、填充区域等都是详图图元。

（2）类别

类别是以建筑构件性质为基础，对建筑模型进行建模或记录的一组图元。例如，构件类别有门、窗、柱、家具、照明设备等。

（3）类型

每一个构件都可以拥有多个类型。类型用于表示同一族的不同参数（属性）值。例如，某个"单扇平开门.gac"包含"800mm×2100mm""900mm×2100mm""1000mm×2100mm"等不同的类型。

（4）实例

实例是放置在项目中的实际项（单个图元）。

2. 交付单元

在项目交付模块中，交付单元作为最基本的模型单位交付给业主、施工单位等设计下游单位，交付单元的内容包括单个工作单元，以及多个工作单元的集成模型。交付单元在资源池创建与维护，并从中选择合适的交付单元加入交付包中，完成交付操作。

3. 账号

（1）企业账号/个人账号

在广联达数维协同设计平台，用户利用本人的手机号可免费申请试用账号，注册并申请的就是广联达（用户中心）企业账号。注意，此时输入的关联此手机号的企业账号用户名（本案例是 jxxy1admin）之后不能修改，因此取名要慎重。同时，系统会开通关联此手机号的个人账号。用户可以前往广联达用户中心对企业账号和个人账号进行管理，在此可对个人账号用户名进行修改（注意：只能修改一次）。

（2）员工账号

由企业账号创建的子账号，也可在广联达用户中心管理与维护。

企业账号一般由企业负责人来管理，可登录企业账号，企业账号拥有最高的功能权限，在企业工作台上可以创建项目，可以给普通账号赋予项目管理员角色，即指派他人登录普通账号对项目进行管理，也可以在个人工作台直接参与到具体项目中。

员工账号和个人账号属于普通账号，普通账号登录协同平台后，不能自己创建项目，只有在被企业账号或项目管理员加入项目后，才可以参与到项目中开始设计工作。

4. 登录

打开任一款广联达数维建筑、结构、机电设计软件或设计协同平台，登录时界面有"短信登录"或"账号登录"两种登录选择。

选择"账号登录"时，可分别输入企业账号、个人账号或员工账号分别对应的用户名和密码，登录对应的企业账号、个人账号或员工账号。特别注意，输入手机号和密码，默认登录的是个人账号。

选择"短信登录"时，输入验证码后，提示该手机关联的多个账号。当需要登录企业账号时，不要选择员工账号或个人账号，要选择对应的企业账号登录，如图 2-1 所示为关联的"jxxy1admin"企业账号。

图 2-1　企业账号登录

2.2　企业级管理

企业账号登录后，单击"前往协同平台"。如图 2-2 所示，设计协同平台包括驾驶舱、工作台、项目、成员、企业资源、标准管理、设置等选项页。

图 2-2　设计协同平台

2.2.1　企业角色与权限设置

在协同平台的"设置"中，企业管理员可以依据企业真实情况对项目角色与权限进行自定义管理（图 2-3）。

数维协同设计
平台企业级管理

角色与权限设置包括企业角色设置和项目角色设置。企业角色，系统初步设置了 3 个角色：企业管理员、外部用户和企业员工；可以根据需要，单击"+企业角色"按钮，添加企业角色。企业管理员为系统默认，名称不能修改，具有所有权限。外部用户名称可以根据需要修改，并设置其权限。一般情况下，外部用户只有"工作台"查看及查看"我参与的项目"的权限。企业员工可以根据需要修改，并设置其权限。一般情况下，企业员工只有"工作台"查看、查看"我参与的项目"、查看"企业资源"的权限。

图 2-3　企业角色与权限设置

2.2.2 工程类型管理

系统初设了房屋建筑、基础建设、工业建设等工程类型；这些初设的工程类型可以删除，其名称可以编辑修改；同时，单击"+工程类型"按钮添加所需的工程类型。每类工程类型下设有多个子类型，可以单击"添加建筑类型"按钮添加所需的工程子类型（图2-4）。本章案例工程是某学生公寓，那么该项目可在"房屋建筑"下添加"宿舍建筑"子类别。在此设置的工程类别，可供后面创建项目时选择。

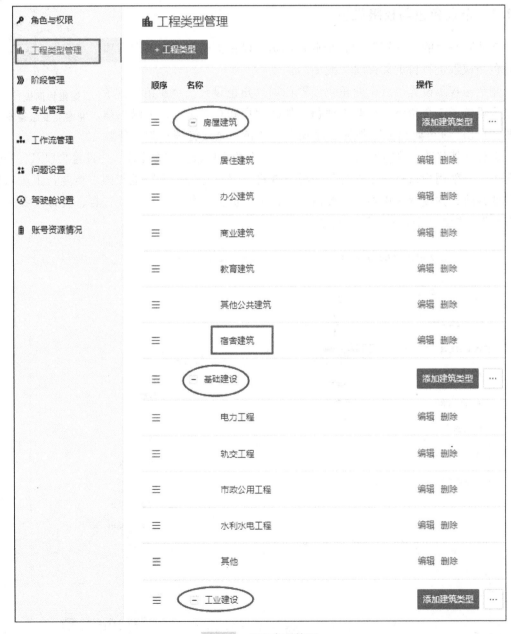

图 2-4　工程类型管理

2.2.3 组织与成员管理

由企业管理员在协同平台"成员"页管理企业组织与成员。在"组织架构"中添加"组织机构",选择"上级组织机构"填写"组织机构名称"和"组织机构编码"。其中,"组织机构编码"在批量导入成员时作为该组织机构的唯一标识,在申请企业账号时设置,设置后不能更改,如"嘉兴学院"标识为"ZJXU"(图 2-5)。"组织机构编码"可以在该组织成员列表页查询并复制。

图 2-5 企业标识

通过多层组织机构的添加,生成组织架构树,最多支持 5 级(含根组织),本书案例工程项目的组织架构如图 2-6 所示。

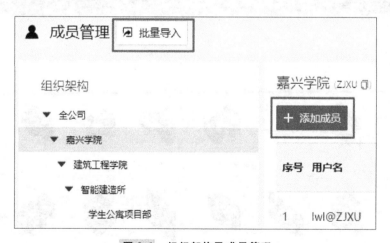

图 2-6 组织架构及成员管理

通过"添加成员"或"批量导入",实现企业成员的单个或批量添加。新添加的企业成员自动获得普通账号(员工账号)。成员管理页支持对企业成员的编辑、企业角色更改;新添加的成员默认角色为企业员工。

"添加成员"完成后,生成的普通账号即可登录协同平台进入可参与的项目,正常进行工作。

2.2.4 资源与样板

1. 企业资源

企业管理员可以对企业级资源进行统一的管理，提高项目的实施效率与设计的标准化，同时通过项目的实施积累，不断对企业级资源进行维护与更新。

企业管理员的操作具体包括：

可将已完成的项目进行资源提取，形成企业级资源模板，进行跨项目复用。

可对资源模板进行发布、删除、重命名等操作，可对已完成的项目按专业提取资源形成模板，如图 2-7 所示。

图 2-7　从项目中提取模板

可查看各模板里的各资源详情，如图 2-8 所示。

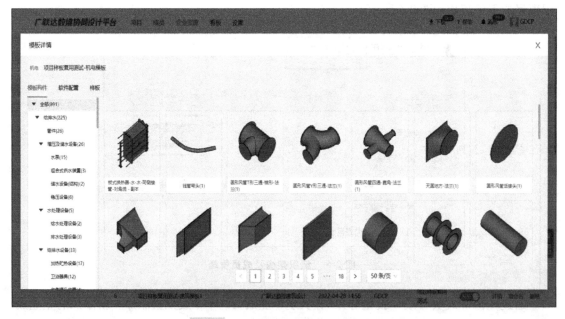

图 2-8　查看各模板里的各资源详情

在项目策划中的项目资源页面，单击模板初始化，可选择企业资源模板进行快速填充项目资源。

2. 样板库

通过企业样板，可以实现不同项目间的样板复用。企业管理员可对样板目录进行编辑，包括新建、重命名、删除、拖动目录，企业管理员可对样板进行发布、禁用、删除、版本管理等操作，如图 2-9 所示。

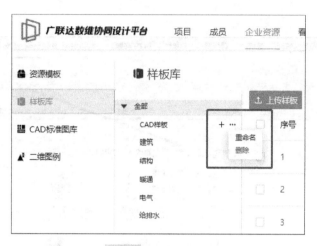

图 2-9　样板的管理

3. CAD 标准图库

对企业标准 DWG 文件进行集中管理，如图框、节点图等，在 CAD 端进行插入使用，提高 CAD 出图效率。企业管理员可对标准图库目录进行编辑，包括新建、重命名、删除、拖动目录，还可对标准图库进行发布、禁用、删除、下载、版本管理等操作。如图 2-10 所示，

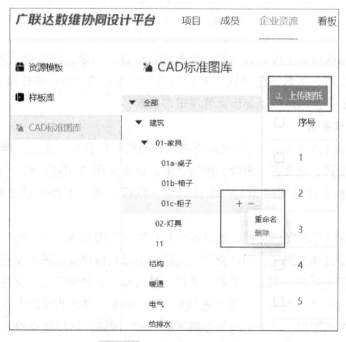

图 2-10　CAD 标准图库管理

单击"上传图纸"按钮，可批量将 DWG 文件上传至对应的目录中；打开数维 CAD 插件，单击"CAD 标准图库"，即可将企业标准工程图插入当前的设计文件中。

4. 族

可在 Revit 端上传构件族至企业族库（图 2-11），形成企业统一标准，在各项目中可直接调用。

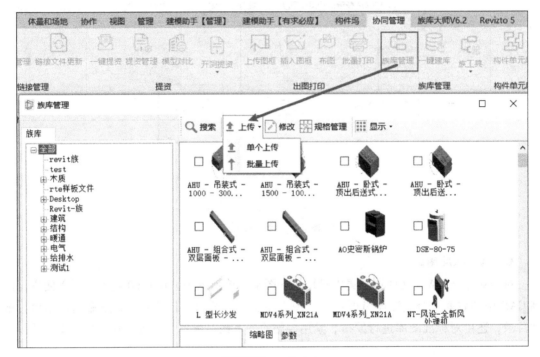

图 2-11　上传族库

当一个族有修改再次上传后，可以在版本管理里查看记录，并支持设置当前使用版本。企业管理员可以发布、下载、删除族操作，发布的族才能在 Revit 端看到并使用。在 Revit 端，可以从左侧云平台族库或顶部族库管理里布置族。

5. 样板及二维图例

通过企业样板（图 2-12），可以实现不同项目间的样板复用。企业管理员可对样板目录进行编辑，包括新建、重命名、删除、拖动目录。目前支持".dwt"和".rte"格式样板文件。数维项目样板支持在项目策划—项目资源—样板界面，支持将项目样板添加至企业库中。

支持用户管理自己的图例资源，满足各用户独特的出图需求。三维构件与二维图例绑定关联关系，可以批量修改图例，用户使用更灵活，不过目前仅支持机电专业图例。企业管理员可以对图例进行重命名、删除、下载、发布、禁用操作，普通员工仅支持查看。可以在数维机电设计软件中选择"通用"→"项目配置管理"，添加或修改构件的电气图例，如需要添加多叶排烟口的电气图例，可单击电气图例下的"+"按钮，然后将企业资源库中的二维图例添加进来。

图 2-12　样板管理

2.2.5　创建项目

企业管理员需要先创建项目，才可以进入项目开始设计工作；企业员工不可创建项目。注意，项目额度根据用户的账号类型不同会有所不同。

单击"项目"→"创建项目"，进入创建项目界面（图 2-13），根据工程的具体情况，在此界面录入相关信息。相关信息可在后期由企业管理员修改。创建项目成功，在首页单击项目即可进入相应的项目。相关信息后期可以更新。

图 2-13　创建项目

2.3 项目级管理

数维协同设计平台
项目级管理

2.3.1 项目策划

在创建项目后，需要经过项目策划，完成工作单元创建、机电配置设置等，工具端才能开始设计工作，项目策划的顺序：项目成员→任务策划→项目资源，另外还可进行模块策划和图框策划。

1. 管理组织与成员

在创建项目后，需要为项目中各角色分配成员并设置相应的权限；在项目内，项目经理、专业负责人具有项目成员模块的查看与编辑权限，其余角色仅可查看的权限。

在项目内，项目经理、专业负责人拥有添加或删除项目成员的权限。由项目经理或专业负责人从企业成员列表中选择人员至项目，在成员列表中修改具体成员的项目角色，系统允许同一成员同时担任多项目角色。

项目角色分为默认项目角色和自定义项目角色，其中，默认项目角色不可编辑，自定义项目角色用于支持用户的特殊需求。系统初设 6 个项目角色：项目经理、专业负责人、业主方、设计师、校对人、审核人。其中，项目经理、专业负责人、业主方为系统默认项目角色，默认项目角色及其对应的查看权限不可更改，只可编辑修改角色名称（除非项目确实需要，建议不要修改）。另外 3 个角色（设计师、校对人、审核人），系统初设了其权限，企业管理员可以根据项目的需要，删除或增加其他项目自定义角色。

在平台默认项目角色不能满足使用需求的情况下，企业管理员可以自定义新增项目角色，并定义该项目角色在项目中的模块查看权限。

单击"添加角色"按钮，填写新增角色的名称，勾选新增角色在项目中可查看的模块，单击"√"即可完成添加。单击角色操作栏的"编辑"按钮，可编辑当前角色的名称、可查看的项目模块。单击角色操作栏的"删除"按钮，可删除当前角色。需注意：自定义项目角色在项目中已被应用时，"删除"按钮将不再显示；也就是说，若某个自定义角色已经在项目中应用了，则该角色不能被删除。

角色在项目中的应用。例如，项目角色"BIM 工程师"，企业管理员勾选了"浏览器、工作单元、文档、问题、提资、校审、归档、交付、看板"模块的查看权限。在"学生公寓 5#楼"项目中，项目成员"hcl"被赋予"BIM 工程师"项目角色，那么用户"hcl"登录该项目时，就只能看到"浏览器、工作单元、文档、问题、提资、校审、归档、交付、看板"模块，看不到没有赋权的"项目策划、进度计划"模块。需注意：当项目成员有多个角色时，该成员的模块查看权限取各个角色的合集。项目角色与权限设置如图 2-14 所示。

根据工作需要，将"设计师"角色细分为"建筑设计师""结构设计师"和"机电设计师"。为此，将"设计师"的角色名称修改为"建筑设计师"，权限不变；再增加"结构设计师"和"机电设计师"两个角色，权限与"建筑设计师"相同。最后有 9 个角色，如图 2-15 所示。

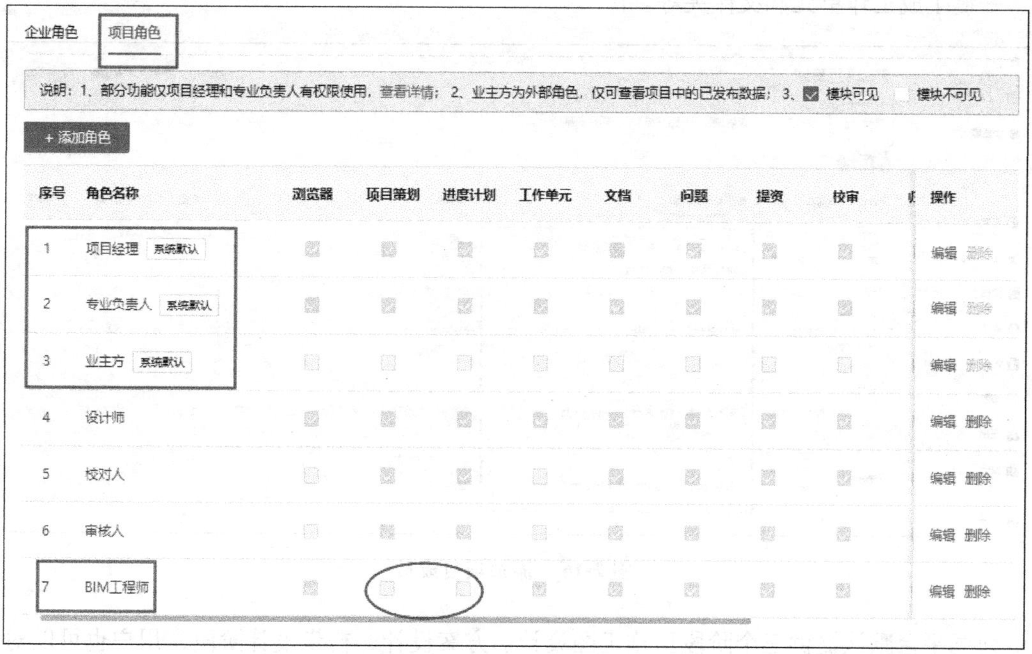

图 2-14　项目角色与权限设置

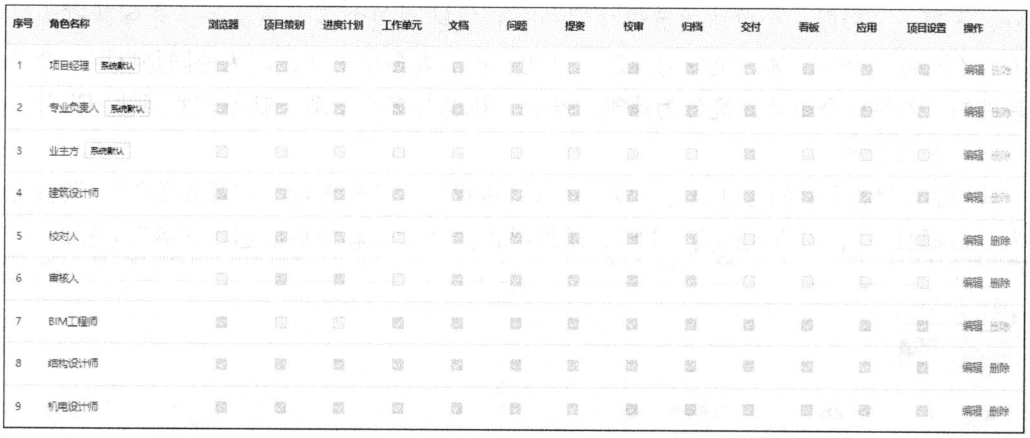

图 2-15　新增项目角色

　　项目角色与权限设置完成后，单击"项目"选项页，再选择"学生公寓 5#楼"项目，进入"学生公寓 5#楼"项目的设计协同平台，添加该项目的成员。在添加时，同时指定该成员在项目中的角色（图 2-16）。

　　特别注意：此处的"角色"设置非常重要，特别是"建筑设计师""结构设计师"和"机电设计师"这三个角色，分别对应后面生成"工作单元"打开的数维建筑设计、数维结构设计和数维机电设计软件。

2. 任务策划

　　在从企业组织添加项目成员后，可以进行任务策划：阶段管理、创建子项、分配子项人员、一键生成工作单元和文件夹等。

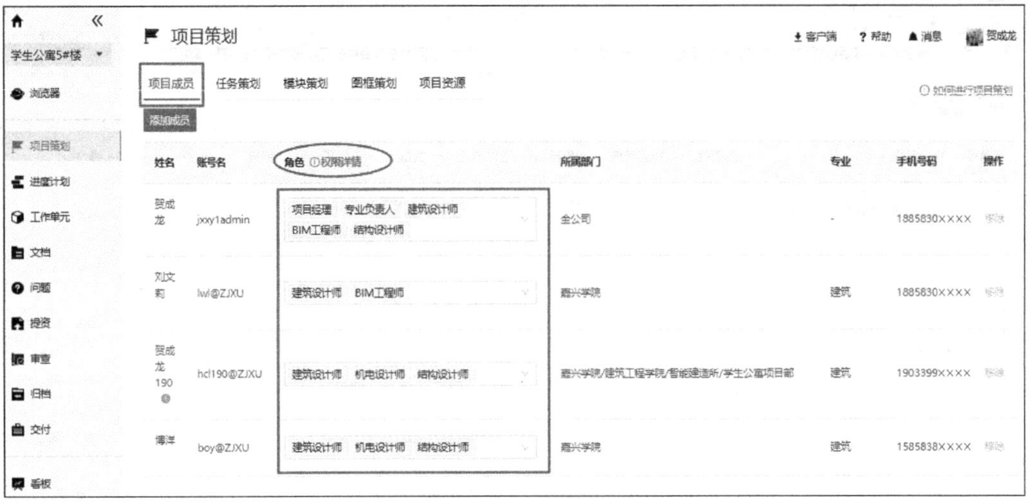

图 2-16　添加项目成员

协同平台默认提供三个阶段：施工图设计、方案设计、初步设计阶段，用户也可以对阶段进行自定义，方便对项目全流程进行管控。创建项目时平台会自动生成施工图设计阶段及下面的总图和1#楼子项。本案例工程为"学生公寓5#楼"，将"1#楼"子项的名称改为"5#楼"子项。一般以一个单体建筑或共用一个完整轴网包含多个单体的综合体建筑为一个子项。不能将一个个单体建筑分为建筑、结构、机电等多个子项，因为协同是以同一个子项为基础的，若将一个单体建筑分为建筑、结构、机电等多个子项，就不能实现协同设计。

（1）阶段管理

现增加项目移交后的运维服务阶段。进入"设置"→"阶段管理"→"添加阶段"，阶段名称设为"后期服务"，阶段代码为"PS"，阶段描述为"项目移交后的运维服务"（图2-17）。

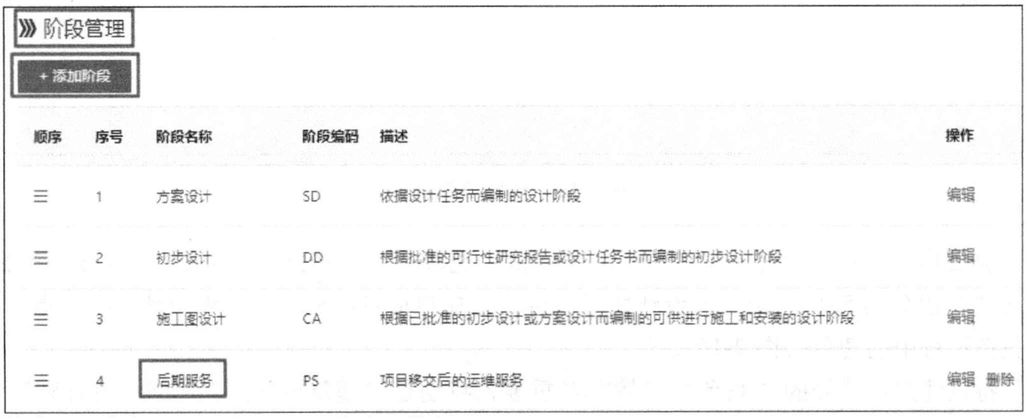

顺序	序号	阶段名称	阶段编码	描述	操作
≡	1	方案设计	SD	依据设计任务而编制的设计阶段	编辑
≡	2	初步设计	DD	根据批准的可行性研究报告或设计任务书而编制的初步设计阶段	编辑
≡	3	施工图设计	CA	根据已批准的初步设计或方案设计而编制的可供进行施工和安装的设计阶段	编辑
≡	4	后期服务	PS	项目移交后的运维服务	编辑 删除

图 2-17　阶段设置

单击"任务策划"→"阶段管理"，在弹出的"阶段管理"对话框，勾选"方案设计""初步设计"和"后期服务"选项，"施工图设计"为系统必选项，结果如图2-18所示。

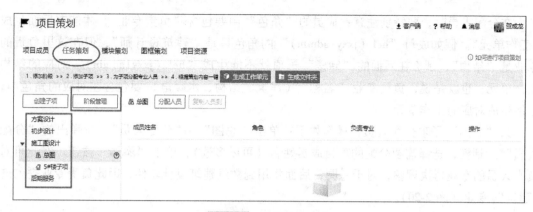

图 2-18　添加任务阶段

（2）创建子项

本章案例工程只有"学生公寓 5#楼"一个单体建筑，前面已经设置了"5#楼"子项，不需要再设子项。若实际项目还有其他单体建筑（如 6#楼），则可单击"创建子项"，输入名称"6#楼"子项，选择阶段进行创建；也可单击"方案设计""施工图设计"等阶段右侧的"+"符号创建该阶段下的子项；子项支持连续创建。协同平台支持引用子项功能，勾选"引用子项"后，该子项无须建模，与被引用子项共用模型。如果 6#楼与 5#楼完全相同，只是在总平面图中位置不同，则"6#楼"子项可引用"5#楼"子项的模型，在创建该子项时，勾选"引用子项"，再选择"5#楼"子项，即可实现（图 2-19）。若 6#楼与 5#楼不完全相同，就不能勾选"引用子项"，也就是 6#楼需要单独建模。

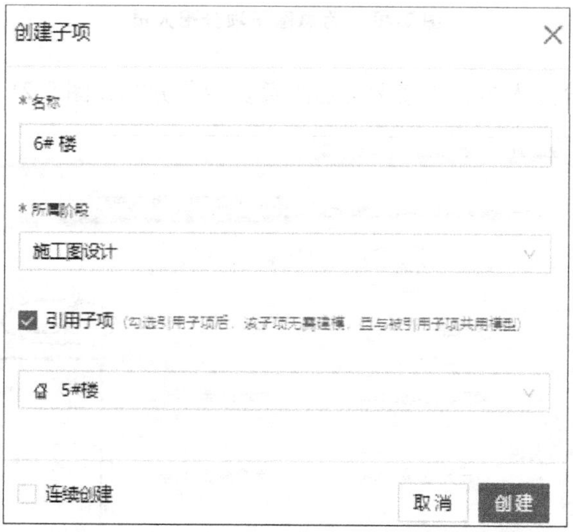

图 2-19　创建子项

（3）为子项分配人员

在对应建好的子项任务中，分配人员，选择负责该子项任务的专业及其负责人员，可批量添加到子项任务中。可对负责人员的专业再次调整，支持移除人员。

在分配人员时，要特别注意：成员的"角色"中要包含"负责专业"，才能在后面生成"工作单元"。假如成员"hcl（jxxy1admin）"的角色只是"建筑设计师"，但在这里负责的专业是"结构"，那么在后面的"5#楼"子项就不能生成"hcl（jxxy1admin）"对应的结构工作单元；也就是说，负责专业"名称"（建筑、结构、水暖电）要包含在对应的角色中，才能生成对应的工作单元。

为"总图"子项分配人员，操作如下：单击"总图"→"分配人员"，在弹出的"分配人员"对话框，选择需要分配的项目成员姓名（可以多选），单击"添加"按钮。在此可对负责人员的专业再次调整，对于总图，后面将用到数维建筑设计软件，因此负责专业需勾选"建筑"专业（图 2-20）。

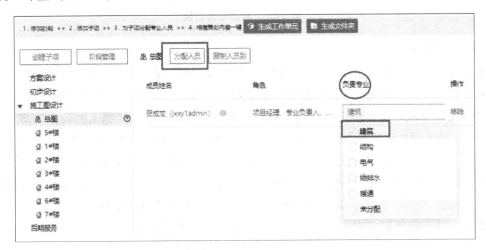

图 2-20　为总图子项分配人员

为"5#楼"子项分配人员。本案例工程的负责专业分配如图 2-21 所示。

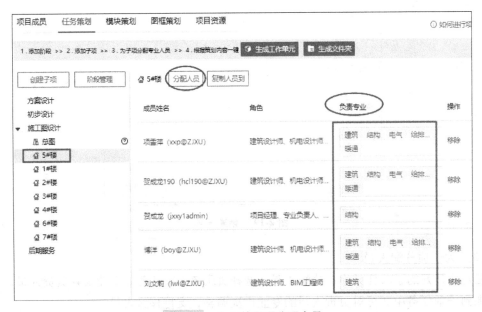

图 2-21　为 5#楼子项分配人员

根据项目的实际情况和需要，一个成员可以分配到多个子项，一个子项也可以分配多个成员。若某个子项分配的人员错了，可以删除后重新分配。

对于"6#楼"子项，由于引用了"5#楼"子项，所以不需要也不能给"6#楼"子项分配人员（图 2-22）。

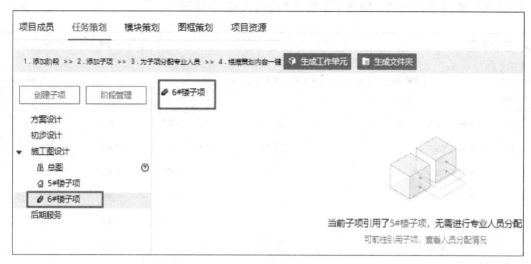

图 2-22 不能给引用了其他子项的子项分配人员

（4）根据策划内容生成工作单元

在分配工作单元前，项目成员没有可以操作的项目，如图 2-23 所示。

图 2-23 分配工作单元前的登录界面

　　为此，需要给项目成员分配工作。单击"生成工作单元"，弹出"将根据策划内容，为您在'工作单元'自动创建工作单元，是否继续？"对话框，单击"继续"按钮，可一键为对应设计师角色在"工作单元"页创建分组与工作单元，快速完成任务的分工（注意：只会生成施工图设计阶段下的子项工作单元和总图工作单元）。工作单元名称根据"子项任务-专业-姓名"格式自动生成，5#楼子项的工作单元如图2-24所示。

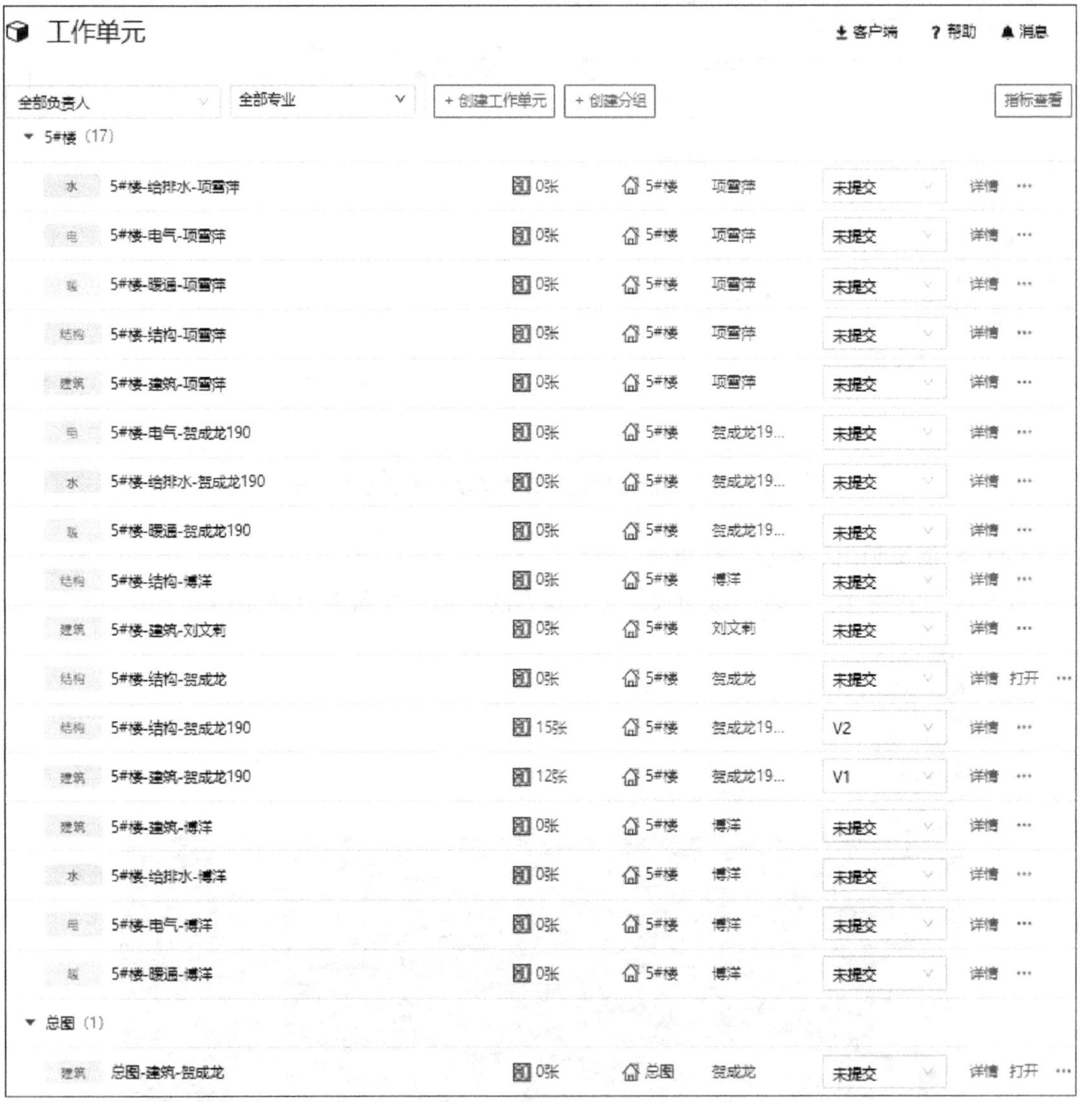

图2-24　5#楼子项的工作单元

　　单击某工作单元后的"详情"，可以看到专业、打开软件、调用样板所属分组、子项负责人等信息（图2-25）。这些信息是系统根据前面的策划自动分配的。除了上传企业样板文件，可选择企业样板外；这些信息可以修改，但不建议修改。

　　本案例工程5#楼项目，项目成员、角色、任务分配负责专业、生成的工作单元等信息汇总见表2-2。加上总图工作单元，共计18个工作单元。

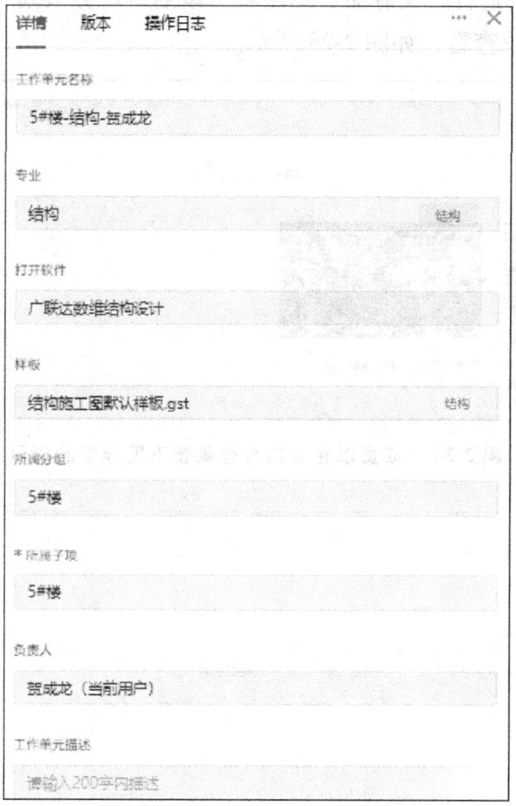

图 2-25　结构工作单元详情

表 2-2　项目成员、角色、负责专业、工作单元汇总表

账号名	角色	负责专业	工作单元
ixxy1admin	项目经理、专业负责人、建筑设计师、结构设计师、结构	结构	结构、总图
hcl190@ ZJXU	建筑设计师、机电设计师、结构设计师	建筑、结构、电气、给排水、暖通	建筑、结构、电气、给排水、暖通
boy@ ZJXU	建筑设计师、机电设计师、结构设计师	建筑、结构、电气、给排水、暖通	建筑、结构、电气、给排水、暖通
lwl@ ZJXU	建筑设计师、BIM 工程师	建筑	建筑
xxp@ ZJXU	建筑设计师、机电设计师、结构设计师	建筑、结构、电气、给排水、暖通	建筑、结构、电气、给排水、暖通

工作单元（模型）分工完毕，各专业设计师（角色）可以登录工具端开始设计工作。注意：成员以企业账号或个人账号登录看不见分配的项目；须用员工账号登录，才能看到对应的项目单元，如图 2-26、图 2-27 所示。注意：一个工作单元只能分配给一个员工负责，一个员工可以负责多个工作单元。

（5）根据策划内容生成文件夹

通过一键生成文档，可以根据项目策划结构快速生成各个阶段的文档目录结构，方便用户对文档和工程图等资料进行归类存储。单击项目策划→任务策划→生成文件夹，自动生成的文件夹可在"文档"里查看，如图 2-28 所示。

图 2-26　成员以企业账号登录看不见分配的项目

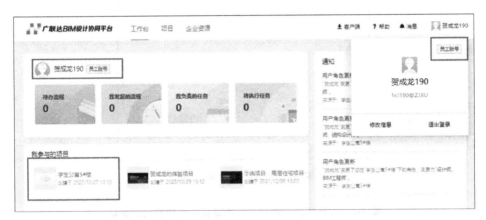

图 2-27　成员以员工账号登录可以看见分配的项目

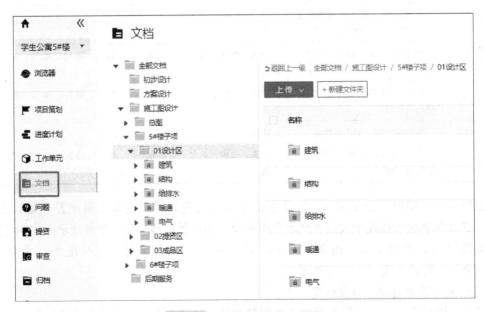

图 2-28　自动生成文件夹结构

3. 项目资源

使用模板初始化，可选择官方提供的建筑、结构、机电专业模板，实现项目构件、样板资源的快速添加。

从公共库中挑选构件放入项目构件库，通过项目构件库统一管理项目所用到的构件。可以添加单个构件至项目构件库，也可以批量选择添加构件至项目构件库。单击构件可查看构件详细信息，划动可查看构件详图（图 2-29）。

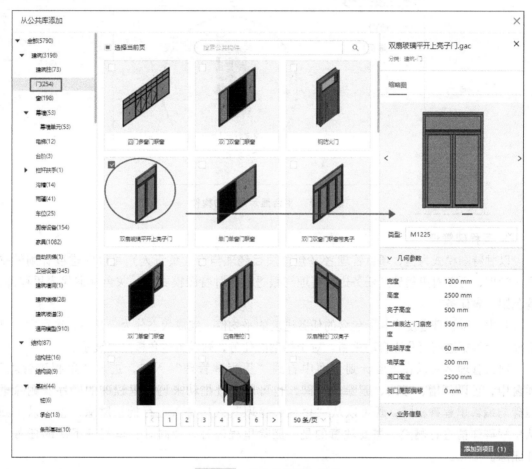

图 2-29　从公共库添加构件

添加后，可以在平台看到所添加的构件，如图 2-30 所示。

2.3.2　进度计划

进度计划可以将规划和执行联系起来，项目管理者可以从上至下地进行任务的分解与派分，并在执行过程中对任务的落地情况进行进度监控。

1. 编制进度计划

协同平台中的进度计划模块，分为甘特图模式与列表模式两种，用户进入进度计划页面后，将默认进入的是甘特图模式。

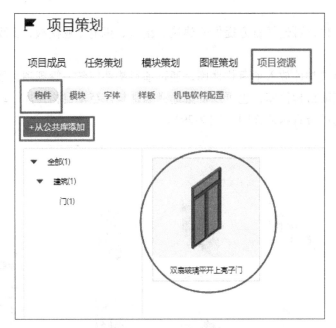

图 2-30 平台显示添加的构件

2. 里程碑管理

以甘特图模式为例，项目管理者（包含项目经理与专业负责人）可以对进度计划做整体的管理，可以对里程碑及任务进行管理与跟进。在甘特图模式中，灰色横道代表里程碑，蓝色则代表任务。

其中，里程碑进度为其所包含的任务进度的平均值，完成状态分为未开始、进行中、已完成，会根据进度百分比自动更新。对于超期的任务，则以黄色角标高亮展示。

项目管理者可以在进度计划页面中看到"里程碑管理"入口，进入"里程碑管理"弹窗中，可以新增、修改、删除里程碑，也可以通过拖动来调整里程碑的顺序。删除里程碑与编辑里程碑相同，既可以从"里程碑管理"入口进入进行批量删除，也可以单独从里程碑详情进行删除。需要注意的是，删除里程碑时，会同时将里程碑下属的任务一并删除。

3. 任务管理

任务可以隶属于某一里程碑，也可独立存在，项目管理者可根据项目真实情况对任务进行合理的划分并指派到项目成员。

1）新建任务。项目管理者可以新建任务，并指派任务的负责人及执行人。新建任务时，可以单击顶部菜单栏的"新建任务"入口进行操作，也可以在里程碑横道图中的"新建任务"入口进行操作。在弹窗中填写任务详情、设定任务时间节点、指派任务负责人与执行人，即完成新建。普通项目成员新建任务后，只能指派任务给自己。

2）编辑任务。项目管理者可以编辑所有的任务内容，里程碑负责人可以编辑所有的下属任务内容，任务负责人可以编辑负责的任务内容。执行人也可以编辑自己参与的任务，但不可更改负责人与执行人。项目管理者、里程碑负责人和任务的负责人可以删除任务。

3）成果关联。在任务详情可以关联工作单元或文档，被关联的文件在成果关联下以列表形式展示，单击文件名称可直接在线查看最新模型或文件。

项目级其他应用在后续章节介绍。根据项目策划的任务分工，由成员"hcl190"来完成数维建筑设计工作单元，成员"hcl"来完成数维结构设计工作单元，并由这两个账号展示协同设计的基本原理。

2.4　空间定位

本章以案例工程项目为例，介绍在初步设计的基础上，利用广联达数维建筑设计软件进行施工图设计的操作。

本例工程为学生公寓 5#楼。根据初步设计可知，该工程为框架结构，地上 6 层，总建筑面积 5257.77m^2，其中架空层建筑面积 304.69m^2，房屋高度 21.67m，房屋平面长度 47.04m、宽度 18.72m，耐火等级二级，预应力离心混凝土空心方桩基础；设 1 部电梯、2 个楼梯。地上一层为架空层，设置健身房、活动中心和值班室等，二至六层，每层设 20 间宿舍（其中，二层设无障碍宿舍 2 间），共计 100 间，每间按 2 类居室（2 人间）设计，每间配有独立的卫生间和淋浴头；每层设有会客空间、公共厨房和洗衣房。

有两种方式打开数维建筑设计软件。

第一种方式：云端打开。成员"hcl190"以员工账号登录协同平台网页端，单击"项目"→"学生公寓 5#楼"→"工作单元"，找到"5#楼子项-建筑"，本人负责的工作单元会显示"打开"按钮，如图 2-31 所示。

图 2-31　从协同平台打开数维建筑设计软件

此时，弹出"打开确认"对话框，提示用户打开前确保本地已经安装广联达数维建筑设计软件，若未安装，需按照"下载"链接安装软件。单击"打开"按钮，弹出"要打开广联达数维建筑设计吗？"对话框，单击"打开广联达数维建筑设计"按钮，启动软件。若之前打开过此软件，对工作单元有修改，就会弹出"提示"对话框，提示从云端打开或者从缓存打开，默认从缓存打开；若选择从云端打开，将同时删除已有缓存。

第二种方式：软件端打开。双击打开广联达数维建筑设计软件，在登录界面，选择"短信登录"，输入短信验证码后，在弹出的关联账号中，选择员工账号登录。登录后，在"我的项目"中，单击选择"学生公寓 5#楼"，进入自己的工作单元，单击"打开"按钮。

2.4.1 坐标及标高

楼层管理

项目下的定位信息，如坐标、轴网、标高等被存储在云端，供项目下的设计师共享和调用。

可在工具软件的相关命令修改、更新项目的定位信息，保持同步。每一个工作单元可使用一套空间定位信息，在初次打开工作单元时进行设置。选择一个子项，单击"确定"按钮。注意：一经选择后，将无法切换。

1. 坐标

不同的子项在项目中具有不同的坐标，用于共享子项在项目中的位置信息。作为总图设计师，可以对项目下所有子项的坐标进行修改，以调整子项的位置。可以通过移动坐标点自由确定子项的坐标。单击"提交项目定位"，将修改提交至云端，项目下的成员均会接收到坐标更新的消息。注意：仅使用了"总图"子项的工作单元可进行此操作，其余子项无此操作。

当项目下当前子项坐标被更新后，可以通过"定位更新"来及时同步最新的坐标。

2. 标高

作为子项设计师，可以对子项下的标高进行修改，对标高进行管控。设计师完成当前子项标高的设计后，需要将标高"提交为项目级标高"，共享给同子项下的设计师使用。如当前工作单元使用的标高产生了更新，设计师需要通过"更新项目级标高"来进行操作，及时获取最新内容。建筑设计师绘制地坪标高，提交后也支持在同一子项建筑专业间协同操作。

根据本案例工程项目施工图"结施—01 桩位图"和"建施—05 1 轴~9 轴立面图"可知，一至六层的建筑层高均为 3.600m；一层的结构层高为 3.56m，二至五层的结构层高均为 3.600m，六层的结构层高为 3.680m。学生公寓 5#楼的标高体系见表 2-3。

表 2-3 学生公寓 5#楼的标高体系

标高名称	建筑标高/m	建筑层高/m	结构标高/m	结构层高/m	面层厚度/mm
女儿墙顶	23.300		23.300		0
建筑高度	21.900	1.400	21.900	1.700	0
屋面结构	21.600	0.300	21.600		0
6F	18.000	3.600	17.920	3.680	80
5F	14.400	3.600	14.320	3.600	80
4F	10.800	3.600	10.720	3.600	80
3F	7.200	3.600	7.120	3.600	80
2F	3.600	3.600	3.520	3.600	80
1F	±0.000	3.600	-0.040	3.560	40
室外地坪	-0.150				
基础顶	-1.000	1.000	-1.000	1.000	0
桩顶	-2.250	1.250	-2.250	1.250	0

　　在打开的数维建筑设计软件任意视图中，单击顶部工具栏"建筑设计"→"楼层管理"，弹出功能主界面（图 2-32）。图中显示背景色为黑色，背景色可以更换。单击"系统设置"→"界面风格设置"，在弹出的界面中有"黑色"和"白色"两种外观，"黑色"为当前默认，选择"白色"，单击"确定"按钮，就换成了白色的外观。

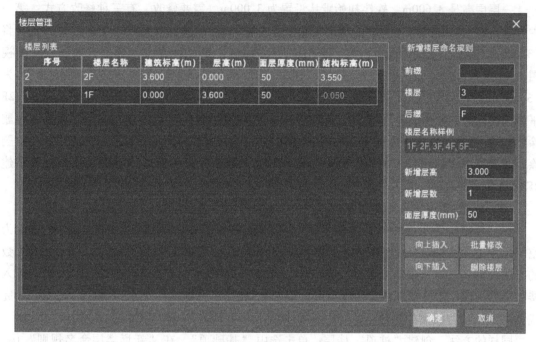

图 2-32　楼层管理界面

楼层管理的相关参数含义见表 2-4。

表 2-4　楼层管理的相关参数含义

参数	参数说明
前缀	创建的楼层名称的前缀，该值控制生成的楼层标高视图的名称
楼层	添加楼层的起始序号
后缀	楼层标高序号后的名称
新增层高	新增楼层每层的高度，是指建筑层高（单位：m）
新增层数	一次添加的层数
面层厚度	新增楼层面层厚度，等于当层的建筑层高与结构层高之差（单位：mm）
向上插入	在左侧列表选中楼层的上方添加楼层
向下插入	在左侧列表选中楼层的下方添加楼层
批量修改	选择多个楼层，批量修改楼层名称
删除楼层	删除左侧列表选中的楼层

　　在"楼层管理"界面（图 2-32）中，软件默认初始层高为 3.0m，面层厚度为 50mm。根据表 2-3 中本例工程的标高值，一层的面层厚度为 40mm，二至六层的面层厚度均

为 80mm。

（1）修改初始值

一层的面层厚度与软件初始默认设置不同，需要进行修改。在"楼层管理"界面的楼层列表中，选中 1F 行，双击面层厚度下的"50"，将"50"修改为"40"。

一层层高是 3.600m，软件初始默认设置为 3.000m，需要修改。有三种修改方式：第一种方式，在"楼层管理"界面的楼层列表中，选中 1F 行，双击"层高"下的"3.000"，将"3.000"修改为"3.600"（注：此处的单位为 m）；第二种方式，双击进入任意立面视图（如东立面），选中 2F 标高线，在"基本属性"对话框中，将标高值修改为"3600"（注：此处的单位为 mm）；第三种方式，删除 2F 行，重新按正确值创建。由于 2F 平面视图已经初始生成，不能在"楼层管理"界面直接删除 2F 行，须在任意立面视图中删除 2F 平面视图：双击进入任意立面视图（如东立面），选中 2F 标高线，按〈Delete〉键删除，或者单击"通用"工具的"删除"命令删除，再在"楼层管理"界面按正确数值创建2F 行。

（2）创建±0.000 以下楼层平面

在"楼层管理"界面，单击选中 1F，在"新增楼层命名规则"中，将楼层参数设为空（即不输入任何值），后缀参数设为"基础顶"，新增层高参数设为"1.000"，新增层数的参数设为"1"，面层厚度参数设为"0"，单击"向下插入"按钮；在弹出的"当前插入楼层会影响项目中已创建楼层的标高值，是否继续？"对话框中，单击"确定"按钮，即完成了"基础顶"楼层的创建。

同样的方法，创建"桩顶"楼层：单击选中"基础顶"，在"新增楼层命名规则"中，将楼层参数设为空（即不输入任何值），后缀参数设为"桩顶"，新增层高参数设为"1.250"，新增层数的参数设为"1"，面层厚度参数设为"0"，单击"向下插入"按钮；在弹出的"当前插入楼层会影响项目中已创建楼层的标高值，是否继续？"对话框中，单击"确定"按钮，即完成了"桩顶"楼层的创建，结果如图 2-33 所示。单击"楼层管理"界面的"确定"按钮，自动生成"基础顶"和"桩顶"平面视图。

修改"基础顶"和"桩顶"标高属性。双击进入任一立面视图（如东立面），选中"基础顶"标高线（图 2-34a），将其属性值"上标头"修改为"下标头"；同样，选中"桩顶"标高线，将其属性值"上标头"修改为"下标头"，结果如图 2-34b 所示；从图 2-34b可见，"基础顶"和"桩顶"的显示位置偏高，可向下移动（移动到对应的标高数值右边）。选中"桩顶"标高线，鼠标左键按住最右边的蓝色方框，往下移动到"-2.250"附近；同样，将"基础顶"移动到"-1.000"附近，结果如图 2-34c 所示。

（3）创建±0.000 以上楼层平面

创建"3F~6F"楼层。根据表 2-3 中的标高数值可知，二至六层的层高都是 3.600m，面层厚度都是 80mm，故可批量创建。在"楼层管理"界面，单击选中"2F"，在"新增楼层命名规则"中，将楼层参数设为"3"，后缀参数设为"F"，新增层高参数设为"3.600"，新增层数的参数设为"4"，面层厚度参数设为"80"，单击"向上插入"按钮，即完成了"3F~6F"楼层的创建。

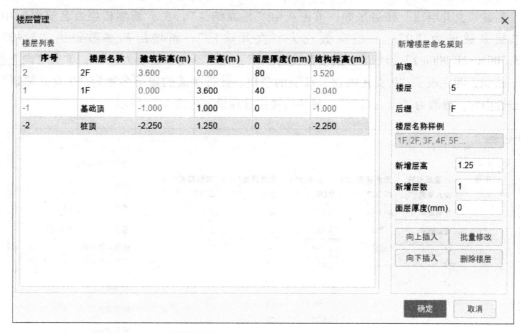

图 2-33 创建 ±0.000 以下楼层平面

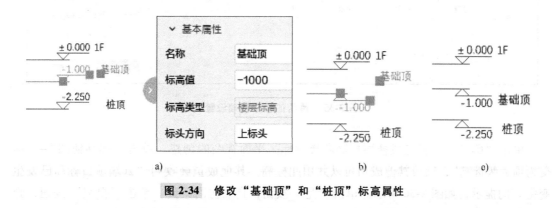

图 2-34 修改 "基础顶" 和 "桩顶" 标高属性

创建 "屋面结构" 楼层。单击选中 "6F"，在 "新增楼层命名规则" 中，将楼层参数设为 "7"（注：向上创建楼层时，不能设为空，即不输入任何值），后缀参数设为 "屋面结构"，新增层高参数设为 "3.600"（特别注意：此处不能输入 3.680），新增层数的参数设为 "1"，面层厚度参数设为 "0"，单击 "向上插入" 按钮，即完成了 "7 屋面结构" 楼层的创建。此时生成的楼层名称为 "7 屋面结构"，双击选中它，修改为 "屋面结构"。

创建 "建筑高度" 楼层平面。单击选中 "屋面结构"，在 "新增楼层命名规则" 中，将楼层参数设为 "8"，后缀参数设为 "建筑高度"，新增层高参数设为 "0.300"（特别注意：此处不需要扣除面层厚度，因为创建 "屋面结构" 楼层的面层厚度为 0），新增层数的参数设为 "1"，面层厚度参数设为 "0"，单击 "向上插入" 按钮，即完成了 "8 建筑高度" 楼层创建。此时生成的楼层名称为 "8 建筑高度"，双击选中它，修改为 "建筑高度"。

创建"女儿墙顶"楼层平面。单击选中"屋面结构",在"新增楼层命名规则"中,将楼层参数设为"9",后缀参数设为"女儿墙顶",新增层高参数设为"1.400"(23.300m-21.900m),新增层数的参数设为"1",面层厚度参数设为"0",单击"向上插入"按钮,即完成了"9 女儿墙顶"楼层的创建。此时生成的楼层名称为"9 女儿墙顶",双击选中它,修改为"女儿墙顶"。最终的楼层管理设置如图 2-35 所示。

序号	楼层名称	建筑标高(m)	层高(m)	面层厚度(mm)	结构标高(m)
9	女儿墙顶	23.300	0.000	0	23.300
8	建筑高度	21.900	1.400	0	21.900
7	屋面结构	21.600	0.300	0	21.600
6	6F	18.000	3.600	80	17.920
5	5F	14.400	3.600	80	14.320
4	4F	10.800	3.600	80	10.720
3	3F	7.200	3.600	80	7.120
2	2F	3.600	3.600	80	3.520
1	1F	0.000	3.600	40	-0.040
-1	基础顶	-1.000	1.000	0	-1.000
-2	桩顶	-2.250	1.250	0	-2.250

新增楼层命名规则

前缀

楼层　10

后缀　女儿墙顶

楼层名称样例

墙顶,4女儿墙顶,5女儿墙顶...

新增层高　1.4

新增层数　1

面层厚度(mm)　0

向上插入　批量修改

向下插入　删除楼层

确定　取消

图 2-35　最终的楼层管理设置

单击"确定"按钮完成楼层标高和楼层标高平面视图的创建。单击"标高协同"→"提交为项目级标高",项目其他成员可以共用此标高。其他成员会收到"云端项目标高已发生变化"的提示,如图 2-36 所示。单击"是"按钮,自动协同得到。单击"提交"按钮,弹出"提交工作单元"对话框,其中"模型"是必选项,如图 2-37 所示。

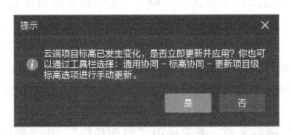

图 2-36　项目其他成员收到的标高更新提示

注意:要像前面介绍的操作那样,先单击"通用协同"→"标高协同"→"提交为项目级标高";再单击"提交"按钮,提交工作单元。否则,会弹出图 2-38 所示的提示。

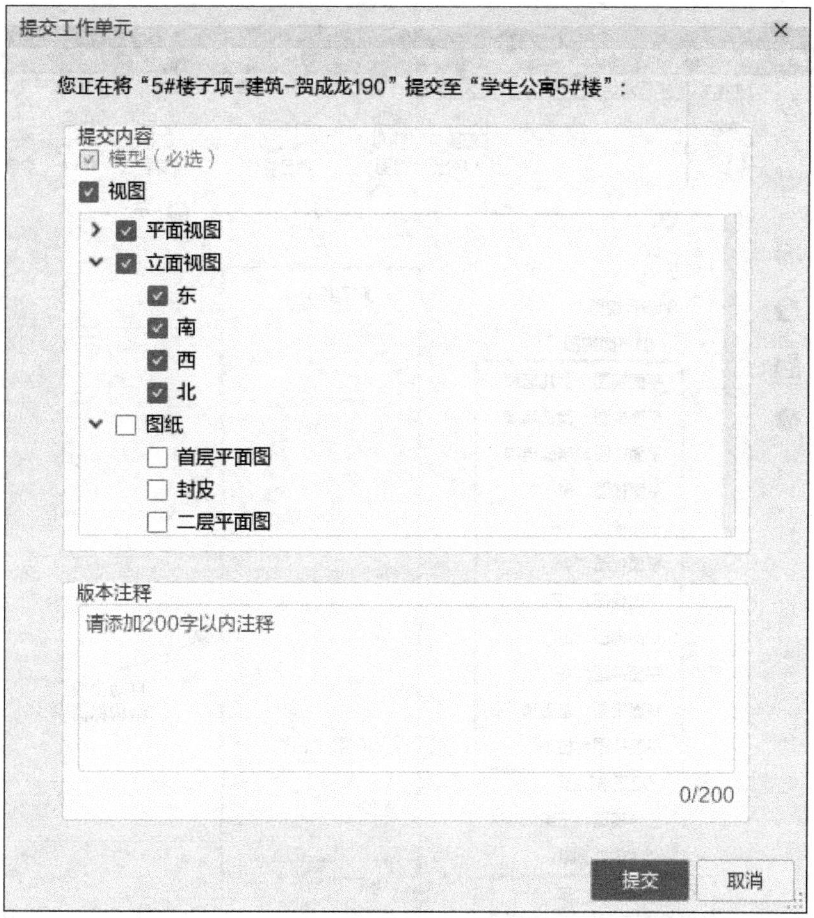

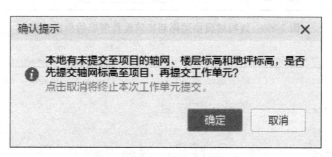

图 2-37　提交工作单元

图 2-38　提交提示

　　提交后，通过云协同，其他成员就能得到该成员创建的楼层标高系统，负责结构工作单元的成员通过云协同平台收到负责建筑工作单元成员创建的标高系统，并且自动设置为结构标高体系，如图 2-39 所示。

　　若不勾选相应的视图，本人协同平台看不到楼层平面视图和立面视图（图 2-40）；若勾选相应的视图，本人协同平台可以看到楼层平面视图和立面视图（图 2-41）。对于其他成员，由于目前只创建了标高系统，是否勾选，结果是一样的。

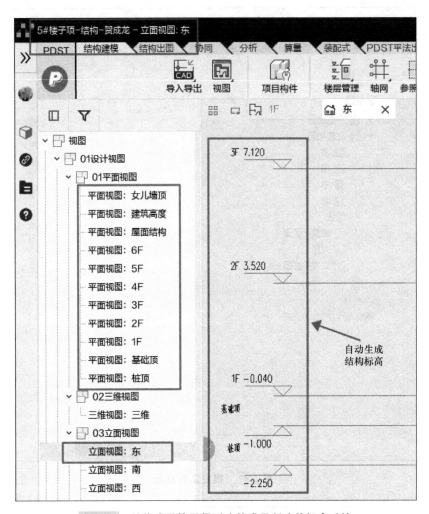

图 2-39　结构成员协同得到建筑成员创建的标高系统

图 2-40　协同平台没有相应的视图

（4）地坪标高

打开要添加地坪标高的剖面视图或立面视图（如东立面视图），单击顶部工具栏的"建筑设计"→"楼层管理"→"地坪标高"，将光标放置在绘图区域之内左侧标高线下方附近，移

图 2-41　协同平台生成了相应的视图

动光标，当出现与上部标高对齐的淡蓝色虚线后，单击确认，绘制参照标高的起点，通过水平移动光标预览标高线的终点，当标高线达到合适的长度时（即出现与右侧上部标高对齐的淡蓝色虚线后），单击确认，完成此标高线的绘制。在创建地坪标高的同时，默认创建地坪标高视图；单击绘图区域可以继续绘制地坪标高，按〈Esc〉键结束该命令。选中刚才的绘制标高线，将"基本属性"对话框中的"名称"栏修改为"室外地坪"，"标高值"栏修改为"-150"。地坪标高可上传为项目级标高。

2.4.2　轴网

子项设计师可以对子项下的轴网进行修改，对轴网进行管控。

双击平面视图"1F"，进入"1F"。单击"轴网"→"批量创建轴网"，进入轴网创建界面。有正交轴网和辐射轴网两大类。本例工程项目是正交轴网，在正交轴网界面，横向轴网的轴间距值（单位为 mm）为进深尺寸，纵向轴网的轴间距值（单位为 mm）为开间尺寸。

（1）横向轴线参数设置

首先选中轴号 B 后面的数值"3000"，修改为本例工程项目的数值"1280"；然后在"添加值"内输入"7200"，单击"添加轴线"，生成轴线 C；在"添加值"内输入"2540"，单击"添加轴线"，生成轴线 D；同样，在"添加值"内输入"7200"，单击"添加轴线"，生成轴线 E；在"添加值"内输入"1280"，单击"添加轴线"，生成轴线 F。横向轴线参数设置完毕。

（2）纵向轴线参数设置

首先选中轴号 2 后面的数值"3000"，修改为本例工程项目的数值"3600"；然后在"添加值"内输入"7200"，单击"添加轴线"，生成轴线 3；在"添加值"内输入"7200"，单击"添加轴线"，生成轴线 4；同样的方法，生成最后的纵向轴线 9。轴线参数设置如图 2-42 所示。

图 2-42　本例工程纵横向轴线参数设置

（3）轴网定位

放置锚点，选择"坐标"。单击"确定"按钮，进入"1F"平面视图，将放置锚点（即本例工程项目左下角 1 轴与 A 轴的交点）与 5#楼子项项目基点（即 1F 平面视图中的 *XY* 坐标原点）重合，单击确认，完成放置本例工程项目的轴网，如图 2-43 所示。

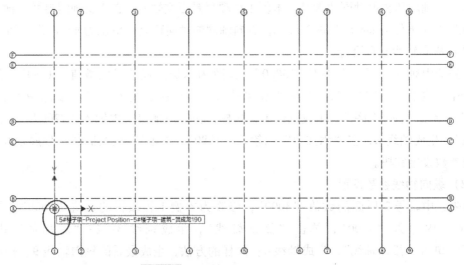

图 2-43　轴网锚点与坐标原点重合

（4）提交项目级轴网

当对子项下的轴网进行了创建或修改后，需要将轴网"提交为项目级轴网"，共享给同子项下的设计师使用。例如，负责结构的成员从协同平台自动获得轴网（图 2-44）。

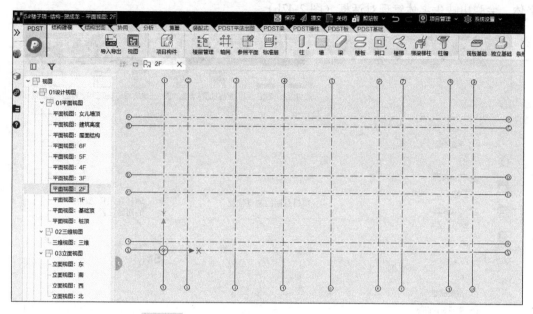

图 2-44　结构专业协同得到建筑专业创建的轴网

如当前工作单元使用的轴网产生了更新，需要通过"更新项目级轴网"进行更新，及时获取最新内容。

2.4.3　总图导入与定位

总图导入与定位

根据项目策划，总图子项，只有项目负责人才有权限操作。项目负责人以企业账号登录设计协同平台，从工作单元的"总图"子项打开数维建筑设计软件，进入 1F 平面视图。在此视图中，可以看到项目总图的基点位置（假设为 A 点）和学生公寓 5#楼在项目总图中的初始位置（假设为 B 点），如图 2-45 所示。其中，A 点是基点，不能移动；B 点需要移动到项目总图的具体位置，即此处为 5#楼在项目总图中的具体位置。

打开该项目的 CAD 版总图，找到用地红线左下角的角点，假设为 C 点，其坐标为（$X = 2090.390$，$Y = 67295.397$）；找到学生公寓 5#楼左下角所在的位置，假设为 D 点，其坐标为（$X = 2170.952$，$Y = 67391.770$），如图 2-46 所示。

接下来要做的工作：先将 CAD 总图导入数维协同设计平台，并将 C 点移动到 A 点；再将 B 点移动到 D 点。注意：移动的顺序不能颠倒。

单击"通用协同"→"导入"→"导入图纸"，找到本例工程项目的 CAD 总图打开，弹出"导入设置"对话框，设置如图 2-47a 所示。其中，"图层/标高"有可见和全部两个选项，一般选择"可见"选项，表示将 CAD 总图中可见部分导入软件；若选"全部"，由于

CAD总图很大，有可能超过软件的"10km"总量控制，而导入不成功；"定位"的下拉菜单有4个选项：自动中心、手动中心、自动原点、手动原点，为方便操作，一般选择自动中心，表示以可见部分为中心导入，之后再进行微调。单击"确定"按钮保存。若缺失部分字体，会弹出缺失字体管理对话框（图2-47b）。

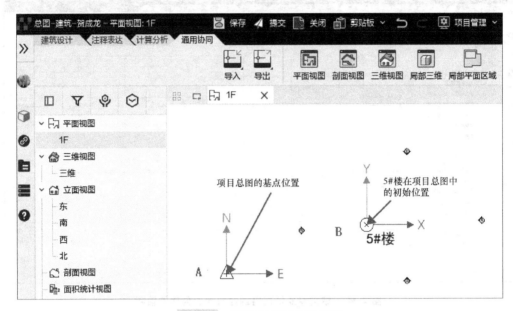

图2-45　总图1F视图初始界面

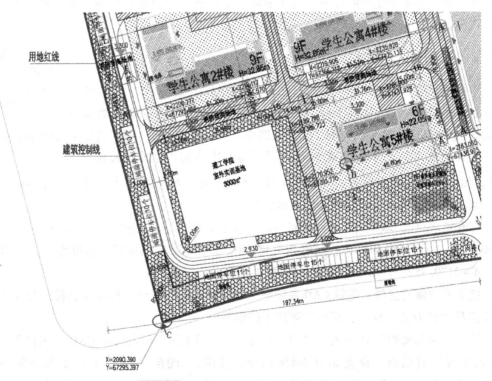

图2-46　项目在CAD版总图中的位置

a)

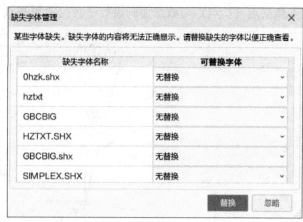
b)

图 2-47　导入设置

下拉选择"可替换字体"与"缺失字体名称"对应的字体，若没有对应的字体，选择"无替换"。单击"替换"（选择了相应的替换字体）或"忽略"（没有选择替换字体）按钮，即可自动导入 CAD 版的总图。*A*、*B*、*C*、*D* 点的位置如图 2-48 所示。

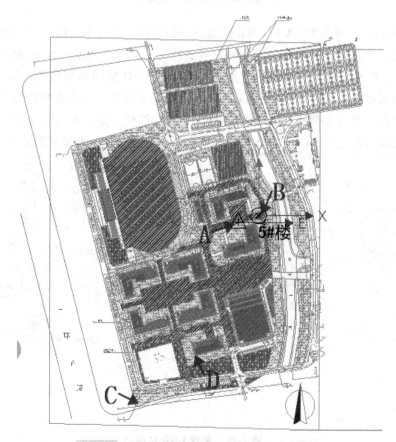

图 2-48　数维协同设计平台中导入 CAD 版总图

选中总图，单击"移动"命令，捕捉到 C 点，再捕捉到 A 点，将 CAD 版总图用地红线左下角交点（C 点）与数维协同设计平台的项目基点（A 点）重合，结果如图 2-49 所示。

X=2090.390
Y=67295.397

图 2-49 *C 点与 A 点重合*

从图 2-49 可见，导入的 CAD 总图正比方向与数维协同设计平台的正比方向还有一个夹角，没有重合；需要将导入的 CAD 总图顺时针旋转一定角度（此项目为 14.66°），使二者重合。操作如下：单击"旋转"命令，单击高亮显示的 CAD 总图外框线选中导入的 CAD 总图（也可以全部框选选中），按空格键或〈Enter〉键确认选择，单击选中旋转中心（A 点），单击选择旋转起始线（左侧的用地红线），顺时针移动旋转一定角度（14.66°）捕捉到协同设计平台项目基点的正北方向（图 2-50a），单击"确定"按钮，结果如图 2-50b 所示。

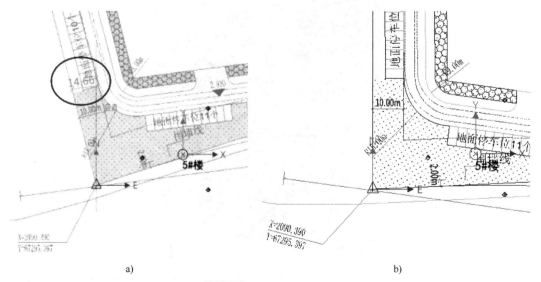

a)   b)

图 2-50 **旋转 CAD 总图**

从图 2-50 可见，协同设计平台中 5#楼的初始位置（前文所述的 B 点）不在 CAD 总图中的正确位置（前文所述的 D 点），须将 B 点移动到 D 点（注：不能反向移动），结果如图 2-51 所示。至此，协同设计平台导入 CAD 总图并定位完成。单击"通用协同"→"项目定位/提交项目定位"；再单击"提交"按钮，在弹出的"提交工作单元"对话框中，勾选"1F"平面视图，版本注释"总图定位"，单击"提交"按钮，完成总图定位并上传至协同设计平台。

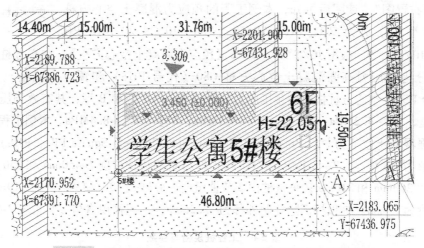

图 2-51　协同设计平台中 5#楼位置与 CAD 总图中的位置重合

从图 2-51 可知，学生公寓 5#楼左下角（前文所述的 D 点）、右下角（假设为 E 点）、右上角（假设为 F 点）、左上角（假设为 G 点）的坐标分别为 D（$X = 2170.952$，$Y = 67391.770$）、E（$X = 2183.065$，$Y = 67436.975$）、F（$X = 2201.900$，$Y = 67431.928$）、G（$X = 2189.788$，$Y = 67386.723$），可以计算出 DE、EF、FG、GD 的距离，与 CAD 总图中的数据进行核对。

以 DE 间的距离为例，$DE = \sqrt{(2183.065 - 2170.952)^2 + (67436.975 - 67391.770)^2}$ m = 46.800m，与 CAD 总图中的数据相同。计算结果见表 2-5。

表 2-5　学生公寓 5#楼占地面积计算　　　　　　　　　　　　（单位：m）

点位	X 坐标	Y 坐标	距离	值
D	2170.952	67391.770	DE	46.800
E	2183.065	67436.975	EF	19.499
F	2201.900	67431.928	FG	46.799
G	2189.788	67386.723	GD	19.500

2.5　桩与基础

基础是建筑物的组成部分，是建筑物地面以下的承重构件，它支撑着其上部建筑物的全部荷载，并将这些荷载及基础自重传给下面的地基。因此，基础的设计必须保证坚固、稳定而可靠。本例工程的基础包含桩和桩承台。

2.5.1 空心方桩构件创建

空心方桩构件创建

本例工程基础类型为预应力离心混凝土空心方桩，桩与基础设计等级为丙级。根据"学生公寓5#楼"工程施工图，找到"结施—01"中"桩位平面布置图"。读图后可知，本例工程的预应力混凝土空心方桩，共两种类型，分别为 ZH1 PHS AB450（260）-10、9 和 ZH2 PHS AB550（310）-10、9。根据 JG/T 197—2018《预应力混凝土空心方桩》，空心方桩按混凝土强度等级分为预应力高强混凝土空心方桩 C80（代号 PHS）和预应力混凝土空心方桩 C60（代号 PS）。空心方桩按有效预压应力分为 A 型、AB 型和 B 型，其有效预压应力值分别是：A 型，3.8~4.2MPa；AB 型，5.7~6.3MPa；B 型，7.6~8.4MPa。本例工程采用的是预应力高强混凝土空心方桩（Prestressed High-strength Concrete Square Pile，PHS），其有效预压应力值为 AB 型，5.7~6.3MPa。ZH1 和 ZH2 方桩的边长分别为 450mm 和 550mm，空心直接分别为 260mm 和 310mm；每根桩由 2 节桩组成，分别长 10m 和 9m，总长 19m；桩顶嵌入承台高度为 50mm。桩顶标高除注明外都为-2.250m。工程桩规格与参数见表 2-6。

表 2-6 工程桩规格与参数

编号	规格类型	受力形式	单桩竖向抗压承载力特征值/kN	桩顶嵌入承台高度/mm	持力层	桩顶全截面进入持力层深度/m	桩数	桩长/m	静载试桩（抗压）		
									编号	荷载/kN	数量
ZH1	PS AB450（260）-10、9	承压桩	1000	50	⑥-1 黏土层	≥3.0	6	19	SZ1	2100	2
ZH2	PS AB550（310）-10、9	承压桩	1300	50	⑥-1 黏土层	≥3.0	93	19	SZ2	2750	2

软件构件库里没有"空心方桩"构件，需要另行创建。此时需要打开广联达数维构件设计软件，进行参数化设计建模。参数化建模优势是：一个模型可实现多个规格切换以满足不同项目应用场景，省去大量重复性工作，提高工作效率。数维构件设计软件可以创建拉伸体、旋转体、放样体、融合体、放样融合和多截面放样。

1）拉伸体，是通过绘制一个封闭的拉伸体端面并给予一个拉伸高度来建模的。可根据绘制的草图轮廓或者已有的轮廓族创建几何形状。

2）旋转体，可创建二维轮廓围绕一根轴旋转而成的几何形体。

3）放样体，可创建沿路径拉伸轮廓而生成的几何形状。可根据绘制的草图轮廓或者已有的轮廓族创建几何形状。

4）融合体，可创建两个平行平面上的二维轮廓融合而成的几何形体。

5）放样融合，可创建两个轮廓沿指定路径融合而成的几何形体。放样融合是结合了放样体和融合体的特点。

6）多截面放样，可创建多个平行平面上的二维轮廓融合而成的几何形体。多截面放样是结合了放样体和融合体的特点。

构件参数化建模的流程：新建文件→创建形体→建立形体组成要素之间的关系（为形体尺寸添加约束)→设置控制参数。

1. 方桩构件创建

空心方桩构件主要涉及 3 个参数：平面的方桩边长、空心直径、竖向的桩长。方桩实例部分可以通过矩形"拉伸体"实现；空心部分可以通过圆形"拉伸体"与矩形"拉伸体"进行"布尔减"实现。

打开广联达数维构件设计软件，单击"新建"下方的"结构构件"（因为桩属于结构构件），在弹出的模板中，选择"点式构件样板文件"打开，另存为"空心方桩"，保存类型为默认"构件（.gac)"。

为便于约束操作，先绘制参照面对方桩平面尺寸进行定位。双击进入"基础标高"平面视图，单击"参照面"，分别以 X、Y 轴为平行线，绘制 4 个参照面（图 2-52a）。单击"拉伸体"→"绘制轮廓"，绘制方式选择"矩形"，在参照面内绘制矩形框（图 2-52b），为方便后面约束操作时捕捉矩形的边，最好不要与参照面重合；若重合了，捕捉边的同时，可能会捕捉到参照面。按〈Esc〉键，退出绘制状态。

单击约束的"对齐"命令，然后单击一条参照面（如最上方的），再单击其附近与之平行的一条边，则这条边与此参照面约束在一起（注意：单击次序不能反了。软件设置的规则是，第一次单击的是需要对齐的对象"参照面"，第二次单击的是被对齐的对象）；重复上述操作，将其他三条边与对应的参照面约束在一起，最后结果如图 2-52c 所示。

在"基本属性"对话框中，将名称"拉伸体 1"修改为"方桩拉伸体"；材质选择"按类别"，同时单击右边的"关联构件参数"按钮。在随后弹出的对话框中，先单击"新建参数"，名称取为"方桩材质"，单击"确定"按钮，再选择参数列表中的"方桩材质"，单击"确定"按钮。先将方桩拉伸体的起始高度由默认的"0.000"修改为一个大于 0 的值，如 50（这样可以让方桩拉伸体上方超出 X 向的水平参照面，以便于后面建立约束时捕捉方桩拉伸体的上边线），将拉伸体的起始高度为默认的"500.000"，修改为一个负数，如"-500.000"。之后单击最上方的"完成"按钮 ✓，结果如图 2-52d 所示。

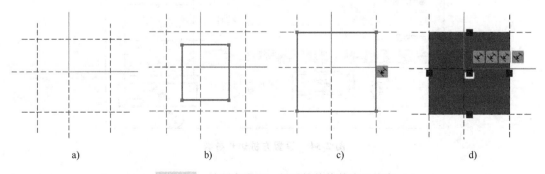

a)　　　　　　　　　b)　　　　　　　　　c)　　　　　　　　　d)

图 2-52　绘制参照面、矩形拉伸体并建立约束

单击约束的"距离约束"命令，依次单击最下面的参照面、X 轴所在参照面、最上方参照面，标注尺寸，按〈Esc〉键，退出标注状态；先选中此尺寸标注线，再单击均等分标

识"EQ"（图 2-53a）。Y 轴所在参照面进行同样的操作。最终结果如图 2-53b 所示。

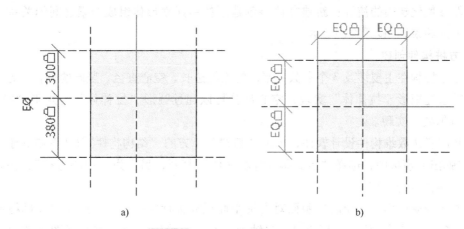

a)   b)

图 2-53　建立参照面的距离约束

X 向桩边长参数设置。单击约束的"距离约束"命令，依次单击最左边的参照面和最右边的参照面，标注尺寸，按〈Esc〉键，退出标注状态；选中此尺寸标注线，在"关联参数"对话框中，单击右边添加参数按钮 f_+^x，在随后弹出的对话框中，输入参数名称为"方桩边长"，单击"确定"按钮，如图 2-54 所示。

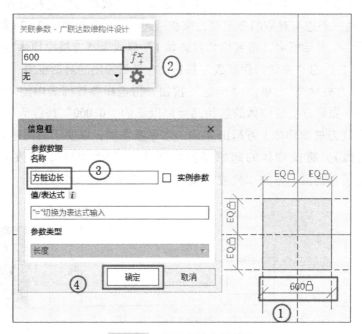

图 2-54　设置方桩边长参数

Y 向桩边长参数设置。同样，单击约束的"距离约束"命令，依次单击最下边的参照面和最上边的参照面，标注尺寸，按〈Esc〉键，退出标注状态；选中此尺寸标注线，在随后弹出的"关联参数"对话框中，单击下拉菜单，选择"方桩边长=600.000"，如图 2-55 所示。

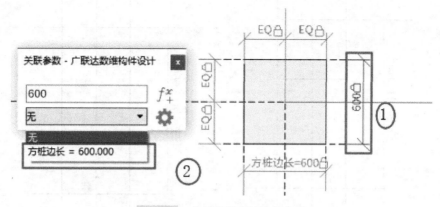

图 2-55　共用设置方桩边长参数

以上这样的设置表明 X 向和 Y 向的桩边长共用一个参数，桩边长大小一样。最终结果如图 2-56a 所示。

若 X 向和 Y 向的桩边长不一样，可以将 X 向和 Y 向的桩边长参数命名不同的名称，就可以实现分别控制，结果如图 2-56b 所示。

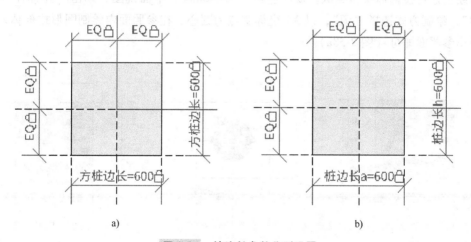

a)　　　　　　　　　　　　　　　　　　　b)

图 2-56　桩边长参数分别设置

双击进入任一个立面视图（如右立面），在方桩拉伸体下方适当位置（不要与拉伸体下边线重合即可，若重合了，不便于后面操作时捕捉此下边线），绘制一个参照面。

单击约束的 "距离约束" 命令，依次单击最下边的参照面和最上边 X 轴参照面，标注尺寸，按〈Esc〉键，退出标注状态；选中此尺寸标注线，在随后弹出的 "关联参数" 对话框中，单击右边添加参数按钮 f^x_+，在弹出的对话框中，输入参数名称为 "桩长"，单击 "确定" 按钮，如图 2-57a 所示。

单击约束的 "对齐" 命令，依次单击最下边的参照面和方桩拉伸体的下边线，则这条边与此参照面约束在一起；这样，实现修改 "桩长" 参数，方桩拉伸体随之变化，最后结果如图 2-57b 所示。

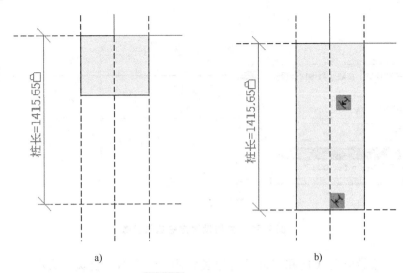

a)   b)

图 2-57   设置桩长参数

2. 空心部分绘制

与绘制方桩拉伸体操作类似。双击进入"基础标高"平面视图，单击"拉伸体"→"绘制轮廓"，绘制方式选择"圆"，以 *XY* 坐标交点为圆心，在参照面内绘制圆形拉伸体，直径以不超出参照面即可（图 2-58a）。

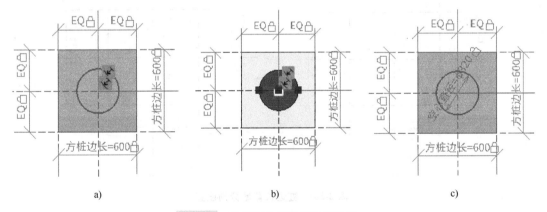

a)   b)   c)

图 2-58   设置空心拉伸体及其参数一

在"基本属性"中，将名称"拉伸体 2"修改为"空心拉伸体"；因为最后是空心的，所以材质可不选择（若建其他构件，需要对材质进行设置，此处可参照方桩部分的材质参数设置）；将空心拉伸体的起始高度由默认的"0.000"修改为一个大于 0 的值，如 100（这样可以让空心拉伸体上方超出方桩拉伸体，以便于后面建立约束时捕捉空心拉伸体的上边线），将拉伸体的起始高度由默认的"500.000"，修改为一个比前面的桩长数值"1415.65"更小一些的负数，如"-1500.000"（这样，让空心拉伸下面体超出方桩拉伸体，以便于后面建立约束时捕捉空心拉伸体的下边线），结果如图 2-58b 所示。

单击约束的"直径约束"命令，将光标移动到"空心拉伸体"的圆形边界附近，显示直径标注数据，单击确认，标注直径尺寸，按〈Esc〉键，退出标注状态；选中此尺寸标注线，在弹出的"关联参数"对话框中，单击右边添加参数按钮 f_+^x，在弹出的对话框中，输入参数名称为"空心直径"，单击"确定"按钮，如图 2-58c 所示。最后单击最上方的"完成"按钮 ✓。注意：要将"空心直径"参数设置后，再单击最上方的"完成"按钮，不能相反，否则无法设置"空心直径"参数；若已经单击最上方的"完成"按钮，而忘记设置"空心直径"参数，可单击最上方的"撤销"按钮 ↰，再进行相关操作。

双击进入右立面视图（图 2-59a），单击约束的"对齐"命令，依次单击最上方的参照面、空心拉伸体最上方的边线，则这条边与此参照面约束在一起（图 2-59b）；重复上述操作，依次单击最下方的参照面、空心拉伸体最下方的边线，则这条边与此参照面约束在一起，最后结果如图 2-59c 所示。

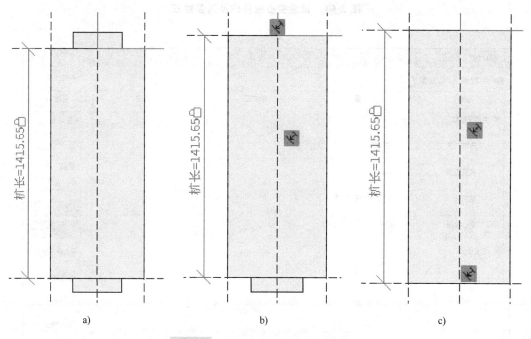

图 2-59　设置空心拉伸体及其参数二

最后进行布尔运算。数维构件设计软件没有"空心拉伸"命令，可利用"布尔减"命令实现对一个实体的扣减。双击进入"基础标高"平面视图，单击"通用工具"的"实体剪切"命令按钮 ⬚（该命令的扣减规则：第一次单击的是被剪切的对象，第二次单击的是用于剪切的对象），先将光标移动到方桩拉伸体附近，当出现"拉伸体：方桩拉伸体"提示（图 2-60a）时，单击确认；再将光标移动到空心拉伸体附近，当出现"拉伸体：空心拉伸体"提示（图 2-60b）时，单击确认，结果如图 2-60c 所示。注：若捕捉拉伸体时，不易捕捉到所需要的对象，可以按〈Tab〉键进行捕捉对象的来回切换。

单击"构件参数"按钮 ▦，可以看到前面参加的参数和参数值（图 2-61）。在这里可以对参数值进行修改，并可在视图里实时显示。通过修改参数和显示，也可以及时反馈构件参数设置是否正确。

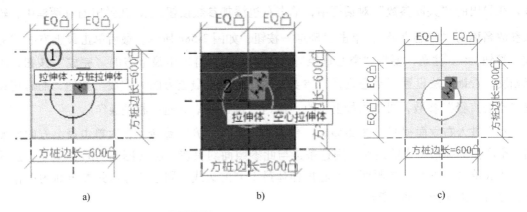

a)   b)   c)

图 2-60　设置空心拉伸体及其参数三

图 2-61　空心方桩参数类型

目前，构件类型名称为默认类型，需创建。单击"构件类型"下面的"新建..."按钮，在弹出的对话框中输入"空心方桩"。将构件类型名称选择为"空心方桩"，单击"确定"按钮。若类型名称输错，可以单击"重命名..."按钮进行修改。

假如将"桩长"的值由原始值"1415.65"修改为"1800"，原来三维显示和修改后的分别如图 2-62a 和图 2-62b 所示，单击"保存"按钮。在后面即可调用此空心方桩构件。

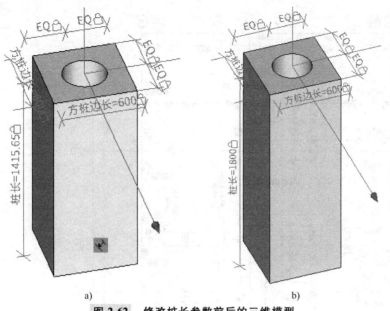

a)　　　　　　　　　　　　　　b)

图 2-62　修改桩长参数前后的三维模型

布置桩 1

布置桩 2

2.5.2　布置桩

因为桩是结构构件，需在数维结构设计软件里布置。负责该项目结构的人员以员工账号登录广联达数维结构设计客户端（为演示协同，此处以 jxxy1admin 企业账号登录，其他账号登录，结果是一样的），双击进入"平面视图：桩顶"。单击"项目构件→添加构件→从本地添加"，找到前面创建的"空心方桩"构件，载入项目中。若空心方桩没有一次布置完整，下一次重新登录软件继续布置时，在此界面搜索关键词"桩"，可以找到前面载入的空心方桩构件，选中该构件，会显示其三维模型、几何参数等信息，结果如图 2-63 所示。

图 2-63　搜索桩构件

接下来，按图 2-64 布置空心方桩 1 和空心方桩 2。

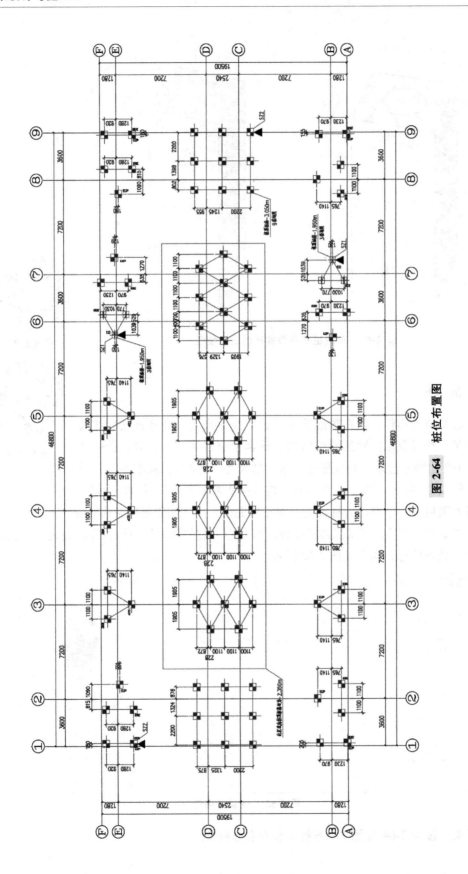

图 2-64 桩位布置图

图 2-64 中，6 号轴线与 E 轴相交处附近的 ACT3 承台下和 7 号轴线与 B 轴相交处附近的 ACT3 承台下各有 3 根 1 号桩，共 6 根；其他的都是 2 号桩，共 93 根。

1. 布置 ZH1 桩

先布置 6 轴与 E 轴相交处附近的 3 根 ZH1 桩。单击"操作"下方的"布置"按钮，进入桩顶平面视图。在 6 轴与 E 轴附近，单击确认放置。选中此桩，单击其属性面板右方的"+"按钮（图 2-65a），在弹出的新建类型中，名称设为"ZH1 AB450（260）-19m"，单击"确定"按钮。在弹出的类型参数对话框中，输入 ZH1 的相关参数：方桩边长为"450"，桩长为"19000"，空心直径为"260"（图 2-65b）。单击"确定"按钮。

a)　　　　　　　　　　　　　　　　　　　　b)

图 2-65　设置 ZH1 的参数值

因这 3 根桩的桩顶标高是 -1.950m，而"桩顶"的标高是"-2.250m"，故此桩的定位信息设置为，底部标高为"桩顶"，底部偏移为"300"。单击"结构出图→尺寸→线性标注"，对该桩进行定位尺寸标注（目前软件版本不能捕捉到桩中心线进行标注，因而捕捉边线进行标注），如发现与桩位图中的定位不一致，再利用"移动"命令，进行准确定位（图 2-66a）。其他 2 根桩，除了 XY 向定位尺寸不同，其他参数与刚布置的桩完全一样。因此先复制这根桩，再用"移动"命令进行准确定位，结果如图 2-66b 所示。

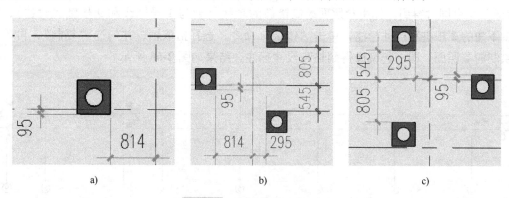

a)　　　　　　　　　　　b)　　　　　　　　　　　c)

图 2-66　布置并定位 ZH1 桩

再布置 7 号轴线与 B 轴相交处附近的 3 根 ZH1 桩。这 3 根桩与前面布置的 3 根桩除了 XY 向定位尺寸不同外，其他参数完全一样。因此可 3 根桩一起，操作采用"镜像"命令（因这 3 根桩与前面的 3 根桩方向相反），最后用"移动"命令进行准确定位，结果如图 2-66c 所示。

2. 布置 BCT2 承台下的 ZH2 桩

先布置左下角的 BCT2 承台下的 2 根桩。复制任一根 ZH1 桩到轴网左下角。选中该桩，单击其属性面板右方的"+"按钮（图 2-67a），在弹出的新建类型中，名称设为"ZH2 AB550（310）-19m"，单击"确定"按钮；在弹出的类型参数对话框中，输入 ZH2 的相关参数：方桩边长为"550"，桩长为"19000"，空心直径为"310"（图 2-67b）。单击"确定"按钮。桩的定位信息设置：底部标高为"桩顶"，底部偏移"0"。再用"移动"命令进行准确定位，结果如图 2-67c 所示。该桩上方的桩与之相比只是 Y 向数值多 2200mm，选中刚布置的桩，利用"复制"命令，并竖直向上移动 2200mm 即布置完成，结果如图 2-67d所示。

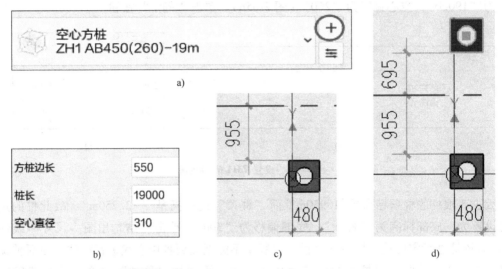

图 2-67　设置 ZH2 的参数值及左下角承台下桩定位

经观察，刚布置在左下角的 2 根桩，与右下角 9 号轴线上的 2 根桩完全对称，故可用"镜像"命令同时得到。先用参照面绘制镜像的轴线（要与 1 号轴线和 9 号轴线对称），框选左下角的 2 根桩和尺寸标注，单击"镜像"命令，选择拾取轴，并勾选"复制"，再单击刚绘制的参照面，即一起镜像得到桩和尺寸标注，结果如图 2-68 所示。

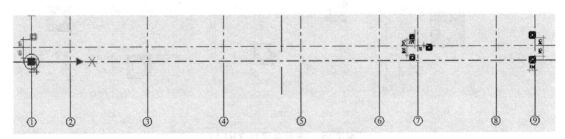

图 2-68　镜像得到右下角 9 号轴线上的桩

3. 布置 BCT3 承台下的 ZH2 桩

先布置 2 号轴线与 A 轴相交附近的 BCT3 承台下的 3 根桩。复制任一根 ZH2 桩到 A 轴与 2 号轴线相交处左上侧附近，对该桩进行尺寸标注，利用"移动"命令，进行准确定位（图 2-69a）。框选选中该桩及其尺寸标注，利用"镜像"命令，得到 2 号轴线右侧的桩（图 2-69b）。选中刚创建的任一桩，先单击"复制"命令，向上移动距离 1905mm；再单击"移动"命令，捕捉桩的中心点，接着捕捉 2 号轴线，单击确认，最后对其进行尺寸标注，最终结果如图 2-69c 所示。

从桩位布置图可知，8 号轴线附近的桩与前面 2、3、4、5 号轴线附近的桩完全一样，可利用"复制"命令创建。选中 5 号轴线附近的 3 根桩，单击"复制"命令；再依次单击 5 号轴线和 8 号轴线（表示将前面选中的对象，从 5 号轴线的位置复制到 8 号轴线间的距离为这两条轴线间的距离 18000mm），再标注相关尺寸。

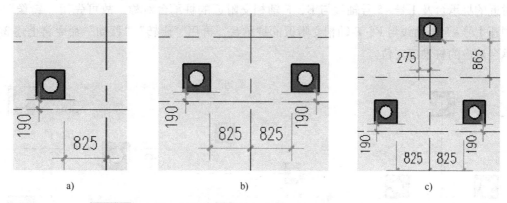

图 2-69　布置 2 号轴线与 A 轴相交附近的 BCT3 承台下的 3 根桩

经观察，3、4、5 号轴线附近的桩与 2 号轴线附近的桩完全一样，开间尺寸都是 7200mm，故可用"阵列"命令一次创建。选中 2 号轴线附近的 3 根桩，单击"阵列"命令；阵列个数为"4"（"阵列"命令中阵列个数包括被复制的对象），移动到选择"第二个"（表示被阵列对象与复制创建的第二个对象之间的距离是后面的设置值 7200mm；若选择"最后一个"，表示被阵列对象与复制创建的最后一个对象之间的距离是后面的设置值 7200mm，即此处是在 7200mm 间等距离创建 3 组对象，也就是说，每组的间距为 7200mm÷3＝2400mm），依次单击 2 号轴线和 3 号轴线（得到间距为 2 号及 3 号轴线之间的开间值 7200mm）；这样 3、4、5 号轴线附近的桩及其尺寸标注，通过"阵列"命令全部复制得到，再标注相关尺寸，结果如图 2-70 所示。

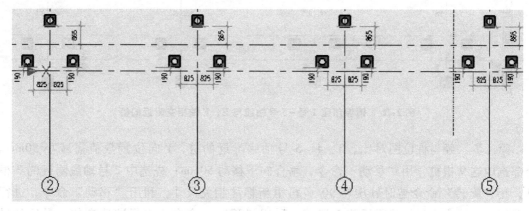

图 2-70　阵列创建 3、4、5 号轴线附近的桩

6号轴线附近的3根桩与前述2、3、4、5号轴线附近的3根桩桩，可综合通过"复制""旋转""移动"命令创建。选中5号轴线附近的3根桩，单击"复制"命令，再依次单击5号轴线和6号轴线，将这3根桩复制到6号轴线（图2-71a）；同时选中这3根桩，单击"旋转"命令，向左（逆时针）旋转90°，任一标注 XY 向各一个尺寸，如图2-71b所示；同时选中这3根桩，单击"移动"命令，先向上移动11500mm，再向右移动1100mm，结果如图2-71c所示。

从桩位布置图可知，除左上角3根桩承台需旋转外，其他1号~5号轴线与A、B轴相交附近的桩承台及1号~5号轴线与E、F轴相交附近的桩承台对称，故可先用"镜像"命令创建1号~5号轴线与E、F轴相交附近的桩承台，再用"旋转""移动"命令将上述3根桩承台对应的桩准确定位。

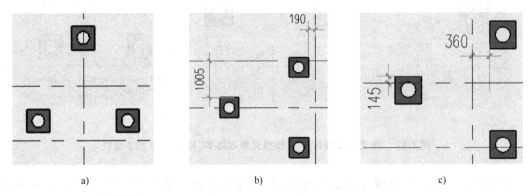

a)　　　　　　　　　　b)　　　　　　　　　　c)

图 2-71　布置2号轴线与A轴相交附近的BCT3承台下的3根桩

第一步，镜像创建得到1号~5号轴线与E、F轴相交附近的桩，并标注相关尺寸，如图2-72所示。

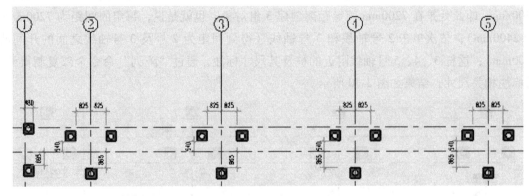

图 2-72　镜像创建1号~5号轴线与E、F轴相交附近的桩

第二步，经与桩位图对比，3、4、5号轴线附近的桩，Y 向位置数值需减小50mm。全部选中这9根桩，用"移动"命令，垂直向下移动50mm；先选中2号轴线附近的3根桩，用"旋转"命令逆时针旋转90°，再重新标注相关尺寸，利用"移动"命令，进行准确定位；选中1号轴线附近的2根桩，利用"移动"命令，进行准确定位。最后结果如图 2-73 所示。

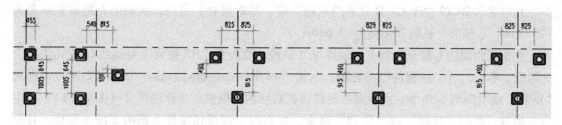

图 2-73　准确定位后的 1 号～5 号轴线与 E、F 轴相交附近的桩

　　第三步，1 号、2 号轴线与 E、F 轴相交附近的桩与 10 号、9 号轴线与 E、F 轴相交附近的桩完全对称。先利用"镜像"命令创建，再标注相关尺寸，结果如图 2-74a 所示。先将 8 号轴线与 E、F 轴相交附近的 3 根桩利用"镜像"命令创建 7 号轴线与 E、F 轴相交附近的 3 根桩，标注相关尺寸，再利用"移动"命令，进行准确定位。最后结果如图 2-74b 所示。

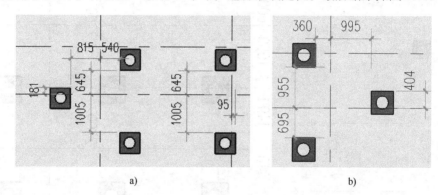

a)　　　　　　　　　　　　　　　b)

图 2-74　布置 7、8 号轴线与 E、F 轴相交附近的桩

　　自此，A、B、E、F 轴线附近的桩全部布置完成，只剩中间 C、D 轴线附近的桩没有布置，如图 2-75 所示。

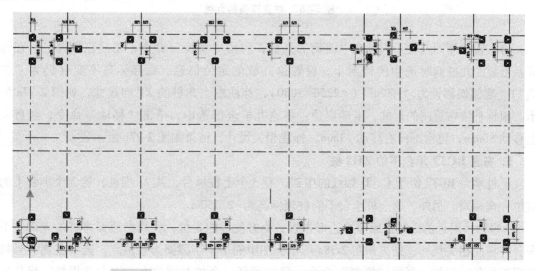

图 2-75　南北两边 A、B 及 E、F 轴线附近的桩全部布置完成

4. 布置 BCT9 承台下的 ZH2 桩

九桩承台 BCT9 位于 C、D 轴线的东西两端，基本对称。另外，西侧的九桩桩顶标高为 -2.250m，东侧的九桩桩顶标高为 -3.050m。

先布置西侧的九桩。复制 1 号轴线与 B 轴线相交处的 ZH2 桩到 1 号轴线与 C 轴线相交处附近，标注尺寸。根据桩位布置图，利用"移动"命令进行准确定位（图 2-76a）；利用"复制"或"阵列"命令，水平向右创建该桩右侧的 2 根桩，并标注尺寸（图 2-76b）；选中这 3 根桩，利用"复制"或"阵列"命令，垂直向上创建该排桩上部的 2 排 6 根桩，并标注尺寸（图 2-76c）。

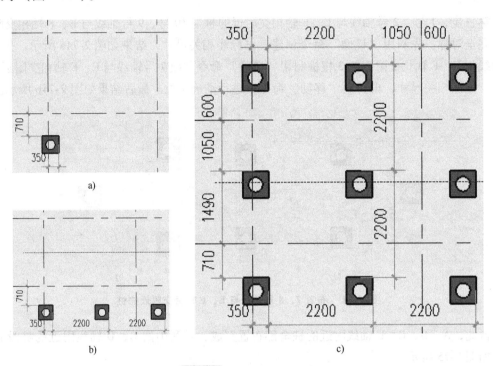

图 2-76 布置西侧的九桩

再布置东侧的九桩。同时选中西侧的九桩，利用"镜像"命令，创建东侧九桩；在保证新创建的九桩同时选中的情况下，设置这九桩的定位信息：底部标高不变（仍为"桩顶"），底部偏移设为"-800"（=2250-3050），标注左上角桩的 XY 向尺寸，如图 2-77a 所示。根据桩位布置图的尺寸，准确定位：将这九桩全部选中，单击"移动"命令，竖直向上移动 80mm，再水平向右移动 73mm，标注相关尺寸，结果如图 2-77b 所示。

5. 布置 BCT7 承台下的 ZH2 桩

七桩承台 BCT7 位于 C、D 轴线的中部，有 3 个七桩承台，共 21 根桩；这 3 个承台下的桩位完全相同。另外，这七桩承台下的桩顶标高为 -2.350m。

3 号轴线附近的七桩。因呈多边形布置，为方便桩的定位，先用参照面将桩位点确定下来，并标注相关尺寸，结果如图 2-78a 所示，图中的 7 个小圆圈为桩位点。选中左侧 2 号轴线附近的任一根桩，利用"复制"命令，复制到任一个桩位定位点；选中这根桩，将其定

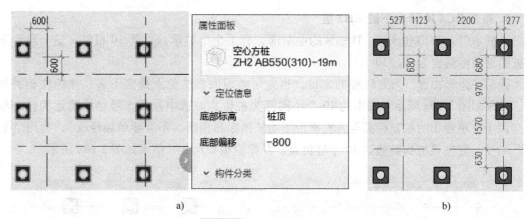

图 2-77　布置东侧的九桩

位信息中的底部偏移值修改为"-100";再选中这根桩,单击"复制"命令,复制该桩到其他 6 个桩位点,并标注相关尺寸,结果如图 2-78b 所示。

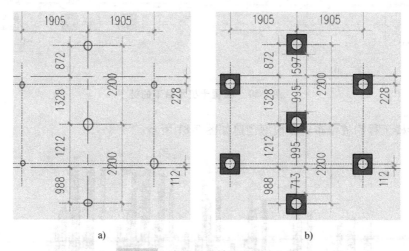

图 2-78　布置 3 号轴线附近的七桩

全部选中该七桩,单击"复制"命令,依次复制得到 4 号轴线和 5 号轴线上的七桩,并标注相关尺寸,结果如图 2-79 所示。

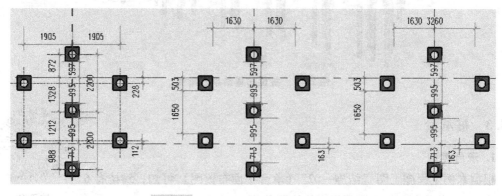

图 2-79　七桩承台下的桩全部布置完成

6. 布置 BCT10 承台下的 ZH2 桩

十桩承台 BCT10 位于 C、D 轴线的中东部，有 1 个十桩承台，共 10 根桩；这个承台下的桩的桩顶标高也为-2.350m。

因呈多边形布置，为方便桩的定位，也先用参照面将桩位点确定下来，并标注相关尺寸，结果如图 2-80a 所示，图中的 10 个小圆圈为桩位点。选中左侧 5 号轴线附近的任一根桩（因十桩承台下的桩顶标高与九桩承台下的桩顶标高相同，不需要单独修改），利用"复制"命令，复制该桩到其他这 10 个桩位点，并标注相关尺寸，结果如图 2-80b 所示。

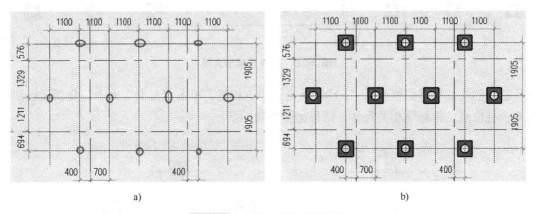

a) b)

图 2-80 布置十桩承台下的桩

整个 5#楼工程的桩位布置及模型创建如图 2-81 所示。

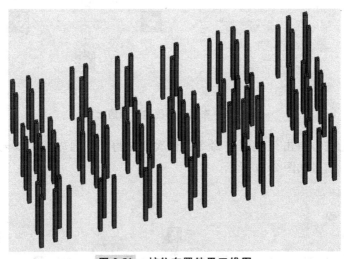

图 2-81 桩位布置结果三维图

2.5.3 桩承台

1. 承台类型

根据本例工程施工图"结施—02"（承台平面布置图）可知，5#楼有 6 种类型共 24 个承台，承台面顶标高除注明外为-1.000m。

桩承台

1）二桩承台 BCT2（4 个）为矩形承台，图 2-82 为 BCT2 承台平面及剖面图。

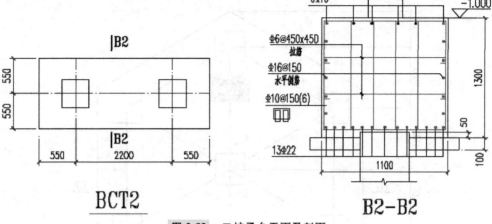

图 2-82 二桩承台平面及剖面

2）三桩承台 ACT3（2 个）和 BCT3（12 个），图 2-83 分别为 ACT3 和 BCT3 承台平面及剖面图。

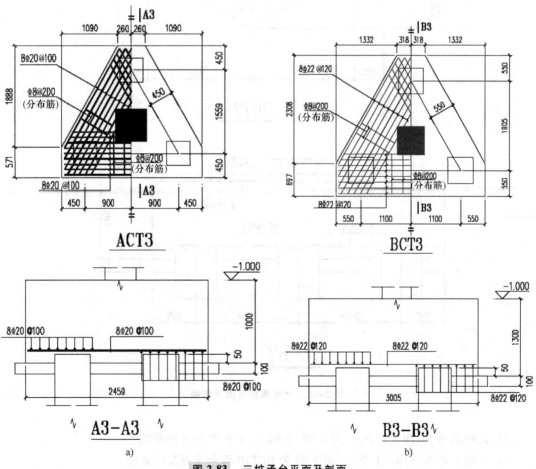

图 2-83 三桩承台平面及剖面

3）七桩承台 BCT7（3 个），图 2-84 为 BCT7 承台平面及剖面图。

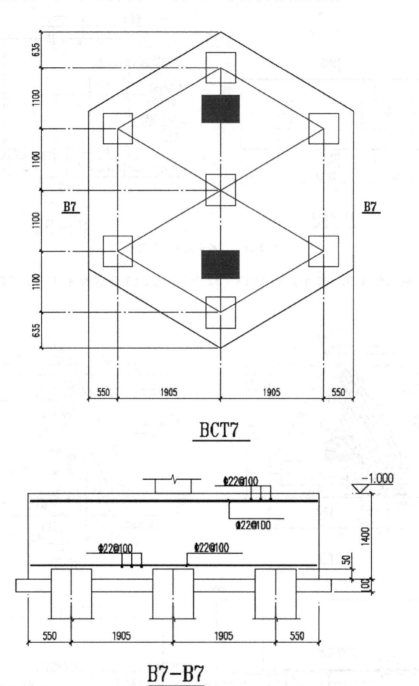

BCT7

B7—B7

图 2-84 七桩承台平面及剖面

4）九桩承台 BCT9（2 个），图 2-85 为 BCT9 承台平面及剖面图。

5）十桩承台 BCT10（1 个），图 2-86 为 BCT10 承台平面及剖面图。

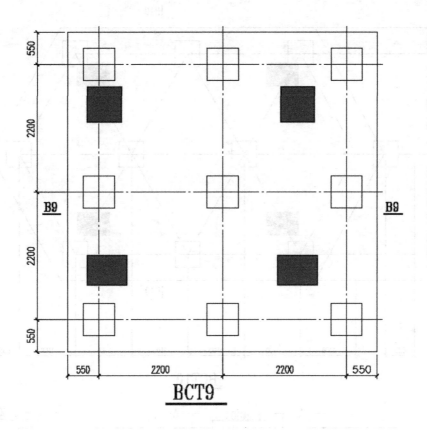

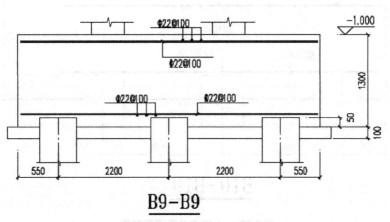

图 2-85　九桩承台平面及剖面

2. 布置二桩承台

双击进入"平面视图：基础顶"界面。二桩承台是矩形承台，因软件自带矩形承台构件，可直接利用。单击"承台基础"，在弹出的属性面板中，单击旁边的"+"按钮，名称取定为"BCT2（3300+1100）-1300"，基本信息中：截面长度为 3300mm，截面宽度为 1100mm，截面高度为 1300mm；表示 BCT2 承台的长、宽、高分别为 3300mm、1100mm 和 1300mm。

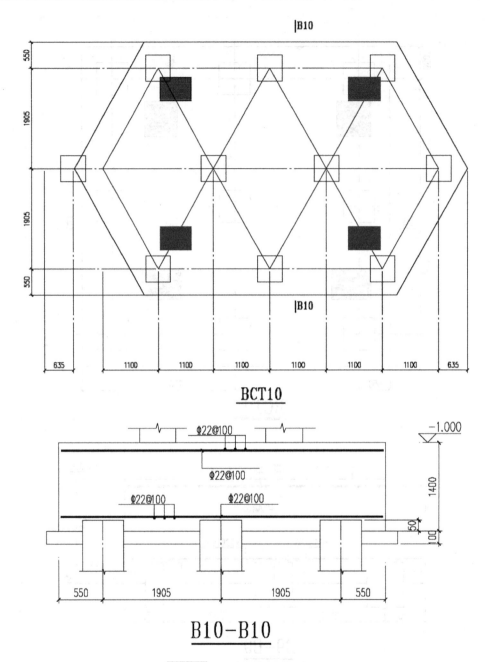

图 2-86　十桩承台平面及剖面

承台 BCT2 分别位于轴网的上、下、左、右四个角处，先布置左上角处。将光标移动到轴网左上角，光标显示承台是水平横向的，施工图是垂直竖向的，按空格键，将承台旋转90°。在 1 轴、F 轴交点附近单击，此承台即布置完成。单击选中此承台，核对其相关信息。所属楼层为"基础顶"，构件编码为"5#—BCT2—04"（从左下角，顺时针，同类型的顺序编码，下同），Z 轴定位线位置为"基础顶部"，顶部标高为"基础顶"，顶部偏移为"0"，保护层厚度为"50"（根据结构设计说明：承台底筋直接支于桩顶，底面保护层厚度为50mm，侧面保护层厚度为40mm，与土接触顶面混凝土保护层厚度为40mm，室内顶面混凝土保护层厚度为 25mm)，混凝土强度等级为"C30"，混凝土抗渗等级为"P6"。软件自动计算出承台体积为 2.102m²。

接下来，对承台进 XY 方向准确定位。根据施工图 X 方向，该承台相对于 1 轴的左右距离分别是 370mm 和 730mm(图 2-87a)；利用测量工具测量，显示承台是相对于 1 轴居中布置的，左、右各 550mm(图 2-87b)；利用移动工作，将该承台向右移动 180mm(= 550mm - 370mm)，结果如图 2-87c 所示。同样的方法，准确定位 Y 向的位置，标注相关尺寸，最后结果如图 2-87d 所示。注意：尺寸标注命令不在"结构建模"界面，具体操作为"结构出图"→"尺寸"→"线性标注"。

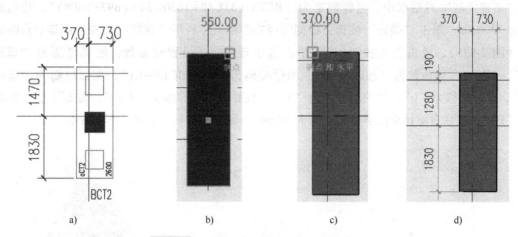

图 2-87　承台 5#—BCT2—04 准确定位过程

用复制方法，得到右上角的承台。将此承台的构件编码修改为"5#—BCT2—03"，其他参数不变。标注其定位尺寸，再用"移动"命令，根据施工图数值进行准确定位，结果如图 2-88a 所示。同样，通过"复制""标注""移动"命令，得到右下角和左下角的承台，构件编码分别为"5#—BCT2—02"和"5#—BCT2—01"，结果分别如图 2-88b 和图 2-88c 所示。

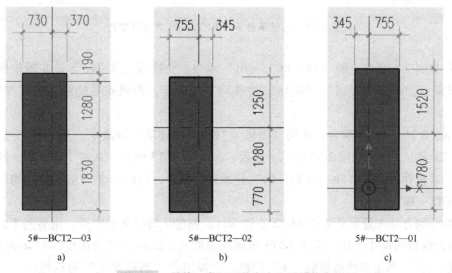

图 2-88　其他三个矩形承台定位后的信息

3. 布置三桩承台

双击进入"平面视图：基础顶"界面。软件只自带矩形承台构件，因此有两种方法绘制多边形的三桩承台。

第一种方法，创建桩承台构件，实现参数化应用。可以参照前面创建空心方桩族的方法创建三桩承台。此处不做介绍。

第二种方法，自定义承台绘制。先在 2 号轴与 B 轴附近，用参照平面，根据 BCT3 承台的截面尺寸信息，绘制 BCT3 承台的参照点（图 2-89a）。

单击"结构建模"→"承台基础"→"自定义承台"，单击属性面板的"+"按钮，在弹出的"新建类型"对话框中，名称取定为"BCT3（318×2+1650×2）×（697+2308）"，截面高度为 1300mm，单击"确定"按钮；根据前面的参照点，利用"直线"命令绘制该承台的轮廓（图 2-89b），单击完成按钮 ✓；单击选中该承台，设置其参数：所属楼层为"基础顶"，Z 轴定位线位置为"基础顶部"，构件编码为"5#—BCT3—01"，顶部标高为"基础顶"，顶部偏移为"0"，保护层厚度为"50"，混凝土强度等级为"C30"，混凝土抗渗等级为"P6"。软件自动计算出承台体积为 8.89mm^3。准确定位后，如图 2-89c 所示。

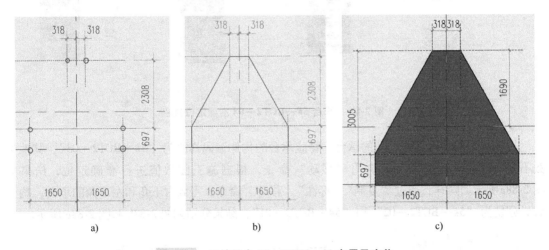

图 2-89　三桩承台 5#—BCT3—01 布置及定位

利用复制 2 轴轴线上的"5#—BCT3—01"承台，快速得到 3、4、5 及 8 轴轴线的同类型 BCT3 承台。利用"复制""旋转""移动"等命令，得到 6 号轴线上的同类型 BCT3 承台。

将 A、B 轴上 BCT3 承台，利用"镜像""旋转""移动"等命令，得到 E、F 轴上的同类型 BCT3 承台，结果如图 2-90 所示。最后，将所有 BCT3 承台，从左下角开始，按逆时针顺序，将其构件编码从"5#—BCT3—01"开始连续编号，最后一个（左上角）构件编码为"5#—BCT3—12"。

用同样的方法布置另外 2 个 ACT3 三桩承台。先在 7 轴与 B 轴附近，用参照平面，根据 ACT3 承台的截面尺寸信息，绘制 ACT3 承台的参照点。单击"结构建模"→"承台基础"→"自定义承台"，单击属性面板的"+"按钮，在弹出的"新建类型"对话框中，名称取定

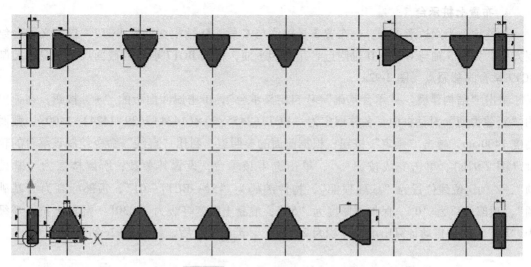

图 2-90　三桩承台 BCT3 布置图

为 "ACT3（260×2+1350×2）×（571+1880）－1000"，界面高度为 1000mm，单击 "确定" 按钮；根据前面的参照点，利用 "直线" 命令绘制该承台的轮廓，单击完成按钮 √；单击选中该承台，设置其参数：所属楼层为 "基础顶"，*Z* 轴定位线位置为 "基础顶部"，构件编码为 "5#—ACT3—01"，顶部标高为 "基础顶"，顶部偏移为 "0"，保护层厚度为 "50"，混凝土强度等级为 "C30"，混凝土抗渗等级为 "P6"。软件自动计算出承台体积为 $4.58m^3$。准确定位后，如图 2-91a 所示。利用 "复制" "旋转" "移动" 等命令，得到 E、F 轴线上与 6 号轴线相交处的同类型 ACT3 承台，结果如图 2-91b 所示。

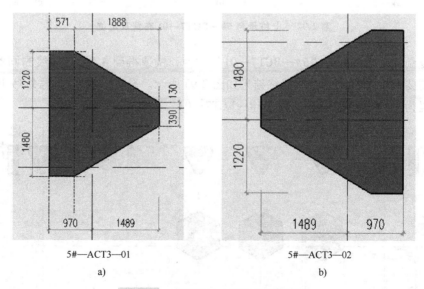

5#—ACT3—01　　　　　　　　　　5#—ACT3—02

a)　　　　　　　　　　　　　b)

图 2-91　三桩承台 ACT3 布置及定位

这种自定义的绘制方法，不能实现参数化应用。如 ACT3 承台和 BCT3 承台，需要分别绘制，而不能通过修改 BCT3 的相关参数得到 ACT3 承台。

4. 布置七桩承台

七桩承台为六边形承台。先布置 3 号轴线与 C 轴、D 轴相交处的 BCT7。自定义承台绘制方法。先在 3 轴与 C 轴、D 轴附近，用参照平面，根据 BCT7 承台的截面尺寸信息，绘制 BCT7 承台的参照点（图 2-92a）。

单击"结构建模"→"承台基础"→"自定义承台"，单击属性面板的"+"按钮，在弹出的"新建类型"对话框中，名称取定为"BCT7（2455×2）×（1424+2629+1424）-1400"，截面高度 1400mm，单击"确定"按钮；根据前面的参照点，利用"直线"命令绘制该承台的轮廓（图 2-92b），单击完成按钮 ✓；单击选中该承台，设置其参数：所属楼层为"基础顶"，Z 轴定位线位置为"基础顶部"，构件编码为"5#—BCT7—01"，顶部标高为"基础顶"，顶部偏移为"0"，保护层厚度为"50"，混凝土强度等级为"C30"，混凝土抗渗等级为"P6"。软件自动计算出承台体积为 28.72m³。准确定位后，如图 2-92c 所示。

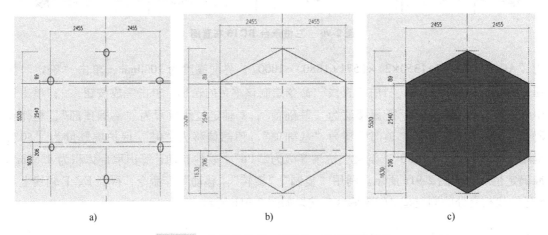

a) b) c)

图 2-92　七桩承台 5#—BCT7—01 布置及定位

利用复制 3 号轴线上的"5#—BCT7—01"承台，快速得到 4、5 号轴线的同类型 BCT7 承台。不需要调整 XYZ 向定位，最终结果如图 2-93 所示。最后，将 4、5 号轴线 BCT7 承台的构件编码为"5#—BCT7—02"和"5#—BCT7—03"。

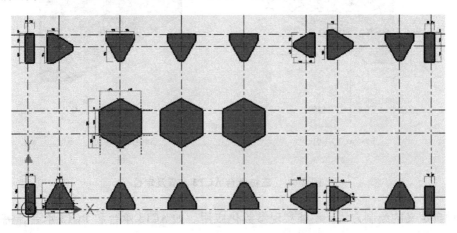

图 2-93　七桩承台 BCT7 布置完成图

5. 布置九桩承台

九桩承台是矩形截面，可直接利用软件的矩形承台布置。九桩承台有 2 个。桩名称为 "BCT9（5500+5500）×1300"，对于 1、2 号轴线与 C、D 轴相交处的 BCT9，设置其参数：所属楼层为 "基础顶"，Z 轴定位线位置为 "基础顶部"，左承台的构件编码为 "5#—BCT9—01"，顶部标高为 "基础顶"，顶部偏移为 "0"，保护层厚度为 "50"，混凝土强度等级为 "C30"，混凝土抗渗等级为 "P6"。软件自动计算出承台体积为 39.33m³。操作过程与前述二桩承台的布置类似，结果如图 2-94a 所示。通过复制 "5#—BCT9—01" 左承台，得到右承台，构件编码修改为 "5#—BCT9—02"，顶部标高为 "基础顶"，顶部偏移为 "−800"，其他设置与左承台一样。再用 "移动" 命令准确定位，结果如图 2-94b 所示。

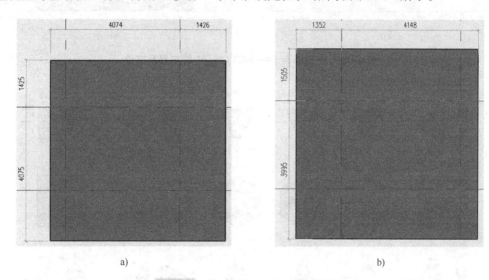

a)　　　　　　　　　　　　　　　b)

图 2-94　九桩承台 BCT9 布置定位图

6. 布置十桩承台

十桩承台为六边形承台，只有 1 个，位于 6、7 轴轴线与 C、D 轴相交处。采用自定义承台绘制方法。在 3 轴与 C、D 轴附近，用参照平面，根据 BCT10 承台的截面尺寸信息，绘制承台的参照点（图 2-95a）。此六边形，实际上是中间一个矩形（其尺寸由参数 "宽" 及 "长" 定义），左右各加一个等腰三角形（其底边长度为矩形的 "宽"，再加参数 "高" 定义），据此设置距离约束参数名称。单击 "结构建模"→"承台基础"→"自定义承台"，单击属性面板的 "+" 按钮，在弹出的 "新建类型" 对话框中，名称取定为 "BCT10（5034+4910）×1418−1400"，截面高度 1400mm，单击 "确定" 按钮；根据前面的参照点，利用 "直线" 命令绘制该承台的轮廓，单击完成按钮 ✓；单击选中该承台，设置其参数：所属楼层为 "基础顶"，Z 轴定位线位置为 "基础顶部"，构件编码为 "5#—BCT10—01"，顶部标高为 "基础顶"，顶部偏移为 "0"，保护层厚度为 "50"，混凝土强度等级为 "C30"，混凝土抗渗等级为 "P6"。软件自动计算出承台体积为 40.35m³。准确定位后，如图 2-95b 所示。

至此，5#楼工程的桩承台全部布置完成，如图 2-96 所示。

切换到 "三维视图：三维"，效果如图 2-97 所示。

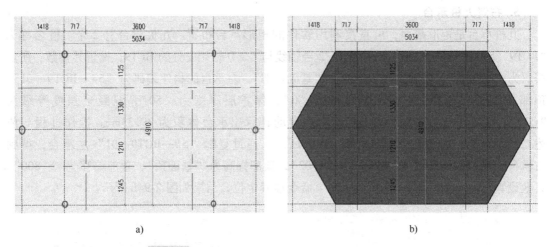

a)　　　　　　　　　　　　　　　　b)

图 2-95　十桩承台 5#—BCT10—01 的布置及定位

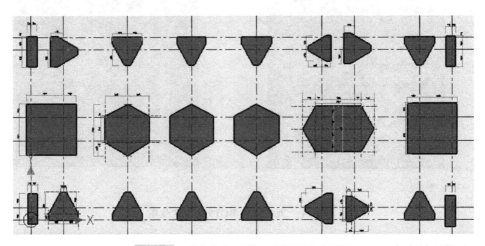

图 2-96　学生公寓 5#楼工程桩承台布置图

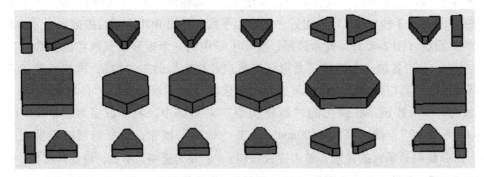

图 2-97　学生公寓 5#楼桩承台三维视图

单击"结构建模"→"轴网"→"轴网标注",可一键对轴网进行规范标注。单击"提交"按钮,在弹出的提交工作单元中,勾选所有平面视图和立面视图,版本注释"桩承台布置完成"。

2.6　协同与分享

建筑专业创建的标高轴网（可以由任一个负责建筑专业的成员创建）可直接提交为项目级标高轴网，子项下的其他成员和专业自动协同标高轴网。其他的图元构件，需要通过协同参照来实现同一子项下不同专业之间的协同参照，以及同一子项下不同成员之间的协同参照。

2.6.1　不同专业之间

同一子项下不同专业之间的协同参照，包括同一成员在其负责的不同专业之间的协同参照和不同成员的不同专业之间的协同。

协同与分享

下面以同一成员在其负责的不同专业之间的协同参照为例，介绍成员"hcl190"在其负责的结构专业（被参照的专业）与建筑专业（参照专业）之间的协同参照。与其他专业之间的协同参照操作类似。

负责建筑工作单元的成员，从协同平台打开数维建筑设计工作端。双击进入"基础顶"平面视图，没有看到前面负责结构工作单元的成员提交到协同平台的桩承台模型。这是因为没有添加参照的缘故。单击左侧的"协同参照"按钮 🔗，可见"我的参照列表"中没有参照，即还没有将建筑工作单元与结构工作单元建立协同联系（图 2-98）。

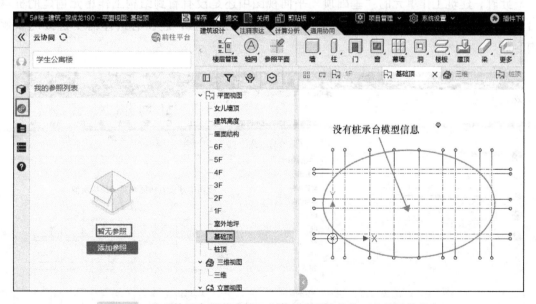

图 2-98　建立协同参照前建筑工作单元中没有结构工作单元的信息

因前面的桩承台是成员"hcl190"完成的，存在于"5#楼-结构-hcl190"工作单元。故在"我的参照列表"中，单击"添加参照"按钮，弹出"添加参照工作单元"列表，子项选择"5#楼"，专业选择"结构"，在筛选的工作单元中，勾选"5#楼-结构-hcl190"

（图 2-99），单击"添加至我的参照列表"。

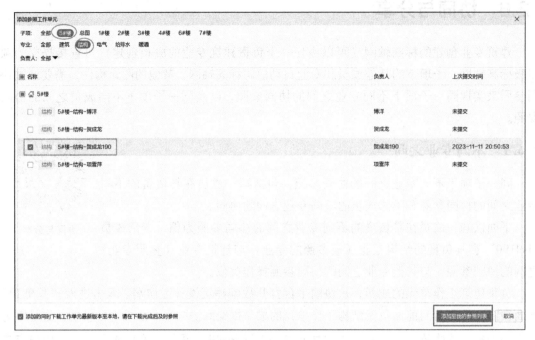

图 2-99　添加参照工作单元

此时，建筑工作单元的"基础顶"平面视图中还是没有看到结构工作单元创建的桩承台模型（图 2-100）。由于目前只是创建了协同参照的链接，还没有选择需要链接的参照内容。

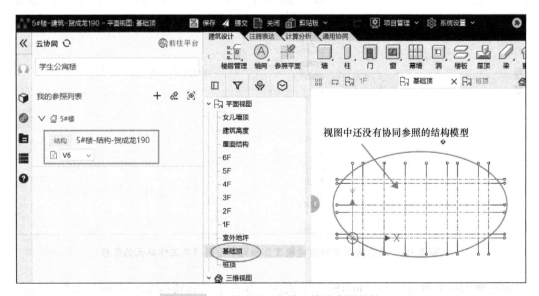

图 2-100　仅创建了工作单元协同参照链接

在"我的参照列表"中，找到 5#楼子项的"5#楼-结构-hcl190"工作单元，选择对应的版本，此处选最新的 V6 版本，单击"参照"按钮 （光标移动到此附近，按钮会出现），如图 2-101a 所示，在弹出的"跨专业参照"对话框中，勾选需要参照的内容，此处选择"承台"（图 2-101b），单击"确定"按钮，完成参照内容选择。

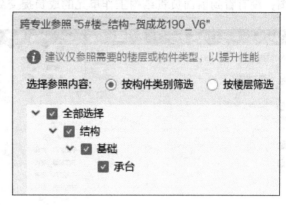

a)	b)

图 2-101　选择参照内容

选择了参照内容"承台"后，能看见参照中的视图数量为"15 张"；在建筑专业的"基础顶"平面视图中，就能看到协同参照的"桩承台"模型（图 2-102）。

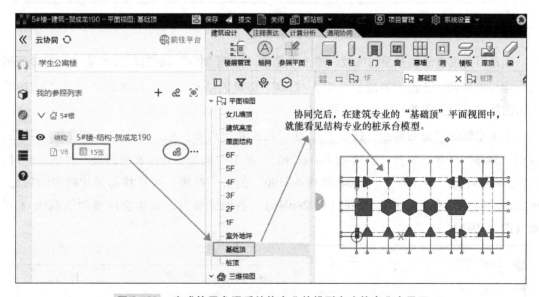

图 2-102　完成协同参照后结构专业的模型在建筑专业中显示

2.6.2　不同成员之间

同一子项下不同成员之间的协同参照，包括同一子项下不同成员间的相同专业的协同参照和同一子项下不同成员间的不同专业的协同参照。

下面以同一子项下不同成员间的相同专业的协同参照为例，介绍成员"hcl190"在其负责的结构专业（被参照的专业）与项目负责人"hcl"负责的结构专业（参照专业）之间的协同参照。同一子项下不同成员间的不同专业的协同与此操作类似。

项目负责人"hcl"，从协同平台打开数维结构设计工作端。双击进入"基础顶"平面视图，没有看到前面负责结构工作单元的成员提交到协同平台的桩承台模型（图 2-103）。

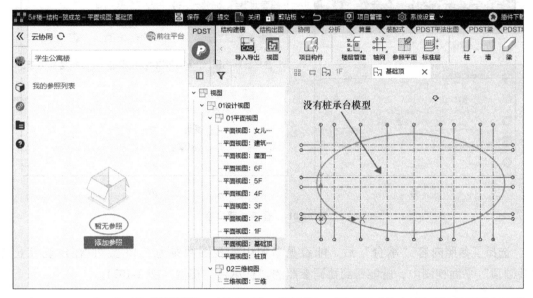

图 2-103　创建协同参照前没有被协同的模型

这是因为没有添加参照的缘故。单击左侧的"协同参照"按钮 🔗，可见"我的参照列表"中没有参照，还没有将项目负责人"hcl"负责的结构专业工作单元与成员"hcl190"负责的结构专业工作单元建立协同联系。

单击左侧的"协同参照"按钮 🔗，在"我的参照列表"中，单击"添加参照"按钮，找到"5#楼"子项，选择"5#楼-结构-hcl190"，单击"添加至我的参照列表"按钮。此时，"我的参照列表"中，有了"5#楼-结构-hcl190"的参照链接，光标移动到此链接的后面，单击显示的"下载并参照"按钮（图 2-104a），参照完成后，显示协同参照的视图有 15张（图 2-104b）。

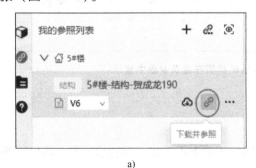

a)　　　　　　　　　　　　　　　　b)

图 2-104　建立协同参照

这时,"平面视图:基础顶"自动显示被协同的内容,此处的桩承台就能看到(图 2-105)。这就实现了不同成员之间的相同专业协同参照。

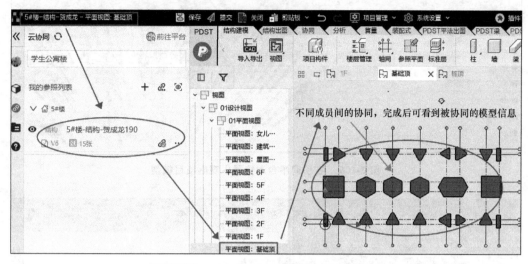

图 2-105　不同成员之间的相同专业协同参照

还可以实现这样的情景:同一专业(如结构)由多人(如结构甲和结构乙)协同完成某些工作(如桩和桩承台)。为了赶进度,结构甲负责桩,结构乙负责桩承台,通过协同参照,最后得到包含桩和桩承台的模型。协同的思路见表 2-7。

表 2-7　不同成员之间的协同思路

成员	工作内容	协同	协同参照对象	结果	模型
结构甲	桩	→	结构乙—桩承台	→	桩及桩承台
结构乙	桩承台	→	结构甲—桩	→	桩及桩承台

综上所述,同一子项下协同参照共有两大类和四种,见表 2-8。

表 2-8　同一子项下协同参照种类

序号	协同类别	协同参照	应用场景
1	不同专业之间的协同参照	同一成员在其负责的不同专业之间的协同参照	该成员是多面手
2		不同成员的不同专业之间的协同	常见情景
3	不同成员之间的协同参照	不同成员间的相同专业的协同参照	赶进度情景
4		不同成员间的不同专业的协同参照	常见情景

2.6.3　模型浏览与分享

进入协同平台,在浏览器中可以看到创建的项目模型,如图 2-106 所示。

在协同平台浏览器可以分享项目,如图 2-107 所示。

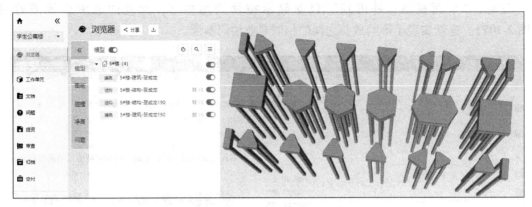

图 2-106 在协同平台浏览器中观察项目模型

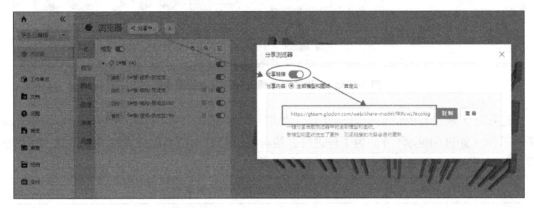

图 2-107 在协同平台浏览器分享项目

其他人员可以打开该链接（没有数维账号的人员也可以打开），打开结果如图 2-108 所示。

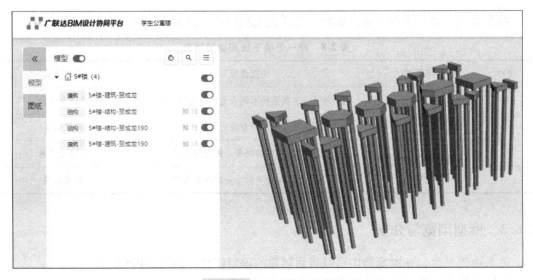

图 2-108 打开分享链接

注意：当关闭该分享链接后，其他人员将不能再打开。会出现"分享链接不存在或已被取消"的提示。当分享人员再次打开该分享链接后，其他人员可再次打开。

2.6.4　模型下载

在协同设计平台浏览器（图 2-109a）界面可以下载模型为以项目名称命名的 png 图片（图 2-109b）。

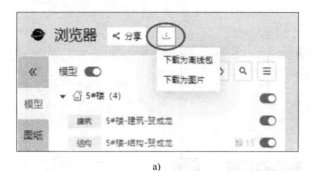

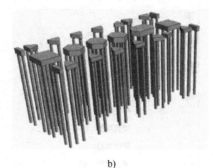

a)　　　　　　　　　　　　　　　　b)

图 2-109　协同设计平台浏览器下载

也可以下载为离线包，该离线包是一个压缩文件包，解压后，里面包括一个以项目名称命名（此例为"学生公寓楼"）的可执行应用程序（学生公寓楼.exe）。双击打开此应用程序，可不依托协同设计平台进行轻量化查看，如图 2-110 所示。

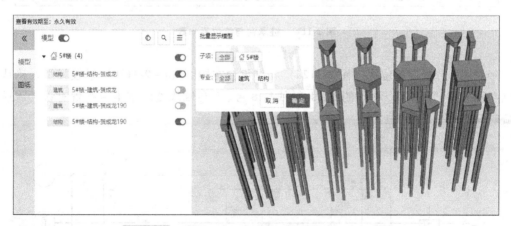

图 2-110　协同设计平台浏览器下载模型轻量化查看

2.7　问题

2.7.1　发现问题

以其他成员，如企业账号"jxxy1admin"登录数维结构设计软件，

发现、创建与
解决问题

发现经协同参照成员"hcl190"的桩承台模型与桩位不一致，如图 2-111 所示。

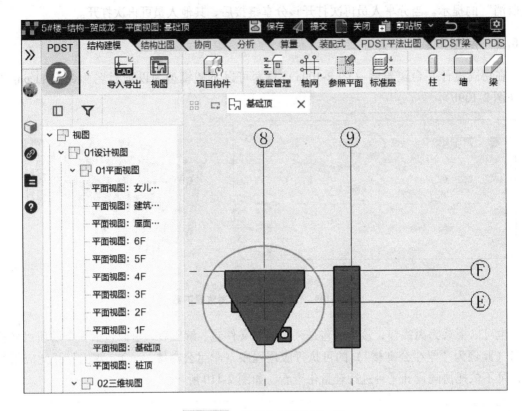

图 2-111　桩承台与桩位不一致

经对照，此处的桩位图（图 2-112a）和桩承台布置图（图 2-112b）以及模型，确认是协同参照成员"hcl190"创建的 E、F 轴线与 8 号、9 号轴线处的桩承台布置有误，需逆时针旋转 90°，并重新定位。

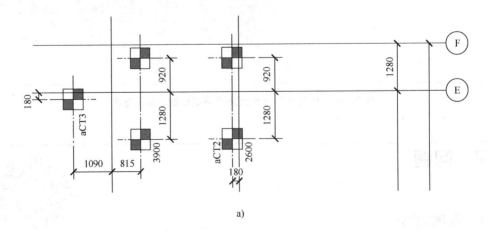

a)

图 2-112　E、F 轴与 8、9 轴处的桩位和承台

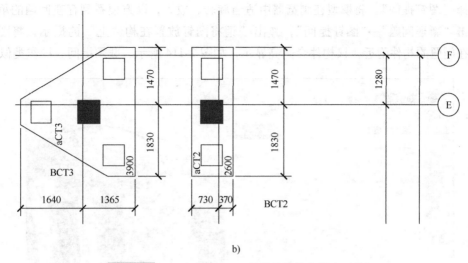

b)

图 2-112　E、F 轴与 8、9 轴处的桩位和承台（续）

注意：若 A 协同参照了 B 的模型，A 发现 B 创建的某个模型有误。A 不能直接修改，只能通过提"问题"的形式，让 B 核对修改。

2.7.2　创建问题

问题可以从网页端，也可以从工具端创建。

1. 网页端创建

可从"浏览器"→"问题"→"创建问题"，进行问题创建。浏览器问题界面提供三种创建问题入口。

单击"问题模块"→"新建问题"，进入协同设计平台，单击"浏览器"→"问题"→"新建问题"，有"图钉提问"和"截图提问"两种方式，如图 2-113 所示。

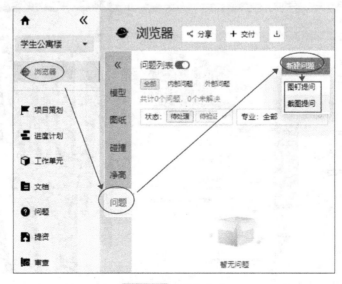

图 2-113　提问方式

选择"图钉提问"。将模型在浏览器中适当旋转、放大，以方便看到存在问题的承台为宜。单击"新建问题"→"图钉提问"，弹出"请将图钉放置在构件上"的提示，将图钉移动到存在问题的构件附近，该构件会高亮显示，如图 2-114 所示。截图提问，操作类似。

图 2-114 存在问题构件高亮显示

在该构件高亮显示时，单击确认，将图钉标注在存在问题的构件上，并弹出"创建问题"对话框，如图 2-115 所示。

图 2-115 图钉标注问题构件并对问题进行描述

在"创建问题"对话框中，根据实际情况填写。对于本例，描述如下。

问题名称：桩承台位置有误。

问题描述：E、F 轴线与 8 号、9 号轴线处的桩承台布置有误，需逆时针旋转 90°，并重新定位。

问题截图：采用软件自动截图 1 张；另外，还可以手动截图添加 9 张，共可上传 10 张。

问题状态：待处理、待验证、验证解决、无须解决 4 个下拉菜单选项，本例选"待处理"。

问题类型：设计问题、设计冲突、审核意见、工程变更、业主反馈、咨询意见、违反强条 7 个下拉菜单选项，本例选"设计问题"。

经办人：软件自动分配到创建此构件的人员（员工账号：hcl190），不能更改。

严重程度：严重、中等、一般 3 个下拉菜单选项，本例选"严重"。

截止时间：可以选择要求完成的时间，本例设为：2023 年 11 月 16 日。

负责专业：有建筑、结构、电气、给排水、暖通 5 个下拉菜单选项，本例选"结构"。

描述好相关事项后，单击上方的"创建"按钮，即完成该问题的创建，如图 2-116 所示。

图 2-116　问题创建完毕

2. 客户端创建

客户端创建问题有两种途径：工具栏创建问题和鼠标右击创建。

1）工具栏创建问题。在软件客户端，双击进入"平面视图：基础顶"，找到存在问题的构件。单击左侧"问题管理"图标 ❓，在问题列表，先单击"新建问题"按钮，再单击存在问题的构件，弹出"创建问题"对话框，在此对问题进行描述和提交。

2）右击鼠标创建问题。在软件客户端，双击进入"平面视图：基础顶"，找到存在问题的构件，右击鼠标，选择"新建问题"。弹出"创建问题"对话框，在此对问题可进行描述和提交。

2.7.3　查看问题

1. 网页端查看

员工账号"hcl190"登录协同设计平台后，就会收到前面创建的问题提示通知，如

图 2-117 所示。

图 2-117　问题提示通知

单击问题同时通知里的"#1 桩承台位置有误"（其中，#1 表示第 1 个通知），就可以看到问题的相关描述信息，如图 2-118 所示。

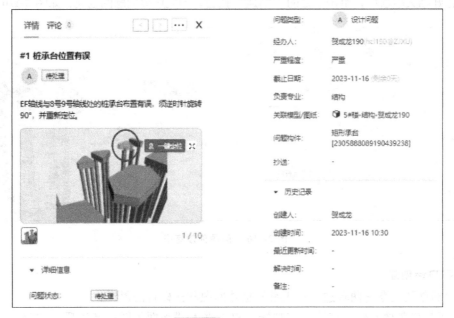

图 2-118　问题详情

此问题详情中，在截图栏，存在问题的构件会高亮显示；将光标移动到此高亮显示构件上，有"一键定位"提示。单击"一键定位"，协同设计平台自动定位到问题构件在模型里的位置，如图 2-119 所示。

双击该高亮显示、红色图钉标注的存在问题的构件，该构件会放大显示。

2. 客户端查看

回到"工作单元"，找到"5#楼"子项，从"5#楼-结构"打开数维结构设计软件工具端。单击"问题管理"图标，弹出"问题列表"；单击"我收到的"按钮，显示需要处理的问题，如图 2-120 所示。

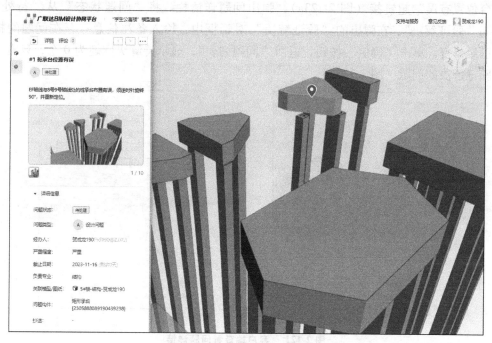

图 2-119 一键定位问题构件

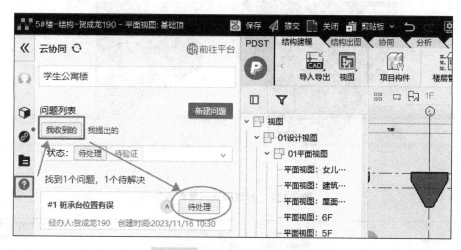

图 2-120 显示需要处理的问题

单击"待处理"按钮，可以查看问题的详细情况，如图 2-121 所示，包括问题的严重程度、截止日期、创建人（提出问题者）等。

2.7.4 解决问题

双击进入"平面视图：基础顶"，找到存在问题的构件（图 2-122a），对照承台平面图的信息，进行修改，并标注相关尺寸（图 2-122b）。

最后，更改问题状态。单击"问题管理"按钮，在弹出的"问题列表"中，单击"#1桩承台位置有误"超链接（图 2-123a），弹出问题详情栏。将"问题状态"从"待处理"修改为"验证解决"，在弹出的"验证解决"对话框中，输入备注信息：存在问题的桩承台，已经修复。单击"确定"按钮，返回"问题列表"，显示待解决问题为 0 个，只有 1 个工程验证解决的问题（图 2-123b）。

图 2-121 客户端查看问题详情

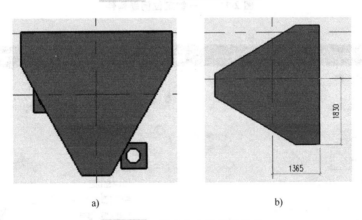

a)   b)

图 2-122 修改存在问题的构件

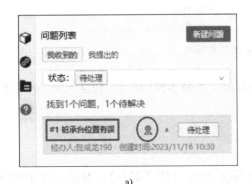
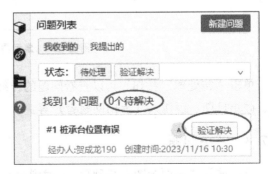

a)   b)

图 2-123 更改问题的状态

修改后，单击提交。在版本注释里备注"存在问题的桩承台修改完毕"。返回协同设计平台，刷新一下，可以看到前面"待处理"状态的问题没有了，变成了"验证解决"状态，如图 2-124 所示。

图 2-124　问题的状态改变

项目其他成员（如 jxxy1admin）在协同设计平台，可以看到"问题评论提醒"通知，如图 2-125 所示。单击"前往查看"，跳转后，可以看到问题状态表示为"验证解决"。

图 2-125　项目其他成员收到"问题评论提醒"通知

项目成员 jxxy1admin 从协同设计平台打开数维结构设计软件，发现协同参照处提示"1 处更新"，双击进入"平面视图：基础顶"界面，发现桩承台位置还没有调整过来，如图 2-126所示。

图 2-126　其他成员收到更新提示及更新前承台为修改状态

将光标移动到"1 处更新"红色显示文字处，单击弹出的"立即更新"，更新后，桩承台显示正确的位置，如图 2-127 所示。

图 2-127 更新后的桩承台

2.8 结构设计

2.8.1 计算模型导入

导入结构计算模型

根据分工，桩承台以上部分的结构模型，直接采用结构计算分析模型。本案例工程采用 PKPM 计算分析软件，将本例的 PKPM 计算分析模型导出为 ".jws" 格式文件（5#学生公寓.jws）备用。

（1）准备平面视图

将当前视图切换到较具代表性的平面视图，如某标准层的平面视图；本例选择 2F 平面视图。

（2）计算模型底图

1）单击 "PDST 平法出图"→"模型对齐"，弹出 "计算模型对齐" 对话框，将 "对齐信息" 设为默认值，即偏移 "0，0"，角度 "0.0"。单击 "生成底图" 按钮读取计算模型，将在当前视图中显示相同楼层计算模型底图。

2）在弹出的 "读取结构计算模型" 对话框中，选择 "PKPM"（注：目前版本支持 PKPM、YJK、PDST 三种计算软件的模型），单击 "确定" 按钮。

3）在弹出的 "导入 PKPM 模型" 对话框中，浏览选择 "学生公寓 5#楼.jws"，其他设置按默认，单击 "确定" 按钮。

4）再次弹出 "计算模型对齐" 对话框，提示确定底图位置，将 "对齐信息" 设为默认值，即偏移 "0，0"，角度 "0.0"，单击 "确定" 按钮。

（3）标高映射

当计算模型标高与项目协同标高不一致时，可使用该命令将导入的计算模型标高映射到协同标高上，或新建项目标高。单击 "PDST 平法出图"→"标高映射"，弹出 "读取结构计算模型" 对话框，选择 "PKPM"，单击 "确定" 按钮。在弹出的 "导入 PKPM 模型" 对话框中，浏览选择 "学生公寓 5#楼.jws"，其他设置按默认，单击 "确定" 按钮。弹出 "标高映射" 对话框（图 2-128）。

对照任一张"结构层高表"(如施工图"结施—03"中),检查标高映射是否正确。只要在 PKPM 建模时设置正确,此处数据就是正确的,单击"确定"按钮。

(4)导入模型

数维结构设计软件支持 PKPM、YJK 或 PDST 的计算分析模型,其中,PKPM 需要导出为".jws"格式文件,YJK 需要导出为".yjk"格式或".ydb"格式文件,PDST 需要导出".xml"格式或".pdst"格式文件。单击"PDST 平法出图"→"导入模型",弹出"读取结构计算模型"对话框,选择"PKPM",单击"确定"按钮。在弹出的"导入 PKPM 模型"对话框中,浏览选择"学生公寓 5#楼 .jws",其他设置按默认,再单击"确定"按钮。弹出"结构模型导入"对话框,全选"待处理的楼层",因已经创建轴网,"待处理的类型"不选"轴网",如图 2-129a 所示,单击"确定"按钮。再次弹出"标高映射"对话框,其中,计算模型标高值"22.720"映射为"23.300"(图 2-129b),单击"确定"按钮。

名称	计算模型标高值	映射为	
基础顶	-1.000	-1.000	⌄
1	-0.040	-0.040	⌄
2	3.520	3.520	⌄
3	7.120	7.120	⌄
4	10.720	10.720	⌄
5	14.320	14.320	⌄
6	17.920	17.920	⌄
7	21.520	21.600	⌄
8	22.720		

如果调整了GST模型楼层标高,则可执行一次本操作以确定计算模型楼层与GST楼层的对应关系...首次导入模型时可直接运行模型导入,不需要先运行本功能

确定　取消

图 2-128　标高映射

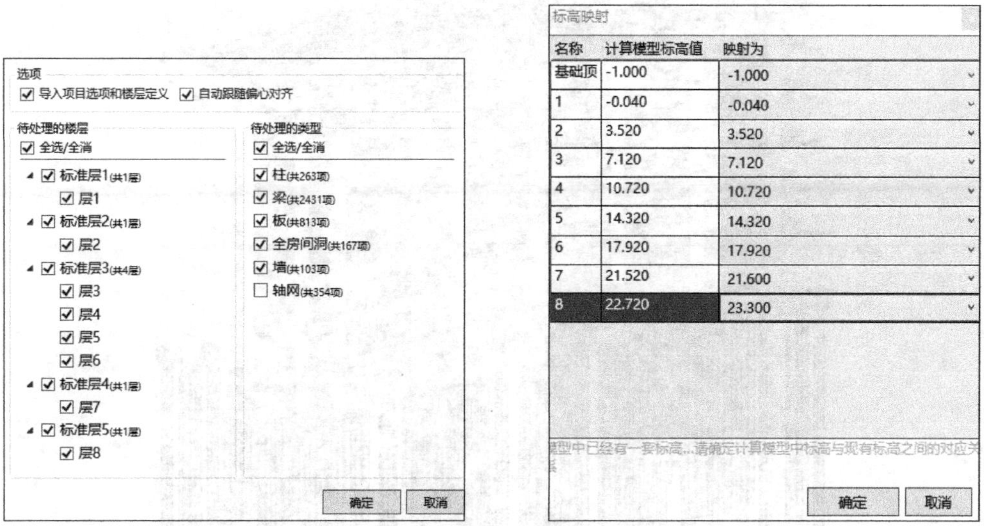

选项
☑ 导入项目选项和楼层定义　☑ 自动跟随偏心对齐

待处理的楼层
☑ 全选/全消
▲ ☑ 标准层1(共1项)
　　☑ 层1
▲ ☑ 标准层2(共1项)
　　☑ 层2
▲ ☑ 标准层3(共4项)
　　☑ 层3
　　☑ 层4
　　☑ 层5
　　☑ 层6
▲ ☑ 标准层4(共1项)
　　☑ 层7
▲ ☑ 标准层5(共1项)
　　☑ 层8

待处理的类型
☑ 全选/全消
☑ 柱(共263项)
☑ 梁(共2431项)
☑ 板(共813项)
☑ 全房间洞(共167项)
☑ 墙(共103项)
☐ 轴网(共354项)

确定　取消

a)

标高映射

名称	计算模型标高值	映射为	
基础顶	-1.000	-1.000	⌄
1	-0.040	-0.040	⌄
2	3.520	3.520	⌄
3	7.120	7.120	⌄
4	10.720	10.720	⌄
5	14.320	14.320	⌄
6	17.920	17.920	⌄
7	21.520	21.600	⌄
8	22.720	23.300	

模型中已经有一套标高...请确定计算模型中标高与现有标高之间的对应关系

确定　取消

b)

图 2-129　导入模型

模型导入后,得到 2F 平面视图(图 2-130)。

双击进入"三维视图",可以看到该项目的结构三维模型,如图 2-131 所示。

单击"提交"按钮,在弹出的"提交工作单元"对话框中,勾选"模型"和"视图"（包括平面视图和立面视图），版本注释"协同了 PKPM 计算模型"，单击"提交"按钮。

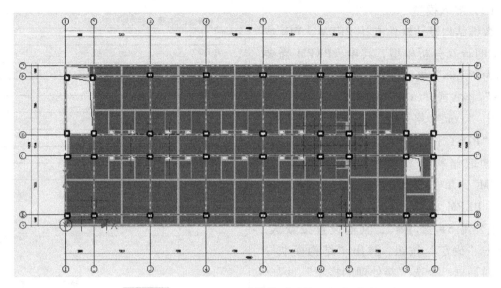

图 2-130 导入 PKPM 计算模型后的 2F 平面视图

图 2-131 导入计算模型后三维结构模型

2.8.2 模型对比设置

根据项目模型特点，设置用于对比数维与计算模型构件几何差异的规则。有结构梁、结构墙、结构柱三个选项页设置。

1. 结构梁（墙）

结构梁的更新规则包括平面法向偏移容差、平面长度容差、平面轴向错位容差、平面角度容差及截面尺寸容差 5 项参数设置；结构墙的更新规则包括结构梁的平面法向偏移容差、平面长度容差、平面轴向错位容差、平面角度容差及截面尺寸容差 5 项参数设置，另外还有一项特有的"新增墙肢容差"参数，共 6 项，如图 2-132 所示。单击各参数名称后的"?"可查看对应的图示和说明；滚动滑动条查看各页全部参数。参数输入框对应的滑条仅示意，输入不同的参数值滑条不会随之变化，软件以输入的数值进行比较判断。

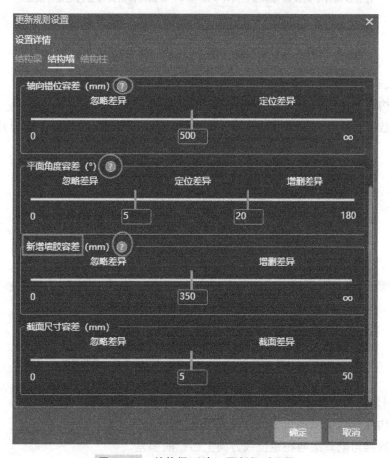

图 2-132 结构梁（墙）更新规则设置

（1）平面法向偏移容差（图 2-133）

1）梁墙构件参数说明相同，但可设置不同的数值。

2）以数维构件为基准，按参数设置向外扩展查找区域。

3）当电算构件轮廓与 A 区域相交时，判定为数维构件与电算构件在平面定位上没有差异；当电算构件轮廓与 B 区域相交时，判定为数维构件与电算构件存在定位差异；当在 A 和 B 区域均查找不到电算构件时，视为 GNS 构件无匹配的电算构件，判定为 GNS 多余。

4）当在 A 或 B 区域匹配到电算构件时，继续比较数维构件与电算构件是否存在截面差异。

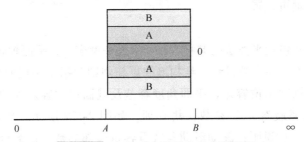

图 2-133 平面法向偏移容差参数说明

注：以构件平面投影为基准，向外扩展 A/B，根据构件所处位置判定差异类型。

当构件与 A 区域相交时，程序将忽略差异。

当构件仅与 B 区域相交时，程序将判定为定位差异，需要更新。

当构件完全处于 B 区域之外时，程序将判定为增删差异，需要增加或删除。

（2）平面长度容差（图 2-134）

1）梁墙构件参数说明相同，但可设置不同的数值。

2）比较数维构件与电算梁跨的长度，即电算梁段和墙段根据业务逻辑合并后与数维构件进行比较。

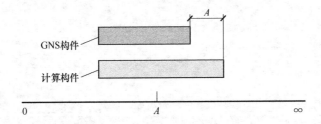

图 2-134 平面长度容差参数说明

注：上方为 GNS 构件，下方为计算构件；两构件起点平齐。

当两构件长度差值<A 时，程序将忽略差异。

当两构件长度差值≥A 时，程序将判定为长度差异，需要更新。

（3）平面轴向错位容差（图 2-135）

1）梁墙构件参数说明相同，但可设置不同的数值。

2）比较数维与电算梁墙在定位线方向上错位的偏差。

（4）平面角度容差（图 2-136）

1）梁墙构件参数说明相同，但可设置不同的数值。

2）比较数维与电算梁墙角度之前的差异，当二者夹角小于参数 1 时，不判断为差异；当二者夹角大于或等于参数 1 且小于或等于参数 2 时，判断为角度差异；当二者夹角大于参数 2 时，视为二者不匹配，判断为增删差异。

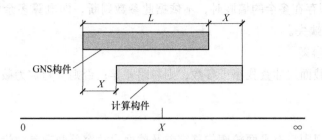

图 2-135　平面轴向错位容差参数说明

注：上方为 GNS 构件，下方为计算构件；两构件长度相同。

当轴向错位值<X 时，程序将忽略差异。

当轴向错位值≥X 时，程序将判定为定位差异，需要更新。

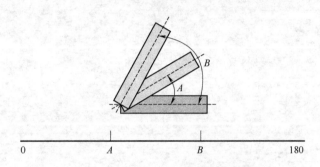

图 2-136　平面角度容差参数说明

注：下方灰色的为 GNS 构件，上方蓝色的为计算构件；两构件起点相同。

当两构件夹角<A 时，程序将忽略差异。

当 A≤两构件夹角≤B 时，程序将判定为定位差异，需要更新。

当夹角>B 时，程序将差异视为增删差异，需要增加或删除。

（5）新增墙肢容差（图 2-137）

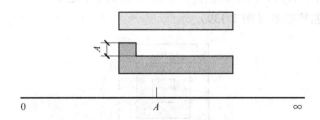

图 2-137　新增墙肢容差参数说明

注：下方灰色的为 GNS 构件，上方蓝色的为计算构件；两构件起点、长度相同。

当新增墙肢长度<A 时，程序将忽略差异。

当长度≥A 时，程序将判定为增删差异，需要增加或删除。

1）适用于结构墙构件。

2）当数维模型存在多余的墙肢时，而没有匹配的电算构件时，根据此参数判断是否标识为新增墙肢差异。

3）当电算模型存在多余的墙肢时，不依据此参数判断，即电算多余墙肢长度无论是多少，均判断为 GNS 缺失。

（6）截面尺寸容差

电算与数维梁截面尺寸查找小于参数，则忽略差异；否则，判定为截面差异并按电算尺寸更新。

2. 结构柱

结构柱的更新规则只有平面轮廓偏移容差及截面尺寸容差两项参数设置；另外，勾选自定义截面时，则对比模型中的自定义截面柱；不勾选，则不进行自定义截面柱的截面差异对比和更新（图 2-138）。

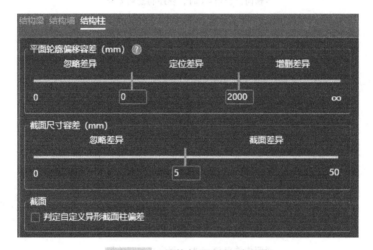

图 2-138 结构柱更新规则设置

（1）截面尺寸容差

与结构梁（墙）的截面尺寸容差设置判断一样，结构柱电算与数维梁截面尺寸查找小于参数，则忽略差异；否则，判定为截面差异并按电算尺寸更新。

（2）平面轮廓偏移容差（图 2-139）

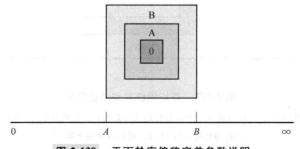

图 2-139 平面轮廓偏移容差参数说明

注：以构件平面投影为基准，向外扩展 A/B，判定对比的构件所处位置。

当构件与红色 A 区域相交时，程序将忽略差异。

当构件仅与蓝色 B 区域相交时，程序将差异视为定位差异，需要更新。

当构件完全处于 B 区域之外时，程序将判定为增删差异，需要增加或删除。

1）适用于结构柱构件。

2）以数维构件为基准，按参数设置向外扩展查找区域。

3）当电算柱轮廓与 A 区域相交时，判定为数维柱与电算柱在平面定位上没有差异；当电算构件轮廓与 B 区域相交时，判定为数维柱与电算柱存在定位差异；当在 A 和 B 区域均查找不到电算柱时，视为 GNS 构件无匹配的电算柱，判定为 GNS 多余。

4）当在 A 或 B 区域匹配到电算柱时，继续比较数维柱与电算柱是否存在截面差异。

2.8.3　模型对比更新

以数维模型为基准，在参数设置容差范围内，查找、对比电算模型中的墙梁板柱构件，将差异结果呈现在对话框和模型中，并根据差异对比结果和计算模型对数维的墙柱梁构件进行更新。

如果前面模型对齐或标高映射有误，或者计算模型有变更，不可再次导入模型；否则，再次导入可能造成模型重叠。可执行工具栏中的"模型对比更新"命令。

1. 导出计算数据

模型对比之前需导出计算数据。

（1）对于 YJK

在 YJK 建模界面左上角单击"导出"按钮，"导出类型"选"YJK 对外接口"，单击"确定"按钮导出，文件路径默认在"工程目录/施工图/dtmodel"，在设计结果界面单击"导出"按钮。

（2）对于 PKPM

在 PKPM 软件中分别导出模型和计算结果的".jwd"格式文件。采用 PKPM 软件将本章案例工程学生公寓 5#楼 PKPM 计算分析模型导出，分别得到模型 SQLite（.jwd）文件（参见"学生公寓 5#楼 .jwd"）和计算结果 SQLite（.jwd）文件（参见"学生公寓 5#楼_Calc.jwd"）。

2. 模型对比设置

按照前述设置说明，设置模型对比参数，见表 2-9。

表 2-9　模型对比参数设置

模型构件	平面法向偏移/mm	平面长度容差/mm	轴向错位容差/mm	平面角度容差/(°)	截面尺寸容差/mm	新增墙肢容差/mm	平面轮廓偏移容差/mm
结构梁	$A=10$；$B=50$	$A=20$	$X=5$	$A=1$；$B=2$	5		
结构墙	$A=10$；$B=50$	$A=20$	$X=5$	$A=1$；$B=2$	5	$A=10$	
结构柱					5		$A=5$；$B=10$

3. 模型对比更新

操作如下：

1）双击进入任一平面视图，单击"PDST 平法出图"→"模型对比更新"，弹出"关联计算模型"对话框，单击"计算模型路径"后面的"浏览"按钮，选择新的计算模型（学生公寓 5#楼 .jwd）。

2）单击"模型对齐"，系统自动计算，单击弹出的"完成"按钮 ✓，返回"关联计算模型"对话框。

3）模型定位信息按默认，即 X/Y 向偏移、旋转角度均为 0，单击"下一步"按钮，弹出"注意"对话框，要求先导入模型再进行增量更新。

4）单击"导入"按钮，弹出"读取结构计算模型"对话框，选择"PKPM"，单击"确定"按钮；弹出"选择 PKPM 数据文件（×.jws）"对话框，浏览选择新的"学生公寓5#楼.jws"，单击"确定"按钮。

5）在弹出的"结构模型导入"对话框，勾选除"轴网"外的其他所有选项，单击"确定"按钮。

6）在弹出的"标高映射"对话框中，将计算模型的标高值，映射为对应正确的标高值，单击"确定"按钮。系统自动进行计算分析。

7）再次单击"PDST 平法出图"→"模型对比更新"，弹出"关联计算模型"对话框，单击"下一步"按钮，弹出"对比构件范围"对话框，选择对比楼层和对比构件（图 2-140），单击"对比"按钮。

弹出"比对楼层选择"，提示"存在不关联的楼层，请确保要比对的楼层都关联到了计算楼层"，单击"确定"按钮。返回"对比构件范围"对话框，发现设计模型标准层有"女儿墙顶（21.600～23.300）"，下拉发现"关联计算模型标准层"没有对应的"女儿墙顶"楼层。不勾选"女儿墙顶"楼层，其他不变，重新单击"对比"按钮；系统自动计算，得到增量更新对比结果，发

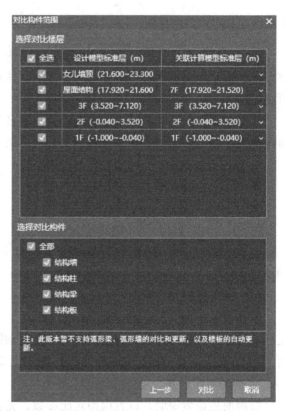

图 2-140　设置对比构件范围

现有 22 个定位差异，并且显示电算与 GNS 的差异值，如图 2-141 所示。

勾选需要更新的构件，单击后面的"更新"按钮，即可更新所选构件；也可以单击"全部更新"按钮，将对比有差异的构件全部更新。弹出"增量更新完成，请及时更新计算书"的提示。

2.8.4　导入计算书

双击进入任一平面视图，单击"PDST 平法出图"→导入计算书，弹出"导入计算结果"对话框，有"从计算模型导入""从 DWG 导入上部结构""从 DWG 导入基础"3 个选项卡，单击"从计算模型导入"选项卡，勾选"梁""柱墙""楼板""基础"，其他选项如图 2-142 所示。此时，"计算模型楼层范围"均显示"无"。

图 2-141 增量更新对比结果

选择"PKPM",单击"读取"按钮,在弹出的"导入 PKPM 模型"对话框中,单击"浏览"按钮,选择 PKPM 数据文件(学生公寓 5#楼 .jws),单击"读取"按钮。由于本案例的 PKPM 模型是从基础顶及以上部分建模，此时，除"桩顶（-2.250～-1.000）"和基础的"筏板计算结果"外，其他"计算模型楼层范围"均匹配对应的楼层标高，如图 2-143 所示。

图 2-142 导入计算结果设置

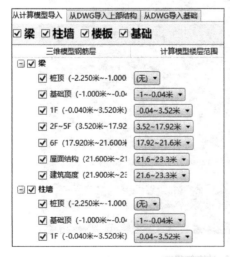

图 2-143 读取 PKPM 计算数据

单击"确定"按钮，系统自动计算，结束后弹出"导入计算信息"提示框（图 2-144），单击按钮 ，可将当前显示项导出为磁盘文件（.rtf 格式）。

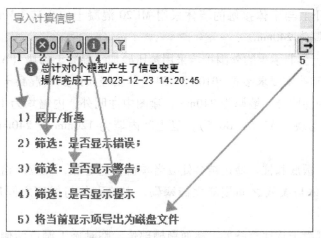

图 2-144 导入计算信息显示

2.9　一层建筑设计

该部分工作由成员"hcl190"完成。成员"hcl190"以员工身份打开学生公寓 5#楼建筑工作单元。添加"5#楼-结构"的所有协同参照，将前文的结构模型协同到该成员的建筑模型之中，三维视图如图 2-145 所示。

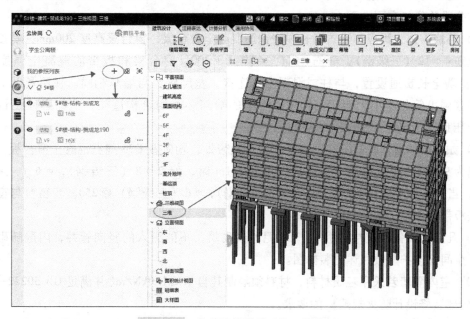

图 2-145 协同结构模型后的三维模型

2.9.1　墙体设计要求

本工程对墙体的设计要求如下：

1）±0.000 以下。与土体接触的墙体采用 MU20 混凝土实心砖，Mb10 水泥砂浆砌筑。除图中注明外，墙厚为 240mm。

2）±0.000 以上。非承重的外围护墙采用蒸压砂加气混凝土砌块（A5.0，B0.6），专用砂浆砌筑，其构造和技术要求参见 2010 浙 G34《蒸压轻质砂加气混凝土（AAC）砌块建筑构造详图》，除图中注明外，墙厚为 240mm。除图中注明外，内墙均为 120mm 或 240mm 厚蒸压砂加气混凝土砌块（A3.5，B0.5），卫生间内墙为 120mm 或 240mm 厚烧结页岩多孔砖、专用砂浆砌筑。

3）砌体与梁、板底和柱、墙边结合处应当预留合适缝隙，并应严格执行产品应用技术规程嵌填；外墙砌体与梁底之间用斜立砖塞砌，内墙砌体与梁底之间用膨胀混凝土块填密实。

4）填充墙与混凝土构件接缝处，墙面剔槽部位、临时施工洞口两侧加设热镀锌钢丝网片。网片与基体搭接宽度≥250mm，门窗洞口等应力集中区也在角部设热镀锌钢丝网片。钢丝网片的网孔尺寸不应大于 20mm×20mm，其钢丝直径不应小于 1.2mm。钢丝网用钢钉或射钉每 200mm~300mm 加铁片固定，挂网做到平整、牢固。

5）建筑墙身均需在底层地面标高下 60mm 处做 20mm 厚 1:2 水泥砂浆防潮层（内掺水泥重量 5% 的防水剂）。墙身两侧地面不同标高处，防潮层按低侧做，并沿高侧墙面做防潮粉刷至高侧地面。

6）通长的露天雨篷、檐沟、栏板、女儿墙等，应当采取建筑手段或结构构造措施分段，其分段单位长度不大于 12m。

7）外墙砌体工程应当设置通长现浇钢筋混凝土窗台梁，窗台梁高度 200mm，宽度同墙厚，纵筋 4Φ12（三级钢），箍筋 φ6（三级钢）@200。窗台梁和板带的混凝土强度等级 C25，沿墙全长贯通设置，与柱或混凝土墙连接，宽度应当与墙厚相同。顶层及以上部位砌筑砂浆强度等级不小于 M10。砌体无约束的端部必须增设构造柱、顶部必须设置钢筋混凝土压顶。

8）如果砌体窗台标高不在窗台梁和通长板带处，均应做 C25 细石混凝土窗台板，同墙宽，高为 90mm；内配钢筋，当洞口宽度≤2.1m 时，配 2φ8（三级钢），φ6（三级钢）@250，当洞口宽度>2.1m 时，配 3φ8（三级钢），φ6（三级钢）@250。当窗台与窗台梁和通长板带结合时，做法要求见详图。

9）凡砖砌设备管道井均用 1:3 水泥砂浆砌筑，不能进入的竖向管井，内壁随砌随抹平。卫生间管道护壁做法详见装修图。

10）室内隔墙若采用轻质材料，材料须限制其自重≤1.0kN/m² 并满足 GB 50222—2017《建筑内部装修设计防火规范》的要求。

11）砌体填充墙内的构造柱，除各结构平面图中给出的，还应按以下原则设置：

填充墙长度>5m 时，沿墙长度方向每隔 4m 设置一根构造柱；外墙及楼梯间墙转角处设置构造柱，楼梯间墙构造柱间距不大于 4m；填充墙端部无翼墙或混凝土柱（墙）时，在端部增设构造柱；电梯井周圈砌体隔墙的四个角点设构造柱；宽度超过 1.8m 的门窗洞口两侧设构造柱；构造柱（GZ）尺寸为墙宽×240mm，配筋为 4Φ12 纵筋，φ6@200 箍筋；楼梯两侧的填充墙和人流通道的围护墙，应设置间距不大于层高的钢筋混凝土构造柱；构造柱（GZ）尺寸为墙宽×240mm，配筋为 4⚲14 纵筋，⚲6@200 箍筋。

12）屋顶女儿墙采用砌体时，除注明外应设置构造柱与屋面梁连接（构造柱间距不大于 4m），并设置混凝土压顶，压顶断面为 240mm×120mm，内配 4⚲10 纵筋，⚲6@200 箍筋。

2.9.2　地垄墙

双击进入"基础顶"平面视图。为便于观察定位尺寸，对轴网进行标注。单击"注释表达"→"外部尺寸标注"，弹出"外部尺寸标注"对话框，在"平面"选项卡，勾选需要标注的"平面视图"，在"标注选择"选项卡单选"轴网总尺寸"，单击"平面视图标注"按钮，如图 2-146 所示，可实现一键对所勾选的平面进行轴网标注。

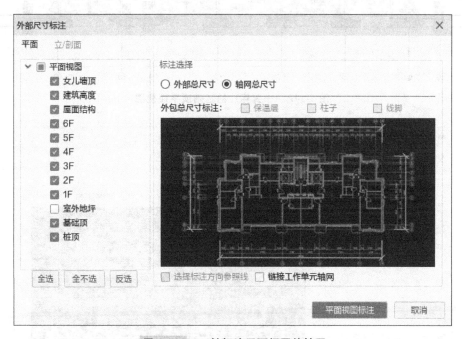

图 2-146　一键标注平面视图的轴网

该功能可以实现 3 道尺寸标注：开间/进深的总尺寸、开间/进深尺寸、外墙门窗/洞口尺寸。目前还没有创建门窗，标注后的基础顶平面视图只有 2 道尺寸：开间/进深的总尺寸、开间/进深尺寸（图 2-147）。当后面创建了门窗后，再次操作上述步骤，自动更新轴网标注。

单击"注释表达"→"外部尺寸标注"，弹出"外部尺寸标注"对话框，在"立/剖面"选项卡中，勾选需要标注的"立面视图"，在"标注选择"选项卡单选"女儿墙顶"，单击"立/剖面视图标注"按钮，如图 2-148 所示，可实现一键对所勾选的立面进行尺寸标注。同时，系统可自动删除标注尺寸为 0 的标注。

前面通过结构计算分析模型，协同得到结构受力构件，但地垄墙里的构造柱、圈梁构件还需要布置。

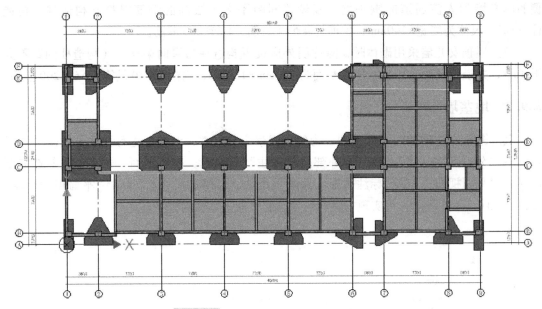

图 2-147 一键标注的基础顶平面视图

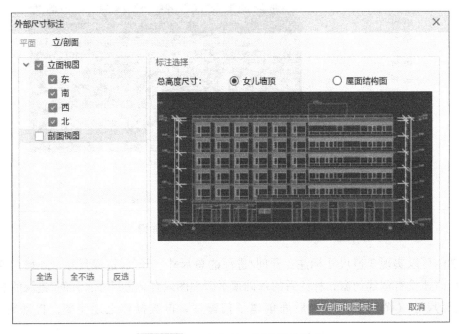

图 2-148 一键标注立面视图的尺寸

1. 构造柱

先布置地垄墙的构造柱,构造柱的截面尺寸均为 240mm×240mm。

地垄墙主要位于 B 轴与 C 轴之间的健身房、活动中心,以及楼梯间、配电间等区域。地垄墙位于地梁(顶标高为-1.000m)之上、300mm×240mm 的地圈梁(顶标高为-0.040m)之下,故地垄墙的墙体高度为 660mm(=1000mm-300mm-40mm);材料为 240mm 厚 MU20 混凝土实心砖；根据墙体设计要求，墙长度>5m 时，沿墙长度方向每隔 4m，在合适位置需设置一根构造柱，以健身房、活动中心区域的地垄墙为例，需要布置 7 根构造柱，一般布置在墙体长度的中间位置（图 2-149）。但对于楼梯间等特殊部位，需结合梯柱和平台梁的位置，如 1A#楼梯，需在梯柱、平台梁与地圈梁相交处布置 4 根地垄墙的构造柱，如图 2-150 所示。

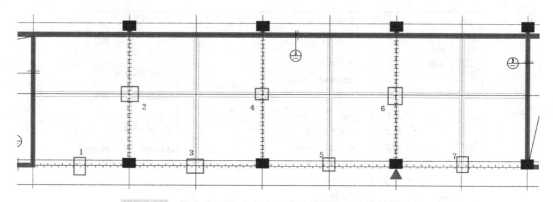

图 2-149　健身房及活动中心区域地垄墙需要设构造柱的位置

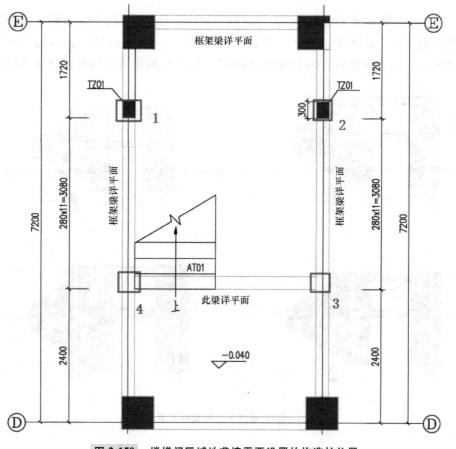

图 2-150　楼梯间区域地垄墙需要设置的构造柱位置

单击"建筑设计"→"柱"→"柱",启动"柱"构件;绘制方式选择"柱",锚点为"中心",不勾选"放置后旋转";单击"属性面板"的"+"按钮,新建名称为"GZ1 240×240mm",其截面宽度设为"240",截面高度设为"240"。底部标高为"基础顶",底部偏移为"0",顶部标高为"1F",顶部偏移为"-340";"材料"下拉菜单选择"钢筋砼[⊖]",设置"出图细分"为"通用","结构用途"为"构造柱"。设置后的信息如图 2-151 所示。

图 2-151　地垄墙的构造柱设置

按设计要求布置地垄墙的构造柱,注意构造柱的准确定位。以 1A#楼梯位于 2 轴的梯柱下方的构造柱为例,具体操作如下:单击"建筑设计"→"柱"→"柱",启动"柱"构件,在属性面板选择刚才设置的"GZ1 240×240mm",将光标移动到梯柱附近(图 2-152a),单

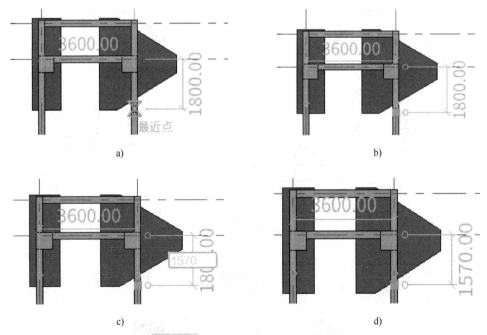

图 2-152　梯柱下方构造柱布置过程

⊖　"砼"同"混凝土",余同。

击确认，按〈Esc〉键退出布置；单击选中刚布置的构造柱（图 2-152b），查看 X 向位置数据正确（居左边 1 轴 3600mm）；Y 向位置数据目前是距 E 轴 1800mm，需要修改，单击数字"1800.00"，在对话框中输入 1570（此处的梯柱中心线距 E 轴 1570mm，其下方的构造柱中心线距 E 轴也为 1570mm），如图 2-152c 所示；再单击（或按回车键）确认，结果如图 2-152d 所示。

同样的方法，布置其他位置的地垄墙构造柱。此例共有 31 根构造柱（图 2-153）。

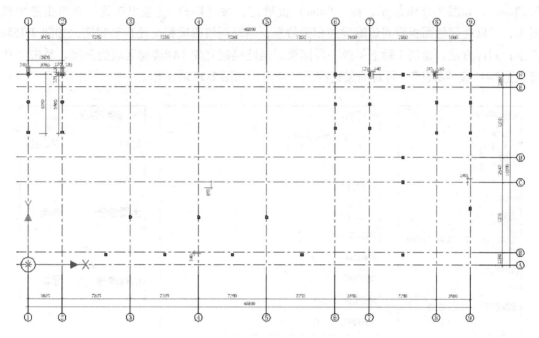

图 2-153　地垄墙的构造柱布置位置

2. 地圈梁

布置完地垄墙的构造柱后，布置地垄墙上方的地圈梁，地圈梁的截面尺寸均为 300mm×240mm。

地圈梁主要位于 B 轴与 C 轴之间的健身房、活动中心，以及楼梯间、配电间等区域的地垄墙上方，地圈梁的顶标高为-0.040m。

单击"建筑设计"→"梁"→"梁"，启动"梁"构件；绘制方式选择"梁"，绘制参照为"中心"；单击"属性面板"的"+"按钮，新建名称为"GL1 240×300mm"，其截面宽度设为"240"，截面高度设为"300"。Z 轴定位线位置为"梁顶部"（注：有 2 个选项，若选"梁底部"，结果刚好相差梁的截面高度；对于本例，若选"梁底部"布置的梁，将比选"梁顶部"布置的梁高 300mm），顶部标高为"1F"，顶部偏移为"-40"；起点偏移为"0"，终点偏移为"0"（注：起点、终点偏移值不同，可设置倾斜的梁）。"材料"下拉菜单选择"钢筋砼"；设置"出图细分"为"通用"，"结构用途"为"圈梁"。设置后的信息如图 2-154 所示。

按设计要求布置地垄墙上方的圈梁，注意构造柱的准确定位。以 1A#楼梯位于 F 轴的圈梁为例，具体操作如下：单击"建筑设计"→"梁"→"梁"，启动"梁"构件，在属性面板选择刚设置的"GL1 240×300mm"，将光标移动到 1 轴与 F 轴交点处，鼠标左键确定，向右水平移动到 Z 轴与 F 轴交点处，单击确认，按〈Esc〉键退出布置，再单击选中该圈梁，可以在属性面板看到该圈梁的相关信息（图 2-155a）；单击"建筑设计"→"梁"→"梁"，再次启动"梁"构件，在属性面板选择刚设置的"GL1 240×300mm"，将光标移动到 2 轴与 F 轴交点处，单击绘图区域，向下垂直移动适当距离，输入"6080"（表示这段圈梁的长度为6080mm），如图 2-155b 所示，按〈Enter〉键确定，按〈Esc〉键退出布置，再单击选中该圈梁，可以在属性面板看到该圈梁的相关信息，同时两根圈梁相交处自动封闭，如图 2-155c所示；同样方法，绘制 1 轴上另外一段圈梁，至此绘制完成 1A#楼梯区域的圈梁。单击"注释表达"→"线性标注"，可对圈梁进行尺寸标注，如图 2-155d 所示。

图 2-154　地垄墙上方的圈梁设置

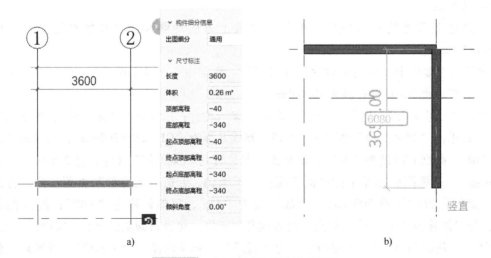

图 2-155　布置 1A#楼梯区域的圈梁

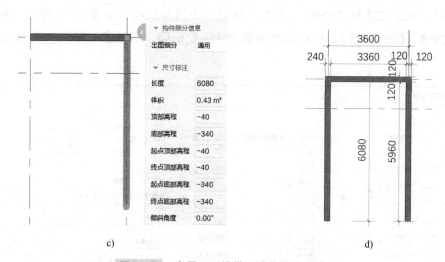

c)   d)

图 2-155　布置 1A#楼梯区域的圈梁（续）

　　同样的方法，布置其他位置的圈梁。注意个别圈梁的平面定位位置，如 B 轴附近的 5 段圈梁，需向下水平偏移 260mm；7 轴及 8 轴附近的圈梁，需分别水平向右、向左偏移 240mm；3、4 及 5 轴上圈梁，距 C 轴 600mm；9 轴上的 C 轴与 D 轴段圈梁，需水平向左偏移 360mm。最终结果如图 2-156 所示。

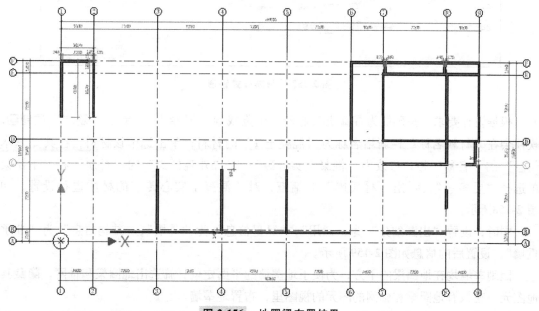

图 2-156　地圈梁布置结果

3. 布置地垄墙

　　单击"建筑设计"→"墙"→"墙"，启动"墙"构件；绘制方式选择"直墙"，绘制参照为"中心"，偏移值为"0.0"；单击基本墙"属性面板"的"+"按钮，新建名称为"240mm 地垄墙"，其厚度设为"240"。底部标高为"基础顶"，底部偏移为"0"，顶部标高为"1F",顶部偏移为"-340"。单击"材料"下拉菜单的"更多…",弹出"材料样式管理"对话框（图 2-157），在这里可以新增➕、复制🗍、删除🗑、导入📥和导出📤材料样式。

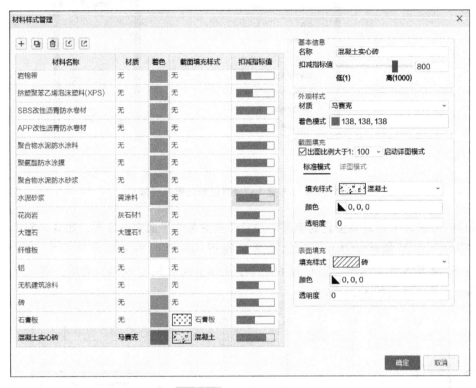

图 2-157　材料样式管理

根据设计要求，基础墙为混凝土实心砖，浏览找到"混凝土"，单击"复制"按钮🗍，软件会在"材料名称"栏新增名称为"混凝土 1"的材料；单击选中该材料，在其"基本信息"的"名称"栏，修改为"混凝土实心砖"；在"外观样式"的"材质"栏，下拉菜单选择"更多…"，弹出"材质库"对话框，对"混凝土实心砖"的材质进行设置，如图 2-158所示。

同时，设置"出图细分"为"通用"，"算量信息"为"外墙"，"结构信息"为"非承重墙"。设置后的信息如图 2-159 所示。

因地垄墙均在地圈梁的下方，为便于地垄墙的平面定位，筛选出地圈梁和轴网，隐藏其他图元，在只有地圈梁和轴网的图元的视图里，布置地垄墙。

操作步骤：在基础顶平面视图，框选所有图元；单击"选择过滤"，在弹出的对话框中，只勾选"建筑梁"和"轴网"构件，单击"确定"按钮；单击左下角"隐藏未选"按钮👁。单击"建筑设计"→"墙"→"墙"，启动"墙"构件，在属性面板，选择前面设置的"地垄墙 240mm"；其他设置不用修改，即按先前设置值沿地圈梁布置地垄墙，结果如图 2-160所示。

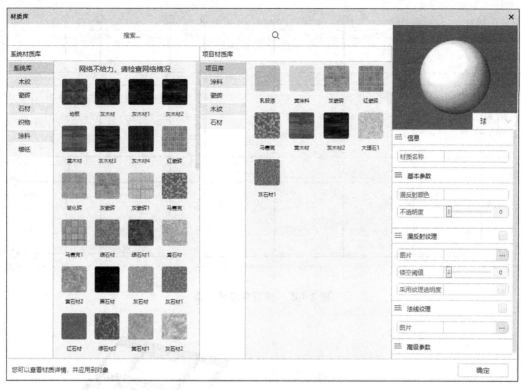

图 2-158　材质管理

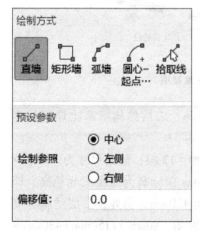

图 2-159　基础墙绘制前的设置

在三维视图，筛选出"建筑梁"（地圈梁）、"建筑墙"（地垄墙）和"建筑柱"（构造柱），效果如图 2-161 所示。

2.9.3　一层构造柱

1. 一层砌体墙上的构造柱要求

布置墙体之前，要根据砌体墙的设计要求，加设构造柱。

一层构造柱

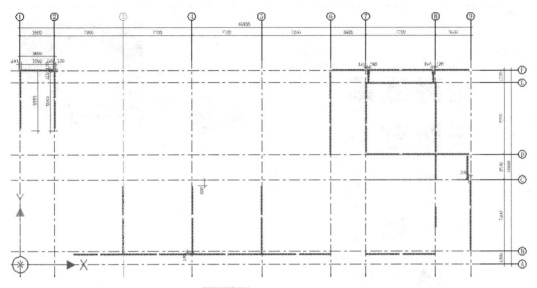

图 2-160　绘制完成地垄墙

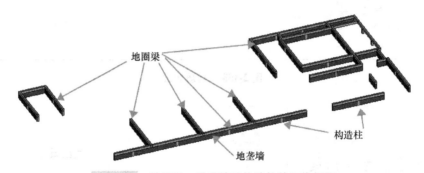

图 2-161　地圈梁、地垄墙及构造柱的三维视图

根据设计，构造柱的底标高均为一层结构标高 1F-40mm，二层结构标高比建筑标高低 80mm。

A 轴上，空调室外柜机处两侧的隔墙端部，共（2×6）根＝12 根，截面尺寸为 120mm×240mm，底标高为一层结构标高 1F-40mm，下同，不再列出；顶标高为二层梁底标高，即 2F-800mm（二层 A 轴的梁为 LX201，240mm×1150mm，上偏 430mm；另外，二层结构标高比建筑标高低 80mm，下同，不再列出；故构造柱的顶标高为 2F-80mm-1150mm+430mm ＝2F-800mm）。

B 轴上，LC2118 窗洞口靠墙体中间侧，（2×5）根＝10 根，以及内外墙墙体交接处 1根，共 11 根，截面尺寸为 240mm×240mm；顶标高为二层梁底标高，即 2F-800mm（二层 B轴的梁为 KLX202，240mm×720mm，无偏移；其中 7 轴与 8 轴间的梁截面尺寸为 240mm×760mm，但上偏 40mm；故构造柱的顶标高为 2F-80mm-720mm＝2F-800mm）。注意：2 轴与 3 轴间的 2 根构造柱的净间距为 880mm；其他的，如 3 轴与 4 轴间的 2 根构造柱的净间距为 1180mm；要注意 X 向的准确定位。

　　C 轴上，水管、气管井与墙体交接处、门垛处，共（2×5）= 10 根，截面尺寸为 240mm×240mm；顶标高为二层梁底标高，即 2F-880mm（二层 C 轴的梁为 KLX202，240mm×760mm，上偏 40mm；故构造柱的顶标高为 2F-880mm-760mm-40mm = 2F-800mm）。

　　D 轴上，水管井与墙体交接处，共 9 根，截面尺寸为 240mm×240mm；二层 D 轴与 C 轴的梁相同，也为 KLX202，故此构造柱的顶标高为二层梁底标高，即 2F-800mm。

　　D 轴上方及 C 轴下方，管道井东西转角处各 1 根，共（9+10）根 = 19 根，截面尺寸为 120mm×240mm；二层此处 La 梁截面尺寸为 120mm×400mm，故此构造柱的顶标高为 La 梁底标高，即 2F-480mm（= 2F-80mm-400mm）。

　　E 轴上，MLC5428 门洞口两侧，共 2 根，截面尺寸为 240mm×240mm；顶标高为二层梁底标高，即 2F-800mm（二层 E 轴的梁为 KLX201（8），240mm×720mm，无偏移；故此构造柱的顶标高为 2F-80mm-720mm = 2F-800mm）。

　　F 轴上，外墙转角处，共（2×3）根 = 6 根，截面尺寸为 240mm×240mm；顶标高为二层梁底标高，即 2F-800mm（二层 F 轴的梁为 LX201（8），240mm×1150mm，上偏 430mm；故此构造柱的顶标高为 2F-80mm-1150mm+430mm = 2F-800mm）。

　　配电间的四个角，共 4 根，截面尺寸为 240mm×240mm；构造柱顶标高均按二层梁底标高更低的确定，即 2F-780mm（= 2F-80mm-700mm）。左、右下角二层此处的梁，有 KLY206 和 KLY207，截面尺寸均为 240mm×700mm，有 LX202，截面尺寸为 240mm×500mm；故取 KLY206 的底标高。

　　电梯井的左下、右下、右上三个角，共 3 根，截面尺寸为 240mm×240mm；左下角构造柱顶标高按二层梁底标高更低的确定，即 2F-740mm（二层此处的梁有 KLY208，截面尺寸为 240mm×700mm，上偏 40mm；有 LX204，截面尺寸为 240mm×500mm，上偏 40mm；故取 KLY208 的底标高，即构造柱的顶标高为 2F-80mm-700mm+40mm = 2F-740mm）。右下角构造柱顶标高按二层梁底标高更低的确定，即 2F-540mm（二层此处的梁有 LX204，截面尺寸为 240mm×500mm，上偏 40mm；有 LY203，截面尺寸为 240mm×400mm，上偏 40mm；故取 LX204 的底标高，即构造柱的顶标高为 2F-80mm-500mm+40mm = 2F-540mm）。右上角构造柱顶标高按二层梁底标高更低的确定，即 2F-800mm（二层此处的梁有 KLX202，截面尺寸为 240mm×760mm，上偏 40mm；有 LY203，截面尺寸为 240mm×400mm，上偏 40mm；故取 KLX202 的底标高，即构造柱的顶标高为 2F-80mm-760mm+40mm = 2F-800mm）。

　　强电间右下角及储藏间的左上、右上角各 1 根，共 3 根，截面尺寸均为 240mm×240mm；强电间右下角，构造柱顶标高按上方梁底标高低的确定，即 2F-800mm（= 2F-80mm-1150mm+430mm，此处的梁有 KLY203，截面尺寸为 240mm×1150mm，上偏 430mm；有 LX204，截面尺寸为 240mm×500mm，上偏 40mm）；储藏间的左上角，构造柱顶标高按上方梁底标高低的确定，即 2F-740mm（= 2F-80mm-700mm+40mm，此处的梁有 KLY208，截面尺寸为 240mm×700mm，上偏 40mm；有 LX205，截面尺寸为 240mm×400mm，上偏 40mm）；储藏间的右上角，构造柱顶标高按上方梁底标高低的确定，即 2F-800mm（= 2F-80mm-1150mm+430mm，此处的梁有 KLY203，截面尺寸为 240mm×1150mm，上偏 430mm；有 LX205，截面尺寸为 240mm×400mm，上偏 40mm）。

卫生间的隔墙交接处：1）西边女厕右上角 1 根，女厕与男厕隔墙交界处各 1 根，共 3 根，截面尺寸为 240mm×240mm；因二层此处楼板厚度为 100mm，故此处 3 根构造柱顶标高为二层板底标高，即 2F-180mm（=2F-80mm-100mm）。2）值班宿舍卫生间左下角处 1 根，截面尺寸为 120mm×240mm；因二层此处楼板厚度为 100mm，故此处构造柱顶标高为二层板底标高，即 2F-180mm（=2F-80mm-100mm）；右下角处 1 根，截面尺寸为 240mm×240mm，因二层此处截面最大的梁为 KLY207，截面尺寸为 240mm×700mm，故此构造柱顶标高为二层梁底标高，即 2F-780mm（=2F-80mm-700mm）。

活动中心、办公室等区域墙体长度>5m 时，在中部设置构造柱，4 轴、6 轴上及办公室西侧墙体上各 1 根，共 3 根；位于主梁与次梁交接处，即构造柱中心线距离 B 轴 4200mm；截面尺寸为 240mm×240mm。4 轴、6 轴上方二层的梁为 KLX202，截面尺寸为 240mm×700mm，上偏 40mm，故此 2 根构造柱顶标高为二层梁底标高，即 2F-740mm（=2F-80mm-700mm+40mm）；办公室西侧墙体上方二层的梁有 LY201，截面尺寸为 240mm×600mm；有 LX203，截面尺寸为 240mm×500mm；故此构造柱顶标高为二层 LY201 梁的底标高，即 2F-680mm（=2F-80mm-600mm）。

综上所述，一层构造柱设置信息见表 2-10。

表 2-10　一层构造柱设置信息

轴线/位置	截面尺寸/(mm×mm)	底标高/mm	顶标高/mm	数量/根
A 轴	120×240	1F-40	2F-800	12
B 轴	240×240	1F-40	2F-800	11
C 轴	240×240	1F-40	2F-800	10
C 轴下方管道井	240×240	1F-40	2F-480	10
D 轴	240×240	1F-40	2F-800	9
D 轴上方管道井	240×240	1F-40	2F-480	9
E 轴	240×240	1F-40	2F-800	2
F 轴	240×240	1F-40	2F-800	6
配电间四个角	240×240	1F-40	2F-780	4
电梯井左下	240×240	1F-40	2F-740	1
电梯井右下	240×240	1F-40	2F-540	1
电梯井右上	240×240	1F-40	2F-800	1
强电间右下角	240×240	1F-40	2F-800	1
储藏间的左上角	240×240	1F-40	2F-700	1
储藏间的右上角	240×240	1F-40	2F-800	1
女厕右上角、男厕左下右下角	240×240	1F-40	2F-180	3
值班室宿舍左下角	120×240	1F-40	2F-180	1
值班室宿舍右下角	240×240	1F-40	2F-780	1
4 轴、6 轴中部主次梁交接处	240×240	1F-40	2F-740	1
办公室西侧墙体中部	240×240	1F-40	2F-680	1
合计				86

2. 一层构造柱布置

A 轴上，双击进入 1F 平面视图。

1）单击"建筑设计"→"柱"→"柱"，启动"柱"构件；绘制方式选择"柱"，锚点为"中心"，不勾选"放置后旋转"；单击柱"属性面板"的"+"按钮，新建名称为"GZ2 120×240mm"，其截面宽度设为"120"，截面高度设为"240"。底部标高为"1F"，底部偏移为"-40"，顶部标高为"2F"，顶部偏移为"-760"。"材料"下拉菜单选择"钢筋砼"；设置"出图细分"为"通用"，"结构用途"为"构造柱"。

2）光标捕捉到 A 轴与 2 轴的交点，单击确认，按〈Esc〉键退出绘制状态。

3）选中刚绘制的构造柱（图 2-162a），单击通用工具的"移动"命令，单击绘图区域，水平向左移动光标适当距离，输入"610"（=550+60），按〈Enter〉键确定。

4）单击选中移动后的构造柱（图 2-162b），单击通用工具的"复制"命令，单击绘图区域，水平向右移动光标适当距离，输入"1220"（=610×2），按〈Enter〉键确定。得到 A 轴与 2 轴的交点附近的 2 根构造柱。

5）单击注释表达的"线性标注"命令，对构造柱进行标注（图 2-162c）。

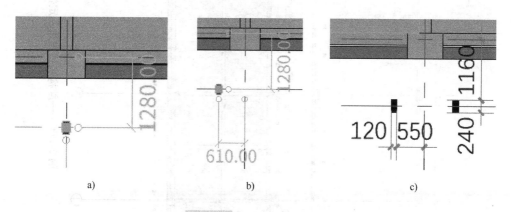

a)　　　　　　　　　b)　　　　　　　　　c)

图 2-162　一层构造柱设置

6）经观察，3、4、5、6 轴附近的空调柜机处构造柱，与 2 轴的完全一样，并且开间均为 7200mm，故可用"阵列"命令快速创建。同时选中这 2 根构造柱，单击"阵列"命令，陈列个数设为"5"（包含被阵列的对象图元（组）），移动到单选"第二个"（表示 2 个被阵列的图元（组）的间距为后面要设置的距离 7200mm；若选"最后一个"，表示后面要在距离 7200mm 内，等间距布置阵列的图元（组））；光标捕捉到 2 轴轴线，单击确认，水平移动光标一段合适的距离，输入"7200"，按〈Enter〉键确定，即阵列完成其他 4 条轴线附近的构造柱。

B 轴等其他轴线上以及其他部位处的构造柱布置与上述操作类似，不再赘述。布置时充分利用"阵列""复制""移动"等命令，可以加快布置速度。用"线性标注"命令对构造柱的位置进行标注，结果如图 2-163 所示。

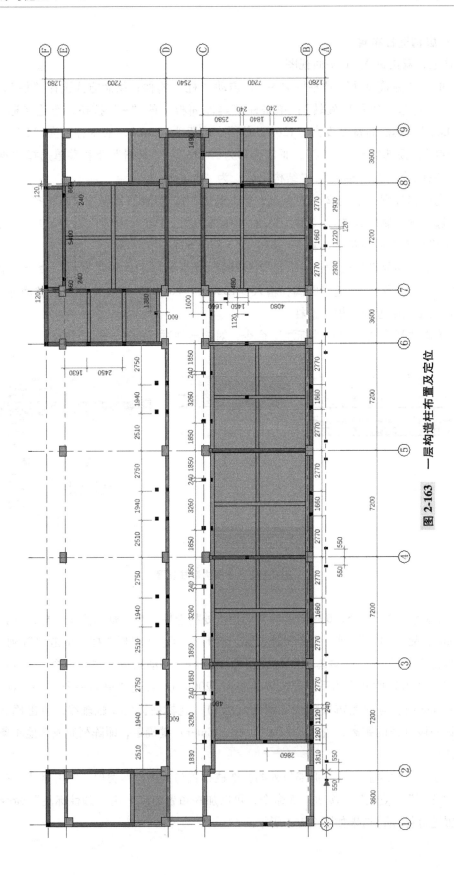

图 2-163　一层构造柱布置及定位

2.9.4 一层墙体

1. 墙体设计要求

一层除交通联系部分、健身房、活动中心、会客空间、配电房外，设值班宿舍、办公室、男女厕所各一间。空调室外柜机隔墙为 120mm 厚烧结页岩多孔砖，其他外墙均为 240mm 厚蒸压砂加气混凝土砌块（A5.0，B0.6）；内墙为 240mm 厚蒸压砂加气混凝土砌块（A3.5，B0.5），其中，卫生间内墙为 120mm 或 240mm 厚烧结页岩多孔砖。

布置墙体时，平面定位较方便，直径根据方案的位置定位即可，关键要注意竖向定位。墙体的底部标高，应与下部楼层的梁顶标高齐平；墙体的顶部标高，应与上部楼层的梁或板的底标高齐平。

2. 一层纵向主要墙体定位

一层墙体定位分析

B 轴上，墙体为外墙，墙厚为 240mm；墙体底标高为一层结构标高 1F-40mm（下同，不再列出）；墙体顶标高为二层梁底标高，即 2F-800mm（二层 B 轴的梁为 KLX202，截面尺寸为 240mm×720mm，无偏移，其中，7 轴与 8 轴间的截面尺寸为 240mm×760mm，但上偏 40mm；另外，二层结构标高比建筑标高低 80mm（下同，不再列出），故墙体的顶标高均为 2F-80mm-720mm=2F-800mm）。XY 向定位：X 向，左右与相邻的框架柱（构造柱）边线齐平；Y 向，墙体中心线距离 B 轴 240mm，即墙体下边线与框架柱（构造柱）下边线齐平。

C 轴上，墙体为内墙，墙厚为 240mm；墙体顶标高为二层梁底标高，即 2F-800mm（二层 C 轴的梁为 KLX202，240mm×760mm，上偏 40mm；故墙体的顶标高为 2F-80mm-760mm+40mm=2F-800mm）。XY 向定位：X 向，左右与相邻的框架柱（构造柱）边线齐平；Y 向，墙体中心线与 C 轴重合，即墙体上边线与框架柱（构造柱）上边线齐平。

D 轴上，2 轴至 6 轴间墙体为外墙，其他轴线间为内墙，墙厚均为 240mm。墙体顶标高：二层 D 轴与 C 轴的梁相同，也为 KLX202，故此墙体的顶标高为二层梁底标高，即 2F-800mm。XY 向定位：X 向，左右与相邻的框架柱（构造柱）边线齐平；Y 向，墙体中心线与 D 轴重合，即墙体下边线与框架柱（构造柱）下边线齐平。

E 轴上，墙体为内墙，墙厚为 240mm；墙体顶标高为二层梁底标高，即 2F-800mm（二层 E 轴的梁为 KLX201（8），截面尺寸为 240mm×720mm，无偏移；故此墙体的顶标高为 2F-80mm-720mm=2F-800mm）。XY 向定位：X 向，左右与相邻的框架柱（构造柱）边线齐平；Y 向，墙体中心线与 E 轴重合，即墙体上边线与框架柱（构造柱）上边线齐平。

F 轴上，墙体为外墙，墙厚为 240mm；墙体顶标高为二层梁底标高，即 2F-800mm（二层 F 轴的梁为 LX201（8），截面尺寸为 240mm×1150mm，上偏 430mm；故此墙体的顶标高为 2F-80mm-1150mm+430mm=2F-800mm）。XY 向定位：X 向，左右与相邻的构造柱边线齐平；Y 向，墙体中心线距 F 轴 120mm，即墙体下边线与 F 轴齐平。

3. 一层横向主要墙体定位

1 轴及 9 轴上，墙体为外墙（山墙），墙厚为 240mm；墙体顶标高为二层梁底标高，即 2F-800mm（二层 1 轴及 9 轴上的梁为 KLY201、KLY203、KLY205，截面尺寸均为 240mm×

1150mm，上偏 430mm；故此墙体的顶标高为 2F−80mm−1150mm+430mm = 2F−800mm）。XY 向定位：Y 向，上下与相邻的框架柱（构造柱）边线齐平；X 向，墙体中心线分别与 1 轴和 9 轴重合，其中，C、D 轴间的墙体向过道内偏移 360mm。

2 轴上，B、C 轴间墙体为内墙，D、E 轴间墙体为外墙，墙厚均为 240mm；B、C 轴间墙体顶标高为二层梁底标高，即 2F−780mm（二层 2 轴上的梁为 KLY204，截面尺寸为 240mm×700mm；故此墙体的顶标高为 2F−80mm−700mm = 2F−780mm）；D、E 轴间墙体顶标高为二层梁底标高，即 2F−940mm（二层 2 轴上的梁为 KLY202，截面尺寸为 240mm×900mm，上偏 40mm；故此墙体的顶标高为 2F−80mm−900mm+40mm = 2F−940mm）。XY 向定位：Y 向，上下与相邻的框架柱（构造柱）边线齐平；X 向，墙体中心线与 2 轴重合。

4 轴及 6 轴上，B 轴 C 轴间墙体为内墙，墙厚为 240mm；墙体顶标高为二层梁底标高，即 2F−780mm（二层 4 轴及 6 轴上的梁为 KLY206，截面尺寸均为 240mm×700mm；故此墙体的顶标高为 2F−80mm−700mm = 2F−780mm）。XY 向定位：Y 向，上下与相邻的框架柱（构造柱）边线齐平；X 向，墙体中心线分别与 4 轴和 6 轴重合。6 轴上，D、E 轴间墙体为外墙，墙厚为 240mm；其他与 B、C 轴间墙体相同。

7 轴上，墙体为内墙，墙厚为 240mm；B、C 轴间墙体为卫生间墙体，墙体顶标高为二层梁底标高，即 2F−740mm（二层 7 轴上的梁为 KLY207，截面尺寸为 240mm×700mm，上偏 40mm；故此墙体的顶标高为 2F−80mm−700mm+40mm = 2F−740mm）；D、E 轴间墙体顶标高为二层梁底标高，即 2F−780mm（二层 7 轴上的梁为 KLY207，截面尺寸为 240mm×700mm，无上偏；故此墙体的顶标高为 2F−80mm−700mm = 2F−780mm）。XY 向定位：Y 向，上下与相邻的框架柱（构造柱）边线齐平；X 向，墙体中心线与 7 轴重合。

8 轴上，墙体为内墙，墙厚为 240mm；B、C 轴间墙体顶标高为二层梁底标高，即 2F−740mm（二层 8 轴上的梁为 KLY208，截面尺寸为 240mm×700mm，上偏 40mm；故此墙体的顶标高为 2F−80mm−700mm+40mm = 2F−740mm）；D、E 轴间墙体顶标高为二层梁底标高，即 2F−940mm（二层 8 轴上的梁为 KLY202，截面尺寸为 240mm×900mm，上偏 40mm；故此墙体的顶标高为 2F−80mm−900mm+40mm = 2F−940mm）。XY 向定位：Y 向，上下与相邻的框架柱（构造柱）边线齐平；X 向，墙体中心线与 8 轴重合。

4. 其他墙体定位

A 轴与 B 轴之间，空调室外柜机处两侧的隔墙为外墙，墙厚为 120mm。墙体顶标高为二层楼板（板厚 100mm）板底标高，即 2F−180mm（= 2F−80mm−100mm）。XY 向定位：以 2 轴左右两侧的隔墙为例，X 向，墙体中心线距离 2 轴 610mm（= 670mm−60mm）；Y 向，墙体下边缘与此处的构造柱齐平，上边缘距离 B 轴 380mm，共 900mm（= 1280mm−380mm）长；其他部位与此相同分析。

C 轴下边的管道井，墙体为内墙，墙厚为 120mm；墙体顶标高为二层次梁 La（Lb 或 Lc，截面尺寸为 120mm×400mm）梁底标高，即 2F−480mm（= 2F−80mm−400mm）。纵向墙体的 XY 向定位：X 向，左右与相邻的构造柱边线齐平；Y 向，墙体中心线距 C 轴 540mm（即管道井的净深度 360mm）。墙体沿 X 方向分为三部分，中间水管间的净长度为 1700mm，两端气管间相同。其中，6、7 轴间的，水管间净长度为 1250mm，气管间净长度为 880mm。

D 轴上方的水管道井，墙体为外墙，墙厚为 240mm；墙体顶标高为二层次梁 La（Lb 或 Lc，截面尺寸为 120mm×400mm）梁底标高，即 2F−480mm（=2F−80mm−400mm）。纵向墙体的 XY 向定位：X 向，左右与相邻的构造柱边线齐平（即管道井的净长度为 1700mm），其中，6、7 轴间的水管间净长度为 1250mm；Y 向，墙体中心线距 D 轴 600mm（即管道井的净深度为 360mm）。

配电间纵墙为内墙，墙厚为 240mm，上下各一面墙体；墙体顶标高为二层梁底标高，即 2F−780mm（二层此处的梁为 KLY206、KLY207，截面尺寸均为 240mm×700mm；故此墙体的顶标高为 2F−80mm−700mm=2F−780mm）。XY 向定位：X 向，左右与相邻的构造柱边线齐平；Y 向，墙体中心线与构造柱中心线齐平。

弱电间纵墙为内墙，墙厚为 240mm，上下方各一面墙体，下方墙体的顶标高为此处二层楼板（板厚 100mm）板底标高，即 2F−180mm（=2F−80mm−100mm）；上方墙体的顶标高为此处二层梁 KLX204，截面尺寸为 240mm×500mm，上偏 40mm，故墙顶标高为 2F−540mm（=2F−80mm−500mm+40mm）。

储藏间纵墙为 240mm 内墙，墙体的顶标高为此处二层梁（KX205，截面尺寸为 240mm×400mm，上偏 40mm）底标高，即 2F−440mm（=2F−80mm−400mm+40mm）。

电梯井与强电间之间为内墙，墙厚为 240mm；因二层此处左上角截面最大的梁为 LY203，截面尺寸为 240mm×400mm，上偏 40mm，故墙体的顶标高为 2F−440mm（=2F−80mm−400mm+40mm）。XY 向定位：X 向，墙体中心线与此处的构造柱中心线齐平；Y 向，上下与构造柱边线齐平。

女厕与男厕之间隔墙为内墙，墙厚为 120mm；墙体的顶标高为二层楼板（板厚 100mm）底标高即 2F−180mm（=2F−80mm−100mm）。XY 向定位：X 向，左右与相邻的构造柱边线齐平；Y 向，墙体中心线与构造柱中心线齐平。

值班宿舍卫生间，纵横向各一面隔墙，为内墙，墙厚为 120mm；墙体的顶标高为二层楼板（板厚 100mm）板底标高，即 2F−180mm（=2F−80mm−100mm）。纵向隔墙 XY 向定位：X 向，左右与相邻的构造柱边线齐平；Y 向，墙体中心线与构造柱中心线齐平；横向隔墙 XY 向定位：X 向，墙体中心线与构造柱中心线齐平；Y 向，上下与相邻的构造柱边线齐平。

卫生间与健身房间的隔墙、办公室与活动中心间的隔墙，墙体为内墙，墙厚为 240mm；墙体顶标高为二层楼板（板厚 100mm）板底标高，即 2F−180mm（=2F−80mm−100mm）。XY 向定位：Y 向，上下与相邻的框架柱（构造柱）边线齐平；X 向，墙体中心线与构造柱中心线重合。

5. 一层纵向主要墙体布置

B 轴上的墙体为 240mm 外墙，其设置过程如下：单击"建筑设计"→"墙"→"墙"，启动"墙"构件；绘制方式选择"墙"，绘制方式为"直墙"，绘制参照为"中心"，偏移值为"0.0"；单击"属性面板"的"+"按钮，新建名称为"外墙 240mm（A5.0，B0.6）"，其厚度设为"240"；底部标高为"1F"，底部偏移为"−40"，顶部标高为"2F"，顶部偏移为

一层墙体布置

"-800"。"材料"下拉菜单选择"更多…",弹出"材料样式管理"对话框选择,新建"蒸压砂加气混凝土砌块(A5.0,B0.6)";勾选"防火属性",设置"出图细分"为"通用","内外墙"为"外墙","结构用途"为"非承重墙"。设置后的信息如图 2-164 所示。

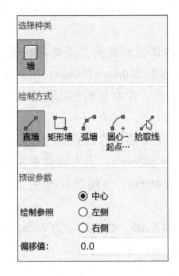

图 2-164　一层外墙设置

设置好后,按前面分析的定位信息布置墙体。

选择其中一段墙体,如 1 轴与 2 轴间的一段,可以看到该段墙体的高度为 2840mm(=3600mm-800mm+40mm),长度为 2720mm(=3600mm-530mm-350mm),面积为 7.72m²(=2.84m×2.72m),体积为 1.85m³(=7.72m²×0.24m)等信息(图 2-165)。

C 轴上的墙体为 240mm 内墙,其设置过程如下:单击"建筑设计"→"墙"→"墙",启动"墙"构件;选择种类为"墙",绘制方式为"直墙",绘制参照为"中心",偏移值为"0.0";单击"属性面板"的"+"按钮,新建名称为"内墙 240mm(A3.5,B0.5)",其厚度设为"240";底部标高为"1F",底部偏移为"-40",顶部标高为"2F",顶部偏移为"-800"。"材料"下拉菜单选择前面新建的"蒸压砂加气混凝土砌块";勾选"防火属性",设置"出图细分"为"通用","内外墙"为"外墙","结构用途"为"非承重墙"。设置后的信息如图 2-166 所示。设置好后,按前面分析的定位信息布置 C 轴上的墙体。

D 轴、E 轴、F 轴上的墙体为 240mm 外墙,与 B 轴上的墙体设置完全一样。操作过程如下:单击"建筑设计"→"墙"→"墙",启动"墙"构件;在"属性面板"下拉选择前面创建的"外墙 240mm(A5.0,B0.6)";不修改其他设置。按前面分析的定位信息,分别布置 D 轴、E 轴、F 轴上的墙体。

6. 一层横向主要墙体布置

1 轴及 9 轴上的墙体为 240mm 外墙,与 B 轴上的墙体设置完全一样。操作过程如下:单击"建筑设计"→"墙"→"墙",启动"墙"构件;在"属性面板"下拉选择前面创建的"外墙 240mm(A5.0,B0.6)";不修改其他设置。按前面分析的定位信息,分别布置 D 轴、E 轴、F 轴上的墙体。

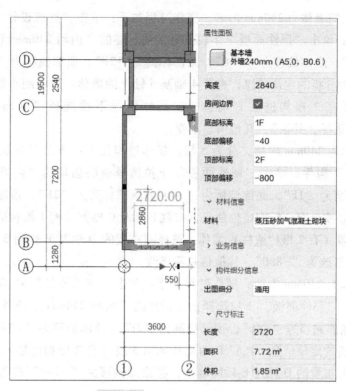

图 2-165　显示墙体的属性值

图 2-166　一层内墙设置

　　2 轴上的墙体为 240mm 内墙，分为 2 段。操作过程如下：单击"建筑设计"→"墙"→"墙"，启动"墙"构件；单击"属性面板"下拉选择前面创建的"内墙 240mm（A3.5，B0.5）"；底部标高为"1F"，底部偏移为"-40"，顶部标高为"2F"，顶部偏移为"-780"；不修改其他设置。按前面分析的定位信息，布置 B 轴、C 轴间墙体及 D 轴、E 轴间墙体。选择刚布置的 D 轴、E 轴间墙体，将顶部偏移由"-780"修改为"880"，其他信息不修改。

4 轴及 6 轴上的墙体为 240mm 内墙。操作过程如下：单击"建筑设计"→"墙"→"墙"，启动"墙"构件；单击"属性面板"下拉选择前面创建的"内墙 240mm（A3.5，B0.5）"；底部标高为"1F"，底部偏移为"-40"，顶部标高为"2F"，顶部偏移为"-780"；不修改其他设置。按前面分析的定位信息，布置 4 轴及 6 轴上的墙体。选中刚布置的 6 轴上 D、E 轴之间的 3 段（有 2 根构造柱）墙体，在属性面板下拉选择"外墙 240mm（A5.0，B0.6）"，内外墙选择"外墙"，其他信息不变。

7 轴上的墙体为 240mm 内墙，分为 5 段。操作过程如下：单击"建筑设计"→"墙"→"墙"，启动"墙"构件；单击"属性面板"下拉选择前面创建的"内墙 240mm（A3.5，B0.5）"；底部标高为"1F"，底部偏移为"-40"，顶部标高为"2F"，顶部偏移为"-740"；不修改其他设置。按前面分析的定位信息，布置 B 轴及 C 轴间（有 1 根构造柱）2 段墙体及 D 轴及 E 轴间 3 段（有 2 根构造柱）墙体。选择刚布置的 D 轴及 E 轴间 3 段墙体，将顶部偏移由"-740"修改为"-880"，其他信息不修改。

8 轴上的墙体为 240mm 内墙。操作过程如下：单击"建筑设计"→"墙"→"墙"，启动"墙"构件；单击"属性面板"下拉选择前面创建的"内墙 240mm（A3.5，B0.5）"；底部标高为"1F"，底部偏移为"-40"，顶部标高为"2F"，顶部偏移为"-740"；不修改其他设置。按前面分析的定位信息，布置 B 轴及 C 轴间 3 段（有 2 根构造柱）墙体及 D 轴及 E 轴间墙体。选择刚布置的 D 轴及 E 轴间墙体，将顶部偏移由"-740"修改为"-940"，其他的信息不修改。

7. 一层其他墙体布置

A 轴、B 轴之间的空调室外柜机处墙体为 120mm 外墙。先布置 2 轴与 B 轴相交处的空调室外柜机墙体。操作过程如下：单击"建筑设计"→"墙"→"墙"，启动"墙"构件；选择种类为"墙"，绘制方式为"直墙"，绘制参照为"中心"，偏移值为"610.0"；单击"属性面板"的"+"按钮，新建名称为"外墙 120mm（A5.0，B0.6）"，其厚度设为"120"；底部标高为"1F"，底部偏移为"-40"，顶部标高为"2F"，顶部偏移为"-180"。"材料"下拉菜单选择前面新建的"蒸压砂加气混凝土砌块"；其他信息不修改，设置后的信息如图 2-167 所示。

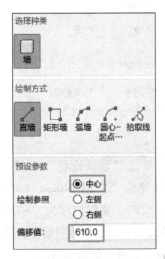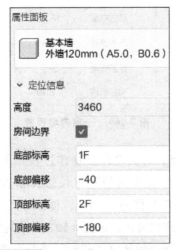

图 2-167　空调室外柜机处隔墙设置

布置过程：光标捕捉到 2 轴与此处的框架柱外边线的交点（*A* 点），单击确认，垂直往下移动光标一段合适的距离，输入"900"（图 2-168a），按〈Enter〉键，即绘制好右侧外墙；按〈Esc〉键，退出绘制状态。选中刚绘制的墙体，单击通用工具的"复制"命令，单击绘图区域，水平向左移动光标适当距离，输入"1220"（=610×2），如图 2-168b 所示，按〈Enter〉键，得到左侧墙体，按〈Esc〉键，退出绘制状态（图 2-168c）。

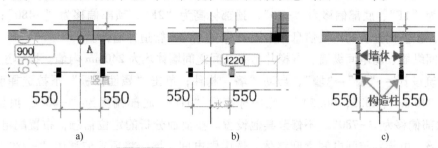

图 2-168　一层空调室外柜机处外墙布置

经观察，3、4、5、6 轴，以及 7、8 轴之间的空调柜机处墙体，与 2 轴的完全一样，并且间距均为 7200mm，故可用"阵列"命令快速创建。同时选中这 2 根构造柱，单击"阵列"命令，陈列个数设为"6"，移动到单选"第二个"；光标捕捉到 2 轴轴线，单击确认，水平移动光标一段合适的距离，输入"7200"，按〈Enter〉键确定，即阵列完成其他 4 条轴线附近的隔墙绘制（图 2-169）。

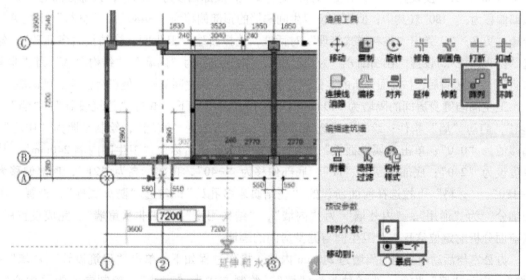

图 2-169　阵列布置一层空调室外柜机外墙

C 轴下边的管道井为 120mm 内墙。操作过程如下：单击"建筑设计"→"墙"→"墙"，启动"墙"构件；选择种类为"墙"，绘制方式为"直墙"，绘制参照为"中心"，偏移值为"-540.0"；单击"属性面板"的"+"按钮，新建名称为"内墙 120mm（A3.5，B0.5）"，其厚度设为"120"；底部标高为"1F"，底部偏移为"-40"，顶部标高为"2F"，顶部偏移为"-480"。"材料"下拉菜单选择前面新建的"蒸压砂加气混凝土砌块"；勾选"防火属性"；设置"出图细分"为"通用"，"内外墙"为"内墙"，"结构用途"为"非承重墙"。设置好后，单击 C 轴此处左侧构造柱右边线的中点，光标水平右移至右侧构造柱右边线，单击确认，布置好 C 轴下方水平的管道井墙体；按〈Esc〉键退出，重新设置偏移值，参照前面的方法，按前面分析的定位信息布置 C 轴下边竖向的管道井墙体。

D 轴上方的水管道井为 240mm 外墙。操作过程如下：单击"建筑设计"→"墙"→"墙"，启动"墙"构件；单击"属性面板"下拉选择前面创建的"外墙 240mm（A5.0，B0.6）"；底部标高为"1F"，底部偏移为"-40"，顶部标高为"2F"，顶部偏移为"-480"；不修改其他设置。按前面分析的定位信息，布置 D 轴上方的水管道井墙体。

配电间纵墙、弱电间纵墙、电梯井与强电间之间墙体均为 240mm 内墙。操作过程如下：单击"建筑设计"→"墙"→"墙"，启动"墙"构件；单击"属性面板"下拉选择前面创建的"内墙 240mm（A3.5，B0.5）"；底部标高为"1F"，底部偏移为"-40"，顶部标高为"2F"，顶部偏移为"-780"。不修改其他设置。按前面分析的定位信息，布置配电间纵墙、弱电间纵墙、电梯井与强电间之间墙体。选中弱电间纵墙，将顶部偏移由"-780"修改为"-740"，其他信息不修改。再选中电梯井与强电间之间墙体，将顶部偏移由"-780"修改为"-440"，其他信息不修改。

女厕与男厕之间隔墙、值班宿舍卫生间隔墙均为 120mm 内墙。操作过程如下：单击"建筑设计"→"墙"→"墙"，启动"墙"构件；绘制方式选择"墙"，绘制方式为"直墙"，绘制参照为"中心"，偏移值为"0.0"；单击"属性面板"的"+"按钮，新建名称为"卫生间内墙 120mm"，其厚度设为"120"；底部标高为"1F"，底部偏移为"-40"，顶部标高为"2F"，顶部偏移为"-180"（其中，值班宿舍卫生间隔墙的顶部偏移为"-480"）。"材料"下拉菜单选择"更多…"，弹出"材料样式管理"对话框，选择新建"卫生间—烧结页岩多孔砖"；勾选"防火属性"，设置"出图细分"为"通用"，"内外墙"为"内墙"，"结构用途"为"非承重墙"。完成设置后，按前面分析的定位信息布置女厕与男厕之间隔墙、值班宿舍卫生间隔墙。

卫生间与健身房间的隔墙为 240mm 内墙。操作过程如下：单击"建筑设计"→"墙"→"墙"，启动"墙"构件；绘制方式选择"墙"，绘制方式为"直墙"，绘制参照为"中心"，偏移值为"0.0"；单击"属性面板"的"+"按钮，新建名称为"卫生间内墙 240mm"，其厚度设为"240"；底部标高为"1F"，底部偏移为"-40"，顶部标高为"2F"，顶部偏移为"-180"。"材料"下拉选择前面新建的"烧结页岩多孔砖"；勾选"防火属性"，设置"出图细分"为"通用"，"内外墙"为"内墙"，"结构用途"为"非承重墙"。完成设置后，按前面分析的定位信息布置卫生间与健身房间的隔墙。

办公室与活动中心间的隔墙为 240mm 内墙。操作过程如下：单击"建筑设计"→"墙"→"墙"，启动"墙"构件；选择种类为"墙"，绘制方式为"直墙"，绘制参照为"中心"，偏移值为"0.0"；单击"属性面板"下拉选择名称为"内墙 240mm"；底部标高为"1F"，底部偏移为"-40"，顶部标高为"2F"，顶部偏移为"-180"。"材料"下拉选择前面新建的"烧结页岩多孔砖"；不修改其他信息。完成设置后，按前面分析的定位信息布置办公室与活动中心间的隔墙。

至此，完成了一层所有墙体的绘制。单击"注释表达"，用"线性标注"对相关尺寸进行标注，结果如图 2-170 所示。

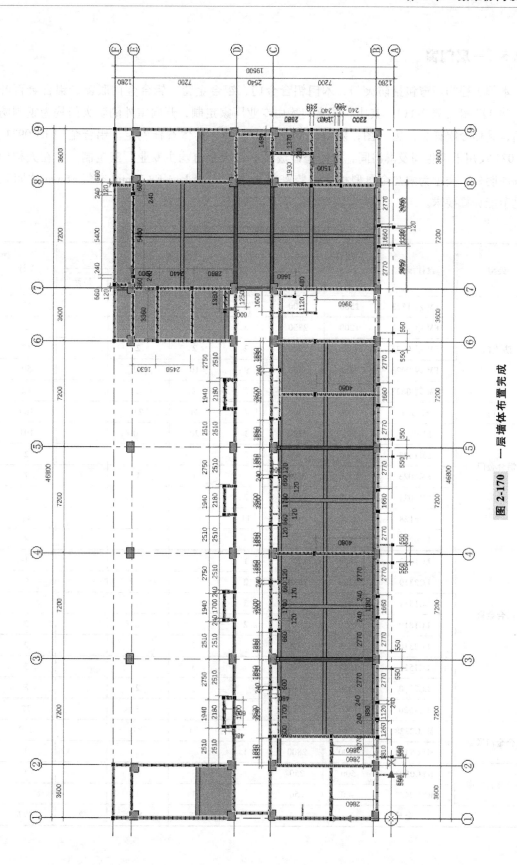

图 2-170　一层墙体布置完成

2.9.5　一层门窗

本例工程的门窗包括防火门、木门铝合金门、铝合金窗、铝合金门联窗、铝合金百叶窗，共 497 扇（表 2-11）。其中，防火门均由专业厂家定制，开向室外的防火门均为钢制防火门，具体分隔详见门窗详图；木门由专业厂家定制，具体看样确定。铝合金门 LM0921、LM1021 仅用于卫生间及淋浴间，选用磨砂玻璃。铝合金窗均由专业厂家定制，除在大样中详细注明外，类型为隔热金属型材（多腔密封 6mm，中透 Low-E+12mm 空气+6mm 透明），满足节能计算要求。

表 2-11　学生公寓 5#楼门窗表

类型	设计编号	洞口尺寸/mm		所在楼层数量				总计
		宽	高	1F	2F	3F~6F/层	屋面	
防火门	FM 乙 1523	1500	2300	2	2	2		12
	FM 甲 1223	1200	2300	2				2
	FM 甲 0923	900	2300	2	2	2		12
	FM 丙 0923	900	2300	9	10	10		59
	FM 丙 0623	600	2300	2	2	2		12
木门	M1023	1000	2300	4	21	21		109
铝合金门	LM0921	900	2100	1	20	20		101
	LM1523	1500	2300	2				2
	LM1023	1000	2300		1	1	2	7
	LM1021	1000	2100	2				2
铝合金窗	LC2128	2100	2800	11				11
	LC0919	900	1900	8				8
	LC1812	1800	1200	1				1
	LC2319	2300	1900					2
	LC1519	1500	1900	3				3
	LC1819	1800	1900	2				2
	LC2316	2300	2300		2			2
	LC1516	1500	1600		3			3
	LC2320	2300	2000			2		8
	LC1520	1500	2000			3		12
铝合金门联窗	MLC2328	2300	2800		24	24		120
	MLC5428	5400	2800	1				1
铝合金百叶窗	BYC0503	500	250	1				1
	BYC0403	400	250		1	1		5
合计				55	88	88	2	497

1. 软件自带门窗构件布置

对于软件自带的门窗构件，可以根据设计要求，设置相应的参数后直接布置。双击进入 1F 平面视图，单击"建筑设计"→"门"，在"属性面板"下拉构件类型列表中，将光标移动到相应的构件类型名称上，如移动到"双扇平开门"名称上方，会显示该构件的形状（图 2-171）。根据此形状，判断是否与需要布置的构件形状相同。逐一查看，找到与设计形状相同的构件类型。

根据设计要求，LM1523 的形状与上面的"双扇平开门"形状相同，单击选择"M1521"，单击"属性面板"的"+"按钮，新建"LM1523"，宽度为"1500"（门窗表，施工图"建施—16"中可知该门的宽度为 1500mm），高度为"2300"（门窗表，施工图"建施—16"中可知该门的高度为 2300mm），框架厚度为"60"（默认值），截面厚度为"60"（默认值），单击"确定"按钮；预设参数的绘制参照单选"中心"；标高偏移为"0"。根据设计，此门布置在楼梯间，每个楼梯间 1 个，在 2 轴和 9 轴上；分别在 2 轴和 9 轴的楼梯间的墙体附近捕捉到墙体，当显示门的开启方向时，轻轻左右移动光标，当显示正确的开启方向时，单击确认（该门在横墙上，若在纵墙上放置门，则上下轻轻移动光标，以显示正确的开启方向）。选中布置在 2 轴的 LM1523，会显示出此门距柱子的临时标注尺寸，输入

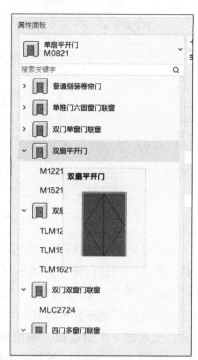

图 2-171　查看构件类型的形状

"240"（设计要求此门距离旁边的框架柱 240mm），按〈Enter〉键确定，即将门准确定位。再选中布置在 9 轴的 LM1523，会显示出此门距柱子的临时标注尺寸，输入"400"（设计要求此门距离旁边的框架柱 400mm），按〈Enter〉键确定，即将门准确定位，至此布置完成 1F 的两个 LM1523。同样的方法，布置软件自带的其他门构件。

窗的布置原理和门一样，下面以 BYC0503 为例介绍窗的布置。双击进入 1F 平面视图，单击"建筑设计"→"窗"→"窗"，在"属性面板"下拉选择百叶窗 1×1→BYC2020，单击"属性面板"的"+"按钮，新建"BYC0503"，宽度为"500"（门窗表，建施—16 中可知该百叶窗宽度为 500mm），高度为"250"（门窗表，建施—16 中可知该百叶窗的高度为 250mm），百叶个数为"1"（门窗表，建施—16 中可知该百叶窗的个数为 1），单击"确定"按钮；预设参照单选"中心"；参照标高为"1F"，标高偏移为"2650"（门窗表，建施—16 中可知该百叶窗距离建筑标高为 2650mm），在 B 轴的 1、2 轴间墙体上布置此百叶窗，捕捉到墙体，当显示蓝色数据时，输入"1550"（百叶窗边距 1 轴、2 轴均为 1550mm），按〈Enter〉键确定，即布置完成。同样的方法，布置软件自带的窗构件。

2. 自制门窗构件创建

有些项目的门窗构件，软件里面没有自带选项，需要另行创建。下面以 MLC5428 为例，介绍此门窗构件的创建过程，其立面尺寸如图 2-172 所示。

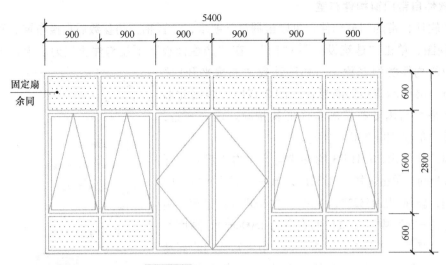

图 2-172　MLC5428 立面尺寸

　　双击进入 1F 平面视图，单击"建筑设计"→"自定义门窗"，启动广联达数维构件设计软件，弹出"创建门窗"对话框（注：也可以直接启动广联达数维构件设计软件，单击插件"门窗助手"，也同样弹出"创建门窗"对话框）。单击选择"门联窗双联窗"模块模板，在弹出的"选择外框样式"中有 2 个选项：无底框、共用边梃。这 2 个选项将产生 4 种组合：无底框+共用边梃，模型效果如图 2-173a 所示；有底框+共用边梃，模型效果如图 2-173b 所示；无底框+不共用边梃，模型效果如图 2-173c 所示；有底框+不共用边梃，模型效果如图 2-173d 所示。

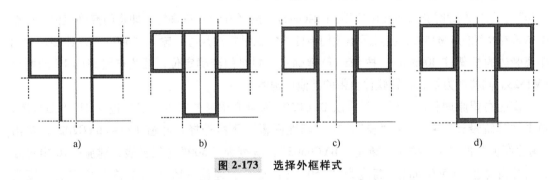

a)　　　　　　　　　b)　　　　　　　　　c)　　　　　　　　　d)

图 2-173　选择外框样式

　　对照 MLC5428 的设计要求，该门联窗有底框且不共用边梃，故不勾选"无底框"，也不勾选"共用边梃"，单击"确定"按钮，自动进入"前"立面视图，单击"保存"按钮，文件名为"门联窗-双联窗下玻璃"。这个名称的确定可与后面的 MLC2328 构件名称进行区分，因 MLC2328 构件下方是墙体，所以构件名称将取为"门联窗-双联窗下墙体"。

　　对比 MLC5428 立面尺寸和门窗助手中门联窗双联窗前立面视图可知，这两个立面不完全一样，需要对门窗助手中门联窗双联窗前立面视图按照 MLC5428 立面尺寸进行修改。

　　因前面保存文件后，原构件处于"完成"状态。单击文件"门联窗-双联窗下玻璃"中的"编辑门窗"，进入编辑状态，操作过程如下：

（1）修改尺寸参数

高度为"2800"，宽度为"5400"，左侧/右侧窗高均为"2800"，左侧/右侧窗宽均为"1800"，外框厚、外框截面厚、外框门槛高均为"50"（若厂家有定制的厚度数据，录入定制参数），结果如图 2-174 所示。

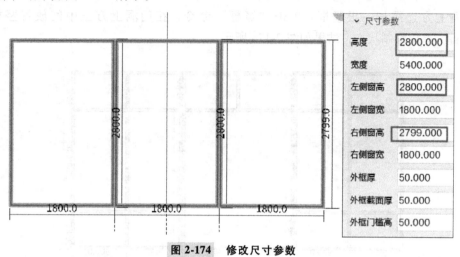

图 2-174　修改尺寸参数

注意：目前的广联达数维构件软件版本，"尺寸参数"界面的"右侧窗高"，要输入一个比高度约小的值（本例是小 1mm），才能往下操作，否则软件会报错。已经向其开发人员反馈，后期版本可能会修改此错误，即以后版本此处的"右侧窗高"可以等于高度。使用新版本时，可先测试数值检验是否修改了此错误。

（2）添加竖框

单击"竖框"命令，在左右侧窗各单击一下，自动各放置 1 根竖框。按〈Esc〉键，退出绘制状态。单击左侧新放置竖框下方自动标注的尺寸，输入"900"；同样，右侧也输入"900"，结果如图 2-175 所示。注意：对于水平方向的尺寸，从左至右进行修改，最右边一个数值不能修改，软件自动计算得到；对于竖直方向的尺寸，从下至上进行修改，最上边一个数值不能修改，软件自动计算得到。

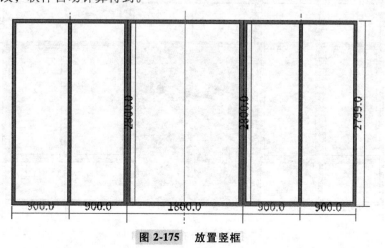

图 2-175　放置竖框

（3）放置横框

单击"横框"命令，按 MLC5428 的设计要求，放置横框。按〈Esc〉键，退出绘制状态。单击左侧新放置竖框右侧自动标注的尺寸，按 MLC5428 的横向间隔要求输入数据，最下方为"600"，中间为"1600"，最上方自动计算为"600"（= 2800-1600-600）。经观察，中间门洞上方还需加一根竖框。单击"竖框"命令，在门洞上方正中间放置竖框。按〈Esc〉键，退出绘制状态，结果如图 2-176 所示。

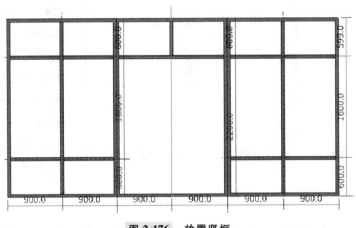

图 2-176　放置竖框

（4）放置门窗扇

按 MLC5428 的设计要求，最上方为 6 块固定扇，最下方左右各 2 块固定扇，左右侧各 2 扇上悬窗，中间为 2 扇平开门。单击"固定窗扇"命令，将光标移动到需要布置固定扇的位置，依次单击确认，即布置好相应的固定扇；单击"悬窗扇"命令，将光标移动到需要布置悬窗扇的位置，依次单击确认，即布置好相应的悬窗扇；单击"双平开门扇"命令，将光标移动到中间位置，单击确认，即布置好双扇平开门。按〈Esc〉键，退出绘制状态，结果如图 2-177 所示。

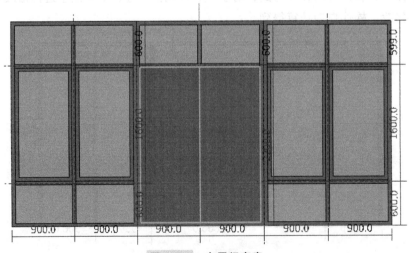

图 2-177　布置门窗扇

（5）放置门窗符号

按 MLC5428 的要求，左右侧各 2 扇上悬窗；中间为 2 扇平开门。单击"开启线"命令，以最左侧上悬窗为例，将光标移动到最左侧上悬窗的下侧，单击确认，即布置好该上悬窗的开启线（注意：若将光标移动到该上悬窗的上侧，单击确认，布置的是下悬窗开启线；若将光标移动到该上悬窗的中间，单击确认，布置的是中悬窗开启线）。同样的方法，布置其他 3 个上悬窗的开启线。再将光标移动到中间位置，单击确认，即布置好双扇平开门开启线。单击"玻璃符号"命令，在最上方为 6 块固定扇、最下方左右各 2 块固定扇上，放置玻璃符号。以左上角为例，将光标移动到该固定扇上，当出现玻璃符号后，单击确认，即布置上盖固定扇的玻璃符号；同样方法，布置其他固定扇的玻璃符号。按〈Esc〉键，退出绘制状态，结果如图 2-178 所示。

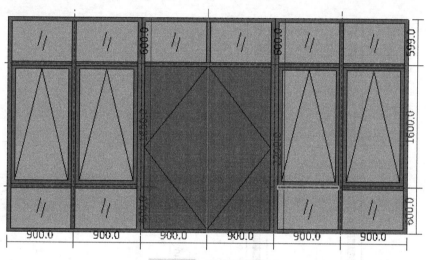

图 2-178 放置门窗符号

（6）创建图例

单击"平面图例"后的"搜索"按钮，弹出门窗图例元件库，选择对应的图例进行布置。以布置中间的双扇平开门为例，选择其中一个"双扇平开门"图例，软件自动打开"基础标高"视图，依次单击门洞左右两边的参照平面定位线，上下移动光标，会显示门的开启方向，确定一个方向后，单击确认，即布置好此门的图例。软件目前版本只有普通窗图例，没有悬窗的图例，暂不布置。按〈Esc〉键，退出布置状态，结果如图 2-179 所示。

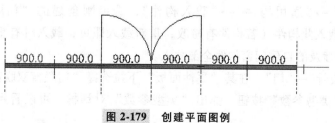

图 2-179 创建平面图例

单击"剖面图例"后的"搜索"按钮，弹出门窗图例模板，选择对应的图例进行布置。以布置中间的双扇平开门为例，选择"门剖面图例"图例，单击"确定"按钮。双击进入"左"立面视图，发现目前的 MLC 高度没有达到顶部（图 2-180a）；单击上方工具条的"完成"命令，软件自动完成创建（图 2-180b）。若还需要继续编辑，单击上方工具条的"编辑门窗"命令，可以继续编辑（图 2-180c）。修改后，单击上方工具条的"完成"命令，再单击"保存"命令，保存为前面确定的文件名"门联窗-双联窗下玻璃"（".gac"格式），自此，门联窗双联窗 MLC5428 构件创建完毕。后面可以直接使用该构件。载入项目文件后，可以修改相关参数，得到一个新的门联窗构件。

同样的方法，可以创建门联窗 MLC2328（图 2-181）、铝窗 LC2128（图 2-182a）、铝窗 LC2320（图 2-182b）等构件。其他门窗尺寸详见本例工程图"建施—16"。

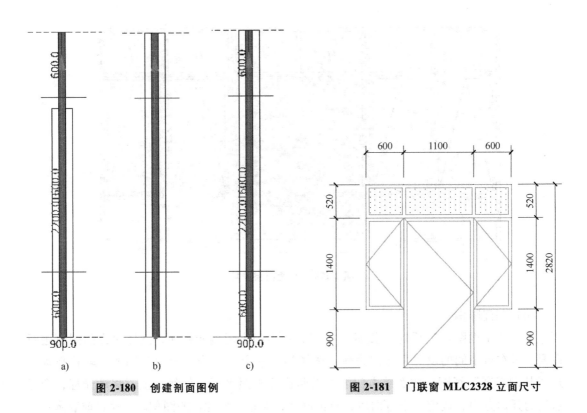

图 2-180　创建剖面图例　　　　　图 2-181　门联窗 MLC2328 立面尺寸

3. 自制门窗构件布置

先布置前面创建的 MLC5428。双击进入案例工程学生公寓 5#楼-建筑的 1F 平面视图，单击"建筑设计"→"通用构件"→"载入构件"，选择刚创建的"门联窗-双联窗下玻璃.gac"文件，载入此构件（若构件有修改，重新载入即可；载入时有重名构件提示，选择覆盖）。将该例涉及的自建门窗构件全部载入。

单击"建筑设计"→"门"，在其"属性面板"下拉选择"门联窗双联窗"→"门"，单击"属性面板"的"类型参数"按钮，弹出"类型参数"对话框，可以看到其基本属性与前面设置的参数。

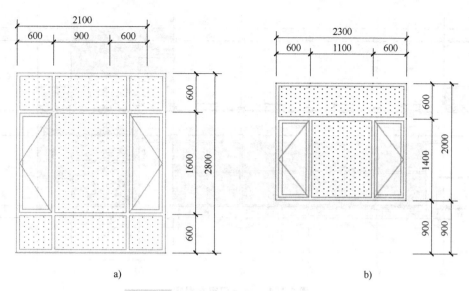

图 2-182　铝窗 LC2128、LC2320 立面尺寸

单击"重命名",确定名称为 MLC5428,不修改相关参数值。单击"确定"按钮。在 E 轴和 7、8 轴间的墙上放置该门联窗 MLC5428,按〈Esc〉键退出绘制状态。单击选中该 MLC5428,将其"洞口底部偏移"设为"0",定位信息中:"参照标高"设为"1F"(不变),"标高偏移"设为"0"(不变)。用"线性标注"命令,对此门进行尺寸标注,单击选中,如图 2-183 所示。同样的方法布置其他自己创建的门窗构件。

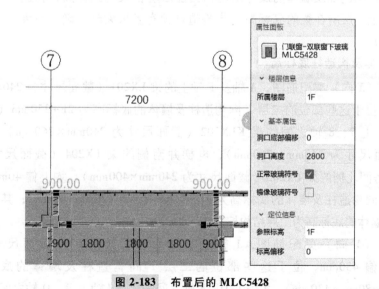

图 2-183　布置后的 MLC5428

全部门窗布置完成后(图 2-184)进行保存,提交至云平台,版本注释"一层门窗完成"。

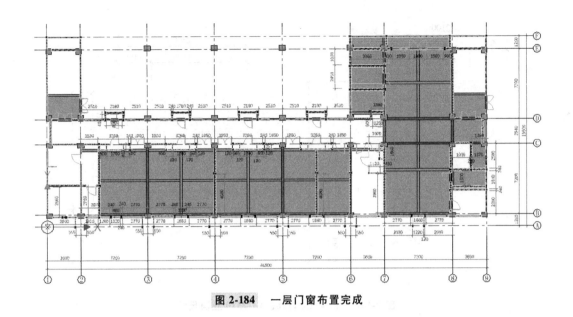

图 2-184　一层门窗布置完成

2.10　二层及以上建筑设计

2.10.1　墙体及构造柱底标高

根据设计，构造柱及墙体的底标高均为当前层所在梁的顶标高，构造柱的顶标高为上一层所在梁的底标高（当构造柱顶有多根梁时，确定为梁底标高最小的）。

墙体及构造
柱定位分析

1. 二层墙体及构造柱底标高

根据二层（X 向）梁配筋图，A 轴及 F 轴上的梁 LX201（截面尺寸为 240mm×1150mm）上偏 430mm，位于这些部位的二层 X 向构造柱及墙体的底标高为 2F+350mm（=2F−80mm+430mm）；B 轴上 7、8 轴之间的梁 KLX202（截面尺寸为 240mm×760mm），D 轴上的梁 KLX202（截面尺寸为 240mm×760mm），电梯井南侧的梁 LX204（截面尺寸为 240mm×500mm），厨房间北侧的梁 LX205（截面尺寸为 240mm×400mm），均上偏 40mm，位于这些部位的二层 X 向构造柱及墙体的底标高为 2F−40mm（=2F−80mm+40mm）；其他部位的二层 X 向构造柱及墙体的底标高为二层结构标高 2F−80mm。

根据二层（Y 向）梁配筋图，1 轴及 9 轴上的梁 KLY203（截面尺寸为 240mm×1150mm），上偏 430mm，位于这些部位的二层 Y 向构造柱及墙体的底标高为 2F+350mm（=2F−80mm+430mm）；2 轴上 D、F 轴之间的梁，7 轴上 B、D 轴之间的梁，8 轴上 B、D 轴之间的梁，7 轴与 8 轴中间的 B、D 轴之间的梁，强电间与电梯间之间的梁，均上偏 40mm，位于这些部位的二层 Y 向构造柱及墙体的底标高为 2F−40mm（=2F−80mm+40mm）；其他部位的二层 Y 向构造柱及墙体的底标高为二层结构标高 2F−80mm。

2. 三至六层墙体及构造柱底标高

根据三至六层（ X 向）梁配筋图，A 轴及 F 轴上 LX201（截面尺寸为 240mm×800mm）上偏 430mm，位于这些部位的当前层（以三层为例，下同） X 向构造柱及墙体的底标高为 3F+350mm（＝3F−80mm+430mm）；B 轴上 7、8 轴之间的梁 KLX202（截面尺寸为 240mm×740mm），D 轴上的梁 KLX202（截面尺寸为 240mm×700mm）、电梯井南侧的梁 LX204（截面尺寸为 240mm×500mm）、厨房间北侧的梁 LX205（240mm×400mm），均上偏 40mm，位于这些部位的三层 X 向构造柱及墙体的底标高为 3F−40mm（＝3F−80mm+40mm）；其他部位的三层 X 向构造柱及墙体的底标高为三层结构标高 3F−80mm。

根据三至六层（ Y 向）梁配筋图，1 轴及 9 轴上 A、D 轴之间的梁 KLY203/205（240mm×800mm），上偏 180mm，位于这些部位的当前层（以三层为例，下同） Y 向构造柱及墙体的底标高为 3F+100mm（＝3F−80mm+180mm）；1 轴及 9 轴上 D、F 轴之间的梁 KLY201（截面尺寸为 240mm×900mm），上偏 280mm，位于三层 Y 向构造柱及墙体的底标高为 3F+200mm（＝3F−80mm+280mm）；2 轴上 D、F 轴之间的梁，7 轴上 B、D 轴之间的梁，8 轴上 B、D 轴之间的梁，7 轴与 8 轴中间的 B、D 轴之间的梁，强电间与电梯间之间的梁，均上偏 40mm，位于这些部位的三层 Y 向构造柱及墙体的底标高为 3F−40mm（＝2F−80mm+40mm）；其他部位的三层 Y 向构造柱及墙体的底标高为三层结构标高 2F−80mm。

2.10.2　构造柱定位分析

1. 二至五层构造柱定位分析

二至五层的构造柱设计完全相同，下面以二层的构造柱为例，分析其定位信息。

A 轴及 F 轴上，空调室外柜机处两侧的隔墙端部，共（2×2×6）根＝24 根（A 轴及 F 轴上各 12 根），截面尺寸为 120mm×240mm。顶标高为三层梁底标高，即 3F−700mm（＝3F−80mm−800mm+180mm，三层 A 轴/F 轴的梁为 LX201，截面尺寸为 240mm×800mm，上偏 180mm；另外，三层结构标高比建筑标高低 80mm，下同，不再列出）。

A 轴及 F 轴上，分户墙处的隔墙端部，共（2×6）根＝12 根，截面尺寸为 240mm×240mm（A 轴及 F 轴上各 1 根），构造柱的顶标高也为 3F−700mm。

平面的四个角，截面尺寸为 240mm×240mm，共 4 根。A 轴与 1 轴、9 轴相交处，构造柱顶标高均为三层梁底标高较低的，即 3F−700mm（＝3F−80mm−800mm+180mm；三层 A 轴此处的梁均为 LX201，截面尺寸为 240mm×800mm，上偏 180mm；1 轴/9 轴的梁均为 KLY203，240mm×800mm，上偏 180mm）。F 轴与 1 轴/9 轴相交处，构造柱顶标高均为三层梁底标高较低的，即 3F−700mm（＝3F−80mm−800mm+180mm＝3F−80mm−900mm+280mm；三层此处 F 轴的梁均为 LX201，截面尺寸为 240mm×800mm，上偏 180mm；1 轴/9 轴的梁均为 KLY201，截面尺寸为 240mm×900mm，上偏 280mm）。

B 轴及 E 轴上，开间为 7200mm 的分户墙与纵墙相交处，各 5 根，共 10 根，截面尺寸为 240mm×240mm；构造柱顶标高均为三层梁底标高，即 3F−780mm（三层 B 轴/E 轴的梁为 KLX202，截面尺寸为 240mm×700mm；故构造柱的顶标高为 3F−80mm−700mm＝3F−780mm）。

C轴及D轴上，开间为7200mm的门洞口靠管道井侧，各1根；C轴上8根，D轴上10根，共18根，截面尺寸均为120mm×240mm；三层C轴及D轴的梁为KLX202，截面尺寸为240mm×700mm，C轴无偏移，D轴上偏40mm；C轴上的构造柱顶标高为3F-780mm（=3F-80mm-700mm）；D轴上的构造柱顶标高为3F-740mm（=3F-80mm-700mm+40mm）。

宿舍卫生间靠室内的转角处，每间1根，共20根，截面尺寸为120mm×240mm；构造柱顶标高确定为三层次梁LX203（截面尺寸为240mm×500mm）与梁Lb（截面尺寸为120mm×400mm）中较低梁LX203的底标高，即3F-480mm（=3F-80mm-400mm）。

2、3、4、5、6轴的宿舍左右横墙上，分别距C轴、D轴3000mm处，截面尺寸为240mm×240mm的构造柱，共10根；构造柱顶标高为三层梁底标高，即3F-780mm（=3F-80mm-700mm，为KLY204，截面尺寸为240mm×700mm）；其中，2轴楼梯间处的构造柱底标高为2F-40mm（二层此处的梁KLY202，上偏40mm），顶标高为3F-940（=3F-80mm-900mm+40mm，三层此处的梁也为KLY202，截面尺寸为240mm×900mm，上偏40mm）。

宿舍卫生间隔墙与分户墙相交处，截面尺寸为120mm×240mm的构造柱，共11根；构造柱顶标高为三层梁底标高，即3F-680mm（=3F-80mm-600mm，为LY201及LY202，截面尺寸为240mm×600mm）；其中，7轴上的2根构造柱顶标高为3F-780mm（=3F-80mm-700mm，为KLY207，截面尺寸为240mm×700mm）。

电梯井的左下、右下、右上三个角各1根；强电间右下角1根，厨房间的左上角、右上角各1根，共6根，截面尺寸均为240mm×240mm；电梯井的左下角、厨房间的左上角各1根，构造柱顶标高为3F-740mm（=3F-80mm-700mm+40mm，取上方梁底标高低的梁KLY208，截面尺寸为240mm×700mm，上偏40mm）；电梯井的右上角1根构造柱顶标高为3F-740mm（=3F-80mm-700mm+40mm，取上方梁底标高低的梁KLX202，截面尺寸为240mm×700mm，上偏40mm）；电梯井右下角1根，构造柱顶标高为3F-540mm（=3F-80mm-500mm+40mm，取上方梁底标高低的梁LX204，截面尺寸为240mm×500mm，上偏40mm）；强电间右下角、厨房间的右上角各1根，构造柱顶标高为3F-700mm（=3F-80mm-800mm+180mm，取上方梁底标高低的梁KLY203，截面尺寸为240mm×800mm，上偏180mm）。

综上所述，二至五层构造柱设置信息见表2-12。

表2-12 二至五层构造柱设置信息（以二层标识）

轴线/位置	截面尺寸/（mm×mm）	底标高/mm	顶标高/mm	数量/根
A、F轴空调室外柜机隔墙端部	120×240	2F+350	3F-700	24
平面四个角	240×240	2F+350	3F-700	4
A、F轴分户墙处的隔墙端部	240×240	2F+350	3F-700	12
B、E轴	240×240	2F-80	3F-780	10
C轴（1~7轴之间）	120×240	2F-80	3F-780	8
D轴	120×240	2F-40	3F-740	10
宿舍卫生间靠室内的转角处	120×240	2F-80	3F-480	20

（续）

轴线/位置	截面尺寸/(mm×mm)	底标高/mm	顶标高/mm	数量/根
2、3、4、5、6轴的宿舍横墙上	240×240	2F-80	3F-780	9
2轴楼梯间处		2F-40	3F-860	1
宿舍卫生间隔墙与分户墙相交处	120×240	2F-80	3F-680	9
7轴上B、D轴之间	240×240	2F-40	3F-780	2
电梯井左下、厨房间左上、右上	240×240	2F-40	3F-700	3
电梯井右下	240×240	2F-40	3F-540	1
电梯井右上	240×240	2F-40	3F-740	1
合计				114

2. 六层构造柱定位分析

A 轴及 F 轴上，空调室外柜机处两侧的隔墙端部，共（2×2×6）根 = 24 根（A 轴及 F 轴上各 12 根），截面尺寸为 120mm×240mm，底标高为六层结构标高 6F-80mm（下同，不再列出）；顶标高为屋顶梁底标高，即屋面结构-700mm（屋顶 A、F 轴的梁 LX701，截面尺寸为 240mm×700mm；另外，数维模型里屋面结构的楼层标高（21.600m）等于结构施工图里的屋顶标高，下同，不再列出）。

A 轴及 F 轴上，分户墙处的隔墙端部，共（2×6）根 = 12 根，截面尺寸为 240mm×240mm（A 轴及 F 轴上各 1 根），构造柱的顶标高为屋面结构-600mm（上方屋顶的梁为 LY702，截面尺寸为 240mm×600mm）。注：该区域是降板区（降 580mm），但降板后的板底标高比梁底标高仍高 20mm，故构造柱的柱顶标高取梁底标高。

平面的四个角，截面尺寸为 240mm×240mm，共 4 根。A 轴与 1、9 轴相交处，构造柱顶标高均为屋顶梁底标高较低的，即 3F-700mm（= 3F-700mm；屋顶 A 轴此处的梁均为 LX701，截面尺寸为 240mm×700mm；1、9 轴的梁均为 WKLY701，截面尺寸为 240mm×700mm）。F 轴与 1、9 轴相交处，构造柱顶标高均为三层梁底标高较低的，即 3F-700mm（= 3F-700mm；屋顶此处 F 轴的梁均为 LX701，截面尺寸为 240mm×700mm；1、9 轴的梁均为 WKLY701，截面尺寸为 240mm×700mm）。

B 轴及 E 轴上，开间为 7200mm 的分户墙与纵墙相交处，各 5 根，共 10 根，截面尺寸为 240mm×240mm。构造柱顶标高均为屋顶梁底标高，即屋面结构-800mm（屋顶 B、E 轴的梁为 WKLX701，截面尺寸为 240mm×800mm）。

C 轴及 D 轴上，开间为 7200mm 的门洞口靠管道井侧，各 1 根；C 轴上 8 根，D 轴上 10 根，共 18 根，截面尺寸均为 120mm×240mm；C 轴上构造柱顶标高为屋面结构-700mm，D 轴上构造柱顶标高为屋面结构-660mm（C 轴及 D 轴的上方梁为 WKLX702，截面尺寸为 240mm×700mm；C 轴无偏移，D 轴上偏 40mm）。

宿舍卫生间靠室内的转角处，每间 1 根，共 20 根，截面尺寸为 120mm×240mm；构造柱顶标高为三层次梁 LX703（240mm×500mm）与梁 Lb（截面尺寸为 120mm×400mm）中较低梁 LX203 的底标高，即屋面结构-580mm（= 3F-80mm-500mm）。

2、3、4、5、6 轴的宿舍横墙上，分别距 C、D 轴 3000mm 处，截面尺寸为 240mm×240mm 的构造柱，共 10 根；其中，2 轴楼梯间处的构造柱底标高为 6F−40mm（六层此处的梁为 KLY202，上偏 40mm），构造柱顶标高为屋顶梁底标高，即屋面结构−700mm（上方梁为 WKLY702、WKL703，截面尺寸均为 240mm×700mm）。

宿舍卫生间隔墙与分户墙相交处，设截面尺寸为 120mm×240mm 的构造柱，共 11 根；构造柱顶标高为屋顶梁底标高，即屋面结构−600mm（上方梁为 LY702，截面尺寸为 240mm×600mm）；其中 7 轴上的 2 根构造柱顶标高为屋面结构−700mm（上方梁为 WKLY703，截面尺寸为 240mm×700mm）。

电梯井的左下、右下、右上 3 个角各 1 根；强电间右下角 1 根，厨房间的左上、右上角各 1 根，共 6 根，截面尺寸均为 240mm×240mm；电梯井的左下角、厨房间的左上角各 1 根，构造柱顶标高为屋面结构−700mm（上方截面尺寸大的梁为 WKL705，截面尺寸为 240mm×700mm）；电梯井的右上角 1 根，构造柱顶标高为：屋面结构−700mm（上方截面尺寸大的梁为 WKL702，截面尺寸为 240mm×700mm）；电梯井右下角 1 根构造柱顶标高为屋面结构−500mm（上方截面尺寸大的梁为 LX704，截面尺寸为 240mm×500mm）；强电间右下角、厨房间的右上角各 1 根，构造柱顶标高为屋面结构−700mm（上方截面尺寸大的梁为 WKL707，截面尺寸为 240mm×700mm）。

综上所述，六层构造柱设置信息见表 2-13。

表 2-13　六层构造柱设置信息

轴线/位置	截面尺寸/（mm×mm）	底标高/mm	顶标高/mm	数量/根
A、F 轴空调室外柜机隔墙端部	120×240	6F+350	屋面结构−700	24
平面四个角	240×240	6F+350	屋面结构−700	4
A、F 轴分户墙处的隔墙端部	240×240	6F+350	屋面结构−600	12
B 轴、E 轴	240×240	6F−80	屋面结构−800	10
C 轴（1~7 轴之间）	120×240	6F−80	屋面结构−700	8
D 轴	120×240	6F−80	屋面结构−660	10
宿舍卫生间靠室内的转角处	120×240	6F−80	屋面结构−580	20
2、3、4、5、6 轴的宿舍横墙上	240×240	6F−80	屋面结构−700	9
2 轴楼梯间处		6F−40	屋面结构−700	1
宿舍卫生间隔墙与分户墙相交处	120×240	6F−80	屋面结构−600	9
7 轴上 B、D 轴之间	240×240	6F−40	屋面结构−700	2
电梯井左下、右上，厨房间左上、右上	240×240	6F−40	屋面结构−700	4
电梯井右下	240×240	6F−40	屋面结构−500	1
合计				114

2.10.3　构造柱布置

1. 二层构造柱布置

根据上述信息，先布置二层的构造柱。布置时，先观察构造柱的布置规律，充分利用"阵列""复制""镜像"等命令，可加快布置速度。例如，布置 A、F 轴空调室外柜机隔墙端部的构造柱，可以根据设计的定位要求，按以下步骤进行：

1）经分析，2、3、4、5、6 轴附近及会客空间室外的各 2 根构造柱，都在 A 轴上，并且若以 2 根构造柱为单元，间距均为 7200mm；可以利用"阵列"命令。

2）根据定位设置信息布置 2 轴附近的 2 根构造柱。

3）选中这两根构造柱，利用"阵列"命令，得到 3、4、5、6 轴附近及会客空间室外的各 2 根构造柱，A 轴上，此类构造柱共计 12 根。

4）分析 F 轴上空调室外柜机隔墙端部的构造柱，与 A 轴完全对称。可以用"镜像"命令，也可以利用"复制"命令，进行快速布置。

5）选中刚在 A 轴上布置的 12 根构造柱，单击"复制"命令，选中 A 轴轴线端点，将光标垂直向上移动，单击 F 轴轴线端点，即完成了 F 轴上 12 根构造柱的复制。

注：上述第 5）步，也可以这样操作：选中刚在 A 轴上布置的 12 根构造柱，单击"复制"命令，单击绘图区域任一位置，将光标垂直向上移动，输入"19500"（因 A 轴、F 轴的间距为 19500mm），并按〈Enter〉键，完成了 F 轴上 12 根构造柱的复制。

用同样的方法布置其他位置的构造柱，结果如图 2-185 所示。

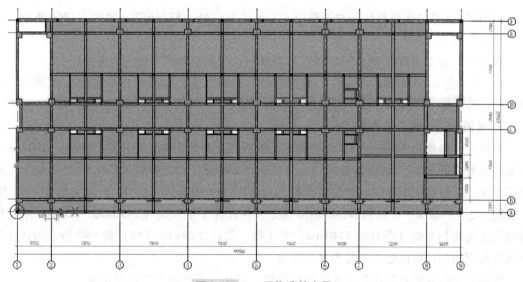

图 2-185　二层构造柱布置

2. 三至六层构造柱布置

对比二至五层构造柱及六层构造柱设置信息可知，二至五层构造柱完全一样，可以由二层的构造柱复制得到；六层构造柱设置的截面尺寸、*XY* 向平面定位完全相同，只是个别的底标高和顶标高的偏移数据不同；所以，可以将二层的构造柱复制到三至六层，再将六层中个别的底标高和顶标高的不同偏移数据进行修改，这样可以快速完成三至六层的构造柱布置。操作过程如下：

1）双击进入 2F 平面视图，逐一检查构造柱的相关信息是否准确，若有不准确的地方，及时修改。

2）框选所有图元，单击"选择过滤"，在弹出的"搜索选择"对话框中，只勾选"建筑柱"（共选中 114 个），单击"确定"按钮。

3）在最上方工具条中的"剪贴板"下拉选择"复制到剪贴板"（图 2-186a）；再次在最上方工具条中的"剪贴板"下拉选择"粘贴到标高（仅模型）"（图 2-186b）。

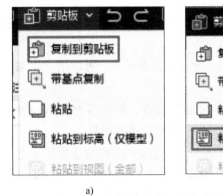
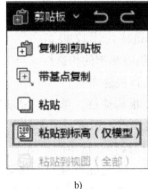

a)   b)   c)

图 2-186　将二层构造柱复制三至六层

4）在弹出的"选择标高"对话框中，勾选"3F、4F、5F、6F"，如图 2-186c 所示。单击"确定"按钮。

双击分别进入"3F、4F、5F、6F"平面视图，可以看到刚复制的构造柱。

5）双击进入 6F 平面视图，按六层构造柱的设置信息，修改个别构造柱的底标高和顶标高的偏移数据。至此，完成一至六层构造柱的设置。

3. 屋顶女儿墙构造柱布置

屋顶女儿墙厚为 240mm。在纵/横向定位轴线与女儿墙相交处、开间/进深为 7200mm 所在女儿墙的中间部位，均设截面尺寸为 240mm×240mm 的构造柱。其中，A、F 轴上，屋顶四个角，以及每隔 3600mm 处设置 1 根，共（2×14）根 = 28 根；1、9 轴上与 B、C、D、E 轴相交处，以及 B、C 轴和 D、E 轴中间处，各设置 1 根，共（2×5）根 = 10 根；两个楼梯间与女儿墙相交处（距 D 轴 1440mm）各 1 根；总计（28+10+1×2）根 = 40 根。构造柱底标高为屋面结构；构造柱顶标高为女儿墙顶。

根据上述的分析布置屋顶女儿墙的构造柱。至此，所有构造柱布置完成。

2.10.4　墙体定位分析

墙体设计要求。二至六层：空调室外柜机隔墙为 120mm 厚烧结页岩多孔砖，其他外墙均为 240mm 厚蒸压砂加气混凝土砌块（A5.0，B0.6）；内墙为 240mm 厚蒸压砂加气混凝土砌块（A3.5，B0.5），其中卫生间内墙为 120mm 厚烧结页岩多孔砖。

1. 二至五层墙体定位分析

二至五层的墙体完全相同，下面以二层的墙体为例，分析其定位信息。根据二至五层构造柱的定位分析，可以快速得到二层墙体的设置信息，见表 2-14。

表 2-14 二至五层墙体设置信息（以二层标识）　　　　　　　（单位：mm）

轴线/位置	墙厚	底标高	顶标高
A、F 轴	240	2F+350	3F-700
A、F 轴空调室外柜机隔墙	120	2F+350	3F-700
B 轴	240	2F-80	3F-780
B 轴与 7、8 轴之间	240	2F-40	3F-780
C 轴	240	2F-80	3F-780
C 轴与 8、9 轴之间	240	2F-40	3F-800
D 轴	240	2F-40	3F-740
E 轴	240	2F-80	3F-780
1、9 轴（二层）	240	2F+350	3F-700
1、9 轴上 A、D 轴之间（三至五层）	240	3F+100	4F-700
1、9 轴上 D、F 轴之间（三至五层）	240	3F+200	4F-700
2、3、4、5、6、7 轴（B、E 轴之间）	240	2F-80	3F-780
2 轴与 D、E 轴之间	240	2F-40	3F-940
7 轴与 B、C 轴之间	240	2F-40	3F-780
A、B 轴之间、E、F 轴之间的阳台分户墙	240	2F-80	3F-680
7 轴上的阳台分户墙	240	2F-80	3F-700
开间为 7200mm 的宿舍分户墙	240	2F-80	3F-680
宿舍卫生间、管道井隔墙	120	2F-80	3F-480
8 轴与 A、B 轴之间	240	2F-80	3F-700
8 轴与 B、C 轴之间	240	2F-40	3F-740
8 轴与 D、F 轴之间	240	2F-40	3F-940
厨房间上分户墙、强电间左分户墙	240	2F-40	3F-440
弱电间上分户墙	240	2F-40	3F-540

2. 六层墙体定位分析

根据六层构造柱的定位分析，可以快速得到六层墙体的设置信息，见表 2-15。

表 2-15 六层墙体设置信息 （单位：mm）

轴线/位置	墙厚	底标高	顶标高
A、F 轴	240	6F+350	屋面结构-700
A、F 轴空调室外柜机隔墙	120	6F+350	屋面结构-700
B、E 轴	240	6F-80	屋面结构-780
C、D 轴	240	6F-80	屋面结构-700
1、9 轴上 A、D 轴之间	240	6F+100	屋面结构-700
1、9 轴上 D、F 轴之间	240	6F+200	屋面结构-700
2、3、4、5、6、7 轴	240	6F-80	屋面结构-780
2 轴与 D、E 轴之间	240	6F-40	屋面结构-700
7 轴与 B、C 轴之间	240	6F-40	屋面结构-700
A、B 轴之间、E、F 轴之间的阳台分户墙	240	6F-80	屋面结构-600
开间为 7200mm 的宿舍分户墙	240	6F-80	屋面结构-600
宿舍卫生间、管道井隔墙	120	6F-80	屋面结构-400
8 轴与 A、B 轴之间	240	6F-80	屋面结构-700
8 轴与 B、C 轴之间	240	6F-40	屋面结构-700
8 轴与 D、E 轴之间	240	6F-40	屋面结构-700
厨房间上分户墙	240	6F-40	屋面结构-120
强电间左分户墙	240	6F-40	屋面结构-400
弱电间上分户墙	240	6F-40	屋面结构-500

2.10.5 墙体布置

分析得到上述墙体设置信息后，参照构造柱的布置方法进行布置。首先，布置二层墙体，检查无误后，复制得到二至六层墙体。其中，二至五层墙体完全一样，不用修改；再对比"六层墙体设置信息"与"二至五层墙体设置信息"的差异，修改六层个别墙体的底标高和顶标高的偏移数据，这样可以快速完成三至六层的墙体布置。

1. 二层墙体布置

布置时，先观察墙体的布置规律，充分利用"阵列""复制"等命令，可加快布置速度。为便于利用"阵列""复制"命令快速布置，下面分区域布置。下面以 A、B 轴与 1、9 轴间的区域为例，介绍墙体布置的操作步骤：

1）布置左下角墙体。1 轴上有 780mm 长的 240mm 厚外墙和 460mm 长的阳台板墙（底标高为 2F-80mm，顶标高为 2F+1200mm，下同）。

2）将左下角的 2 面墙体，镜像到右下角 9 轴处。

3）布置 B 轴上，2 轴左右宿舍的墙体；B 轴是均为 240mm 厚内墙。

4）布置 2 轴附近两面空调室外柜机隔墙。

5）布置 2、3 轴之间的宿舍分户墙，以及分户墙处左右两端各 280mm 长的阳台板墙。

6）选中上述 3）、4）及 5）步布置的 7 面墙体，单击"阵列"命令，阵列个数为 6，移动到"第二个"，距离为 7200mm；阵列得到 3~8 轴间的 A、B 轴区域墙体。

7）对比二层墙体设置信息，有个别的需要修改。选中 7 轴上的阳台分户墙，将其顶部偏移修改为 3F-700mm；选中 B 轴与 7、8 轴之间的 2 面墙体，将其顶部偏移修改为 3F-800mm；选中 8 轴与 A、B 轴之间的墙体，将其顶部偏移修改为 3F-700mm。

8）布置 B 轴上 8、9 轴间的墙体；自此，A、B 轴与 1、9 轴间的墙体布置完成。

9）选中 A、B 轴与 1、9 轴间的所有墙体（共 47 面墙体），单击"镜像"命令，预设参数中的轴类型选择"绘制轴"（因本例没有对称轴，需要绘制。若有对称轴的情形，选择"拾取轴"更方便），勾选"复制"（若不勾选"复制"，表示被镜像的对象将被删除）；捕捉到任一个位于 C、D 轴之间的图元的中点，按住鼠标左键，水平移动一段距离，再单击确认，即完成镜像操作，得到 E、F 轴与 1、9 轴间的墙体。

10）选中 E 轴与 7、8 轴之间的 2 面墙体，将其顶部偏移修改为 3F-780mm；选中 8 轴与 E、F 轴之间的墙体，将其底部偏移修改为 2F-40mm、顶部偏移修改为 3F-940mm。自此，E、F 轴与 1、9 轴间的墙体布置完成。

同样的方法，布置二层其他位置的构造柱，结果如图 2-187 所示。

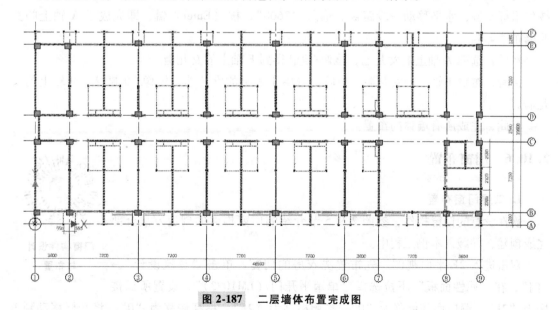

图 2-187　二层墙体布置完成图

2. 三至六层墙体布置

对比二至五层墙体及六层墙体设置信息可知，二至六层墙体对应部位的厚度均相同，只有个别墙体的顶标高、底标高的偏移数据不同；所以，可以将二层的构造柱复制到三至六层，再将五层、六层中个别的底标高和顶标高的不同偏移数据进行修改，这样可以快速完成三至六层的构造柱布置。操作过程如下：

1）双击进入 2F 平面视图，逐一检查墙体的相关信息是否准确，若有不准确的地方，及时修改。

2）框选所有图元，单击"选择过滤"，在弹出的"搜索选择"对话框中，只勾选"建筑墙"（共选中 227 个），单击"确定"按钮。

3）在最上方工具条中的"剪贴板"下拉选择"复制到剪贴板"；再次在最上方工具条中的"剪贴板"下拉选择"粘贴到标高（仅模型）"。

4）在弹出的"选择标高"对话框中，勾选"3F、4F、5F、6F"，单击"确定"按钮。

5）分别双击进入 5F、6F 平面视图，按五层、六层墙体的设置信息，修改个别墙体的底标高和顶标高的偏移数据。

至此，完成一至六层墙体的布置。

3. 屋顶女儿墙布置

屋顶女儿墙厚 240mm，底标高为屋面结构（21.600mm），顶标高为女儿墙顶（23.300mm），即女儿墙高为 1700mm。

双击进入"屋面结构"平面视图。单击"建筑设计"→"更多"→"女儿墙"，在"属性面板"下拉选择"矩形女儿墙"，新建"女儿墙-240mm×1700mm"，将其截面宽度设为"240"，截面高度设为"1700"；底部标高为"屋面结构"，底部偏移为"0"，起点偏移为"0"，终点偏移为"0"。在女儿墙构造柱之间布置女儿墙。先布置 A 轴上 1、2 轴间的女儿墙，选中该段，单击"阵列"命令，阵列个数为 13，移动到"第二个"，单击绘图区域，按住鼠标左键，水平移动一段距离。输入"3600"，按〈Enter〉键，即完成了 A 轴上的女儿墙布置。

然后，选中 A 轴上的女儿墙，镜像/复制得到 F 轴上的女儿墙。

接着，布置 1 轴上的女儿墙。最后，选中 1 轴上的女儿墙，镜像/复制得到 9 轴上的女儿墙。

至此，完成所有墙体的布置。

2.10.6　门窗布置

1. 二层门窗布置

软件没有的门窗构件，参照 2.9.5 节介绍的门窗构件的创建方法全部完成创建，并载入本例工程中。

门窗构件设计
与布置

双击进入 2F 平面视图。先布置洗衣房的门窗。单击"建筑设计"→"门"，在"属性面板"下拉选择"单扇平开门（LM1023）"，设置所属楼层为"2F"，洞口底部偏移为"0"，参照标高为"2F"，标高偏移为"0"。将光标移动到 B 轴上 1、2 轴间的墙体附近，轻轻上下移动光标可以改变门的里外开启方向，按空格键，可以改变门的左右开启方向；当里外、左右开启方向均正确后（也可以先不考虑开启方向，待布置好后再改变方向），单击确认，即将门布置在该段墙体上。按〈Esc〉键退出。再选中该门，会显示该门与相关定位尺寸线的数值，选择其中一个，如此门与 2 轴附近的柱子的尺寸，输入设计值"240"，即将此门准确定位，至此布置完成。

用同样的方法布置洗衣房的 MLC2328，相关设置如图 2-188 所示。

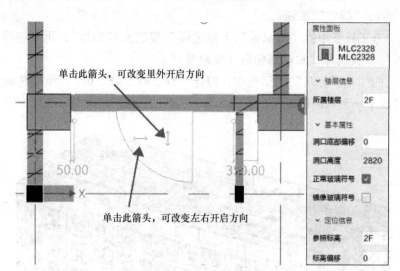

图 2-188　洗衣房 MLC2328 布置

用同样的方法布置其他房间的门窗。布置过程中，充分利用"阵列""复制""镜像"等命令，可提高布置效率，结果如图 2-189 所示。

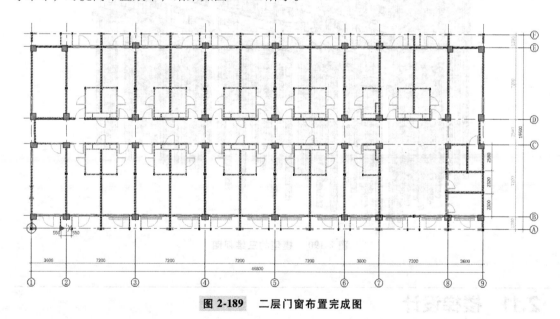

图 2-189　二层门窗布置完成图

2. 三至六层门窗布置

对比二层与三至六层门窗设置信息可知，三至六层门窗对应部位的相关信息均相同。所以，可以将二层的门窗复制到三至六层，这样可以快速完成三至六层的门窗布置。操作过程如下：

1）双击进入 2F 平面视图，逐一检查门窗的相关信息是否准确，若有不准确的地方，及时修改。

2）框选所有图元，单击"选择过滤"，在弹出的"搜索选择"对话框中，只勾选"门""窗"，单击"确定"按钮。

3）在最上方工具条中的"剪贴板"下拉选择"复制到剪贴板"；再次在最上方工具条中的"剪贴板"下拉选择"粘贴到标高（仅模型）"。

4）在弹出的"选择标高"对话框中，勾选"3F、4F、5F、6F"，单击"确定"按钮。

至此，完成了一至六层门窗的布置。目前，模型的三维视图如图 2-190 所示。

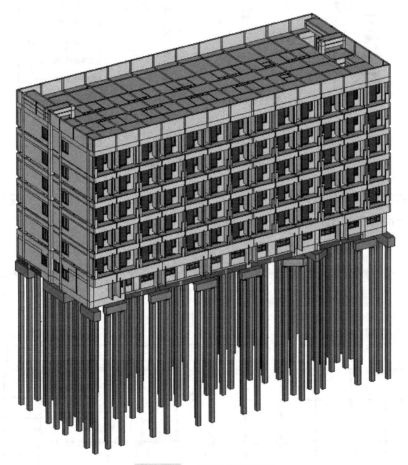

图 2-190 模型的三维视图

2.11 楼梯设计

2.11.1 楼梯细部尺寸分析

本例工程设计有两个完全相同的平行双跑楼梯。封闭式楼梯间，墙体厚 240mm、轴线居中；楼梯间的开间为 3600mm，进深为 7200mm，开间净尺寸为 3360mm、进深净尺寸为 6960mm。

楼梯细部
尺寸分析

1. 楼层平台

楼层平台板厚 100mm（PTB02），平台与梯段相邻处设梯梁（TL01，截面尺寸为 240mm×400mm），一层梯梁靠平台侧的边线距 D 轴 2400mm；三至六层梯梁靠梯段侧的边线距 D 轴 2400mm；即一层梯梁中心线距离 D 轴 2520mm，三至六层梯梁中心线距离 D 轴 2280mm，两者相差 240mm。

梯梁（TL01）顶标高为当前层楼梯的楼层平台的结构标高，即前层建筑标高 F−40mm（楼层平台的结构标高比建筑标高低 40mm）。

2. 梯段部位

楼梯的两个梯段宽度均为 1500mm，梯井宽度 360mm，踏步宽均为 280mm，踏步高均为 150mm。

一至五层，每层均为 2 个 AT01 梯段，板厚 120mm，均有 12 个踏步。

六层楼层平台的上行梯段为 CT01，板厚 120mm，有 11 个踏步；六层中间平台的上行至屋顶的梯段为 BT01，板厚 150mm，有 13 个踏步。

3. 中间平台

（1）梯柱

中间平台与梯段相邻的两侧各设 1 根梯柱 TZ01（截面尺寸为 240mm×300mm），梯柱靠梯段侧的边线距 E 轴 1720mm，即梯柱中心线距离 E 轴 1570mm。

梯柱 TZ01 的底标高为当前层楼梯所在的结构梁顶标高，同时须考虑到一层结构标高比建筑标高低 40mm，二至六层结构标高比建筑标高低 80mm。故一层梯柱的底标高均为 1F−40mm；二层 1、9 轴上的梯柱底标高为 2F+350mm（此处的梁上偏 430mm），2、8 轴上的梯柱底标高为 2F−40mm（此处的梁上偏 40mm）；三至六层 1、9 轴上的梯柱底标高为当前层建筑标高 F+200mm（此处的梁上偏 280mm），2、8 轴上的梯柱底标高为当前层建筑标高 F−40mm（此处的梁上偏 40mm）。

一至五层梯柱 TZ01 的顶标高为当前层楼梯的中间平台的结构标高+1800mm，即前层建筑标高 F+1760mm（楼梯间的结构标高比建筑标高低 40mm）。

六层梯柱 TZ01 的顶标高为当前层梯梁（KTL02）的底标高，即 6F+1330mm（＝6F+1760mm−430mm）。

（2）梯梁

中间平台设 4 根梯梁。

1）纵向设有 2 根梁。第 1 根梯梁设在梯柱上方，一至五层为 KTL01（截面尺寸为 240mm×400mm），六层为 KTL02（截面尺寸为 240mm×430mm）；梯梁（一至五层的 KTL01，六层的 KTL02）与梯柱靠梯段侧的边线齐平，梯梁顶标高与梯柱的顶标高相同，即前层建筑标高 F+1760mm。

第 2 根梯梁设在中间平台靠墙处（E 轴），一至五层为 KTL01（截面尺寸为 240mm×400mm），六层为 KTL02（截面尺寸为 240mm×430mm）。一至五层的梯梁（KTL01）顶标高均为前层建筑标高 F+1760mm；六层的梯梁（KTL01 及 KTL02）顶标高均为 6F+1610mm（少一个踏步高）。

2）横向也设有 2 根梁。分别在 1、9 轴及 2、8 轴上，梯柱与 E 轴的框架柱之间，均为 KTL01；顶标高均与梯柱的顶标高相同。

（3）中间平台板

一至五层中间平台板（PTB01），板厚 100mm；板顶标高与梯柱的柱顶标高相同，即前层建筑标高 F＋1760mm。六层中间平台板（PTB03），板厚 120mm；板底标高与梯梁（KTL02，截面尺寸为 240mm×430mm）的底标高相同，即板顶标高为前层建筑标高 F＋1450mm（＝F＋1760mm−430mm＋120mm）。

4. 其他构造

1）六层上行梯段 CT01 至屋顶处设梯梁 TL03（截面尺寸为 240mm×550mm），梯梁中心线距 D 轴 1440mm，顶标高为"屋面结构"（上偏 100mm）。

2）六层中间平台，梯梁 KTL02（梯柱上的）上设构造柱 GZ1（截面尺寸为 240mm×240mm），构造柱中心线距 1、9 轴 1740mm，构造柱的底标高为梯梁 KTL02 的顶标高（6F＋1610mm），柱顶标高为 22.800m，即"屋面结构＋1200mm"，该构造柱净尺寸为 3190mm（＝3600mm−1610mm＋1200mm），如图 2-191 所示。

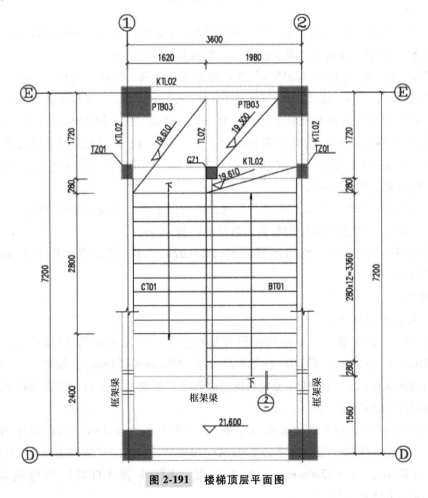

图 2-191　楼梯顶层平面图

3）六层中间平台，构造柱 GZ1 与 E 轴上的 KTL02 之间设梯梁 TL02（截面尺寸为 240mm×430mm），梯梁的顶标高与 KTL02 的顶标高相同（6F+1610mm）；梯梁 TL02 与构造柱 GZ1 中心线重合，即梯梁 TL02 中心线距 1、9 轴 1740mm。梯梁 TL02 将六层的中间平台板分为左右两部分，左侧（靠 1、9 轴）平台板板顶标高（19.610m）为梯梁 KTL02 的顶标高（6F+1610mm）；右侧（靠 2、8 轴）平台板板顶标高（19.300m）为梯梁 KTL02 的顶标高下沉 300mm，即 6F+1310mm。梯柱 TZ01 的顶标高为梯梁 KTL02 的底标高，即 6F+1180mm（=6F-40mm+1650mm-430mm），如图 2-192 所示。

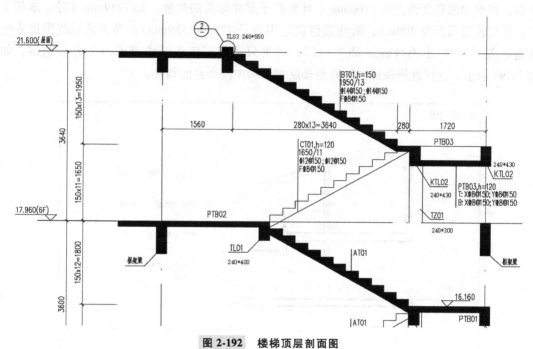

图 2-192　楼梯顶层剖面图

2.11.2　梯柱梯梁布置

从前面的分析可知，一层的楼层平台处梯梁与二至六层的梯梁位置偏移 240mm；梯柱的位置完全相同，一至五层的标高定位也相同，只是六层的顶标高定位不同；中间平台的梯梁，一至五层的标高定位也相同，只是六层的顶标高定位不同，并增加了构造柱和横向梯梁。因此，可先创建好一层的所有梯柱、梯梁；再复制到二层，将个别梯梁修改后，将二层的梯柱梯梁复制到三至六层，再将六层进行局部修改；最后，添加屋顶的梯梁，即完成楼梯间所有的梯柱梯梁。

1. 布置一层梯柱梯梁

双击进入 1F 平面视图。先布置 1、2 轴间的楼梯。单击"建筑设计"→"柱"→"柱"，新建"TZ01 240mm×300mm"，截面宽度为"240"，截面高度为"300"；底部标高为"1F"，底部偏移为"-40"；顶部标高为"1F"，顶部偏移为"1760"；在 1 轴、2 轴上各布置 1 根梯柱，梯柱中心线分别与 1 轴、2 轴重合，距 E 轴 1570mm。

布置楼层平台的梯梁（TL01）。单击"建筑设计"→"梁"→"梁"，新建"TL01 240mm×400mm"，截面宽度为"240"，截面高度为"400"；所属楼层为"1F"，Z轴定位线位置为"梁顶部"（注：若选"梁底部"，刚好相差梁的截面高度400mm），顶部标高为"1F"，顶部偏移为"-40"，起点偏移为"0"，终点偏移为"0"（注：如这两个偏移值不同，可以布置倾斜的梁）；按平面定位布置此梁，梯梁下边线距离D轴2400mm。

因中间平台一半楼层标高处（1760mm），须先设置"视图显示范围"。光标单击1F平面视图的绘图区域，再单击"视图显示范围"界面的"设置"，弹出"视图范围设置"对话框。将剖切面高度设为比1760mm小且要高于梁底标高的数值，如1759mm（对于本例工程，因梁截面高度为400mm，故此设置值范围应是1759~1359mm）；向下显示范围设为比结构标高"-40"小的数值，如"-41"；可见只读范围应小于或等于向下显示范围，如图2-193所示。这样就能保证同时看到楼层平台和中间平台的构件。

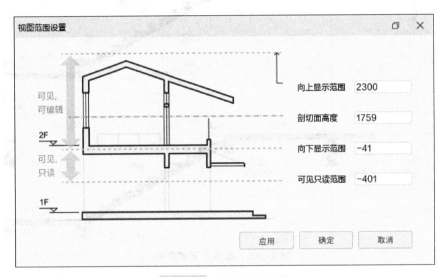

图2-193　视图范围设置

布置中间平台处的4根梯梁。以布置梯柱上的KTL01为例，单击"建筑设计"→"梁"→"梁"，新建"KTL01 240mm×400mm"，截面宽度为"240"，截面高度为"400"，所属楼层为"1F"，Z轴定位线位置为"梁顶部"，顶部标高为"1F"，顶部偏移为"1760"，起点偏移为"0"，终点偏移为"0"；按平面定位布置此梁，梯梁下边线与梯柱齐平。用同样的方法布置中间平台处其他3根梯梁。

选择前面布置的梯柱（2根）和梯梁（5根），复制到8、9轴间的楼梯间。

2. 布置二层梯柱梯梁

选择一层1轴、2轴间的梯柱（2根）和梯梁（5根），复制到二层；再双击进入2F平面视图。发现部分梁看不见，这是视图显示范围的原因。单击"视图显示范围"后面的"设置"，弹出"视图范围设置"对话框。将剖切面高度设为比1760小的值（如1759），向下显示范围设为"-41"，可见只读范围设为"-401"。

选中2根梯柱，修改其底部偏移为"350"，其他不变。选中楼层平台处的梯梁，向D

轴移动 240mm，其他信息不修改。

选择前面修改后的梯柱（2 根）和梯梁（5 根），复制到 8、9 轴间的楼梯间。

3. 布置三至五层梯柱梯梁

选择二层 1 轴、2 轴间的梯柱（2 根）和梯梁（5 根），复制到三至六层。

选择二层 8 轴、9 轴间的梯柱（2 根）和梯梁（5 根），复制到三至五层。注意：此处不要复制到六层，因为六层的梯柱梯梁定位也需要修改；将六层 1 轴、2 轴间的梯柱梯梁修改后，再复制到 8 轴、9 轴的楼梯间，这样可提高效率。

4. 布置六层梯柱梯梁

双击进入 6F 平面视图。发现部分梁看不见，这也是视图显示范围的原因。单击"视图显示范围"界面的"设置"，弹出"视图范围设置"对话框。将剖切面高度设为比 1610 小的值（如 1609）；向下显示范围设为"-41"；可见只读范围设为"-401"。

选中中间平台的梯梁（4 根），在"属性面板"新建"KTL02 240mm×430mm"，其截面宽度为"240"，截面高度为"430"；并将这 4 根梁由 KTL01 更换为 KTL02，同时将其顶部偏移由"1760"修改为"1610"，其他不变。

选中梯柱 TZ01（2 根），将其顶部偏移由"1760"修改为"1180"（＝1760-150-430），即此段梯柱长均为 1220mm。其他属性不修改。

布置梯梁上的构造柱 GZ1（截面尺寸为 240mm×240mm），底部标高为"6F"，底部偏移为"1610"，顶部标高为"屋面结构"，顶部偏移为"1200"，构造柱中心线 Y 向距 1 轴 1740mm，X 向距 E 轴 1600mm。

布置垂直于构造柱的梯梁 TL02（截面尺寸为 240mm×430mm），其截面宽度为"240"，截面高度为"430"；所属楼层为"6F"，Z 轴定位线位置为"梁顶部"，顶部标高为"6F"，顶部偏移为"1610"，起点偏移为"0"，终点偏移为"0"；按平面定位布置此梁，梯梁中心线与构造柱 GZ1 中心线齐平。

5. 布置屋顶梯梁

双击进入屋面结构平面视图。单击"建筑设计"→"梁"→"梁"，新建"TL03 240mm×550mm"，截面宽度为"240"，截面高度为"550"。所属楼层为"屋面结构"，Z 轴定位线位置为"梁顶部"，顶部标高为"屋面结构"，顶部偏移为"100"，起点偏移为"0"，终点偏移为"0"；按平面定位布置此梁，梯梁靠梯段的边线距离 D 轴 1560mm。

2.11.3　楼梯布置

从前文分析可知，一至五层楼梯完全一样，六层有局部不同。1A#楼梯和 1B#楼梯完全一样，下面先介绍 1A#楼梯的布置，再镜像可得到 1B#楼梯。

楼梯布置

1. 布置一至五层楼梯

双击进入 1F 平面视图。单击"建筑设计"→"楼梯"→"双跑楼梯"，新建"双跑楼梯-3600×7200"，平台厚度为"100"，其他设置按默认。软件自动显示楼梯的剖面视图，以便于分析（图 2-194）。

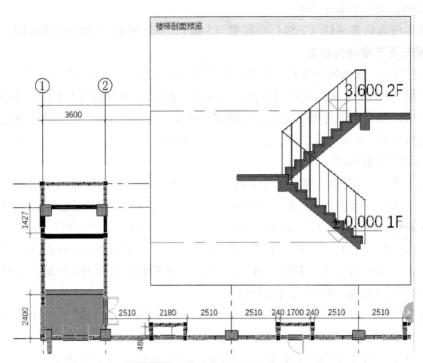

图 2-194 自动显示楼梯剖面预览

预设参数设置如下：

放置锚点（4 个）：左上（楼层平台左上角），右上（楼层平台右上角），左下（梯段左下角，不勾选"创建楼层平台"；楼层平台左下角，勾选"创建楼层平台"），右下（梯段右下角，不勾选"创建楼层平台"；楼层平台右下角，勾选"创建楼层平台"）；绘制时捕捉哪个点方便就选哪个。

上楼位置：有左侧、右侧两个；本例设计的是左侧上楼。

自动布置栏杆：勾选。

栏杆族类型：下拉选择"栏杆扶手 楼梯"（也可以根据需要定制后，再载入）。

栏杆扶手偏移："0"（也可以根据需要设置；若设置，是往梯井方向偏移）。

栏杆布置位置：有内圈、外圈，可以单选，也可以两个都选；本例选内圈。

放置后旋转：不勾选。

设计参数设置如下：

1）定位信息。底部位置：标高为"1F"，偏移为"-40"。顶部位置：标高为"2F"，偏移为"-40"。踢面对齐：按结构面对齐。

2）构造材料等信息。平台面层厚度为"40"，梯段踏面、踢面的面层厚度为"40"。材料："钢筋砼"；内外位置："室内"；勾选"无障碍属性"（因设有无障碍宿舍）。

3）踏步约束。踏步数为"24"，一跑为"12"，二跑为"12"。踏步尺寸：宽"280"，自动计算出"高"为150mm。

4）楼梯约束。梯间宽度为"3360"（楼梯间开间净尺寸）；梯井宽度为"360"（设计为 360mm）。梯段宽度：一跑为"1500"，二跑为"1500"。创建楼层平台：勾选后自动创建楼层平台。平台进深：中间平台为"1600"，楼层平台为"2280"。

5）梯段梁。因前面已经布置了梯段梁，这里选择"无"。设置好后，根据设计要求，一层梯段踏步开始于楼层平台梁 KTL01 靠 D 轴侧的外边线，捕捉到 1 轴与 D 轴交点，单击确认，即布置好此楼梯。选中此楼梯，向上、向右各移动 120mm，即准确定位。

选中该楼梯，检查相关信息是否正确。梯段厚度：一跑为"120"，二跑为"120"；中间平台伸出：一跑为"0"，二跑为"0"；楼层平台伸出：二跑为"0"；勾选显示箭头文字；其他信息不修改。至此完成一层楼梯布置。选中该楼梯，复制到二至五层，则完成一至五层楼梯布置。

2. 布置六层左侧楼梯

双击进入 6F 平面视图。单击"建筑设计"→"楼梯"→"自由楼梯"，新建"六层楼梯-01"，平台厚度为"120"，其他设置按默认。自动进入"平台"设置界面。

设计参数设置如下：

1）定位信息。底部标高为"6F"，底部偏移为"-40"；顶部标高为"6F"，顶部偏移为"1610"；踢面对齐：按结构面对齐。

2）构造材料等信息。平台面层厚度为"40"，梯段踏面、踢面的面层厚度为"40"；材料："钢筋砼"；内外位置："室内"；不勾选"无障碍属性"（因楼上没设无障碍宿舍）。

3）踏步约束。踏步数为"11"，自动计算出"高"为 150mm；踏步尺寸：宽为"280"。单击"梯段"，继续设置。

4）绘制方式："直线"；绘制方向："从下到上"；路径定位："中心"；起点踏步编号："2"；不勾选"自动生成平台"；梯段宽度："1500"。设置好后，捕捉到左侧第一个踏步起点线的中点，单击确认，竖直向上移动光标，当出现第 11 个踏步时，再次单击确认，即布置好了左侧梯段。

3. 布置六层右侧楼梯

双击进入 6F 平面视图。单击"建筑设计"→"楼梯"→"自由楼梯"，新建"六层楼梯-02"，平台厚度为"120"，其他设置按默认。自动进入"平台"设置界面。

设计参数设置如下：

1）定位信息。底部标高："6F"，底部偏移："1610"；顶部标高："屋面结构"，顶部偏移："-40"；踢面对齐：按结构面对齐。

2）构造材料等信息。平台面层厚度："40"，梯段踏面、踢面的面层厚度："40"；材料："钢筋砼"。内外位置："室外"；不勾选"无障碍属性"（因楼上没设无障碍宿舍）。

3）踏步约束。踏步数为"13"，自动计算出"高"为 150mm；踏步尺寸：宽为"280"。单击"梯段"，继续设置。

4）绘制方式。直线；绘制方向："从下到上"；路径定位："左侧"；起点踏步编号："1"；不勾选"自动生成平台"；梯段宽度："1860"（= 1500mm + 360mm，包含梯井宽360mm）。设置好后，捕捉到中间平台右侧第二个踏步起点线的右下角点，单击确认，竖直向上移动光标，当出现第 1 个踏步时，再次单击确认，即布置好右侧梯段。

4. 布置六层中间平台板

双击进入 6F 平面视图。单击"建筑设计"→"楼板"→"手动创建楼板"，新建"PTB03 楼梯平台板-120mm"，核心层厚度为"120"；绘制方式为"直线"，轮廓偏移为"0"；顶部标高为"6F"，完成面偏移为"1610"；在左侧框架柱、梯梁围成的区域绘制左侧中间平台板；再换成"矩形"绘制方式，因梯段在此是从第二个踏步开始而缺少第一个踏步，需补一个踏步宽的平台板。绘制好后，单击"完成"按钮，结果如图 2-195 所示。

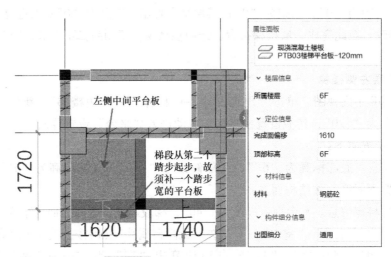

图 2-195 布置六层左侧中间平台板

用同样方法布置右侧平台板。设置中，将完成面偏移"1610"修改为"1340"，其他不变。另外，还有右侧梯段也是从第二个踏步开始而缺少第一个踏步，需补一个踏步宽的平台板，设置中，完成面偏移为"1610"。

5. 布置梯井墙及门

根据设计要求（楼梯详图，建施—10），楼梯间六层到屋顶部分的梯井，砌筑 240mm 厚墙体，底部砌在梯段踏步上，顶部至 22.800m 标高处，即中间平台构造柱标高（屋面结构+1200mm），墙体中心线距离 1/9 轴为 1740mm。

双击进入"屋面结构"平面视图，单击建筑设计 →"墙"→"墙"，选择"外墙 240mm（A5.0，B0.6）"构件，底部标高为"6F"，底部偏移为"1610"；顶部标高为"屋面结构"，顶部偏移为"1200"；按上述的定位信息绘制墙体。切换到三维视图，剖切到该墙体，选中（图 2-196a）；单击编辑建筑墙→附着，预设参数，附着为"底部"，选择方式为"按对象选择"；再单击图 2-196a 中的梯段（这是需要附着的目标面），结果如图 2-196b 所示。注意，在选择附着面时，一定要选择梯段，不能选择踏步面，否则，最后一个踏步面软件默认为平台板，这样附着的效果不能达到预期（图 2-196c）。

根据设计要求，楼梯间六层中间平台的梯梁 TL02 上方有一扇门（M1023）。先布置这段墙体，为 240mm 外墙，墙体底标高为梯梁 TL02 的梁顶标高+19.610m（6F+1610mm），顶标高为柱顶标高+22.800m（屋面结构+1200mm），即与此处构造柱的底标高和顶标高相同。再布置门，门的底标高为+20.000m（6F+2000mm）。

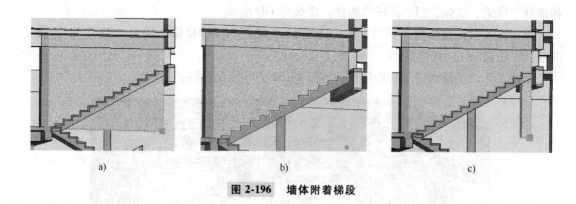

图 2-196 墙体附着梯段

6. 布置栏杆

六层楼层平台至中间平台的梯段，需要手动布置栏杆。

双击进入 6F 平面视图。选中"六层楼梯-01"，单击"布置栏杆"（图 2-197a），在弹出的"自动布置栏杆"对话框中设置栏杆参数（图 2-197b），注意此处的参数应与一至五层的保持一致，设置后单击"确定"按钮。软件自动在此梯段布置栏杆，图 2-197c 为楼梯剖面图。

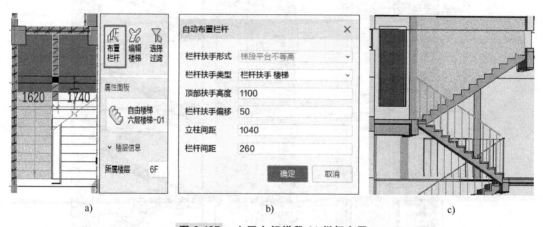

图 2-197 六层上行梯段 01 栏杆布置

7. 布置 1B#楼梯

双击进入 1F 平面视图。为了方便后面的镜像操作，在 5 轴西侧绘制一段参照平面，距离 5 轴 1800mm。选中 1、2 轴间的 1A#楼梯（注意，要确保选中的是"双跑楼梯-3600×7200"，而仅仅是栏杆等其他构件），单击"通用"工具的"镜像"命令，预设参数的轴类型单选"拾取轴"，勾选"复制"选项；再单击刚绘制的参照平面，即镜像得到 8、9 轴间的 1B#楼梯。

然后选中刚镜像得到的 8、9 轴间的 1B#楼梯，单击"剪贴板"→"复制到剪贴板"，再次单击"剪贴板"→"复制到标高"，在弹出的"选择标高"对话框，勾选 2F、3F、4F、5F，即复制得到 1B#楼的二至五层楼梯。

双击进入 6F 平面视图。将 1、2 轴间的 1A#楼梯的"六层楼梯-01""六层楼梯-02"镜像得到 8、9 轴间的 1B#楼梯的对应梯段，再分别选择 1A#楼梯六层中间平台处的平台板、构造柱、梯梁、墙体、门、栏杆等构件，镜像到 1B#楼梯。

双击进入"屋面结构"平面视图，选中 1、2 轴间的 1A#楼梯的梯梁（TL03）、梯井处的墙体，镜像到 1B#楼梯。

至此，完成了楼梯的所有构件布置，图 2-198 为楼梯剖面图。

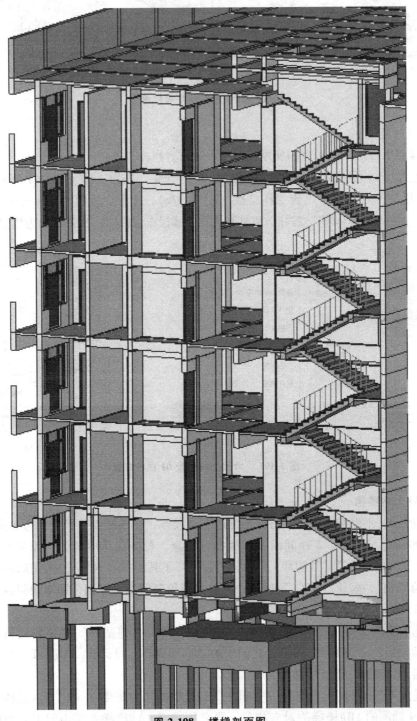

图 2-198　楼梯剖面图

8. 创建剖面视图

打开任意一个平面、剖面、立面或详图视图，本例打开 1F 平面视图。单击工具栏"通用协同"→"剖面视图"，也可在"项目管理"→"剖面视图"处，右击鼠标，选择"创建剖面视图"。

将光标放置在剖面的起点处（本例是 1A# 楼梯的左侧梯段中间附近，F 轴上方），并拖拽光标穿过模型或构件（本例是穿过 A 轴及 F 轴）；设置剖切编号为"1"，剖切视图名称确定为"1—1 楼梯剖面图"。在"资源管理器"的"剖面视图"组中自动生成名为"1—1 楼梯剖面图"的剖视图名称。

当光标到达剖面的终点（本例是穿过 A 轴的附近）时单击。剖视方向向东，这时将出现剖面线和裁剪区域，并且已选中它们。

如果需要，可通过拖拽蓝色控制柄来调整裁剪区域的大小。剖面视图的深度将相应地发生变化。

双击剖面标头或从"资源管理器"的"剖面视图"组中选择剖面视图，可以打开相应的剖面视图（图 2-199）。

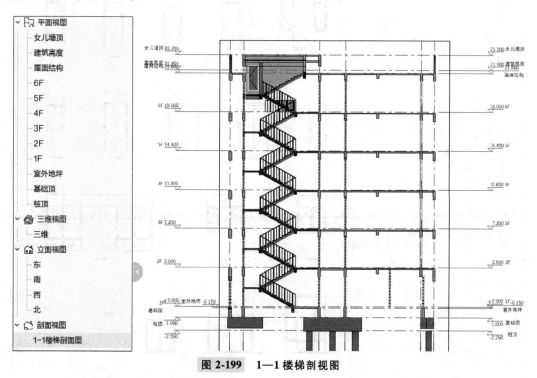

图 2-199　1—1 楼梯剖视图

2.12　模型数字化应用

2.12.1　门窗大样

数维建筑设计软件支持统计云协同工作单元内的门窗构件，获取门窗构件的前视图造型，作为门窗大样图例，程序自动标注尺寸线。门窗大样只能在大样图视图中，通过"绘制门窗大样"功能，在绘制的布图区域内放置。布图区域放置完成后，可以被选中、被移动，也支持拖拽角点或者边线，来调整布图区域的大小。如果布图区域的大小变化，容纳的门窗大样也会相应改变。进入大样图视图，会在左侧显示未布置的门窗大样。允许在一个或多个大样图视图中，绘制多个布图区域，但已经生成的门窗大样，不会在其他布图区域重复出现；如果门窗表的构件集合中某个类型的门窗删除了，对应的门窗大样实例就自动删除；如果门窗表的构件集合中增加了某个类型的门窗，门窗大样不会自动增加，需要利用"更新门窗大样"功能手动更新。

单击顶部工具栏"注释表达"→"门窗大样"→"创建门窗大样图"，程序创建新的门窗大样视图，并自动跳转到该视图中，自动执行"绘制门窗大样"命令，图 2-200 显示了模型中所有的门窗大样。

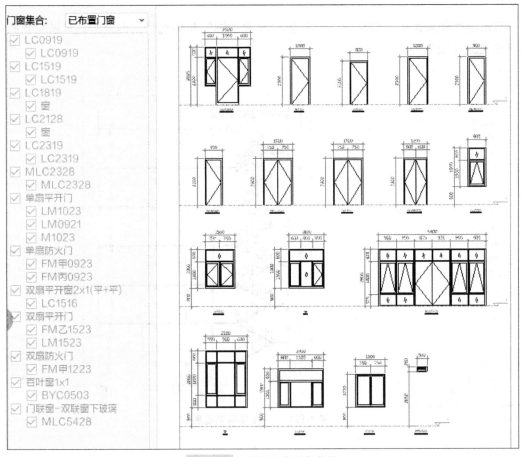

图 2-200　自动生成门窗大样

2.12.2　标注

1. 外三道尺寸标注

切换至需要标注的平面视图。单击"注释表达"→"外三道尺寸标注"，在弹出的"外部尺寸标注"对话框，勾选需要标注的平面视图（也可对立/剖面进行标注），标注选择"轴网总尺寸"，软件自动对勾选的平面视图进行外三道尺寸标注，标注完成后，功能自动结束。外部三道尺寸线包括轴网总尺寸、各个相邻轴线尺寸、外墙门窗洞口尺寸，如图 2-201 所示。

2. 门窗编号

门窗编号为视图级的注释对象，仅在创建的视图可见；可创建平面视图，门窗编号的文字内容为门窗的构件类型名称，门窗编号可以单次放置也可以框选放置。

双击进入需要标注的平面视图，单击顶部工具栏"注释表达"→"门窗编号"；点选及框选在视图区域选择门窗构件进行编号（本例框选全部），即可对选择的所有门窗进行一键式自动编号，如图 2-201 所示。

3. 剖切索引

单击工具栏中"注释表达"→"剖切索引"，在预设参数面板中选择是否根据剖切位置创建大样图视图；在属性面板中添加上标文字和下标文字，修改索引信息；在绘图区域单击第一点确定剖切位置；再次单击确定剖切线方向；单击完成文字位置的摆放；按〈Esc〉键退出。

利用通用的编辑命令，如移动、复制、阵列、镜像等，可编辑剖切索引。选中剖切索引后可以通过夹点进行剖切线、引出线和索引号位置的调整；双击剖切索引符号，可以快速跳转至关联的剖切索引视图；通过实例参数和类型参数进行修改、编辑。

2.12.3 布图出图

出图要包括以下元素：①图幅，真实输出的纸张大小；②图框，表明当前图纸内容名称和编码方便查阅；③视图，每个视图都由其可调整的视图属性来定义，该设置是在构造虚拟建筑时为特定目的而配置；④视口，视口仅适用于项目图形，如楼层平面、立面、剖面和三维视图，可以通过视口看到实际的视图。

1. 创建图框

创建图框功能，支持自定义图框中的线、文字、表格、填充，以便各个设计院定制符合院标的图框。可导入 dwg 图作为底图，提升图框制作效率。

操作步骤：单击顶部工具栏"注释表达"→"布图"→"创建图框"，在弹出窗口中，自定义图框的名称，输入完成后单击"确定"按钮，进入图框的编辑模式；在图框的编辑模式中，可以绘制图框中的二维线、文字、表格、填充；在"导入图纸"选项可选择本地图纸载入编辑模式中，导入的图纸作为底图，可辅助设计师快速完成图框的创建。创建完成后，单击"清除图纸"选项可删除当前参照的图纸内容。图框内容调整无误后，单击"完成"按钮，完成图框的创建。

本例工程创建的图幅为 A2，名称为"VDC 图框-A2"的图框，该图框自动在资源管理器中显示。

2. 创建图纸

单击顶部工具栏"注释表达"→"布图"→"放置图纸"，弹出"图纸设置"对话框，在框内设置图纸名称（首层平面图）、图框样式（下拉选择"VDC 图框-A2"），设置后单击"确定"按钮。软件按照对话框中设置，创建图纸视图"首层平面图"。

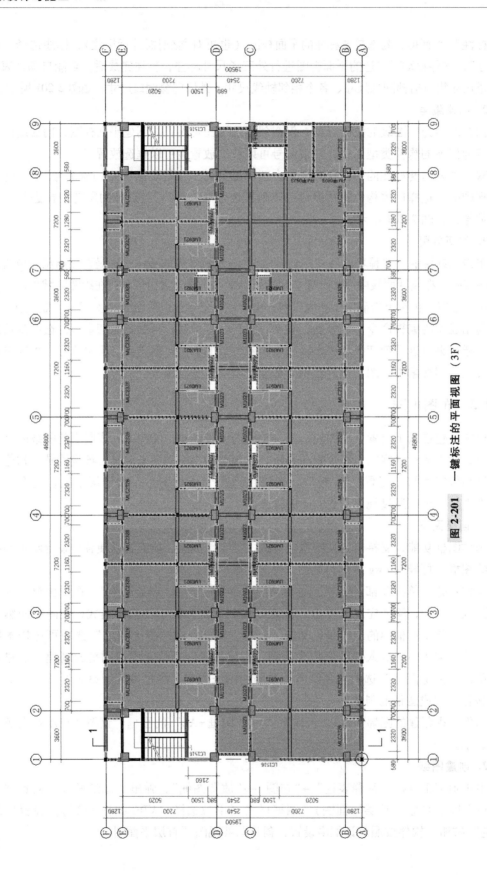

图 2-201　一键标注的平面视图（3F）

3. 放置视口

在资源管理器找到"首层平面图"视图，双击打开；单击顶部工具栏"注释表达"→"放置视口"，弹出"创建视口"对话框，在框内选择要放入的视图"1F"，单击"确定"按钮。在适当的位置，单击确认，将视口放置到图纸上。

2.12.4　门窗表

门窗表工具支持统计工作单元内的门窗构件的数量、型号等信息；支持按项目统计或按楼层统计，支持自定义门窗表的表格样式，满足企业标准化需求。通过"放置表格"命令，可将门窗表放置在图纸视图中。门窗表生成后可以在项目浏览器中的明细表分类下找到，放置于图纸后，可对表格的样式和内容进行手动编辑。

在平面视图等非图纸视图中执行该功能时，画布窗口弹出提示：门窗明细表需要在图纸视图中进行放置；在图纸视图中执行该功能时，程序自动执行"放置表格"命令，单击即可在图纸中放置表格。也就是说，必须将门窗表放置于图纸中，才能够查看门窗表的内容如下。

操作过程如下：

1）创建名称为"门窗表"的图纸。

2）双击进入"门窗表"图纸视图。单击顶部工具栏"注释表达"→"门窗表"→"生成标准门窗表"，程序自动创建"门窗表1"，并在图纸中显示，移动光标，将门窗表放到图纸中的合适位置；放大显示，看门窗表中的信息是否合适，若不合适，需要进行修改。放大显示发现统计了"桩顶""基础顶"等没有门窗的楼层，需要删除。

3）单击资源管理器的"明细表"→"门窗表1"，将名称修改为"门窗明细表"。

4）双击资源管理器的"明细表"→"门窗明细表"，在弹出的"门窗明细表设置"中，对"字段""按层统计"（去掉"桩顶""基础顶""屋面结构""建筑高度""女儿墙顶"等没有门窗的楼层）"过滤条件""分组"等信息，按照需要的要求进行设置，单击"更新明细表"，退出设置对话框。

5）"门窗表"的图纸视图，自动修改，如图2-202所示。

模型深化的细节较多，可根据工程项目的实际需要，参照广联达BIM设计协同平台的在线帮助文件学习应用。

2.12.5　导入导出

1. 导入图纸

软件提供外部数据导入及数据导出的相关功能：可导入的二维图有".dwg"".dxf"格式。支持设置导入的颜色、图层/标高、导入的单位、定位、放置位置、缩放比例等选项；导入后的CAD可以在对象样式/视图对象样式中设置CAD图层的颜色、线宽等选项；导入的CAD的颜色自动和软件主题适配；导入后可以控制单个图层的显隐；可以在显示过滤树中统一设置CAD的显示与隐藏；使用右键隐藏功能可以隐藏单个CAD图；使用"清除图纸"可删除项目中的所有图纸。

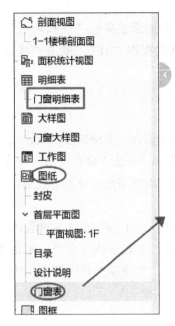

门窗明细表

分组	构件名称	类型名称	洞口尺寸		数量(樘)						总樘数
			宽度	高度	1F	2F	3F	4F	5F	6F	
	单扇防火门	FM甲0923	900	2300		3	3	3	3	3	15
	双扇防火门	FM甲1223	1200	2300	2						2
	双扇平开门	FM乙1523	1500	2300	2						2
	单扇防火门	FM丙0923	900	2300	12	9	9	9	9	9	57
	单扇平开门	LM0921	900	2100	1	20	20	20	20	20	101
	单扇平开门	LM1023	1000	2300	5	1	1	1	1	1	10
	双扇平开门	LM1523	1500	2300	6						6
	单扇平开门	M1023	1000	2300		20	20	20	20	22	102
	MLC2328	MLC2328	2320	2820		24	24	24	24	24	120
	门联窗-双层窗下玻璃	MLC5428	5400	2800	1						1
	百叶窗1x1	BYC0503	500	250	1						1
	LC0919	LC0919	900	1900	8						8
	双扇平开窗2x1(平+平)	LC1516	1500	1630		3	3	3	3	3	15
	LC1519	LC1519	1500	1900	4						4
	LC2319	LC2319	2300	1900	2						2
	LC1819	窗	1800	1900	2						2
	LC2128	窗	2100	2800	11						11

图 2-202 生成门窗表

导入图纸流程：在工具栏选择"通用协同"→"导入"→"导入图纸"，选择需要导入的图纸，在弹出的对话框内设置以下选项：

1）颜色，默认黑白，可下拉选择：保留、反转。

2）图层/标高，默认可见，可下拉选择：可见、全部、指定。

3）导入单位，默认毫米；可下拉选择：米、厘米、自动检测等选项。

4）定位，默认自动-中心到中心；可下拉选择其他选项。

5）放置于，默认为当前楼层。

设置上述选项后，单击"确定"按钮。设置需要替换的字体，下拉列表的字体文件来源（安装目录 fonts 文件夹）。

2. 导入图纸的管理

选中图纸后可以在"属性面板"上设置将图纸置于前景或背景，以及图纸的透明度（底图淡显）；可以在"拾取过滤树"设置禁止拾取导入的图纸，可以在"显示过滤树"设置显示/隐藏导入的图纸；可以在"对象样式/对象样式"中设置导入图纸的显示样式和图层的显隐；选中图纸后可以在动态面板设置图纸的图层信息。

在工具栏选择"通用协同"→"导入"→"清除图纸"，可清除项目中所有导入的图纸。

在工具栏选择"通用协同"→"导入"→"导入管理"，弹出"导入对象管理"对话框，在该对话框可以查看：导入的 CAD 名称、放置的楼层/视图、可以更新和删除 CAD 视图。单击"更新"按钮，可以快速更新该 CAD 图，软件会自动进行定位；单击"删除"按钮，可删除放置于视图的 CAD 图。

3. 导出 DWG

支持将模型及视图导出为 DWG 文件，便于图纸传递。导出 DWG 的设置项包括：选择视图、图纸、选择集，导出至本地、导出至协同平台，导出的通用规则，导出的层、填充图案、文字。软件支持图纸批量合并导出；支持用户自定义的选择集，此选择集可被编辑、重命名或删除；支持自定义其他专业链接的工作单元中图层的设置；支持将导出 DWG 设置中的"导出配置"，进行导入和导出，导出格式为".ncfg"，便于保存及传递。

操作步骤：在工具栏选择"通用协同"→"导出"→"导出 DWG"；弹出"导出设置"对话框，可选择导出配置和导出的 DWG 版本（默认 AutoCAD 2004），选择要导出的视图或图纸，支持同时导出多个视图和图纸（可自定义导出视图选择集并保存复用），设置完成后单击"导出"按钮。

默认选择"只选择当前视图/图纸"。"全部视图/图纸""只选择当前视图/图纸"不可被编辑或删除。默认选择集可自定义选择视图/图纸，选择的结果可自动保存。支持用户自定义的选择集，选择集可被编辑、重命名或删除。

4. 导出 GFC

支持建筑模型导出为 GFC2.0/GFC3 文件，可导入 GTJ2021 后用于算量。支持多个工作单元的模型合并导出至 1 个 GFC 文件。

链接结构模型。GTJ 不允许墙重合，链接结构模型后，程序会自动用结构墙扣减建筑墙，避免导入 GTJ 后出现墙重合的问题。

在工具栏选择"通用协同"→"导出"→"导出 GFC"，修改导出 GFC 设置，如图 2-203 所示。

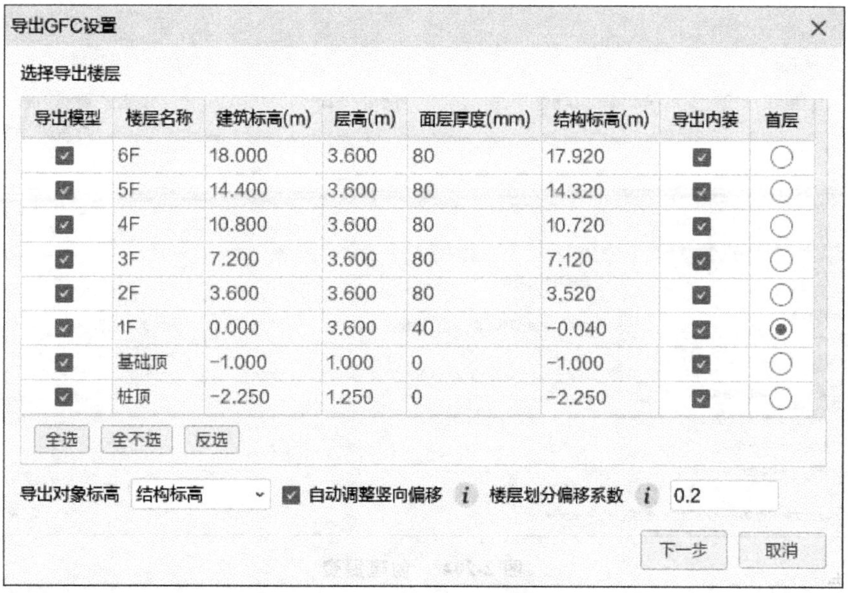

导出模型	楼层名称	建筑标高(m)	层高(m)	面层厚度(mm)	结构标高(m)	导出内装	首层
☑	6F	18.000	3.600	80	17.920	☑	○
☑	5F	14.400	3.600	80	14.320	☑	○
☑	4F	10.800	3.600	80	10.720	☑	○
☑	3F	7.200	3.600	80	7.120	☑	○
☑	2F	3.600	3.600	80	3.520	☑	○
☑	1F	0.000	3.600	40	-0.040	☑	●
☑	基础顶	-1.000	1.000	0	-1.000	☑	○
☑	桩顶	-2.250	1.250	0	-2.250	☑	○

图 2-203　导出 GFC 设置

勾选的导出楼层，楼层包含的构件会被导出，一般全选；设置首层、算量必要信息，一般为 1F 层；调整导出对象标高，土建模型一般使用结构标高（选择结构标高时，默认勾选自动调整竖向偏移）；调整修改系数，用于重新划分构件归属的楼层，详细说明可单击图标"i"查看。

单击"下一步"按钮，查看构件过滤和映射；再单击"导出"按钮，指定导出位置和文件名，即导出 GFC 文件。

在工具栏选择"通用协同"→"导出"→"导出 GFC3"，可导出 GFC3.1：可用于图审等应用场景，支持构件范围包括：轴网、标高、视图、墙、柱、门、门联窗、窗、墙洞、房间。

在工具栏选择"通用协同"→"导出"→"导出 GFC3"，可导出 GFC3.2：新增 13 类构件支持导出，构件类型包括：轴线、标高、工程做法、门、窗、门联窗、转角窗、楼板、墙、墙洞、楼梯、房间、柱。

2.12.6 提资

根据工作需要对企业员工"hcl190"创建的门窗大样进行提资。

企业员工"hcl190"登录数维协同设计平台，单击"提资"→"新建提资"，在弹出的对话框中，根据需要填写相关信息。如图 2-204 所示，提资名称为"门窗大样"，提资阶段下拉选择"施工图设计"，提资子项下拉选择"5#楼"，提资专业下拉选择"建筑"，收资专业下拉勾选"所有专业"，提资描述"门窗大样"；提资主体，选择企业员工"hcl190"创建的建筑工作单元。

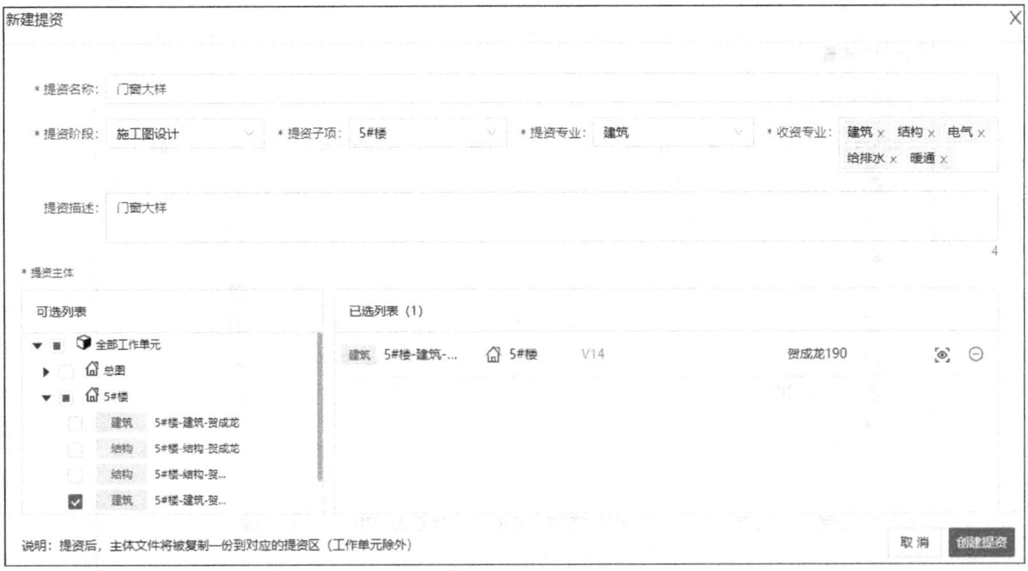

图 2-204 创建提资

设置好后，单击"创建提资"，即可在协同平台看到提资信息列表。单击该条提资后的"查看"按钮，弹出该提资的详情，如图 2-205 所示。在此，可以下载提资主体，也可以在协同平台查看。

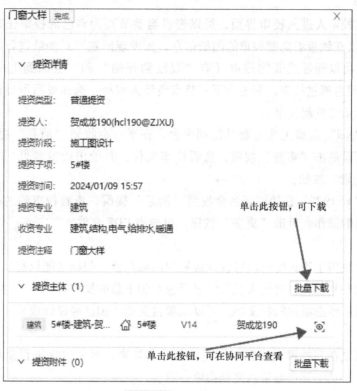

单击此按钮,可下载

单击此按钮,可在协同平台查看

图 2-205　提资详情

参与项目的其他成员登录协同平台,可以查看此提资信息,也可以下载提资主体,在协同平台查看。

2.12.7　审查及归档

校审全过程留痕,每个问题都能有效追踪:设计师可以从协同平台发起校审流程,添加图纸文件和校审人;校审人则可以在校审模块查看指定给自己的校审任务,进行审核。

1. 发起校审

协同平台默认提供一个校对审核工作流,项目经理和专业负责人可以按照需求在"设置-工作流管理"中创建校审工作流。

设计师在项目中可以在协同设计平台的"审查"界面发起校审。

下面以企业员工"hcl190"在协同平台发起楼梯设计的校审为例。企业员工"hcl190"以员工账号身份登录协同设计平台,单击审查→发起校审,单击"保存并下一步"保存校审,在弹出页面的"填写基本信息"选项卡,完成信息填写,包括:描述"校对审核"、截止日期"2024-01-15"、校审名称"楼梯设计"、校审专业"建筑"、附件(文件可以选择从本地或云文档上传);在"选择执行人"选项卡,添加执行人"hcl"和抄送人"boy",单击"提交"按钮,创建校审。发起人可以查看校审详情,单击"更多"按钮,可导出 PDF文件。设计师也可直接从文档发起校审,后续流程同上。

2. 进行校审

一般程序：校审人进入校审界面，可以查看当前节点为自己的校审任务，单击"查看校审详情"，可以在线查看需要校审的图纸信息，如发现问题可对图纸进行问题批注，然后填写校审意见；可以通过或驳回校审（有"驳回到开始"和"驳回到上一节点"两个选项），如果选择同意通过校审，则进行下一节点负责人审核，选择驳回则设计师根据问题对图纸进行修改后重新发起校审。

企业员工"hcl"以员工账号登录协同平台，在平台会收到"消息"提醒，可以查看，进行操作；也可以单击"审查"按钮，查看校审文件，并给出校审意见、电子签名、审校时间，单击"同意"按钮。

企业员工"hcl190"，在协同平台会收到"消息"提醒，查看校审的进度和结果；并根据结果进行相应的操作。单击"更多"按钮，可导出 PDF 文件。

3. 归档

成果归档模块用于设计院对项目设计成果的内部归档，归档功能只有项目经理可以进行文件和文件夹的归档操作，其他人员只能进行查看和下载的操作。

项目经理可以单击添加归档文档，可以从项目文档添加已经设计成果，支持多个文件同时归档。

项目经理可以在归档模块根据归档要求创建文件夹，对文件夹进行重命名、删除、移动、下载等操作，功能操作与项目文档模块一致。

项目经理对于已经归档的文件可以进行上传新版本、删除、下载、移动、在线预览等操作，功能操作与项目模块一致。

项目经理在项目文档中对需要归档的文件可以直接通过右键菜单进行归档。

项目中其他人员对归档模块的内容只能进行查看和下载操作。

对于走完校审流程的文档，项目经理可以将校审结果进行归档。

2.12.8 交付

1. 交付流程

只有被设置了交付权限的企业员工，如项目经理，在协同平台才有交付功能。企业管理员需要将业务方账号添加至项目，并赋予业务方（如业主、其他相关方）相应的权限（一般是查看权限，没有编辑等权限）；项目经理创建交付包，并输入业务方（如业主、其他相关方）邮箱，发送邮件；业务方（包括业主、其他相关方、项目成员等）收到信息后，可以查看和下载交付包。相关流程如图 2-206 所示。

2. 创建交付包

交付包是需要交付给业主、施工单位等的阶段性设计成果，项目经理和专业负责人可以创建交付包，根据交付需要可以支持创建多个交付包，业主方可以通过分配的账号登录协同平台查看和下载交付包，也可以通过邮件接收交付包，使用邮件中的链接对交付包进行查看和下载。

项目经理或专业负责人可以在浏览器页面创建交付包，也可以在交付模块创建一个交付包。

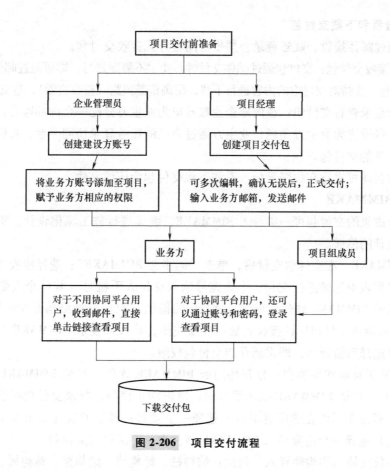

图 2-206　项目交付流程

在交付包中可以添加模型和其他交付成果资料，模型和成果均支持多选和在线浏览，模型支持版本选择。

单击"创建交付包"，完成交付包的草稿创建，草稿状态的交付包支持二次编辑，对文件和模型进行调整和版本修改。

单击"确认交付"，对交付包进行正式交付，支持通过邮箱发送，业主无须登录，通过邮件链接即可查看和下载。

完成交付的交付包，状态会变成"已交付"，同时支持将交付包同步至 BIMMAKE，并提交至图审平台。

3. 查看、下载、二次分享交付包

草稿状态和已交付的交付包均支持在线查看和下载。已经交付的交付包支持二次分享交付链接和密钥，无须登录即可在线查看。

交付包中的工作单元可以单个或整合预览，交付成果文件也可以在线打开浏览。

单击下载交付包，可以将整个交付包下载为一个压缩文件，工作单元下载为一个整合好的模型，文件格式是".bmv"，可以用于导入其他平台（包含 BIMFace 轻量化引擎）进行查看。其他文件按照交付包目录结构存储在压缩文件中。

项目中其他角色在交付模块只能查看和下载交付包。

4. 业主查看和下载交付包

业主可通过邮件接收、账号登录协同平台两种方式查收交付包。

通过邮件接收交付包：交付包通过邮件交付时，业主不需要账号，即可通过邮件链接和密钥打开对应交付包。支持对交付中的内容进行下载，用浏览器预览（整合查看），也支持单个查看。

通过账号登录查看交付包：在内部企业账号里为业主方分配一个内部账号，在项目策划中将业主方账号设置为业主方角色，业主方通过自己的账号登录协同平台，可以在交付模块查看所有已交付的交付包。

选择交付包即可进行在线轻量化查看和下载交付包为压缩文件。

5. 交付 BIMMAKE

数维设计成果的交付包可一键导入 BIMMAKE，继续进行施工深化设计，实现设计数据向施工深化设计的传递。

交付 BIMMAKE：在交付包交付后，单击"同步至 BIMMAKE"；选择接收人，企业账号可以从子账号列表中选择进行交付；个人账号输入交付人手机号（其他个人账号）进行交付；接收人登录 BIMMAKE 软件，导入交付包内的模型（目前支持结构专业的模型）；若单击"停用"，表示该交付包对该接收人数据权限关闭，接收人登录 BIMMAKE 将无法看到该交付包；可以选择重新开启，即重新开启交付包权限。

BIMMAKE 工具端同步模型：打开协同版 BIMMAKE 软件，登录 BIMMAKE 账号；若无BIMMAKE 账号，申请 BIMMAKE 试用后登录；单击同步模型；登录交付包接收人账号；项目列表（显示登录账号所在的所有项目）选择一个项目；模型列表（显示登录账号所收到的所有交付包）选择一个需要导入 BIMMAKE 软件做施工深化的交付包。

目前软件仅支持结构构件导入，包括：结构柱、结构墙、结构梁、结构板、墙洞口、板洞口、轴网。

6. 提交到图审平台

协同平台提供将交付包提交至图审平台功能，支持生成图审 GFC 数据包，并下载数据包到本地。

本 章 小 结

本章通过案例工程，以国产软件为平台，详细介绍了数维协同设计平台企业级管理和项目级管理要点，并以数维建筑设计和数维结构设计为例，阐述了协同设计的具体方法及其应用。受篇幅限制，数维机电设计没有展开介绍，但其原理和方法与数维建筑设计和数维结构设计相同，建议有需要的读者根据工作需要，通过数维协同设计平台的帮助文件和其他参考文献深入学习。

思 考 题

1. 举例说明图元、类别、类型和实例的关系。

2. 假设你是某工程的项目经理（熟悉全专业），要完成工程的建筑、结构、水、暖、电的设计，企业分给你只有擅长建筑专业的员工 A 和擅长结构专业的员工 B，请问你应如何进行项目的角色、权限和任务安排，才能高效地完成此设计任务？

3. 简述项目总图导入的注意事项和步骤。

4. 举例简述同一子项下不同专业之间的协同参照方法。

5. 举例简述同一子项下不同成员之间的协同参照方法。

6. 当项目成员发现问题后，如何在协同设计平台创建、查看和解决问题？

7. 简述将结构计算模型导入数维建筑设计软件的方法。

8. 简述在数维建筑设计软件中创建门窗表的方法。

9. 简述在协同设计平台进行项目交付的方法。

熟悉并掌握工程动画模拟制作流程，掌握基础工程、模板工程、脚手架工程的施工工艺及建模流程，掌握 3D 施工模拟、4D 施工模拟方法。

具有工程动画模拟能力。

3.1　BIMFILM 虚拟施工系统

BIMFILM 虚拟施工系统是一款利用 BIM 技术结合游戏级引擎技术，能够快速制作建设工程 BIM 施工动画的可视化工具系统，可用于建设工程招标投标技术方案可视化展示、施工方案评审可视化展示、施工安全技术可视化交底、教育培训课程制作等领域它具有简洁的界面（图 3-1）、

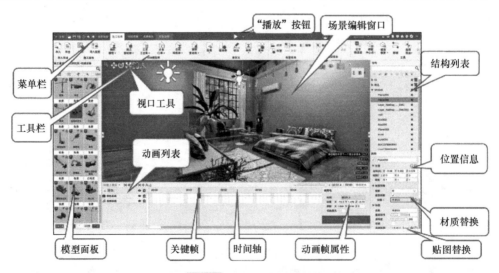

图 3-1　BIMFILM 界面

丰富的素材库、内置的可定义动画，以及 4D 进度模拟动画、实时渲染输出等功能，易学性、易用性、专业性的特点突出。

3.1.1 场景搭建

1. 地形地貌

地形地貌系统包括平坦地形、DEM 地形和海洋模块，可以完成地形起伏、树木、草、海洋的自主描绘。

（1）地形创建

地形创建包括平坦地形、数字高程模型（Digital Elevation Model，DEM）地形。平坦地形，可选择地形长、宽、高、深，以及质量和地形材质；DEM 地形，可选择黑白图导入，设置高度、深度、地表材质后自动生成地形。创建地形界面如图 3-2 所示。

（2）地形编辑

修改地形样式，包括上升高度、降低高度、平整地面、平滑地面、地形标高。操作流程如下：选择相应的地形命令，进行上升高度、降低高度、平整地面、平滑地面、地形标高等选项的操作；单击当前笔刷，选择笔刷样式，选择笔刷范围和力度，当选择地形标高命令时，还需选择高度单击或拖拽光标完成地形修改。注意：范围是指笔刷截面面积大小，力度是指地形改变速度。

（3）描绘

操作流程如下：选择"描绘"命令；单击当前笔刷，选择笔刷样式，选择笔刷范围和力度；单击材质图例，选择材质；单击或拖拽光标完成地形描绘。

（4）树

操作流程如下：选择"树"命令；选择笔刷范围和单次种树的数量；单击材质图例，选择材质；单击或拖拽光标完成树或草的添加。注意：按住〈Shift〉键同时拖动光标，可删除所有类型树或草；按住〈Ctrl〉键同时拖动光标，可删除当前选中类型的树或草。

（5）海洋系统

通过"海洋"选项控制海洋的显示与隐藏，可以通过高度调整海洋的水平面高度，海洋类型包括海洋及海啸。

2. 施工部署

施工部署菜单中包括：导入导出、施工场布、BIM 模型库、自定义、布置排列、模型组

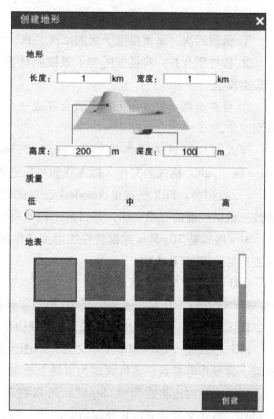

图 3-2 创建地形界面

合、工具、路径等功能模块。

（1）导入导出功能

1）支持导入多种模型：

Revit->FBX/udatasmith>BIMFILM

SketchUp->SKP->BIMFILM

Tekla->IFC->BIMFILM

BIMMAKE->3Ds->BIMFILM

广联达场布软件->3Ds->BIMFILM

广联达算量软件->IFC->BIMFILM

IFC、FBX、OBJ、3Ds、DAE->BIMFILM

导入模型时有以下可选选项：

① 保留层次：保留模型子级的层次关系，常用于需要对子级添加动画的结构类模型。

② 按材质合并：将模型所有子级按照材质属性进行合并，常用于需要大量修改材质的场景类模型。

③ 合并全部：将模型所有子级合并成一个，减少子级数量也可直接使用同步插件进行模型同步。

导入图片可以选择本地的".png"".jpg"".bmp"".dds"".tga"".tif"".psd"".ico 或".gif"格式的文件。插入视频可以选择本地的".mp4"格式文件放入场景中。

2）模型类。FBX 格式是 Autodesk 公司的跨平台三维交换格式，用户通过 FBX 能访问大多数三维供应商的三维文件，是目前比较通用的模型格式。

3Ds 格式是 3Ds Max 建模软件的衍生文件格式，做完 Max 的场景文件后可导出为 3Ds 格式支持导入 BIMFILM 中。

OBJ 格式是 Alias | Wavefront 公司为它的一套基于工作站的 3D 建模和动画软件"AdvancedVisualizer"开发的一种标准 3D 模型文件格式，是目前比较通用的模型格式。

DAE 格式是一种 3D 模型格式，可被 Flash 导入。

SKP 格式是由 SketchUp（中文名：草图大师）生成的文件格式，因 SketchUp 具有可视性强、易操作等特点，该格式成为市场上非常受欢迎的一种模型格式。

场景文件对应格式为".bfp4"，可以在制作动画过程中将场景内的单个文件输出为".bfp4"格式文件并导入其他项目中。

自定义模型文件对应格式为".cm4"，是采用 BIMFILM 自定义工具功能制作的具有自定义动画功能的模型文件。

3）同步功能。将 Revit 模型通过插件导入 BIMFILM 中，后续 Revit 有模型改动时，可以通过同步功能一键同步改动。已经在 BIMFILM 中修改过材质的模型，需删除模型后才可同步；加过动画的模型，需删除动画后才可同步。

（2）施工场布

可以导入 DWG 底图，并利用地形分区、建构筑物、生活设施、材料堆场、安全防护、绿色文明、消防设施、临电设施、机械设备、展示体验、图标图示等素材，快速进行场布。

（3）BIM 模型库

BIM 模型库包含我的模型、施工素材库、工艺工法库、企业 CI 库、主体构件库、案例库等模块。

人物、工具、材料、仪器、机械设备、周边环境、施工措施、施工总平面布置、临设、特效等，可直接从素材库系统中拖出相关模型进行动画制作。对于各工艺可以用到的通用素材，从素材库选择相关类型后素材资源便会在左边工具栏进行显示。如果遇到类型素材过多，不易快速查找时可以通过素材资源栏上方的搜索框进行搜索，也可以单击"筛选"按钮通过筛选类型快速找到素材。

素材库的素材按动画制作方式可以分为三类：

第一类，含内置动画的素材，右上角带有"播放"图标 的素材，可以添加内置动画（图 3-3a）。

第二类，含自定义动画的素材，右上角带有"人物"图标 的素材，可以添加自定义动画（图 3-3b）。

第三类，无特殊图标的素材为普通素材，可在右边场景结构中选择添加通用的动画（图 3-3c）。

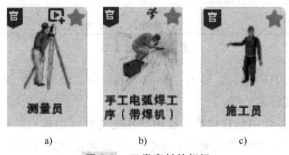

a)　　　　　　　　b)　　　　　　　　c)

图 3-3　三类素材的标识

（4）自定义

自定义模块包括效果、基本体、标注、构件、素材等功能库。每个功能库完成相应的动画目标。

1）效果。效果功能库包括音效、灯光、辅助、特效动画，其中，音效包含场景类、人物类、事件类、自然类四种环境音效。当摄像机进入音效范围内，录制时会增加对应音效作为环境声音。以添加场景音为例，先拖动"工地山嘈杂的机器轰鸣声"，在右下角属性栏中调节相关属性，再通过"移动""旋转""缩放"等命令让音效达到想要的效果（图 3-4）。

灯光渲染主要用来显示在不同灯光的照射下，构件突出显示的效果，同时增强场景灯光的真实感。灯光渲染包含反射球、方向光、点光源和聚光灯四种效果。

2）标注。标注功能库包含 2D 注释、3D 注释、地点高程、方向、标高、模型文字、测量标注、角度标注、长度标注。以 2D 注释为例，拖入 2D 注释，在右下角属性栏中调节相关属性，最后在通过"移动""旋转""缩放"命令让 2D 注释到达想要的位置。3D 注释可

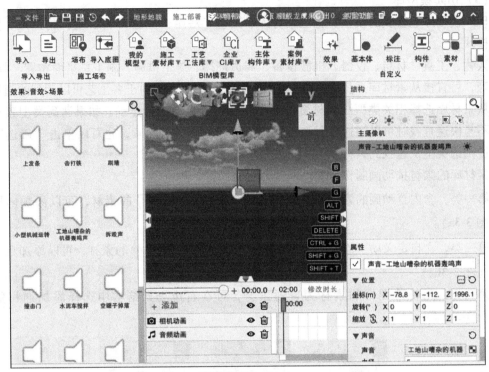

图 3-4　添加音效

以自动完成注释从无到有的动画，可通过显隐动画控制。测量标注挪动起点是标注整体移动，挪动终点可以改变标注长度。

3）构件。构件功能库中包含建筑工程中常用的构件，如基坑、基础、柱、梁、墙、板和楼梯（图 3-5）。根据动画制作的要求，选择后可以通过自定义模型属性栏调整相应的参数编辑自定义模型。

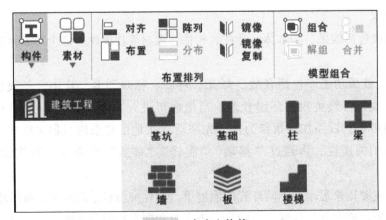

图 3-5　自定义构件

（5）布置排列

布置排列模块包括对齐、分布、镜像、布置、阵列等功能。

1）对齐。对齐分为点对齐和面对齐。

点对齐：此工具用于模型快速布置，将一个模型快速吸附至另一模型指定点上。

面对齐：用于快速对齐多个模型，以当前选定方向上最边上的模型的边侧为基准，一键对齐，勾选中心点对齐后，以当前选定方向上最边上的模型的中心点为基准。

以 4 个棱台模型为例，对齐的基本操作流程：在基本体菜单栏创建 4 个棱台，在右侧属性栏中调整棱台的属性为不规则排布（图 3-6a）；在右侧结构栏中全选 4 个棱台，单击布置排列菜单栏里的"对齐"命令，弹出的输入框中包含前后左右上下及中心点对齐 7 个"对齐"命令；选择对齐方向，本案例单击前对齐，即可实现对齐功能（图 3-6b）。

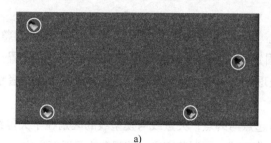
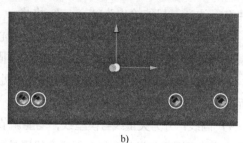

a)　　　　　　　　　　　　　　　　b)

图 3-6　对齐

2）分布。以最后一个选中的模型的指定方向按照输入的距离进行单方向分布排列（同轴多次输入数值以最后一次数值为基准，不同轴之间输入数值进行分布相互之间不影响）。

3）镜像。将选中模型以某个平面为轴进行镜像生成，该平面为模型中心点所在的对应坐标轴交叉形成的平面。

4）布置。布置分为直线布置和区域布置。

直线布置：此工具用于模型快速复制并向指定方向布置，布置时按下〈Shift〉键后只能以 45°角的倍数布置。布置时，选定指定方向、数量和距离后，单击布置对话框里的"√"按钮，然后移动光标即可，单击确认并开始一个新的方向进行布置。布置过程中可随时按下〈Esc〉键或者空格键退出布置模式（未单击确认的部分会被删掉）。

区域布置：此工具用于快速复制模型并在指定区域进行布置，并可对模型的数量、方向和间距进行随机调整。

5）阵列。阵列分为圆形阵列和矩形阵列。

圆形阵列：将选中的模型按照指定的半径和数量呈圆形均匀分布。

矩形阵列：将选中的模型按照指定轴向上的间距和数量进行矩形排布。

（6）模型组合

模型组合模块包括组合/解组、合并功能。

组合：将多个物体合并一个组合，利于模型摆放布置和动画制作，成组的物体可一起进行相关动画的添加，也可以为组内的子物体单独添加动画。

合并：将多个模型合并成一个物体，主要用于不添加动画的场景类模型，可以减少保存加载时的模型数量，加快保存和打开文件时的速度。

备注：组合可以通过解组还原，合并是不可拆解还原的。

（7）工具

工具模块包括文字转语音、调整中心点、模型修复、画线、选择同类物体、自定义工具、企业模板、还原位置等功能。

1）文字转语音：插入音频之前如需制作音频，可以单击"文字转语音"按钮调用语音合成工具来制作音频，之后在动画列表音频动画中添加关键帧时选择制作好的音频即可。具体操作流程如下：单击工具菜单栏中的"文字转语音"命令；弹出对话框中输入需要转换的文字，本例中输入"BIM-FILM 试音文字"，选择发音人，调整音量调节、语调调整和朗读速度，可以试听，调整合适后，单击"另存为"按钮；在对话框中选择存储位置，命名文件名。注意：只能输出为".wav"格式。

2）调整中心点：调整中心点到模型中心、模型左下角、模型底部中心或者自由调整。特别是针对自定义模型，其中心点的位置不固定，可以通过此命令调整模型中心点的位置。

3）模型修复：UV 修复/法线修复用来处理部分建模软件导出的模型因没有 UV 或者法线而导致的导入 BIMFILM 后不可用的问题。

4）画线：分为矢量线与模型线，均能调节起点与终点；矢量线与模型线的区别在于矢量线不随镜头的远近粗细发生变化，而模型线更具有真实感，可调节宽度，随视角的远近而变化。

5）选择同类物体：提供多种选取同类物体的功能，包括选中场景中所有同类物体（同名物体），选中场景中所有同材质物体等。

6）自定义工具：该功能为制作自定义模型的工具。选中一个子集名称均不相同的组合体或者模型；选择要自定义的子集模型；根据子集模型的自定义属性选择相应动画类型并设置属性，动画类型包括位移、旋转、缩放、自转、显隐、跟随；设置完成后可以通过"测试"按钮测试动画；单击下方的"导出"按钮将模型导出，然后单击"导入"按钮将模型再导入，即可像模型库自定义模型一样添加自定义动画进行动画制作。

7）企业模板：设置所有场景内的指定模型的贴图，新放入的同名模型也会按照设置后的贴图进行处理。

8）还原位置：通过记录初始位置保存模型当前的位置信息，在模型移动后，可以通过恢复初始位置将模型位置还原。

（8）路径

具体操作流程如下：单击"新建路径"后弹出"路径"窗口，在窗口中单击"路径绘制"后在场景内绘制路径。路径绘制完成后，在"路径"窗口中找到需要在路径中显示的人物或者车辆，下载后单击图片中央，待右上角五角星图标变红后，调整密度、速度等参数。

3. 效果优化

（1）材质替换

"材质替换"命令主要完成模型的外观效果优化，可以将模型中的构件替换为所要创建的效果，既可以使用 BIMFILM 的内置效果，也可以引用本地图片。

以某圆柱模型为例，材质替换的基本操作流程如下：在基本体里创建一个圆柱模型，并选中模型；在属性栏的"材质列表"选项卡里的"材质 1"单击右侧图框，在弹出的对话框中选择需要替换的混凝土材质，本例中选择"混凝土 01"（图 3-7）。

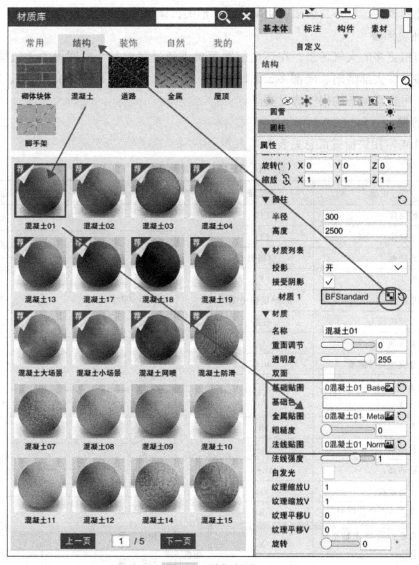

图 3-7　选择材质

　　若对此材质不满意，可以重新选择。若全部不满意，可以利用本地的图片替换基础贴图、金属贴图和法线贴图。同时，调整基础色、粗糙度、纹理缩放 U 值和 V 值、纹理偏移U 值和 V 值，以达到满意的效果。

　　在属性栏的"材质列表"选项卡上更换材质，系统会默认批量替换与该构件相同材质的材质；如果只需替换某个构件的材质或者误操作，可以先选中该构件，再单击"材质"选项卡上的"重置"按钮，即可实现单个构件的材质替换。

　　还可以替换素材库中的构件材质，以直角扣件为例，要替换直角扣件中的螺钉属性而不更改扣件的属性，首先在构件栏里单击打开直角扣件的二级锁，在弹框中单击"是"按钮，这时就可以打开直角扣件组合体的子菜单，选中螺钉进行材质替换。特别注意的是，二级锁打开后不要重新锁上，如果重新锁上，下次打开后系统会自动还原。另外需要注意的是，带有动画功能的模型，打开二级锁后动画效果会消失，须慎用。

（2）环境部署

为了模拟更多的天气场景，在环境部署菜单下通过调整某个时间段的天气情况（如多云、大部多云、大部晴朗、局部多云、晴、阴、中雨、大雨等）、风向、风力、阳光朝向、阳光强度，可实现动态的天气情况模拟。

4. 快捷键

BIMFILM 常用快捷键汇总见表 3-1。

表 3-1　BIMFILM 常用快捷键

分类	说明	快捷键	分类	说明	快捷键
录制	开始录像	F10	文件	打开	Ctrl+O
	停止录像	F11		保存	Ctrl+S
	播放动画	空格键		另存为	Ctrl+Shift+S
视角调整	聚焦	F		强制退出	Alt+F4
	视角环绕	Shift+鼠标中键		撤销	Ctrl+Z
	旋转相机镜头	右击		恢复	Ctrl+Y
模型	模型落地	G		复制	Ctrl+C
	多个模型相对落地	Ctrl+G		粘贴	Ctrl+V
	移动模型并留下一个副本在原地	Alt		删除	Delete
	组合	B		全屏	Alt+Enter
	复制动画	Alt+C	相机移动	相机前进	W
	粘贴动画	Alt+V		相机后退	S
	退出布置模式	Esc		相机左移	A
	沿垂直方向旋转模型	R		相机右移	D
	使模型以自身 X 轴正向旋转 90°	X		相机向上移动	Q
	使模型以自身 Y 轴正向旋转 90°	Y		相机向下移动	E
	使模型以自身 Z 轴正向旋转 90°	Z		相机移动加速	Shift
	删除地形地貌下全部类型的草（树）	Ctrl+鼠标左键拖动	材质	复制当前模型材质	Shift+G
	删除地形地貌下当前类型的草（树）	Shift+拖动鼠标左键		粘贴当前模型材质	Shift+T
	连续选中模型	Shift+单击	场景模式	切换移动模式	2
	多选物体	Ctrl+单击		切换旋转模式	3
	模型面吸附功能	Shift+中心点拖动		切换缩放模式	4

3.1.2　BIMFILM 动画系统

动画系统是整个工具的核心系统，目前支持的 3D 动画类型有相机动画、音频动画及背景音乐、工序节点、字幕动画、天气动画、位置动画、显隐动画、路径动画、闪烁动画、透明动画、颜色动画、剖切动画、流体动画、自定义动画、内置动画、塔吊⊖动画、跟随动画、爆炸动画、位置+显隐动画等。整个编辑过程类似常用的动画软件 Flash，在时间轴上编辑所有需展现的动画内容。

基础柱钢筋节点
动画制作

BIMFILM 推荐动画制作流程如下：

第 1 步，编写动画制作脚本，列出所要展现的流程步骤。

第 2 步，拼装动画制作场景。有两种方法：第一种，可以先拼大场景后根据动画制作步骤一步步补全剩下的素材；第二种，内心已设计好整个动画的构成及展现形式，可以边制作动画边摆放素材完成场景拼装。

第 3 步，将准备好的脚本的流程步骤录制成语音。

第 4 步，选择素材进行相关动画的添加。

第 5 步，完成第 1 步时做第 2 步的过程中添加相机动画控制视角，添加第 2 步的音频动画控制动画展现时间。

第 6 步，动画制作完毕后根据音频动画添加工序节点。

第 7 步，设置片头、片尾动画。

第 8 步，输出成果文件。

1. 相机动画

相机动画制作步骤如下：选择主摄像机；单击"添加"按钮弹出动画列表；单击"相机动画"；在时间轴双击创建关键帧；在预览区通过鼠标右键、鼠标滚轮及右键+〈W〉〈A〉〈S〉〈D〉调整合适的位置；确认合适的关键帧后单击"确定"按钮，关键帧数据将被保存；将时间轴拖动到相机动画开始帧和结束帧的范围内，单击"播放"按钮或者按空格键可预览制作的相机动画；如想达到镜头画面的瞬间切换效果，单击相机属性的"瞬移"按钮。

制作小技巧：制作相机动画实际如同拍照一样，调节好画面、添加一个关键帧就是拍了一张照片，如果两张照片的画面不同，那么 BIMFILM 将会自动从一个画面移到另一个画面；如果两张照片的画面相同，那么在这段时间里镜头就是不动的。

蓝框范围内的为显示画面，输出成果时只显示蓝框范围内的画面。切记不要把想展现的画面放到蓝框范围外。镜头不要频繁地切换和快速移动，可能会造成观看者晕眩。

2. 音频动画及背景音乐

制作音频内容，可用如 Windows 自带的录音或工具内的配音工具进行语音内容的编辑后，再插入项目中来满足动画需求。目前支持的音频格式为".wav"".mp3"。

内部工具：单击"施工部署"→"工具"→"文字转语音"，即可打开睿视新界语音合成工具。

⊖　"塔吊"即"塔式起重机"，"塔吊"为不规范用法，此处为与软件界面显示保持一致，不做修改，后同。

外部工具：Windows 录音机或讯飞配音。

配音步骤：单击"文字换语音"按钮；在弹出的语音合成工具中填写文字转语音（Text To Speech，TTS）的文字内容（可以从文档中复制粘贴）；可以单击试听，也可以单击确认插入音频。

音频动画制作步骤如下：在动画列表中选择"音频动画"；首先在时间轴关键帧处双击，弹出文件选择框，然后选择本地音频文件；插入音频后选择音频的开始帧可进行移动；在音频动画关键帧"属性面板"的字幕框内输入字幕，可在输出播放器时显示字幕；单击"确定"按钮，插入的音频将被保存；单击"播放"按钮或按空格键可预览。

制作小技巧：制作动画时，摆好场景后先插入音频动画，根据音频播放的开始时间和速度制作动画，可以使动画的效果更好。

背景音乐的添加步骤同音频动画。背景动画与音频动画的区别：背景动画可调节音量大小；背景动画不能添加字幕。

3. 工序节点

工序节点制作步骤如下：找到动画列表中的工序节点；在时间轴双击添加关键帧；在帧属性面板中输入节点名称后单击"确定"按钮；添加结束帧；单击"播放"按钮，选择"播放器"按钮播放。

工序节点添加完毕后在播放器模式下播放工序节点，节点位置在时间轴和右侧节点列表出现，单击节点名称可以快速跳转。

4. 字幕动画

字幕动画制作步骤如下：选择主摄像机；单击"添加"按钮，在动画列表中选择"字幕动画"；单击导入字幕，将 SRT 文件或者 TXT 文件导入字幕动画中；播放模式预览字幕。

5. 天气动画

天气动画是在指定时间完成天气转化的一种特殊动画，因为天气系统的机制，切换时会有几秒的生成过程，所以不建议在短时间内完成多种天气的切换。

天气动画制作步骤如下：选择主摄像机；单击"添加"按钮；在动画列表中选择"天气动画"；在时间轴双击生成关键帧；在帧属性面板中选择天气，操作完成请单击"确定"按钮；播放预览天气变化。

6. 位置动画

位置动画制作步骤如下：选择物体；单击"添加"按钮，在动画列表中选择"位置动画"；在时间轴双击添加位置动画帧；在帧属性面板通过属性可以控制当前帧的位置信息（坐标、旋转、缩放），也可通过视口工具栏中移动物体改变坐标，调整后需单击"确定"按钮保存当前帧信息；播放完成预览。

7. 显隐动画

显隐动画制作步骤如下：选择物体；添加"显隐动画"；双击添加关键帧，在属性面板选择显隐开关后单击"确定"按钮保存属性；单击"播放"按钮或按空格键预览。一段动画时间内，以这段显隐动画的开始帧的属性开关来控制显示状态。

8. 路径动画

路径动画制作步骤如下：选择物体；单击"添加"按钮，在动画选择列表中选择"路径动画"；双击添加关键帧，在场景里通过多个点确定物体移动路径；在帧属性面板中确定移动时间和模型移动方向后单击"确定"按钮；单击"播放"按钮或按空格键预览。

9. 闪烁动画

闪烁动画制作步骤如下：选择物体；单击"添加"按钮，在动画选择列表中选择"闪烁动画"；双击时间轴创建关键帧；选择开关或颜色配置关键帧属性，最后单击"确定"按钮；播放预览。

10. 透明动画

透明动画制作步骤如下：选择物体；添加"透明动画"；在时间轴上选择关键帧；在透明动画属性列表中调节透明度，单击"确定"按钮保存参数（"255"为不透明，"0"为透明）；播放预览。

11. 颜色动画

颜色动画制作步骤如下：在场景结构中选择场景中的物体；单击"添加"按钮，从动画选择列表中添加"颜色动画"；在时间轴上添加关键帧；在关键帧属性面板上选择"颜色"按钮调节物体变化颜色后单击确认，原色为模型本来的颜色；单击"播放"按钮进行预览。

12. 剖切动画

剖切动画制作步骤如下：选择物体；添加"剖切动画"；在时间轴双击添加关键帧；在帧属性面板中输入相应数值后单击"确定"按钮（"100"为最大值，即该方向全部剖切，"0"为未进行剖切的状态）；添加结束帧；单击"播放"按钮，选择"播放器"按钮播放。

13. 流体动画

流体动画制作步骤如下：选中要添加流体动画的物体；单击"添加"按钮从动画选择列表中添加"流体动画"；在时间轴上添加关键帧；设置流动速度后单击"确定"按钮；添加结束帧；单击"播放"按钮进行预览。

14. 自定义动画

带人物图标的模型均包含自定义动画。自定义动画制作步骤如下：选择物体，拖入场景；添加自定义动画（只有带行为动画的物体才有此项功能）；根据需要任意调整属性参数，通过前后帧不同的参数，就可实现机械动画。

15. 内置动画

带播放器图标的模型均包含内置动画。内置动画制作步骤如下：选择物体；添加"内置动画"；双击添加内置动画帧；调整内置动画的速率和时长，获得想要的内置动画。

带内置动画的模型拖入场景后，会自动播放内置动画，添加内置动画后会暂停并交由时间轴控制。

16. 塔吊动画

塔吊动画制作步骤如下：给要被吊装的模型添加位置动画，模拟吊装过程中的运动轨迹；选中塔吊；添加"塔吊动画"；双击添加初始帧，在帧属性框目标处选择被吊装的模型；双击添加结束帧，如果不需要更换吊装模型的话，目标可以不设置；播放预览。

17. 跟随动画

跟随动画的特点在于相同位移动画只需做一遍即可，大大缩短动画制作时间，如用塔吊做一个自定义动画，之后吊装物体只需跟随塔吊吊钩移动，即可完成一步吊装动画。

首先，在主物体塔吊上添加一个自定义动画，如图 3-8 所示。

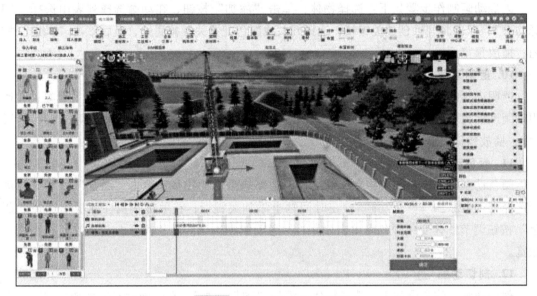

图 3-8　添加一个自定义动画

然后，将跟随物体放在塔吊吊钩上。此时播放帧一定要放在塔吊动画前面，保证跟随位置准确，如图 3-9 所示。

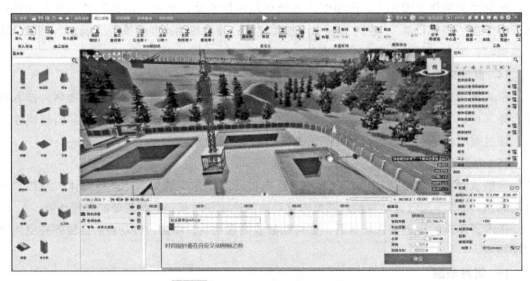

图 3-9　将跟随物体放在塔吊吊钩上

再选中跟随物体，添加跟随动画，双击选择开始帧；选择被跟随物体目标并单击"确定"按钮，如图 3-10 所示。

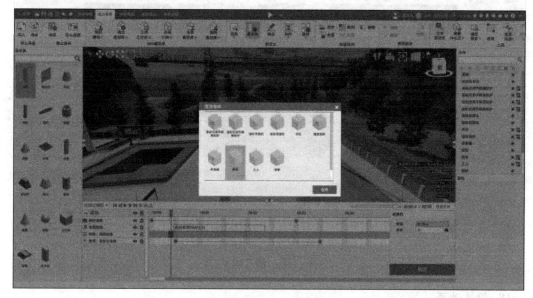

图 3-10　添加跟随动画

选择被跟随物体子目标，并单击"确定"按钮，如图 3-11 所示。

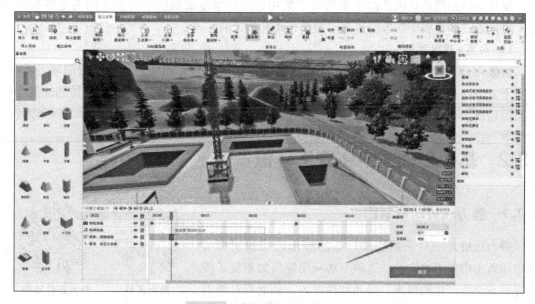

图 3-11　选择被跟随物体子目标

同理，再添加结束帧，如此便完成了一个跟随动画制作；播放预览，如播放中发现跟随物体与被跟随物体发生少许偏移，则再次选中初始帧，调整一下位置并确定可恢复正常，如图 3-12 所示。

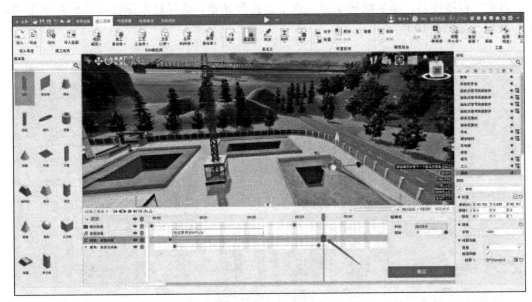

图 3-12　播放预览

18. 爆炸动画

爆炸动画制作步骤如下：选中一个组合体；添加"爆炸动画"；双击插入初始帧和结束帧，并在帧属性面板中将爆炸程度调整成不同值；播放预览。

爆炸动画原理是让模型的子集沿着子集中心点与模型父级的中心点之间的连线往外发散，可以通过调整模型的中心点来改变模型爆炸的方向。

19. 位置+显隐动画

位置+显隐动画是为方便用户多次添加位置动画或者显隐动画而单独设置的动画类型，相当于直接在一个模型上添加了位置动画和显隐动画，添加动画后帧属性的设置同位置动画和显隐动画。

3.2　基础工程数字化施工模拟

3.2.1　静力压桩动画制作

静力压桩是一种采用静载设备的静压力将预制桩节逐一压入土中的沉桩方法。这种方法利用静压力避免了传统打桩方法所产生的噪声、振动和冲击力，从而将对周围环境和建筑物的影响降到最低。静力压桩机是专门设计用于这种方法的设备，它包括桩架底盘、压梁、卷扬机、滑

静力压桩
动画制作

静力压桩动画
成果展示

轮组和其他必要的配置及动力设备。在压桩过程中，首先将预制桩吊起并放置在压梁下方，然后起动卷扬机，通过钢丝绳逐渐收紧压梁，使压梁向下施加压力。当压梁施加的压力超过桩尖阻力和桩身与土层之间的摩擦力时，桩逐渐被压入土中。

静力压桩适用于各种土壤条件，特别是软土和淤泥质土。它特别适用于需要减小打桩振动影响的区域，以及在桩顶易损坏或产生偏心的情况下。在静力压桩过程中，还可以同时进行承载力测试和土壤特性测量，这些数据可以用于优化设计并为施工提供有价值的信息。

1. 施工准备

1）打开软件，在相应的界面选择任意地貌新建，导入由 Revit 导出的 FBX 土建模型。

2）在左侧模型面板里搜索"静力压桩机"，单击下载后拖拽到预览视口中，调整位置、角度和大小使其合适；继续搜索"混凝土灌注桩"，重复以上步骤，结果如图 3-13 所示。

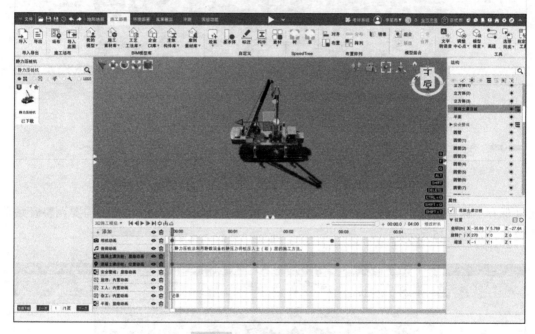

图 3-13　初步放置静力压桩机

3）继续搜索"安全警示标志"，找到合适的安全警示标志，单击下载后拖拽到预览视口中，调整位置、角度和大小使其合适。选中安全警示标志，选择"布置"→"按直线布置"，调整适宜的间距，绕静力压桩机一周，如图 3-14 所示。

4）相机动画。选择主摄像机单击"添加"按钮，在动画列表中选择"相机动画"；在时间轴双击创建关键起始帧；在预览区通过鼠标右键、鼠标滚轮及右键+〈W〉〈A〉〈S〉〈D〉调整合适的位置；确认合适的关键帧后单击"确定"按钮后关键帧数据将被保存；将时间轴拖动到相机动画开始帧和结束帧的范围内，单击"播放"按钮或者按空格键可预览制作的相机动画；若想达到镜头画面的瞬间切换效果，单击相机属性的"瞬移"按钮。

制作小技巧：制作相机动画如同拍照一样，调节好画面、添加一个关键帧就是拍了一张照片，如果两张照片的画面不同，BIMFILM 将会自动从一个画面移到另一个画面；如果两张照片的画面相同，那么在这段时间里镜头就是不动的。

5）音频动画。单击"音频动画"；选择菜单栏的"文字转语音"；在弹出的对话框内输入需要编辑的内容；单击"试听"；根据实际情况进行调整；单击"保存"或"插入"按

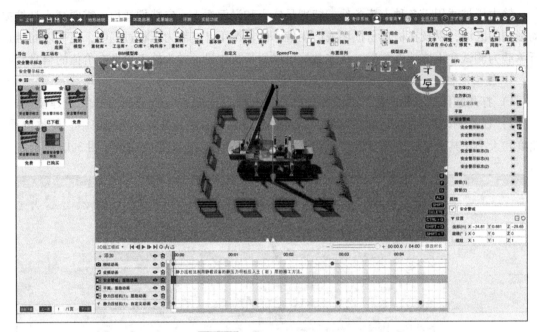

图 3-14　设置安全警示标志

钮（保存：保存在本地，插入：插入动画中）；根据相机动画及其他动画的需要调整音频动画位置，如图 3-15 所示。

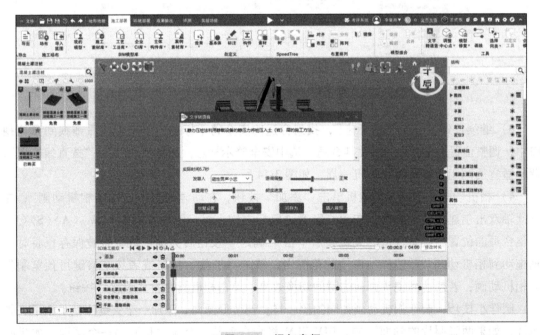

图 3-15　添加音频

6）选择"混凝土灌注桩"，单击"添加"按钮，单击"位置动画"，双击开始关键帧，根据运动时间长短，双击结束关键帧。单击"确定"按钮，位置动画制作完毕，如图 3-16 所示。

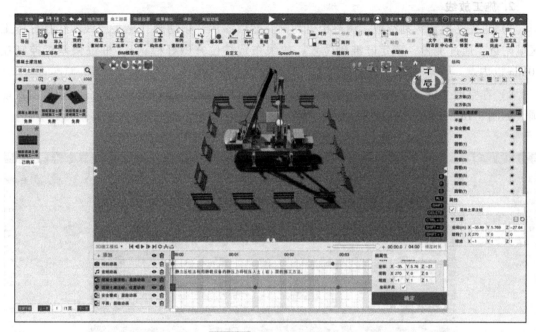

图 3-16　添加位置动画

7）切换镜头到安全宣讲处，将安全宣讲台、五牌一图、岗位责任等放置在合适的位置；继续在左侧模型面板里搜索"项目总监""监理""壮工""工人""杂工""吊装工"，依次放置，并为其添加内置动画。以监理为例，单击"添加"按钮，单击内置动画，双击开始关键帧，选择合适的名称，单击"确定"按钮，内置动画制作完毕，如图 3-17 所示。

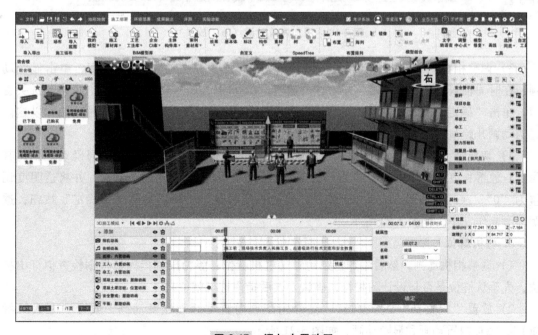

图 3-17　添加内置动画

2. 施工放线

1）首先切换镜头到空地，调整相机动画。然后添加音频动画（施工放线，在打桩施工区域附近，通过测量，确定好准确位置，放线布置桩位并做好标记）。桩位偏差应控制在10mm 以内。

2）在空地上放置"测量员（扶尺员）""测量员-动画""验收员"，并分别配置内置动画，如图 3-18 所示。

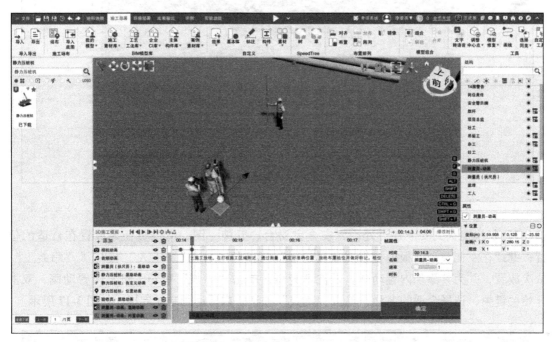

图 3-18　添加内置动画（施工放线）

3）调整相机动画，给所有"定位"添加显隐动画。单击"添加"按钮，单击显隐动画，在时间轴双击开始关键帧，并勾选关键帧；在时间轴双击结束关键帧，并取消勾选关键帧。单击"确定"按钮，显隐动画完成，如图 3-19 所示。注意：一段动画时间内，以这段显隐动画开始帧的属性开关来控制显示状态。

4）切换镜头至定位处，调整相机动画。调整"测量员（扶尺员）"的显隐动画，将其隐藏；放置长度标注"10mm"，增添透明动画。在时间轴双击开始关键帧，并将透明度调整为"0"；在时间轴双击结束关键帧，并将透明度调整为"255"。单击"确定"按钮，透明动画制作完毕，如图 3-20 所示。

3. 桩机就位

1）调整相机动画，然后添加音频动画（桩机就位，静力压桩指挥员根据检查拟订出桩位，先确认桩位是否与设计图相符，确认无误后指挥桩机就位）。

2）放置"观察员""验收员"，并分别配置内置动画和显隐动画。放置"工人（举旗）"，添加内置动画和显隐动画，如图 3-21 所示。

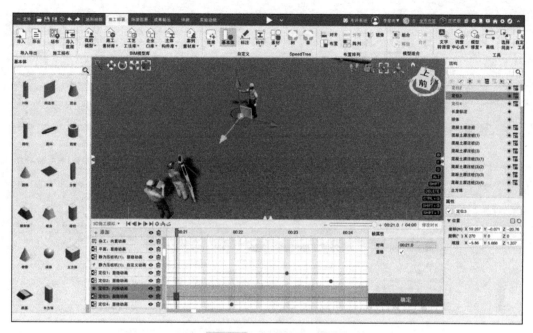

图 3-19　添加显隐动画

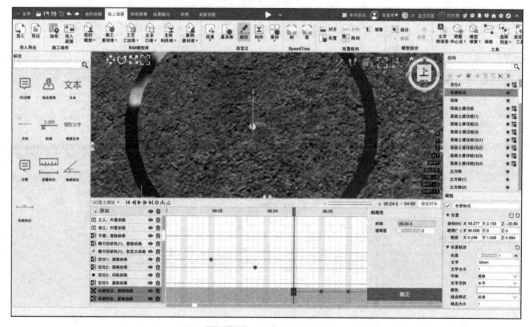

图 3-20　添加透明动画

3）切换镜头，镜头对准"静力压桩机"，调整相机动画。为"静力压桩机"添加位置动画，使其前进，如图 3-22 所示。

4. 桩机对准桩位

按照压桩顺序，将静力压桩机移至桩位上面，并对准桩位。

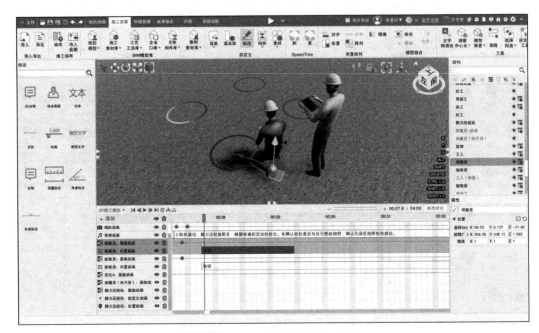

图 3-21 配置内置动画和显隐动画

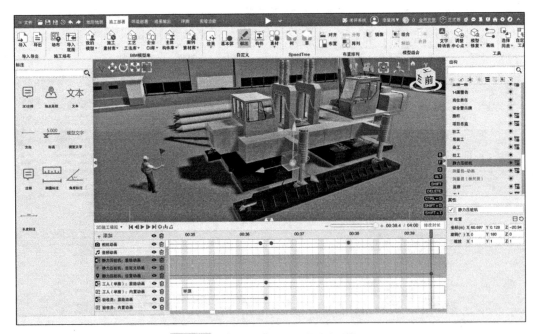

图 3-22 添加位置动画（静力压桩机）

1）首先调整相机动画，然后添加音频动画（按照打桩顺序，将静力压桩机移至桩位上面，并对准桩位）。

2）为"静力压桩机"添加自定义动画，在时间轴双击开始关键帧，根据动画需要调整参数，单击"确定"按钮，自定义动画制作完毕（图 3-23），使其对准桩位（图 3-24）。

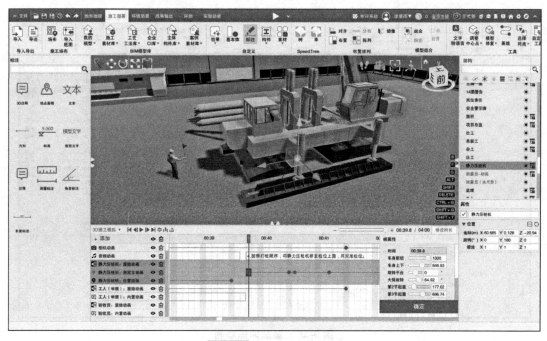

图 3-23　添加自定义动画

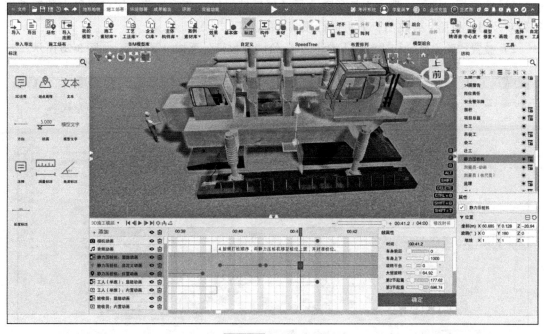

图 3-24　对准桩位

3）调整相机动画，使其对桩位。在时间轴双击开始关键帧，并选择闪烁颜色。单击"确定"按钮，给"定位"添加闪烁动画，如图 3-25 所示。

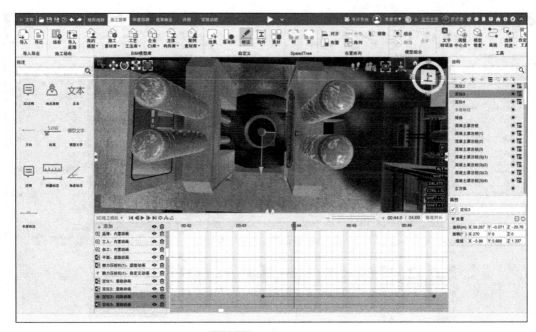

图 3-25　添加闪烁动画

5. 预制桩起吊

1）调整相机动画，然后添加音频动画（预制桩起吊，在起吊前，应对混凝土预制桩进行外观及强度检验，合格后，方可进行预制桩的施工作业）。

2）放置"验收员"和"混凝土灌注桩"。给"验收员"添加内置动画，如图 3-26 所示。

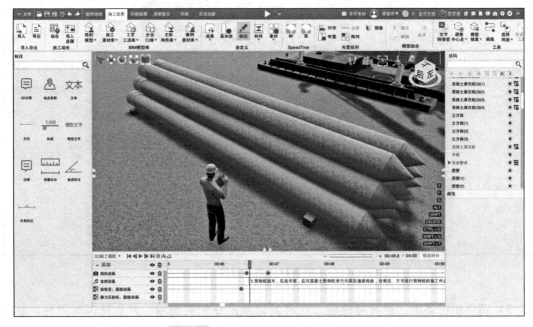

图 3-26　添加内置动画（预制桩起吊）

6. 桩端对准桩位

1）调整相机动画，然后添加音频动画（指挥将桩吊起送入夹桩箱中，使桩端对准桩位）。

2）放置"吊装工"，添加显隐动画、内置动画和位置动画。单击"静力压桩机"添加自定义动画，使其转动至"混凝土灌注桩"上方；为"混凝土灌注桩"添加位置动画，使其与吊车一起上升，如图3-27所示。

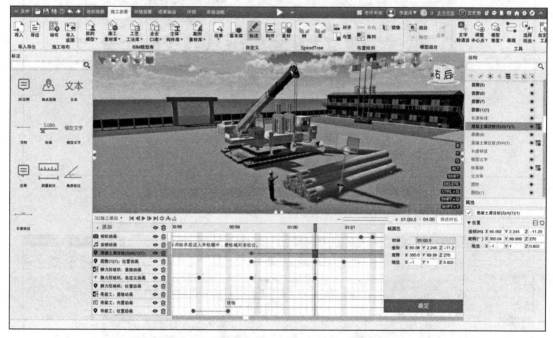

图 3-27　调节"静力压桩机"和"混凝土灌注桩"的动画

3）切换镜头，调整相机动画，对准桩位。调节"静力压桩机"自定义动画，使其与桩端一起转至桩位处，如图3-28所示。

7. 压桩

1）调整相机动画，然后添加音频动画（当桩落位并调整垂直度符合要求后方可进行压桩，下压过程中，如桩尖遇到硬物，应及时处理后再压）。

2）调节"静力压桩机"自定义动画，将桩下压，如图3-29所示。

3）切换镜头，调整相机动画。放置"杂工"，添加内置动画和位置动画，跑向"静力压桩机"，如图3-30所示。

8. 数据记录

1）调整相机动画，然后添加音频动画（开始压桩后，要认真记录每节桩入土深度和相应的压力表读数）。

2）放置"验收员"，添加显隐动画。调节"静力压桩机"自定义动画，调节送桩机位，如图3-31所示。

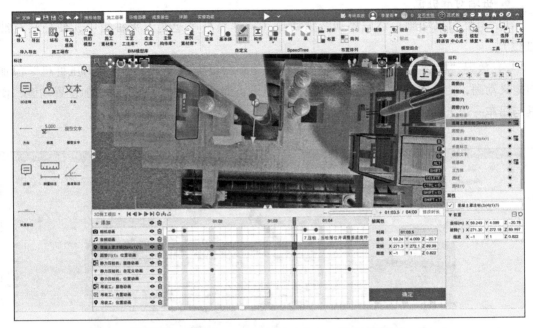

图 3-28 调节"静力压桩机"与桩端一起转至桩位处

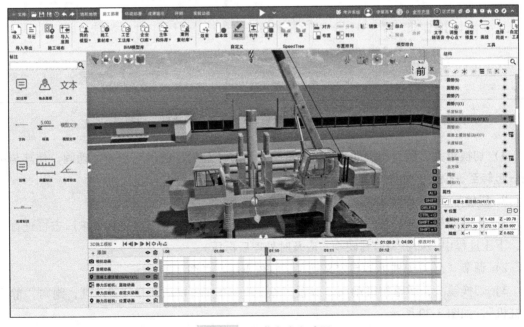

图 3-29 调节自定义动画

3）切换镜头，对准圆管，调整相机动画，然后添加音频动画（预制桩接桩采用焊接接桩的要求：下节桩段的桩头宜高出地面 0.5m）；放置长度标记"0.50m"，添加透明动画和显隐动画。

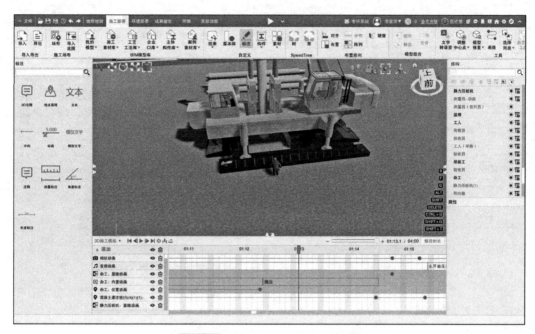

图 3-30　调节内置动画和位置动画

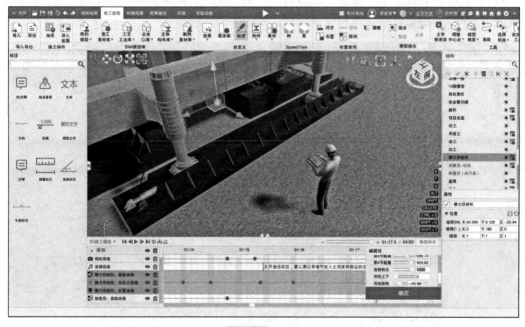

图 3-31　记录

4）添加音频动画（下节桩的桩头处宜设导向箍。接桩时上下节桩段应保持顺直，错位偏差不宜大于 2mm。接桩就位纠偏时，不得采用大锤横向敲打）。放置注释"下节桩桩头"，添加显隐动画。在圆管上放置"导向箍"，添加显隐动画和闪烁动画，如图 3-32 所示。

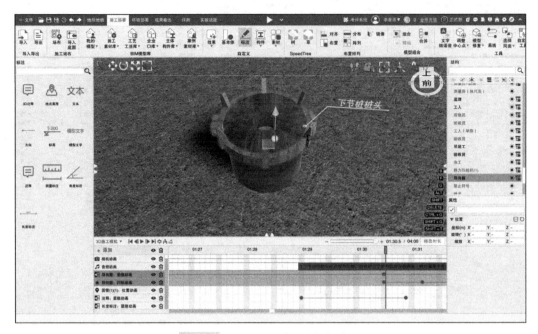

图 3-32　添加显隐动画和闪烁动画

5）调整相机动画，在"圆管"上放置"圆管（8）"，添加显隐动画，在"圆管（8）"前放置"方向"，添加显隐动画和位置动画，如图 3-33 所示。

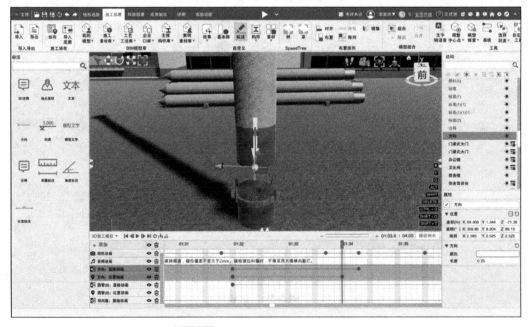

图 3-33　添加显隐动画和位置动画

6）切换镜头，对准"圆管"上方，调整相机动画。放置长度标记"2mm"，添加显隐动画和透明动画，如图 3-34 所示。

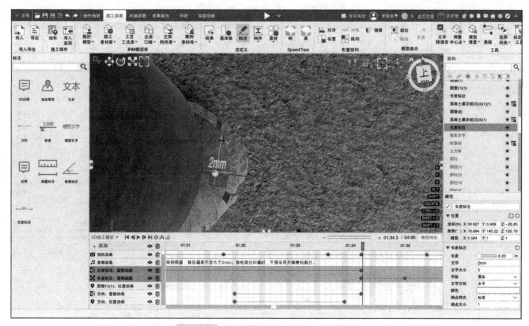

图 3-34　添加显隐动画和透明动画

7）调整相机动画，在"圆管"旁放置"锤子"，添加显隐动画和位置动画；在"锤子"下方放置"禁止符号"，添加显隐动画，如图 3-35 所示。

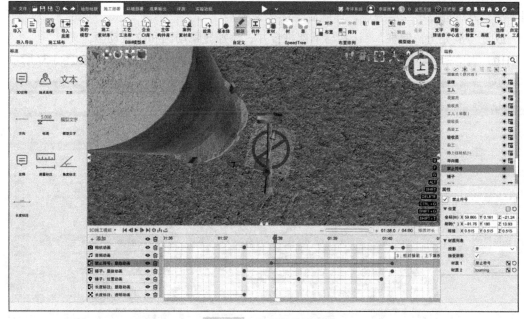

图 3-35　添加显隐动画

8）切换镜头，对准圆管，调整相机动画，然后添加音频动画（桩对接前，上下端板表面应采用铁刷子清刷干净）。放置"刷子"，清刷表面，添加内置动画和显隐动画，如图 3-36所示。

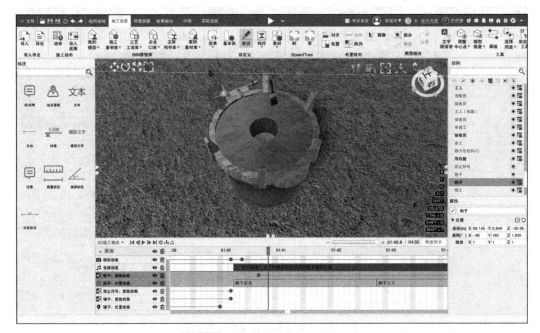

图 3-36　添加内置动画和显隐动画

9）切换镜头，调整相机动画，然后添加音频动画（焊接宜在桩四周对称地进行，待上下桩节固定后拆除导向箍再分层施焊；焊接层数不得少于 2 层，第一层焊完后必须把焊渣清理干净，方可进行第二层施焊；焊缝应连续、饱满）。

放置"混凝土预制桩"，让其与下部桩合并，添加显隐动画和位置动画。

10）调整相机动画，放置"电焊"和"焊工"，添加显隐动画和位置动画，如图 3-37 所示。

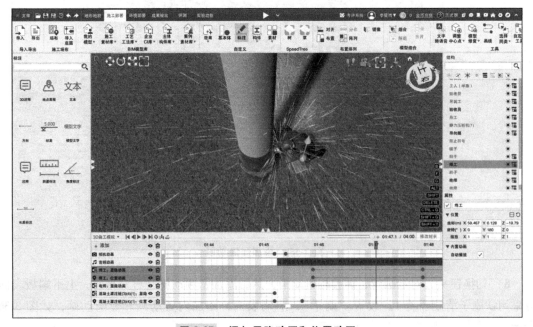

图 3-37　添加显隐动画和位置动画

11) 添加"刷子"，清刷表面，添加显隐动画和内置动画，如图 3-38 所示。然后重复电焊过程。

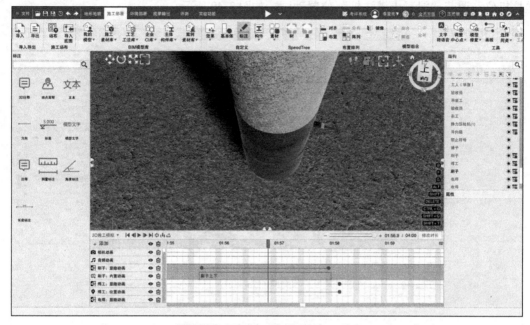

图 3-38　添加显隐动画和内置动画

12) 切换镜头，调整相机动画，然后添加音频动画（焊好后的桩接头应自然冷却后方可继续压桩，自然冷却时间不宜少于 8min；严禁采用水冷却或焊好即施打）。放置"模型文字"（自然冷却至少 8min；严禁用水冷却或焊好即压），添加显隐动画和位置动画，如图 3-39 所示。

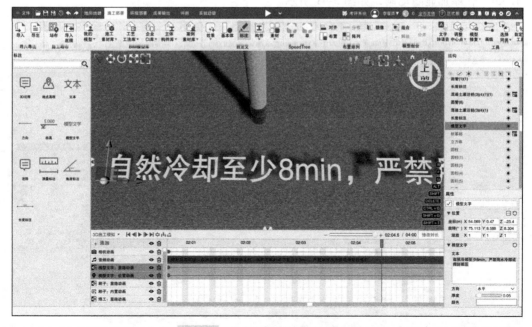

图 3-39　添加显隐动画和位置动画

13）添加音频动画（静压预制桩的施工一般采用分段压入、逐段接长的方法）。调整相机动画，跟随"静力压桩机"和"混凝土灌注桩"。调节"静力压桩机"自定义动画，调节送桩机位；调节"混凝土灌注桩"位置动画，如图3-40所示。

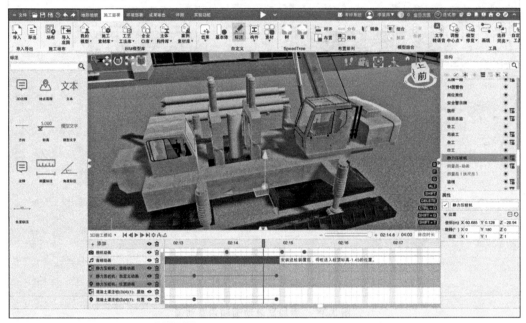

图3-40　调节"混凝土灌注桩"位置动画

14）切换镜头，调整相机动画，然后添加音频动画（安装送桩装置后，将桩送入桩顶标高-1.45m的位置）。新建立方体并在其里面安置桩基础，添加显隐动画。放置标高"-1.45m"，添加显隐动画，如图3-41所示。

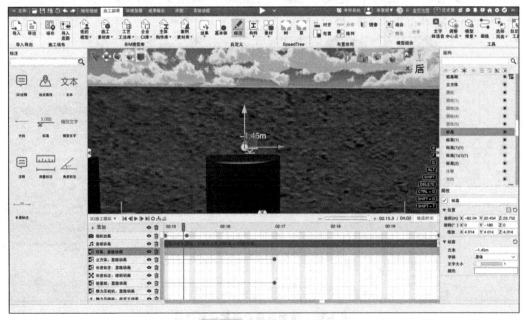

图3-41　添加显隐动画

15）调整相机动画，拉远镜头，如图 3-42 所示。

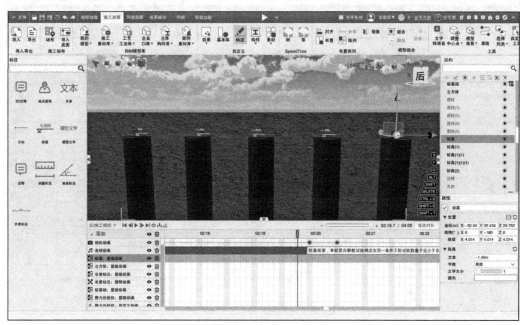

图 3-42　拉远镜头

16）切换镜头，调整相机动画，然后添加音频动画（桩基检测，单桩竖向静载试验确定在同一条件下的试桩数量不应少于总桩数的 1%，且不少于 3 根；小应变测桩不少于总桩数的 20%，且不少于 10 根；每承台检测桩数不少于 50% 且不少于 2 根）。在平面上放置"实验人员"，添加显隐动画和内置动画；同时放置"桩基础超声波检测"，添加显隐动画和自定义动画，如图 3-43 和图 3-44 所示。

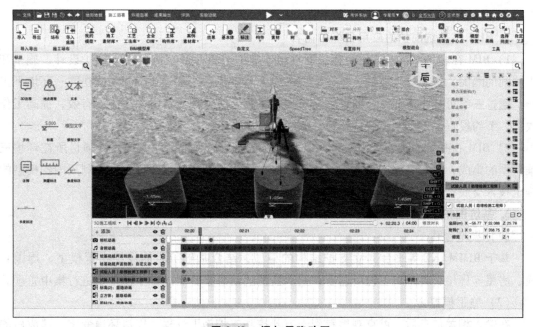

图 3-43　添加显隐动画

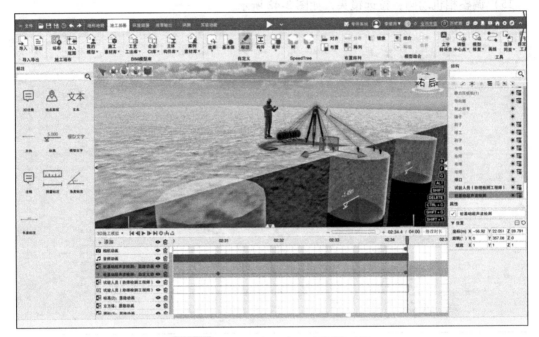

图 3-44 添加自定义动画（数据记录）

至此，静力压桩动画制作完成。

3.2.2 基坑围护施工模拟

1. 基坑围护

基坑围护是为保护地下主体结构施工和基坑周边环境的安全，对基坑采取的临时性支挡、加固、保护与地下水控制的措施。

2. BIM 在基坑围护的应用目标和内容

1）BIM 在基坑围护的应用目标：通过创建围护工程 BIM 模型，打破围护设计、施工和监测间的隔阂，直观体现项目全貌，实现多方无障碍信息共享，让不同团队在同一环境下工作。通过三维可视化沟通，全面评估基坑围护工程，使管理更科学、措施更有效，提高工作效率，节约投资。

2）BIM 在基坑围护的应用内容：地下基坑支护结构三维模型的建立；项目所在环境三维模型的集成；围护工程施工顺序的模拟；支护结构各部分的工程量统计；利用围护模型的施工技术交底；基于 BIM 的基坑信息化监测。

3. 基坑围护 BIM 应用流程

（1）模型创建

基于 BIMMAKE 等平台建立支护结构的模型，结合基础阶段的场地布置模型、周围管线、房屋等环境，将基坑工程所需要规避、监测的信息整合到同一个模型中进行集中管理。

（2）施工模拟

在输入相关信息后，可直观地看到土方开挖和支护施工过程、周边环境变化、建成后的运营效果等。同时可以科学指导方案优化和现场施工，方便业主和监理及时了解工程进展状况，让更多非专业领域人员参与到项目中。

（3）施工交底

通过三维模型向施工人员交底围护工程的注意要点，展示细部节点做法，提高交底效率；利用信息模型，有效地避开地下管线，协同各专业施工安全作业。

（4）工程量汇总

建立 BIM 模型，并赋予模型构件信息，然后利用软件提取构件工程量。提取工程量的软件可以是多种，以互补的方式进行工作，如通过 Revit 或 SketchUp 提取混凝土体积、模板面积等，通过 GTJ 提取钢筋工程量等。

（5）信息化监测

将 BIM 技术引入基坑工程监测工作，直观表现监测过程中基坑围护结构的变形情况和变形趋势，通过 BIM 技术将基坑的形状、围护结构、周边环境及各类监测点建立模型，在模型中导入每天的监测数据并采用 4D 技术+变形色谱云图的表现方式，方便工程师、管理人员、业主、施工人员等项目各参与方共同查看基坑围护结构的变形情况。

基坑围护结构监测中的 BIM 应用流程如图 3-45 所示。

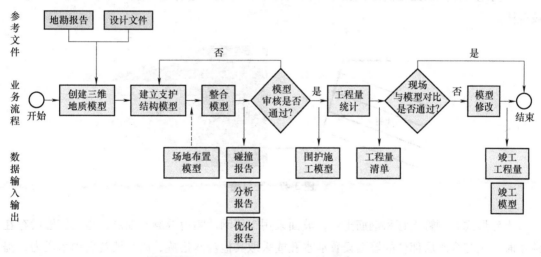

图 3-45　基坑围护结构监测中的 BIM 应用流程

4. 常见的基坑支护形式

常见的基坑支护形式包括：排桩支护，桩撑、桩锚、排桩悬臂；地下连续墙支护，地下连续墙+支撑；水泥挡土墙；土钉墙（喷锚支护）；逆作拱墙；原状土放坡；桩、墙加支撑系统；简单水平支撑；钢筋混凝土排桩；以及上述两种或两种以上方式的合理组合等。

（1）放坡开挖

坡率应根据土层性质、挖深确定，挖深大于 4m 应采用多级放坡，多级放坡应设置平台；土质条件较好的地区，应优先选用天然放坡；软土地区大面积放坡开挖的基坑，边坡表面应设置钢筋网片护坡面层；若开挖面在地下水位之下，坡顶和平台处应采取井点降水措施，提高坡体稳定性；坡顶设置挡水坎或排水沟，防止坑外积水流入坑内，侵蚀坡体；坡脚附近如有局部深坑，坡脚与局部深坑的距离应不小于 2 倍的深坑落深，如不能保证，应按深坑的深度验算边坡稳定。本例工程的放坡开挖情况如图 3-46 所示。

图 3-46　放坡开挖

（2）土钉墙（复合土钉墙）

若场地条件限制无法满足大放坡开挖的需要，可采用土钉墙（图 3-47）支护，减少放坡范围。

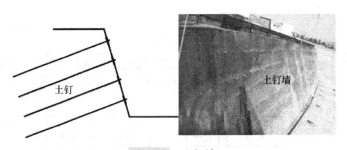

图 3-47　土钉墙

土钉形式有钢管土钉和钢筋土钉，坡面采用钢筋网片喷射混凝土面层；当土钉墙后存在滞水时，应在含水层部位的墙面设置泄水孔或采取其他疏水措施，减小墙背后的水压力，提高土钉墙稳定性；当采用预应力锚杆复合土钉墙时，预应力锚杆应采用钢绞线锚杆，且锚杆应布置在土钉墙的较上部位；当用于增强面层抵抗土压力的作用时，锚杆应布置在土压力较大及墙背土层较软弱的部位。

（3）水泥土重力式挡墙

重力式挡墙一般选用双轴或三轴水泥土搅拌桩，搅拌桩可按搭接施工，搭接长度控制在 150~200mm，挡墙顶面宜设置混凝土面板；一般土层条件下，搅拌深度小于 16m 的应优先选用造价更低的双轴，超过 16m 的应选用三轴；遇到淤泥等软弱土层，水泥掺量适当提高；水泥土搅拌桩应按格栅布置，建议格栅布置形式如图 3-48 所示（以双轴为例）。

（4）型钢水泥土搅拌墙（SMW 工法）

型钢水泥土搅拌墙一般选用双轴或三轴搅拌桩，搅拌桩兼做止水帷幕应按套打一孔法施

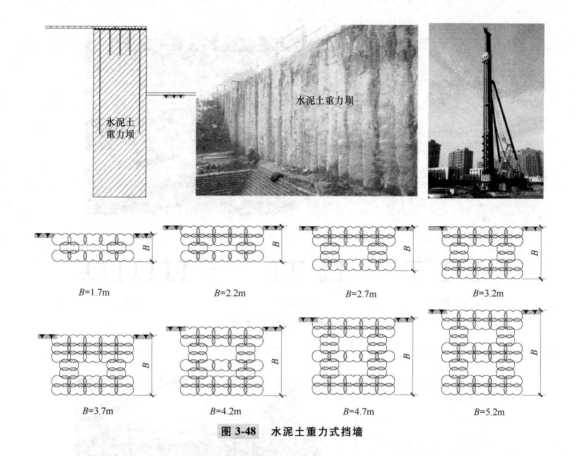

图 3-48　水泥土重力式挡墙

工，确保止水效果；一般型钢租赁期应控制在 6 个月以内，租赁期超过 6 个月，租赁成本提高，不够经济；目前租赁市场主要型钢类型为 H400×400、H500×200、H700×300、H800×300 等，可选用插一跳一、插二跳一、密插形式（图 3-49），墙体刚度依次增强；型钢应做减小阻摩处理，方便地下室结构完成后型钢拔除回收。

（5）灌注桩排桩围护墙

当基坑开挖面涉及地下水时，应在灌注桩外侧设置隔水帷幕（图 3-50）。

隔水帷幕选型：若隔水帷幕深度小于 16m，建议采用造价较低的双轴；若帷幕深度超过 16m 或者浅层存在深厚密实砂层，建议采用止水效果更好的三轴。

隔水帷幕深度：对于仅需坑内疏干降水的基坑，软土地区黏性土弱透水层中隔水帷幕深度应控制在基坑基底以下 6~7m 即可；若遇粉性、砂性土等（较）强透水层，且含水层厚度适中、层底埋深不深，可考虑帷幕隔断该含水层（如南通、武汉沿江地区）；若基坑基底承压水稳定性不满足要求则需降承压水，且承压含水层厚度不厚、层底埋深不深，隔水帷幕也应尽量隔断承压含水层，以减少降压降水对周边环境的沉降影响。

为避免支护结构的浪费，可利用原本在基坑完成后通常废弃的围护排桩作为正常使用阶段主体地下结构一部分，形成"桩墙合一"，围护桩可承担大部分的土压力，减小地库外墙受力，可有效减小地下室外墙厚度、边桩数量，增大地下室建筑面积，实现节能降耗，具有较好的经济效益。

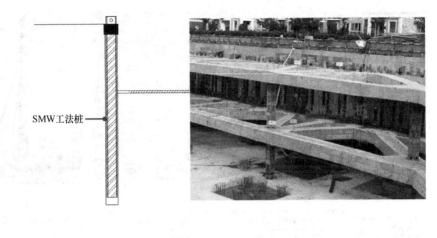

插一跳一　　　　　　　　插二跳一　　　　　　　　　　密插

图 3-49　SMW 工法桩

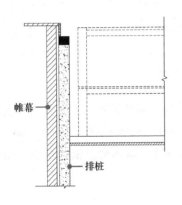

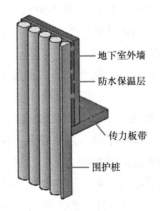

图 3-50　隔水帷幕样例

（6）地下连续墙

软土地区三层地下室以上的基坑采用"两墙合一"地墙较排桩方案更为经济。所谓"两墙合一"，即在基坑工程施工阶段地下连续墙作为围护结构，起到挡土和止水的目的；在结构永久使用阶段作为主体地下室结构外墙，通过设置与主体地下结构内部水平梁板构件的有效连接，不再另外设置地下结构外墙，如图 3-51 所示。地下连续墙的常用厚度为600mm、800mm、1000mm、1200mm。

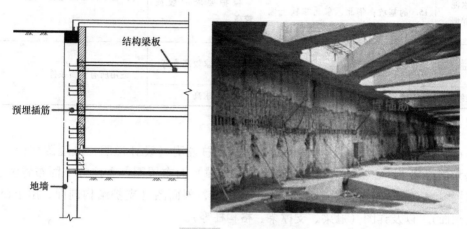

图 3-51　地下连续墙

地下连续墙两侧应设置钢筋混凝土导墙；当浅层分布有粉性土或砂性土较厚时，地下连续墙两侧可适当采用水泥土搅拌桩进行槽壁预加固。原则上搅拌桩深度只需覆盖粉性土或砂土层即可，避免在无加固条件下进行地下连续墙槽段成槽施工，否则在无槽壁加固条件下进行成槽施工，容易造成地下连续墙充盈系数过大而大量增加混凝土浇灌量，且后续超灌混凝土的凿除量较大也会增加成本。

（7）常用支护形式选用

一般同等条件下支护形式的造价从低至高依次为：放坡开挖<土钉墙（复合土钉墙）<水泥土重力式挡墙<型钢水泥土搅拌墙（SMW 工法）<排桩<地下连续墙。表 3-2 是根据当前实际的施工经验给出的常用支护形式选用建议。

表 3-2　常用支护形式选用建议

支护形式	适用基坑挖深/m	基坑周边环境保护要求	适用地质条件
放坡开挖	软土地区挖深不大于 7m 的浅基坑；土质条件较好的地区基坑放坡开挖深度可适当加深；挖深大于 4m 应采用多级放坡	无保护对象，场地空旷	适用于黏性土、粉质黏土、淤泥质土、粉土、粉砂等；不适用于淤泥、浜填土及新近的松散填土
土钉墙（复合土钉墙）	软土地区挖深不大于 5m 的浅基坑；土质较好的地区基坑挖深可适当加深，但最大挖深不超过 12m	保护要求不高	适用于黏性土和弱胶结砂性土且地下水位以上的基坑；若遇含水丰富的砂性土、砾砂和卵石层需要设置隔水帷幕；不适用于淤泥、浜填土及新近的松散填土

（续）

支护形式	适用基坑挖深/m	基坑周边环境保护要求	适用地质条件
水泥土重力式挡墙	无环境保护要求时，一般挖深不大于7m的基坑；有环境保护要求时挖深不大于5m	保护要求不高	几乎适用于所有土质条件。但遇到淤泥、浜填土及较厚的松散填土时，搅拌桩水泥掺量应适当提高
型钢水泥土搅拌墙	软土地区一般适用于挖深不大于15m的基坑；华北、东北非软土地区的基坑适用挖深可适当加深	保护要求一般或较高	
排桩	软土地区适用挖深不大于20m的深基坑；非软土地区可适当加深	保护要求较高或高	适用所有土质条件
地下连续墙	适用于所有深基坑	保护要求高	

5. 基坑围护要求（以本章案例工程介绍）

本章案例工程项目基坑围护设计文件包括：总说明（设计说明、风险源分析），平面图（基坑周边环境图、围护结构平面布置图、支撑平面布置图、立柱桩平面布置图、监测平面布置图、换撑平面布置图、降水平面布置图），剖面图（支护结构剖面、出土口剖面、坑中坑剖面），以及详图（冠梁、支撑梁、格构柱等）。

（1）设计总说明

本例工程±0.000相当于黄海标高4.500m，周边地面标高为3.600m，即相对标高为-0.900m。一层地下室设计开挖深度为6.10m和8.70m（包括100mm垫层，其余相同），二层地下室设计开挖深度为10.00m、10.60m、11.20m、12.60m和13.20m，一、二层地下室最大高差为7.90m，坑中坑最大高差为4.00m，基坑长约920m，基坑开挖面积约为28500m²。基坑坡顶15m范围内坡顶堆载不得超过20kPa，施工道路荷载不得超过30kPa，出土口荷载不得超过35kPa。本例工程一层地下室基坑安全等级为二级，二层地下室基坑安全等级为一级，基坑支护结构的重要性系数分别为1.0和1.1，设计使用年限分别为1.0年和2.0年。

（2）注意事项

基坑围护施工时需严格按照规范要求施工，支护结构的设计受不同地区的土质影响较大，故需根据不同地区的工程图情况设计不同的围护类型。因规定，深基坑工程为危大工程，故需要进行编制专项方案，另开挖深度超过5m（含5m）的基坑（槽）的土方开挖、支护、降水工程，按照超过一定规模的危大工程编制专项方案并组织专家论证。

施工时，还需注意钢筋保护层厚度及最小钢筋锚固长度。

受力钢筋的连接接头应设置在构件受力较小部位，支撑梁上部纵筋一般在跨中1/3范围内连接，下部纵筋一般在跨中1/3范围之外弯矩较小处连接。

本例工程钢筋宜优先采用机械接头。钢筋直径$d>28$mm时，应采用机械连接；$d=25$mm时，宜采用机械连接。

同一连接区段内的受拉钢筋搭接接头面积百分率：对支撑梁、压顶梁、围檩不宜大于25%，不应大于50%。

统计工程量时，需注意本例工程采用的材料类型：水泥，P. O. 42. 5 级普通硅酸盐水泥；混凝土，压顶梁、支撑梁、腰梁和板带混凝土强度等级为 C30，水下灌注桩混凝土强度等级为 C30，喷射混凝土面层混凝土强度等级为 C20，底板、楼板传力带混凝土强度同底板和楼板。

三轴水泥搅拌桩主要注意施工顺序为间隔施工，详见施工搭接示意图（图 3-52）。

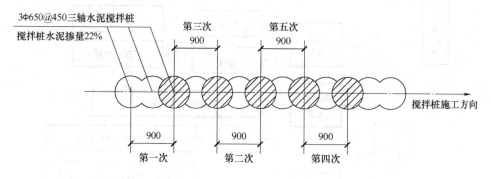

图 3-52　三轴搅拌桩施工搭接示意图

压顶梁、支撑梁、加强板带、格构立柱、预应力锚索施工需注意各构件的施工时间及施工顺序，在分层分区块挖土的同时进行逐步施工。

6. 基坑围护建模

（1）设计图处理

本次以 BIMMAKE 建立基坑为示例，将 CAD 导入 BIMMAKE 前需要将 CAD 图进行处理，过多的图层、图块、杂线会导致 BIMMAKE 模型的卡顿，除将需要用到的图元保留其他全部删除，并用 CAD 命令 PU 清理设计图；需要保留的图元包括：红线、围护桩、格构柱、梁边线、梁和桩的中心线、剖面表示符号。

（2）基坑模型要素

基坑模型包括土方模型和围护模型，本例工程的基坑模型要素如图 3-53 所示。

基坑模型的建立有以下三个功能与场地布置时不同：围护桩，主要用于布置搅拌桩、钻孔灌注桩等；支撑梁，主要用于布置冠梁、腰梁、支撑梁等；支撑柱，主要用于布置格构立柱。

（3）基坑放坡

根据基坑围护设计图绘制基坑放坡大开挖土方，如图 3-54 所示。

（4）基坑开挖

根据基坑围护设计图提取基坑边线，利用"土方开挖"功能进行绘制垂直面开挖土方。根据基坑围护剖面详图和平面图，利用"土方开挖"绘制斜面开挖土方。与垂直面开挖不同，斜面开挖需要增设坡度线，一般坡度定义方式选择"高度差"较为方便，然后将"箭头终点偏移"调为顶和底的高差即可。

（5）围护桩建模

根据基坑围护平面布置图和剖面图，布置围护桩（图 3-55）。

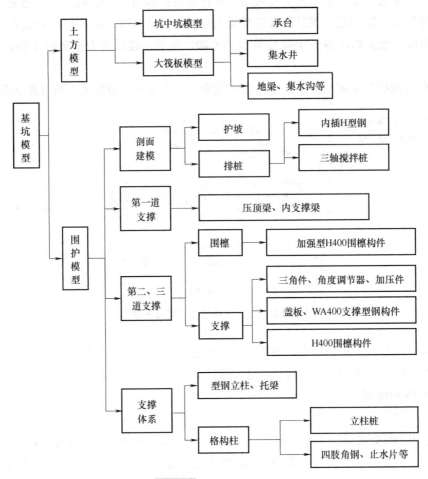

图 3-53　基坑模型要素

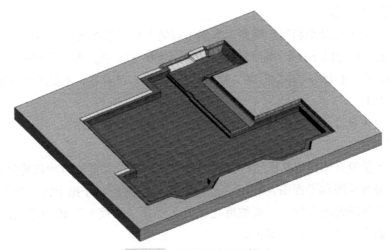

图 3-54　基坑边坡三维模型

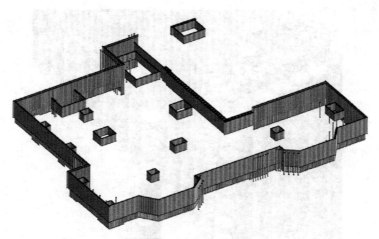

图 3-55　围护桩三维模型

（6）水泥搅拌桩

三轴水泥搅拌桩 3 个为一组，可以利用"围护桩"功能绘制实现。在绘制前主要更改其截面直径、顶部偏移及桩长，设置搅拌桩参数（图 3-56），结果如图 3-57 所示。

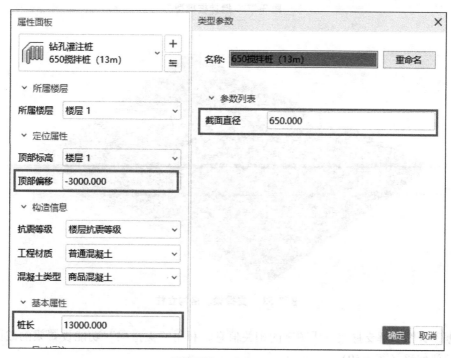

图 3-56　搅拌桩参数

（7）钻孔灌注桩

钻孔灌注桩为单根桩，绘制方式同搅拌桩。根据基坑围护支撑平面图及剖面图，绘制支撑梁、压顶梁、腰梁、格构立柱等构件（图 3-58）。

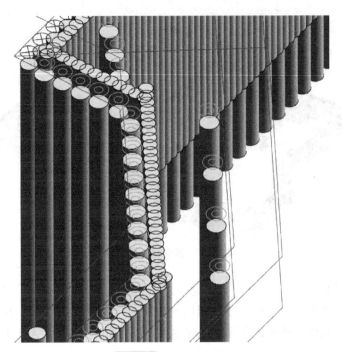

图 3-57　搅拌桩模型

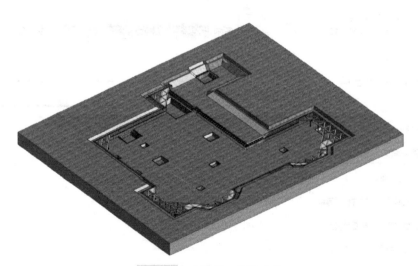

图 3-58　支撑梁、格构立柱

　　根据设计图了解支撑梁、压顶梁的相关信息，利用"支撑梁"功能设置梁的截面宽度、高度及顶部偏移（图 3-59）。

　　（8）腰梁

　　因为腰梁的外形为非标准形状，因此"支撑梁"功能无法绘制，可以用"土建建模"→"梁"→"自定义截面梁"或者"地形场地"→"自定义构件"→"自定义截面线式构件"两种方法绘制，本书采用后者，绘制好截面后拉伸即可，如图 3-60 所示。

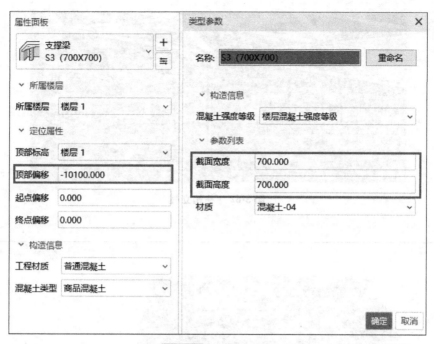

图 3-59　支撑梁参数

（9）加强板带

支撑梁、压顶梁绘制完成后，部分梁间还存在加强板带，可以利用"土建建模"→"楼板"→"绘制楼板"功能进行绘制，如图 3-61 所示。

图 3-60　腰梁

图 3-61　加强板带

（10）格构立柱

根据围护平面图定位，利用"支撑柱"功能设置参数后进行布置，如图 3-62 所示。

7. 动画制作

完成模型导入后，先将模型分解，再用"显隐动画"将构件隐藏，最后按照"围护桩"→"支撑梁"→"腰梁"→"格构立柱"添加"位置动画"，让构件随着降土依次叠加（图 3-63），渲染效果如图 3-64 所示。

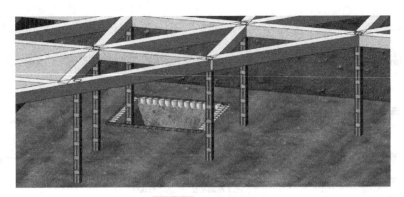

图 3-62　格构立柱

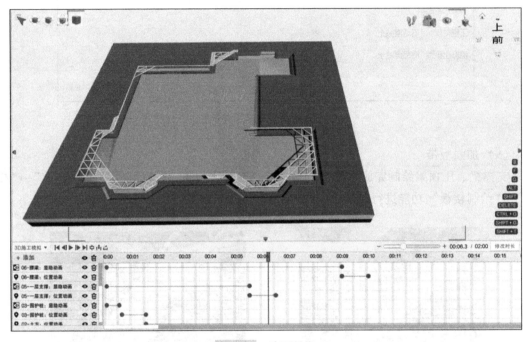

图 3-63　动画制作

3.2.3　土方挖运动画制作

1. 模拟工程概况

本例工程基础类型为独立基础，独立基础密集，基础底面标高为-4.300m，垫层厚100mm，自然地坪标高为-2.500m，挖土深度为1.900m，采用反铲挖掘机放坡大开挖。打开软件，在软件界面选择任意地貌新建，导入由Revit导出的FBX土建模型。根据前文描述的操作方法调整相机动画和音频动画，如图3-65所示。

土方开挖
制作步骤

土方开挖动画
成果展示

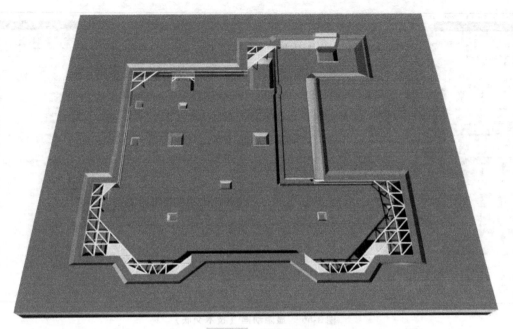

图 3-64　渲染效果

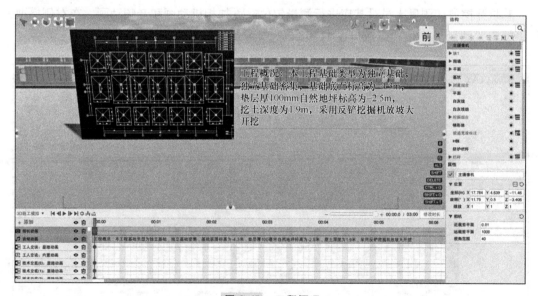

图 3-65　工程概况

2. 技术交底

施工前需对技术人员进行技术交底。添加相机动画和音频动画。在左侧模型面板里搜索"工人"和"项目总监"，单击"下载"按钮后拖拽到预览视口中，调整位置、角度和大小使其合适，同时调整显隐动画和相机动画，显隐动画需要勾选"显隐"选项，如图 3-66所示。

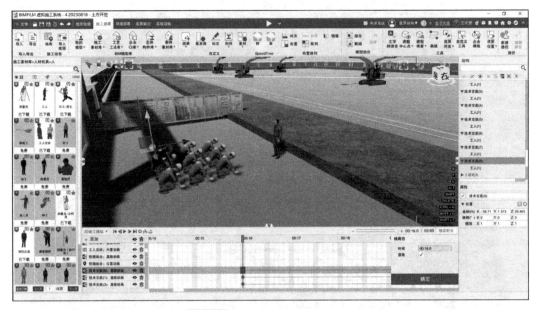

图 3-66　显隐动画（技术交底）

3. 测量定位

基坑开挖前，测量人员对基底进行测量定位。添加相机动画和音频动画。在左侧模型面板里搜索"测量员"和"测量员-立杆员"，为其添加显隐动画，如图 3-67 所示。

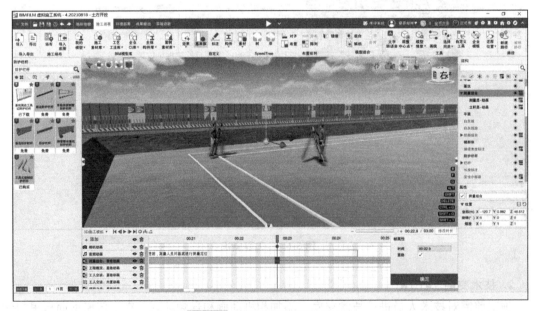

图 3-67　显隐动画（测量定位）

4. 开挖

派专人指挥挖掘机沿白灰线开挖。添加相机动画和音频动画。在左侧模型面板里搜索

"自卸车（运土）""反铲挖掘机"和"工人"，为"工人"添加显隐动画；为"反铲挖掘机"添加显隐动画和自定义动画（图 3-68、图 3-69），使其进行铲土和放土的动作；为"自卸车（运土）"添加显隐动画、自定义动画（图 3-70、图 3-71）和位置动画（图 3-72、图 3-73）。

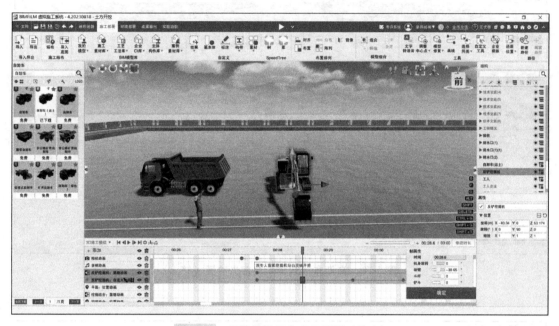

图 3-68　反铲挖掘机自定义动画（铲土）

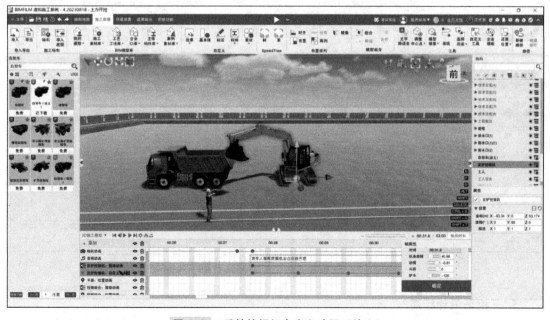

图 3-69　反铲挖掘机自定义动画（放土）

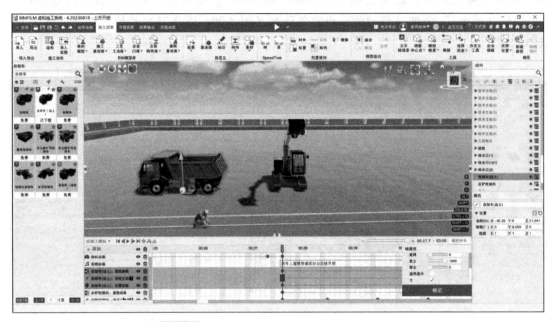

图 3-70 自卸车（运土）自定义动画（铲土）

图 3-71 自卸车（运土）自定义动画（装土）

5. 开挖至设计标高

开挖至设计标高以上 10cm 左右停止机械开挖，剩余开挖量由人工完成。添加相机动画和音频动画。

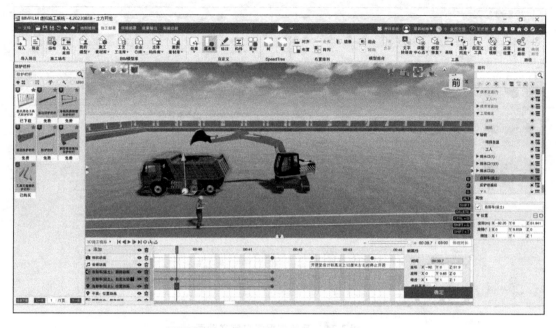

图 3-72　自卸车（运土）位置动画（装土）

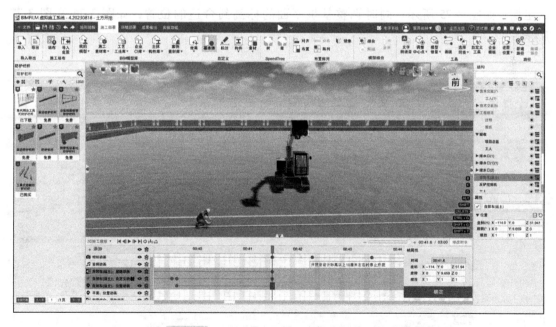

图 3-73　自卸车（运土）位置动画（运走）

1）在左侧模型面板里搜索"反铲挖掘机"，为其添加显隐和自定义动画，如图 3-74 所示。

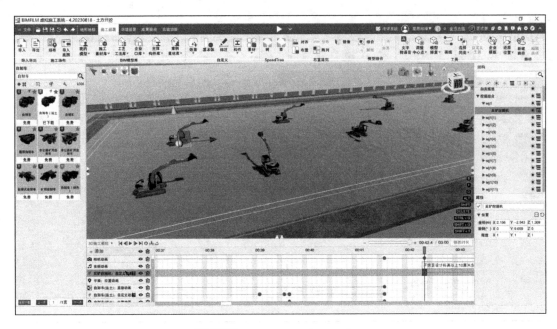

图 3-74　反铲挖掘机自定义动画

2）在左侧模型面板里搜索"壮工挖土"和"手推车"，对其添加显隐动画和内置动画。人工挖土如图 3-75 所示。同时调整基坑平面的标高到合适的位置，如图 3-76 和图 3-77 所示。

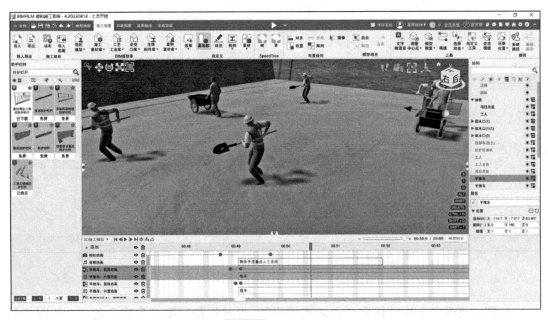

图 3-75　人工挖土

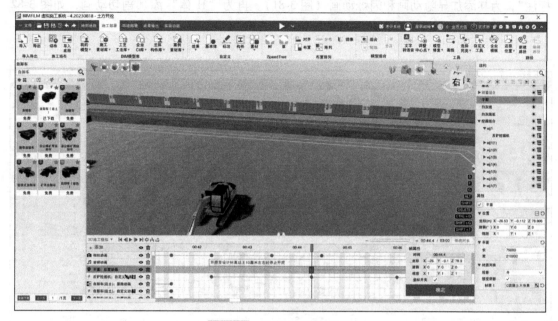

图 3-76　调整平面标高位置

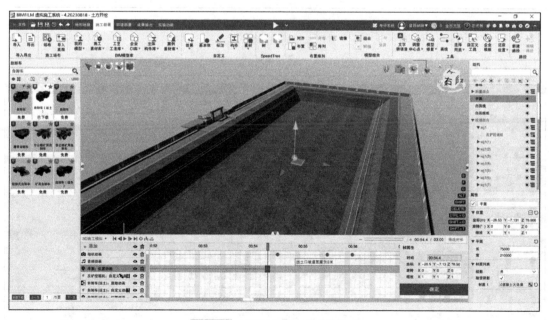

图 3-77　平面标高位置调整完成

6. 设置排水沟

出土口坡道宽度为 8m，基坑开挖后，沿基底四周设置 30cm 宽的环形排水沟。添加相机动画和音频动画。在上方基本体中选择"梯形体"和"H 体"，先为"梯形体"添加剖切动画（图 3-78、图 3-79），并设置梯形体的参数（图 3-80）；在上方标注中选择"长度标注"，为其添加显隐动画和闪烁动画（图 3-81）。再为"H 体"添加剖切动画，如图 3-82和图 3-83 所示。

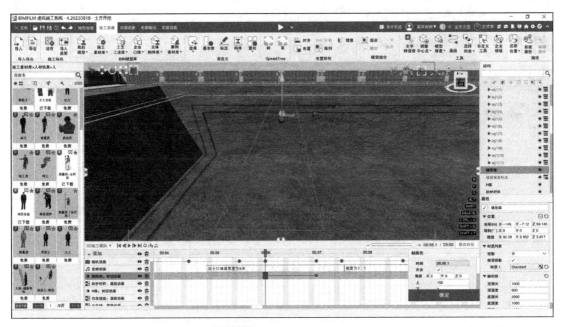

图 3-78　梯形体剖切动画

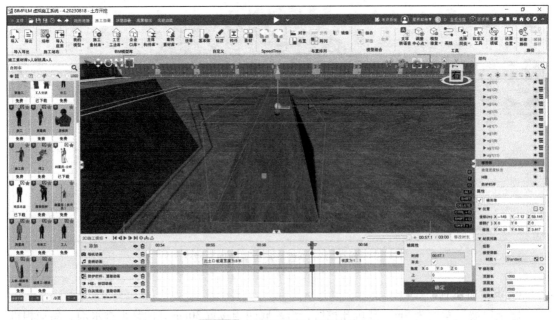

图 3-79　梯形体剖切动画完成

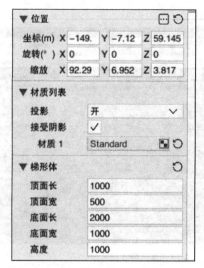

图 3-80　梯形体的参数

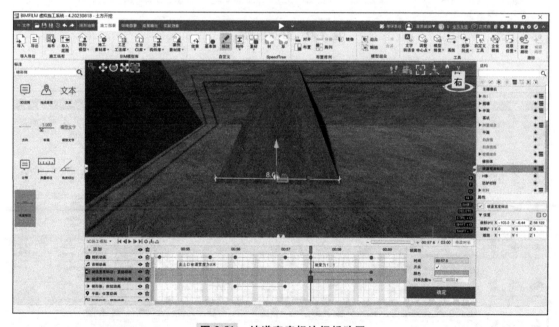

图 3-81　坡道宽度标注闪烁动画

7. 设置排水明沟

在基坑的四周设置排水明沟，在基坑四角设集水井，排水沟始终比开挖面低 0.4~0.5m，集水井比排水沟低 0.5~1m，在集水井内设水泵将水抽排出基坑。添加相机动画和音频动画。

为在上方基本体中选择"立方体"，分别放置在基坑四角，作为排水明沟，如图 3-84 所示。为每个立方体都添加显隐动画和闪烁动画（同第六场景坡道宽度标注闪烁动画）。

图 3-82　H 体剖切动画

图 3-83　H 体剖切动画添加完成

8. 设置防护栏杆

基坑四周必须设置防护栏杆，每个防护栏杆长度为 2m，防护栏杆周围应悬挂警示标志。

图 3-84　立方体放置

添加相机动画和音频动画。在左侧模型面板里搜索"防护栏杆",为防护栏杆添加显隐动画和位置动画,如图 3-85 和图 3-86 所示。同前述为防护栏杆添加"长度标注"操作,在左侧模型面板里搜索"安全小标语",为其添加位置动画,如图 3-87 和图 3-88 所示。

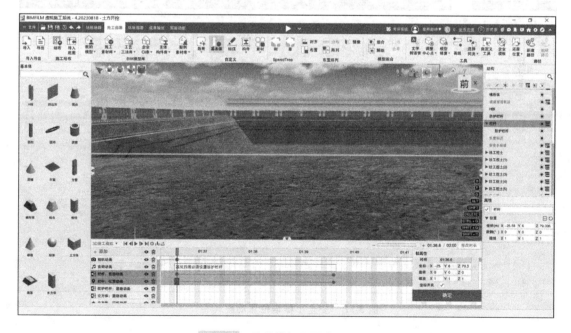

图 3-85　防护栏杆位置动画(一)

9. 工程验收

工程验收要由专业人员进行,一定要依据相关的施工质量验收规范,并需要绘制一张

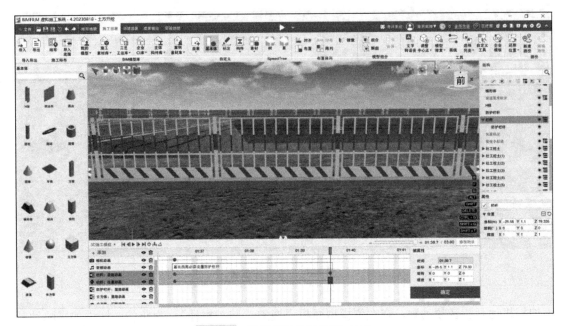

图 3-86　防护栏杆位置动画（二）

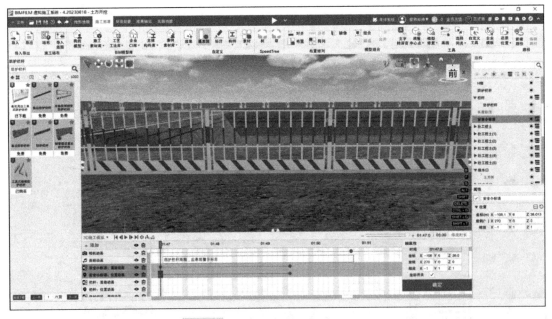

图 3-87　安全小标语位置动画（一）

表格，验收人员要在表格上签字，也要写明验收日期。添加相机动画和音频动画。在左侧模型面板里搜索"项目总监""工人"和"工人交谈"，为其添加显隐动画，如图 3-89 所示。

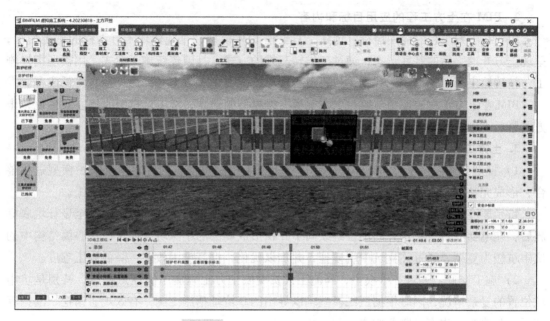

图 3-88　安全小标语位置动画（二）

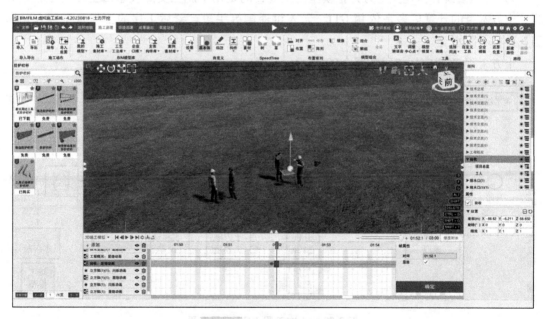

图 3-89　工程验收显隐动画

3.2.4　土方工程施工模拟

1. 土方工程

土方工程是建筑工程施工中主要工程之一，包括一切土（石）方的挖槽、填筑、运输，以及排水、降水等方面。土方工程的工程量大，施工条件复杂，受地质、水文、气象等条件影响较大。因此，在组织土方工程施工时，应做好必要的工作，以确保工程质量。

2. BIM 在土方工程的应用目标和内容

BIM 在土方工程的应用目标：创建土方工程 BIM 模型，直观体现土方工程的施工情况，呈现土方开挖之后的基底形态，通过二维转三维的方式，打破传统施工模式，用模型指导施工，精确输出土方工程施工数据，规避返工现象，提高施工效率，缩短工期，降低成本。

BIM 在土方工程的应用内容：土方工程三维模型的建立，坑中坑模型的建立及优化，土方及紧后工序的工程量统计，利用土方模型进行施工技术交底。

3. 土方工程 BIM 应用流程

1）模型创建。基于 BIMMAKE 平台建立土方工程的模型，同时将基坑围护模型进行整合，形成完整的基坑工程施工模型，将围护与土方进行统一的管理、协调、施工。

特别要注意项目中坑中坑模型创建，坑中坑一般指地下室大基坑施工开挖至设计坑底标高后，在电梯底坑、集水井的部位继续向下开挖形成局部的小深坑。通常在核心筒结构中的坑中坑较为复杂，通过建立坑中坑模型，并加以优化，提高施工效率，降低施工难度。

2）施工交底。通过三维模型，向施工人员交底土方工程施工的注意要点，特别是坑中坑位置的复杂情况，同时根据三维模型辅以导出的基坑基槽施工图，有效规避错挖、漏挖等情况，加快施工进度，降低成本。

3）工程量统计。建立土方开挖模型的主要目的是用于施工交底及紧后工序的工程量计算，土方本身的计算更多是依赖 GTJ、无人机遥测等手段。紧后工序的工程量主要包括垫层、砖模、防水等。

土方工程 BIM 应用流程如图 3-90 所示。

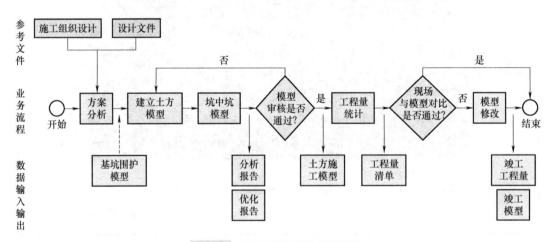

图 3-90 土方工程 BIM 应用流程

4. 土方开挖方案

开挖前，应对基坑四周的场地进行平整，确保平整后的场地高程不高于设计高程。本项目采用大开口挖土方案，土方开挖应遵循"分层、分块、小空间、对称开挖"的原则，严禁一次性开挖过深过大。出土通道根据围护设计方案，结合现场实际，主出土口设置在西侧。总体开挖顺序为由东向西退挖，根据土方开挖方案结合基础施工，将土方划分为若干区块，先后进行开挖，既保证开挖时降土均匀，也保证了流水施工作业。分区开挖顺序详见

"土方开挖顺序区块划分图"（图 3-91）。

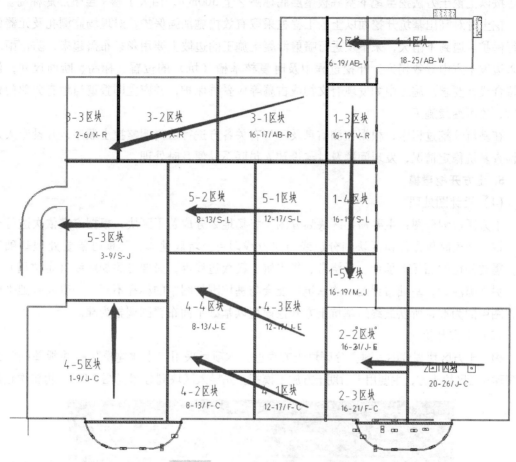

图 3-91　土方开挖顺序区块划分图

根据基坑围护图第一层土方开挖到 -3.00m，基坑第一层开挖采用 200 型反铲挖掘机，把要施工冠梁、支撑梁的部分土方先挖掉，给基坑冠梁及支撑梁围护施工提供工作面，再将土体由东往西将第一层土挖运完毕。在开挖过程中同时按 1∶1 放坡，喷射 80mm 厚 C25 细石混凝土作为临时边坡围护使用。

挖运第二层土方时，同时由东北角和东南角开始进行退挖，挖到基坑腰梁以下，进行腰梁施工。

对于支撑梁下部土方，需在支撑梁整体养护满足要求后再进行开挖，开挖时先让挖掘机在支撑梁外侧，对挖掘机大臂半径范围内支撑梁外的土方进行掏挖，掏挖严格按照均衡、对称原则分区；待掏挖过支撑梁一段距离后，让挖掘机直接挖到第二层土底；支撑梁内侧开挖第二层土体前先给小挖掘机开挖出一个工作面，再让小挖掘机下去，进行支撑梁下部土方掏挖。

挖运第三层土方时，进行传统的阶梯式开挖方式进行退挖，开挖方向为由东向西进行。首先挖出一定的区域，给第四层土方开挖提供工作面，然后小挖掘机下到第四层土方开挖工作面，开挖第四层土方，第三层土方和第四层土方开挖应注意配合，流水施工，并应用小型挖掘机配合，将边缘处的土方传递过来，再由大型挖掘机挖运装车。

按以上挖土方法挖至地下室底板垫层底标高之上300mm，由人工修平至垫层底标高。

挖土时对高出基坑开挖面以上的工程桩采取有效措施加强保护，对现场监测孔及元器件进行保护。遇到下雨天，来不及进行喷射混凝土施工的边坡上要用彩条布盖起来，防止雨水渗入边坡土方中导致塌方。开挖过程中及时复核基槽（坑）的位置、标高、断面尺寸，保证符合设计要求。施工中如发现有文物或古墓等应妥善保护，并应立即报请当地有关部门处理后，才可继续施工。

在基坑开挖过程中，根据监测信息及时与有关各方进行协商调整挖土顺序，并设专人定时检查基坑稳定情况，发现问题及时与设计人员联系以便及时处理。

5. 土方开挖建模

（1）设计图处理

土方区块划分图：主要需要区块划分图，将场地划分成若干区块，根据方案依次进行土方开挖，建模时仅需保留区块划分边线与定位线即可。坑底建模：建模时需要处理基础底图，需要保留的图元有承台、后浇带、集水坑、筏板边线等，必要时添加红线（定位用）。

另外需注意，基础布置图中的基坑可能会与基坑围护图中的标高不同，一般以基础平面布置图中的为准，所以最终的基坑土方开挖模型以基础平面布置图调整为准。

（2）土方开挖

根据土方区块划分图，建立分区块土方模型。本项目采用"土建建模"→"筏板基础"来代替建立各区块土方，主要用于后期土方施工模拟。先导入区块划分图（图3-92），再依次创建

图3-92 区块划分图导入

开挖第一层土模型（图 3-93a），开挖第二层土模型（图 3-93b）和开挖第三层土模型（图 3-93c）。

　　　　　a)　　　　　　　　　　　　　　　b)　　　　　　　　　　　　　　　c)

图 3-93　土方开挖模型

（3）坑底建模

在完成三层降土建模后，就需要根据基础平面布置图来进行第四层精细挖土了，首先将处理后的基础平面布置图或在 CAD 中将各个基础构件的底标高计算好后形成"土方开挖标高图"导入，本项目基础承台和集水井采用直坡形式，所以用"土方开挖"功能垂直开挖即可。坑底开挖建模主要注意的是，筏板、每个承台、集水井等的底标高需要准确计算。土方开挖的三维模型如图 3-94 所示。

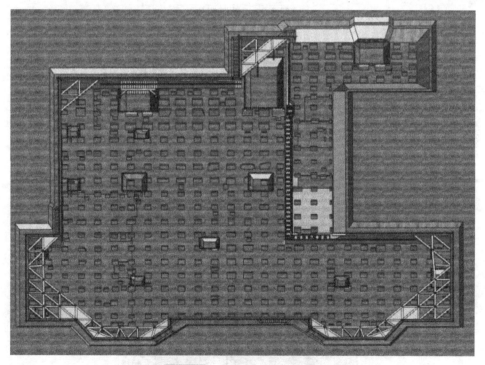

图 3-94　土方开挖的三维模型

6. 动画效果

完成模型导入后，首先将模型分解，然后根据土方开挖方案顺序逐次给各个区块的土方添加"剖切动画"（图 3-95），使得动画展示出土方的分层、分块开挖过程（图 3-96），渲染效果如图 3-97 所示。

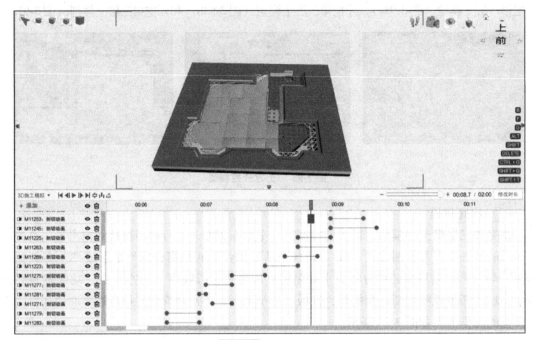

图 3-95　动画制作

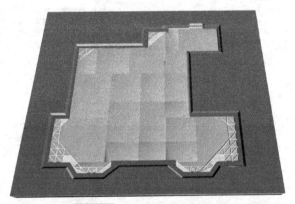

图 3-96　土方开挖过程效果

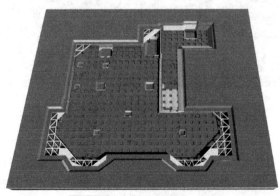

图 3-97　土方开挖渲染效果

3.3　模板工程数字化施工模拟

3.3.1　模板工程专项施工方案

1. 模板工程分类

模板工程包括模板和支架系统两大部分。混凝土成型后，模板的作用是使硬化的混凝土具有设计所要求的形状和尺寸，模板为直接接触新浇混凝土的承力板（图 3-98a）；支架系统的作用是保证模板形状和位置并承受模板和新浇筑混凝土的重量及施工荷载，支架一般由支撑面板用的横梁、立柱、连接件、斜撑、水平拉杆等构件组成（图 3-98b）。模板质量的好坏，直接影响混凝土成型的质量；支架系统的好坏，直接影响其他施工的安全。

a)　　　　　　　　　　　　　　　　b)

图 3-98　模板和支架

（1）模板分类及构造

根据材料类型的不同，模板大致可分为以下几种类型：

1）胶合板模板。这类模板所用胶合板为高耐气候、耐水性的 I 类木胶合板或竹胶合板（图 3-99a）。优点是自重轻、板幅大、板面平整、施工安装方便简单等；缺点是损耗较大、易变形。

2）组合钢模板。这类模板主要由钢模板、连接体和支撑体三部分组成（图 3-99b）。优点是轻便灵活、拆卸方便、通用性强、周转率高等；缺点是接缝多且严密性差，导致混凝土成型后外观质量差。

3）钢框木（竹）胶合板模板。这类模板是以热轧异型钢为框架，以覆面胶合板作为板面，并加焊若干钢肋承托面板而成的一种组合木板（图 3-99c）。与组合钢模板相比，其特点为自重轻、用钢量少、面积大、模板拼缝少、维修方便等。

4）大模板。这类模板由板面结构、支架系统、操作平台和附件等组成，是现浇墙、壁结构施工的一种工具式模板（图 3-99d）。大模板的特点是以建筑物的开间、进深和层高为大模板尺寸，由于面板由钢板组成。大模板的优点是模板整体性好、抗震性强、无拼缝等；缺点是模板重量大，移动、安装需起重机械吊运。

a)   b)   c)   d)

图 3-99　模板种类

5）其他类型。

① 组合铝合金模板：由铝合金带肋面板、端板、主次肋焊接而成，用于现浇混凝土结构施工的一种组合模板（图 3-100a）。组合铝合金模板重量轻，拼缝好，周转快，成型误差小，利于早拆体系应用，但成本较高，强度比钢模板小，产品规格较少，应用还不太广泛。

② 早拆模板体系：在模板支架立柱的顶端，采用柱头的特殊构造装置来保证现行国家标准所规定的拆模原则下，达到尽早拆除部分模板的体系（图 3-100b）。它的优点是部分模板可早拆，加快周转，降低成本。

a)   b)

图 3-100　组合铝合金模板及早拆模板体系

此外还有滑升模板、爬升模板、飞模、模壳模板、胎模及永久性压型钢板木板和各种配筋的混凝土薄板模板等。

（2）支架分类及构造

根据杆件材料及构造形式的不同，支架系统也有多种分类，大致可分为以下几种：

1）钢管扣件式支架。钢管扣件式支架是指由扣件、钢管、底座等构成的脚手架和支撑架，钢管杆件包括立杆、大横杆、小横杆、剪刀撑等（图 3-101a），其连接形式采用螺栓紧固的扣件连接件（图 3-101b）。扣件的基本形式有三种：供两根钢管对接连接的对接扣件；供两根钢管呈任意角度交叉连接的回转扣件；供两根钢管呈垂直交叉连接的直角扣件。钢管扣件式支架的优点是承载力较大，装拆方便和较优的经济性。钢管扣件式支架的缺点是节点处的杆件为偏心连接，降低了其承载能力；扣件的连接质量受扣件自身质量和人工操作的影响显著；扣件容易丢失。

a)　　　　　　　　　　　　　　　　b)

图 3-101　钢管扣件式支架及节点

2）承插型盘扣式支架。承插型盘扣式支架是指立杆采用套管承插连接，水平杆和斜杆采用杆端和接头卡入连接盘，用楔形插销连接，形成结构几何不变体系的钢管支架（图 3-102a），其节点连接如图 3-102b 所示。承插型盘扣式支架由立杆、水平杆、斜杆、可调底座及可调托座等配件构成，根据立杆外径大小，脚手架可分为标准型（B 型）和重型（Z 型）。

a)　　　　　　　　　　　　　　　　b)

图 3-102　承插型盘扣式支架及节点

承插型盘扣式支架的特点是高度的安全性：①盘扣式支架单根杆相比传统 6m 长的普通钢管重量更轻，更易操控，施工搭设效率更高；②杆件尺寸为固定模数，架体无螺钉、螺母、扣件等易松动的配件，基本避免了人为因素对架体结构的影响，相对于传统钢管支架验收安全控制点较少；③盘扣式支架的干架不容易变形、损坏，其承载能力和稳定性好；④盘扣式支架有相配套的操作台、爬梯、安全通道等，与传统钢管扣件式脚手架相比，安全性、稳定性和行走舒适度明显提高。

3）碗扣式支架。碗扣式多功能脚手架是在吸取国外同类型脚手架的先进接头和配件工艺的基础上，结合我国实际情况而研制的一种新型脚手架（图 3-103a），其节点连接如图 3-103b 所示。碗扣式多功能脚手架接头构造合理，制作工艺简单，作业容易，使用范围广。

碗扣式支架独创了带齿碗扣接头，具有拼拆迅速、省力，结构稳定可靠，配备完善，通用性强，承载力大，安全可靠，易于加工，不易丢失，便于管理，易于运输，应用广泛等特点。碗扣式支架的优点是：①多功能，能根据施工要求组成不同尺寸、形状和承载能力的脚手架、支撑架、物料提升架等多种功能的施工装备，也可应用曲面脚手架和重载支撑架；②功效高，整体拼拆速度比常规快 3~5 倍，拼拆快速省力，工人仅用一把铁锤即可完成全部作业；③承载力大，立杆连接是同轴心承插，碗扣接头具有可靠的力学性能，接头设计时，考虑了碗扣螺旋摩擦力和自重力作用，使接头具有可靠的自锁能力。

a)　　　　　　　　　　　　　　　　b)

图 3-103　碗扣式支架及节点

4）门式支架，是建筑中常见的脚手架之一，因主架呈"门"字形，所以称为门式脚手架，也称为鹰架或龙门架（图 3-104a），其节点连接如图 3-104b 所示。门式支架主要由主框、横框、交叉斜撑、脚手板、可调底托等组成，具有装拆简单、移动方便、承载性好、使用安全可靠、经济效益好等优点。门式脚手架是美国 20 世纪 50 年代末首先研制成功的一种施工工具，传入我国后开始大量推广应用，但由于各研究单位的产品自成体系，质量标准不一致，品种规格多样，给其使用和管理带来一定困难；此外，因门架的刚度小、重量大，运输和使用中易变形，以致严重影响了门式脚手架的推广。

a)　　　　　　　　　　　　　　　　b)

图 3-104　门式支架及节点

除了上述介绍的类型，支架还有轮扣式、套扣式、插槽式及重型门架等。

2. 模板工程设计验算

模板工程的设计验算包含模板和支架系统的设计计算，其模板形式、支架形式、材料规格、构造大样等均应符合相应的现行国家规范、地方规范及行业标准。

在建筑工程中，模板及支架系统的设计选型直接关系到施工的安全性，不同形式的模板和支架形式其设计内容也有不同的要求，下面以现阶段较为流行的盘扣式脚手架和木模板的组合形式为例，介绍模板工程的设计验算。

（1）基本规定

脚手架结构设计应根据脚手架种类、搭设高度和荷载采用不同的安全等级。脚手架的安全等级划分应符合表 3-3 的规定。其中，支撑脚手架的搭设高度、荷载设计值中，任一项不满足安全等级为 Ⅱ 级的条件时，其安全等级划为 Ⅰ 级。脚手架的安全等级直接影响脚手架结构重要性系数 γ_0 的取值（表 3-3），在脚手架受力验算时考虑该修正系数，提高脚手架极限状态下的安全性。

表 3-3 脚手架的安全等级

作业架		支撑架		安全等级	结构重要性系数 γ_0
搭设高度/m	荷载设计值	搭设高度/m	荷载设计值		
≤24	—	≤8	≤15kN/m² 或≤20kN/m 或≤7kN/点	Ⅱ	1.0
>24	—	>8	>15kN/m² 或>20kN/m 或>7kN/点	Ⅰ	1.1

（2）脚手架上的荷载

作用于脚手架上的荷载可分为永久荷载和可变荷载。

支撑架永久荷载应包括：支撑架的架体自重 G_1，包括立杆、水平杆、斜杆、可调底座、可调托撑、双槽托梁等构配件自重；作用到支撑架上荷载 G_2，包括模板及小楞等构件自重；作用到支撑架上荷载 G_3，包括钢筋和混凝土自重，以及钢构件和预制混凝土等构件自重。

支撑架可变荷载应包括：施工荷载 Q_1，包括作用在支撑架结构顶部模板面上的施工作业人员、施工设备、超过浇筑构件厚度的混凝土料堆放荷载；附加水平荷载 Q_2，包括作用在支撑架结构顶部的泵送混凝土、倾倒混凝土等因素产生的水平荷载；风荷载 Q_3。

支撑架永久荷载标准值的取值应符合下列规定：架体自重 G_1 标准值可按实际重量取值；模板自重 G_2 标准值应根据混凝土结构模板设计图确定。肋形楼板及无梁楼板的模板自重标准值可按表 3-4 的规定确定。

表 3-4 楼板模板自重标准值 （单位：kN/m²）

模板构件名称	木模板	定型钢模板	铝合金模板
平板的模板及小楞	0.30	0.50	0.25
楼板模板（包括梁模板）	0.50	0.75	0.30

普通梁钢筋混凝土自重 G_3 标准值可采用 25.5kN/m³，普通板钢筋混凝土自重 G_3 标准值可采用 25.1kN/m²，特殊钢筋混凝土结构应根据实际情况确定。

支撑架可变荷载标准值的取值应符合下列规定：作用在支撑架上的施工人员及设备荷载 Q_1 标准值可按实际计算，但不应小于 2.5kN/m²；泵送混凝土、倾倒混凝土等因素产生的附加水平荷载 Q_2 标准值可取计算工况下的竖向永久荷载标准值的 2%，并应作用在支撑架上端最不利位置；作用在支撑架上的风荷载 Q_3 标准值应依据 JGJ/T 231—2021《建筑施工承插型盘扣式钢管脚手架安全技术标准》的相关规定计算。

荷载分项系数。计算脚手架的架体构件的强度、稳定性和节点连接强度时，荷载设计值应采用荷载标准值乘以荷载分项系数，荷载分项系数取值应符合表3-5的规定。

表 3-5　脚手架荷载分项系数

验算项目		荷载分项系数	
		永久荷载分项系数 Y_c	可变荷载分项系数 Y_q
强度、稳定性		1.3	1.5
地基承载力		1.0	1.0
挠度		1.0	1.0
倾覆	有利	0.9	0
	不利	1.3	1.5

荷载效应组合。脚手架设计应根据使用过程中可能出现的荷载取其最不利荷载效应组合进行计算，具体参见《建筑施工承插型盘扣式钢管脚手架安全技术标准》。

（3）支架结构设计

支撑架设计计算应包括下列内容：立杆的稳定性计算；独立支撑架超出规定高宽比时的抗倾覆验算；纵横向水平杆承载力计算；当通过立杆连接盘传力时的连接盘受剪承载力验算；立杆地基承载力计算。

地基承载力计算：可调底座底部地基承载力应满足规范要求。当脚手架搭设在结构楼面上时，应对支撑架体的楼面结构进行承载力验算；当楼面结构承载力不能满足要求时，应采取楼面结构下方设置附加支撑等加固措施。

支撑架需进行的计算：立杆轴向力设计值计算；立杆计算长度计算；立杆稳定性计算；支撑架应按混凝土浇筑前和混凝土浇筑时两种工况进行整体抗倾覆计算。

盘扣节点连接盘的抗剪承载力计算：当三脚架用来抵抗外部作用时，应进行承载力验算；在立杆承载力验算时，应计入由三脚架产生的附加弯矩。

3. 模板工程施工

（1）放线

根据专项施工方案中脚手架配置图进行放线，确认立杆位置（图3-105）。

图 3-105　模板工程施工放线

（2）布设可调底座

放线完成后，根据立杆的点位，摆放可调底座，并将可调螺母调至大体同一水平高度。支撑架可调底座丝杆插入立杆长度不得小于 150mm，丝杆外露长度不宜大于 300mm，如图 3-106 所示。

图 3-106　布设可调底座

（3）插入标准基座（起始杆）

可调底座摆放完成后，将标准基座插入已摆好的可调底座，标准基座下缘需完全置入扳手受力平面的凹槽内，如图 3-107 所示。

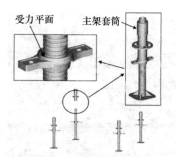

图 3-107　插入标准基座

（4）布置第一层横杆

先将横杆头套入圆盘小孔位置使横杆头前段抵住主架圆管，再以斜楔贯穿小孔，敲紧固定。杆端扣接头与连接盘的插销连接锤击自锁后不应拔脱。搭设脚手架时，宜采用不小于 0.5kg 锤子敲击插销顶面不少于 2 次，直至插销销紧。销紧后应再次击打，插销下沉量不应大于 3mm。扫地杆的最底层水平杆离地高度不应大于 550mm，如图 3-108 所示。

（5）插入立杆

将立杆垂直插入已经安装好的标准基座中，如图 3-109 所示。

（6）安装第二层横杆

依据步骤（4）安装第二层横杆。每搭完一步支模架，应及时校正水平杆步距，立杆的纵、横距，立杆的垂直偏差和水平杆的水平偏差。立杆的垂直偏差不应大于模板支架总高度的 1/500，且不得大于 50mm。在多层楼板上连续设置模板支架时，应保证上下层支撑立杆在同一轴线上，如图 3-110 所示。

图 3-108　布置第一层横杆

图 3-109　插入立杆

（7）安装第一层斜杆

将斜杆全部依顺时针，或者全部依逆时针方向组搭。先将斜杆套入圆盘大孔位置，使斜杆头前端抵住主架圆管，再以斜楔贯穿大孔敲紧固定，如图 3-111 所示。斜杆具有方向性，方向相反就无法搭接。

图 3-110　安装第二层横杆

图 3-111　安装第一层斜杆

（8）安装第三层横杆

依据步骤（6）安装第三层横杆，如图 3-112 所示。

（9）安装第二层斜杆

依据上述步骤（7）的组搭方式，安装第二层斜杆，如图 3-113 所示。注意：须与第一层方向一致，若第一层为逆时针方向组装斜杆，则第二层以上的斜杆同样需要按逆时针方向组装。

（10）安装第四层横杆

依据上述步骤（6）安装第四层横杆，如图 3-114 所示。横杆按高度每 150cm 安装一层，并依实际高度组装，直至安装于支撑架最上层（即 U 形调整座下方）。

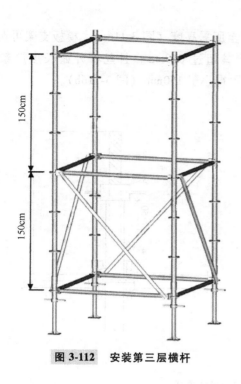

图 3-112　安装第三层横杆

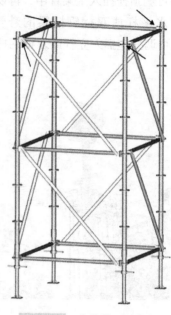

图 3-113　安装第二层斜杆

（11）第三层斜杆

依据步骤（7）的组搭方式，与第一层、第二层相同方向安装第三层斜杆，如图 3-115 所示。

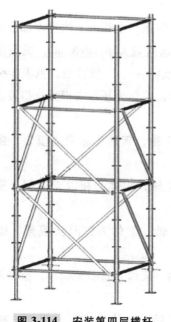

图 3-114　安装第四层横杆

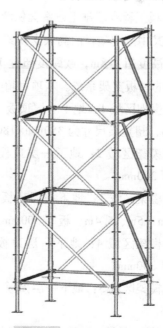

图 3-115　安装第三层斜杆

（12）安装可调顶托

先将可调顶托插入主架管中，再以扳手调至所需高度（图3-116a）。模板支架可调托座伸出顶层水平杆或双槽钢托梁的悬臂长度严禁超过650mm，且丝杆外露长度严禁超过400mm，可调托座插入立杆或双槽钢托梁长度不得小于150mm（图3-116b）。

a)

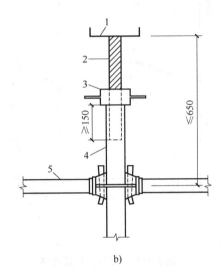
b)

图3-116 安装可调顶托

1—可调托座 2—螺杆 3—调节螺母 4—立杆 5—水平杆

4. 模板工程专项施工方案

（1）模板工程专项施工方案案例解读

以下以某中医院项目的高大支模架专项施工方案为例，进行方案的重点部分解读。超限支模架是指高度超过8m，或跨度超过18m，或施工总荷载大于$10kN/m^2$，或集中线荷载大于15kN/m的模板支架系统。本项目超限支模架位于地下一、二层顶板，见表3-6。

超限支模架区域1：地下一层顶板1～26/C～F轴，架体为超限支模架，搭设高度为4m，板厚350mm，超重梁尺寸为350mm×1800mm。

超限支模架区域2：地下一层顶板22～25/F～G轴，架体为超限支模架，搭设高度为4.9m，板厚300mm。

超限支模架区域3：地下一层顶板16～19/G～X轴，架体为超限支模架，搭设高度为4.3m、4.7m、5m、5.4m，板厚300mm。

超限支模架区域4：地下一层顶板3～5/T～W轴，架体为超限支模架，搭设高度为5.1m，板厚300mm。

超限支模架区域5：地下一层顶板3～11/J～M轴，架体为超限支模架，搭设高度为4m，板厚350mm。

超限支模架区域6：地下二层顶板1～7/C～N轴，架体为超限支模架，搭设高度为4.2m，板厚300mm（局部加腋处为300～600mm）。

表 3-6　超限支模架区域超限梁板一览表

部位	梁截面/(mm×mm)	最大跨度/m	最大集中线荷载/(N/m)	施工总荷载/(kN/m²)	轴网位置	梁面标高/m	相邻板厚/mm
区域 1	该区域支模高度为 4m、5.1m，板厚 350mm、300mm，属超重支模架，面积约为 3986m²						
区域 1	500×700、500×900、350×1800、600×800、350×1450、400×800、500×800	8.4	22.475	15.966	1~26/C~F	-1.5、-0.4	350 300
区域 2	该区域支模高度为 4.9m，板厚 300mm，属超重支模架，面积约为 195m²						
区域 2	500×800、500×900	8.4	17.19	14.334	22~25/F~G	-0.6	300
区域 3	该区域支模高度为 4.3m、4.7m、5m、5.4m，板厚 300mm，属超重支模架，面积约为 2152m²						
区域 3	500×800、500×900、500×1450、500×750、300×650、200×600、250×600、500×650、350×1500、300×900、300×750、600×1000、400×700、400×1200、600×1200、300×850	8.4	26.306	14.334	16~19/G~X	-0.8、-1.2、-0.6	300
区域 4	该区域支模高度为 5.1m、4m，板厚 300mm、350mm，属超重支模架，面积约为 534.1m²						
区域 4	350×1450、400×600、350×1800、500×900、400×600、400×800	8.4	22.475	15.966	3~5/T~W	-0.4、-1.5	350 300
区域 5	该区域支模高度为 4m，板厚 350mm，属超重支模架，面积约为 901m²						
区域 5	300×650、700×1100、350×1800、500×900、500×900	8.4	28.707	15.966	3~11/J~M	-1.5	350
区域 6	该区域支模高度为 4.2m，板厚 350mn，属超重支模架，面积约为 901m²						
区域 6	300×800、700×1600、600×1400、550×900、400×1000、700×1300、400×800、300×700、300×600、650×900、500×900、300×700	8.45	40.309	24.123	1~7/C~N	-5.5	300 (600)

（2）搭设环境概况

阐述说明搭设场地情况及重点部位要求。本项目工程区域 1~5 超限支模架搭设位置为地下一层，搭设基础为地下二层顶板及底板，地下二层顶板厚为 180mm，混凝土强度等级为 C35。区域 6 超限支模架搭设位置为地下二层，搭设基础为地下室底板。

周边非超限支模区域采用轮扣式支架搭设，纵距横距均为 900mm，超限支模区域与非超限支模区域交界处，非超限支模区域的水平杆伸入超限支模区域两跨立杆，与超限支模区域立杆做有效的连接从而增加架体的稳定性。

超重支模架区域框架柱要先行浇筑，待柱子混凝土强度达到设计强度的 75% 时，采用钢管扣件将超重支模和框架柱做抱接。框架柱较少，每根都进行抱接。

基础混凝土施工应留置检验强度用的试块并同条件养护。浇筑上部结构混凝土时，基础混凝土应满足支模架立杆承载力的要求。

（3）工程重点、难点

本项目超限模板支架搭设超重板板厚大，地下一层局部板厚达350mm，地下二层局部加腋处达600mm，确保立杆间距、步距。部分梁存在线性荷载超重，大梁截面尺寸最大达700mm×1600mm，超重梁要确保轴心受力，顶板荷载较大，下部支模架须保留不拆，后浇带另做加固处理。超限支架范围内的框架柱与周边外墙要求先行浇筑，已浇框架柱的拉结的抱接，与周边混凝土墙的顶撑的拉结，以及与非超限支模架的连接是施工的重点。本项目的剪刀撑采用斜杆满布，架体较密，内部操作空间非常有限，构造杆件需一次搭设到位。

（4）技术参数

根据施工企业当前模板工程工艺水平，结合设计要求和现场条件，决定采用盘扣式钢管支架作为本模板工程的支撑体系。板支模架搭设参数见表3-7。

表3-7　板支模架搭设参数

序号	板厚/mm	搭设高度 H/m	立杆横距 L_a/mm	立杆纵距 L_b/mm	小楞间距 S/mm	步距 /mm	传力构件
1	300	4.3、4.7、5.0、5.4	900	900	250	1500	可调托座
2	350	4.0	900	900	250	1500	可调托座
3	600	4.2	900	600	250	1500	可调托座

具体的搭设及材料见表3-8，梁支模架搭设参数见表3-9，梁侧模搭设参数见表3-10。以一类梁为例，具体的搭设方法见表3-11。

表3-8　支模架搭设及材料

搭设参数		板厚/mm
		300、350、600
支架形式		可调托撑+盘扣式模板支架
搭设高度/m		4、4.2、4.3、4.7、5、5.4
板立杆纵距/mm×横距/mm		900×900、900×600
支架步距		标准步距为1500mm
板底次楞材料尺寸/（mm×mm）		50×70方木
板底次楞间距/mm		250
板底主楞材料尺寸/mm		ϕ48×3.5钢管
托座内主楞根数		2
剪刀撑	竖向剪刀撑	满布竖向斜杆
	水平剪刀撑	模板支架梁底下水平杆一道、向下每隔二步一道、扫地杆一道
扫地杆		纵、横向扫地杆通过扫地杆上的横杆接头固定在550mm处的立杆插座上，扫地杆不得缺失
水平拉结		在立柱周圈外侧和中间有结构柱的部位，高度方向每道水平剪刀撑处与周边柱设置一道刚性拉结
立杆基础		地下室顶板/底板

表 3-9　梁支模架搭设参数

梁的分类	一类梁	二类梁	三类梁	四类梁	五类梁
截面尺寸/(mm×mm)	200×450 200×600 200×700 250×500 250×600 250×700 300×650 300×600 250×800	300×700 300×800 300×850 300×900 400×600 400×700 400×800 400×1000 300×1100 500×700 400×1200	350×1500 350×1450 350×1800 400×1550	500×700 500×800 500×750 500×900 550×900 650×900	700×1100 700×1300 500×1450 400×1800 600×1400 700×1600
搭设高度 H/m	4.0、4.2、4.3、4.7、5.0、5.4	4.0、4.2、4.3、4.7、5.0、5.4	4.0、4.2、4.3、4.7、5.0、5.4	4.0、4.2、4.3、4.7、5.0、5.4	4.0、4.2、4.3、4.7、5.0、5.4
立杆纵距 L_a/mm	900	900	900	900	600
立杆横距 L_b/mm	300	300	300	600	600
梁底支撑次楞根数	3	5	4	5	5
梁底小楞放置方向	竖放	竖放	竖放	竖放	竖放
梁底支撑 2 号主楞根数	—	—	1	1	
步距	≤1500	150	≤1500	≤1500	≤1500
梁底横杆与立杆连接方式	可调顶托	可调顶托	可调顶托	可调顶托	可调顶托
可调托内钢管数	1	2	2	2	2
梁底立杆数	2	2	2	2	3
部位	—	—			

表 3-10　梁侧模搭设参数

梁高/mm	$H \leqslant 800$	$800 < H \leqslant 1200$	$1200 < H \leqslant 1600$	$1600 < H \leqslant 1800$
次楞材料	方木	方木	方木	方木
次楞根数	3	6	9	10
主楞材料	钢管	钢管	钢管	钢管
对拉螺栓道数（M12）	—	1	2	3
顶部固定支撑道数	1	1	1	1
步步紧道数	1	1	1	1
支撑水平距离/mm	500	500	500	500

表 3-11　一类梁的搭设方法

搭设参数	梁截面尺寸/（mm×mm）
	250×800 梁（代表性截面梁）
支架形式	梁板立柱不共用+盘扣式模板支架
搭设高度/m	4.0、4.2、4.3、4.7、5.0、5.4
梁底次楞放置方向	梁底次楞平行梁跨方向
梁底次楞材料尺寸/（mm×mm）	50×70 方木
梁底次楞根数	3
梁底主楞材料尺寸/mm	ϕ48×3.5 钢管
梁底次楞材料间距/mm	115
梁底承重方式	可调托座
梁底立杆根数	2
梁底立杆纵距/mm	900
梁两侧立杆间距/mm	900
模板支架步距/mm	1500
梁侧主楞规格/mm	ϕ48×3.5 单钢管
梁侧主楞间距/mm	500
梁侧次楞规格/（mm×mm）	50×70 方木
梁侧次楞间距/mm	215
对拉螺栓或支撑	下部一道步步紧，上部固定夹紧
剪刀撑	竖向斜杆	满布
	水平剪刀撑	模板支架梁底下水平杆一道、每隔两步一道二步处，扫地杆一道
扫地杆	纵、横向扫地杆通过扫地杆上的横杆接头固定在 350mm 处的立杆插座上，扫地杆不得缺失
水平拉结	在立柱周圈外侧和中间有结构柱的部位，高度方向每道水平剪刀撑处与周边柱设置一道刚性拉结
立杆基础	地下室顶板/底板

（5）工艺流程

总体流程如下：基础完成、技术交底、安全交底→测量放线→搭设支撑架→标高引测→柱模板施工钢筋绑扎→检查验收→柱混凝土浇捣→梁板模板施工绑扎钢筋→检查验收梁板钢筋→浇筑梁板混凝土→养护到设计强度 100%并满足拆除条件→拆支撑。

支撑系统：弹线，定立杆位置→设置可调底座→自角部起依次向两边竖立杆，底端先安装横杆→每边竖起 3~4 根立杆后，即装设第一步纵向平杆和横向平杆，校正立杆垂直和横杆水平使符合要求，形成构架的起始段→按上述要求依次向前延伸搭设，直至第一步架完成→全面检查一遍构架的质量，符合要求后，按第一步架的作业程序和要求搭设第二步、第三步架，并随搭设进程及时装设剪刀撑。

柱模板施工工艺流程：搭设安装操作架→钢筋骨架绑扎验收→模板安装就位→检查对角线、垂直度和位置→安置柱箍→全面检查校正→模板支架固定。

梁、板模板安装工艺流程：弹梁轴线并复核→搭支模架→调整托座或主楞→摆次楞→安放梁底模并固定→梁底起拱→扎梁筋→安侧模→侧模拉线支撑（梁高加对拉螺栓）→复核梁模尺寸、标高、位置→摆板主次楞→调整楼板模标高及起拱→铺板底模板→清理、刷脱模剂→检查模板标高、平整度、支撑牢固情况。

支模架拆除：一般按"后支先拆、先支后拆"，即先拆除非承重部分，后拆除承重部分的拆模顺序进行。

（6）施工方法

以下说明各构件各工序在施工过程中的要点。

立杆：模板支架立杆间距应满足设计要求及产品规格；立杆纵、横距离除满足设计要求外，不应大于 900mm；立杆应通过立杆连接套管连接，在同一水平高度内相邻立杆连接套管接头的位置应错开，错开高度不小于 500mm；模板支架步距应满足设计要求，且不得大于 1.5m；立柱需接长时，支架首层立柱应采用不同的长度交错布置，底层纵、横向横水平杆距地面高度应小于或等于 550mm，严禁施工中拆除扫地杆。脚手架立杆搭设如图 3-117 所示。

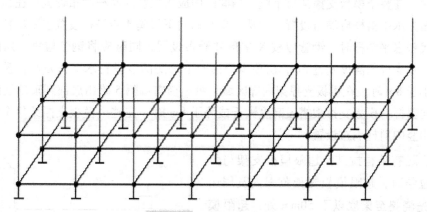

图 3-117　脚手架立杆搭设

梁板立杆布置时，应按照先主梁、再次梁、后楼板的顺序排布。如果出现横杆长度模数不匹配的情况，应采用普通钢管辅助加强的措施，钢管顶部采用可调托座传承竖向荷载，每步纵横拉结形成整体。立杆布置时，需控制梁两侧立杆的间距，避免过大而造成混凝土楼板下模板的小楞悬臂过长。模板支架可调托座伸出顶层水平杆的悬臂长度不应超过 650mm，且丝杆外露长度不应超过 300mm，可调托座插入立杆长度不得小于 150mm。梁和板的立柱，其纵、横向间距应相等或成倍数。图 3-118 为梁板立柱间距示意图。

扫地杆：在距底层纵、横向横杆处设置扫地杆，严禁施工中拆除扫地杆；扫地杆离地面高度不大于 550mm。

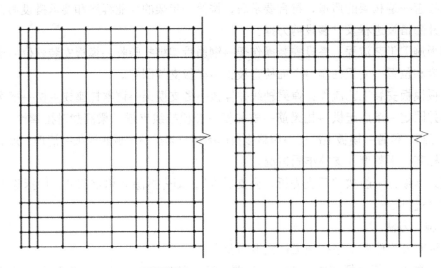

图 3-118　梁板立柱间距示意图

水平杆：模板支架根据方案的立杆排架尺寸选用定长的水平杆；模板支架水平杆步距应满足设计要求及产品规格；水平杆水平连接扣与连接轮自锁，通过锁止插销防脱落，保证水平杆与立杆连接可靠；每步的纵、横向水平杆应尽量双向拉通，架体在有条件下应与周边墙柱拉结及顶紧。

剪刀撑：在整个模板支撑架每个纵、横间距内应采用竖向斜杆满布设置；在顶步第一道水平杆平面上水平斜杆应满布设置，并从顶步开始向下每隔 4 步满布设置水平斜杆；当采用钢管扣件代替水平斜杆时，钢管应按 X 字形并满布设置，同时应将钢管与每一跨的立杆用扣件连接；本支模架高度超过 5m，由顶步开始向下每隔两步设置水平剪刀撑；模板支撑架搭设高度小于 8m 时，在模板支撑架内部区域，纵、横向每隔 5 跨由底部到顶部连续按 Z 字形设置竖向斜杆；模板支撑架搭设高度大于或等于 8m 时，在整个模板支撑架每个纵、横间距内应采用竖向斜杆满布设置。

与周边既有结构拉结：超限模板支架与主体结构的拉结时，超限模板支架范围内及周边的柱应预先浇捣至梁底以下 50mm 处；超限模板支架范围内的杆件通过在柱子上设置的水平钢管抱箍，将整个支模梁板支模体系与周边柱进行可靠连接。连接点水平方向的设置要求：柱子 4 个面的水平抱箍与 4 个方向的梁底模板支架（水平杆）利用纵向钢管连接，至少跨过 3 排立杆。连接点竖直方向的设置要求：每个柱处水平剪刀撑位置设一道。柱加固措施（图 3-119）必须在柱墙混凝土强度达到 75%，拆除其支模后再进行施工。

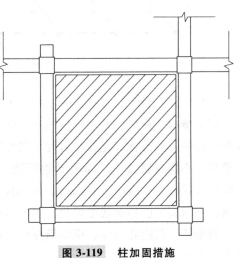

图 3-119　柱加固措施

与周边模板支架拉结：超限模板支架区域外侧搭设有普通模板支架，普通模板支架区域水平杆向超限模板支架区域延伸二跨，进行有效连接形成一个整体。

稳定性加强措施：根据本工程实际情况，支模架与旁边框架柱进行抱接；支模架周边有已浇筑的梁板时，在梁板边缘设置拉结点，用预埋钢管刚性连接或直接与周边梁顶牢，立杆每隔一根设一道。

其他：柱与梁板混凝土应分两次浇筑，在柱混凝土强度达到75%后方可浇筑梁板混凝土。高支模与周边普通支架的连接处，普通支架的水平杆向高支模架延长两跨与立杆固定。施工中施工人员及设备荷载标准值不大于 $4kN/m^2$。在超跨超重梁两侧各设置一道竖向剪刀撑以确保超限大梁的稳定性。考虑到超重梁底立杆集中荷载大，超重梁下的立杆底铺设槽钢分解楼板的集中力，超重梁底对应位置的支模架保留两层。

（7）支模架施工图

根据设计结果绘制相应的支模架平面布置图、剖面图、大样图等，用于现场施工。

支模架平面布置图：用于了解立杆、横杆位置及间距，以及支模架与柱、梁、墙间的位置关系。

支模架剖面图：用于了解立杆间距、横杆垂直方向布局及斜撑布局。

梁支模架详图：用于表示梁下、两侧支模做法，梁底部采用独立立杆支撑，两侧用对拉螺栓与步步紧加固（图 3-120）。

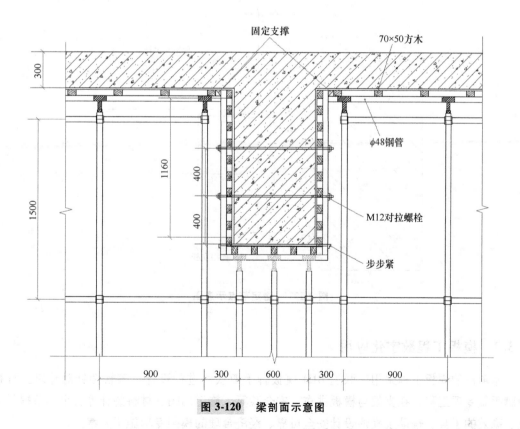

图 3-120　梁剖面示意图

柱子抱节点如图 3-121 所示，稳定节点如图 3-122 所示，拉结点如图 3-123 所示。

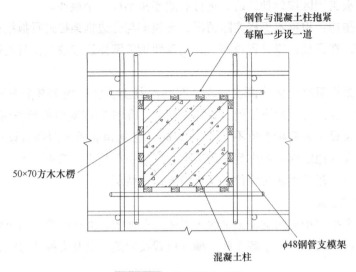

图 3-121　柱子抱节点图

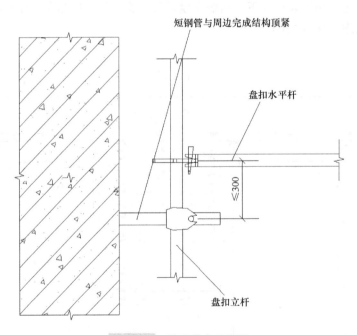

图 3-122　稳定节点示意图

3.3.2　模板工程数字化应用

本项目的模板工程采用广联达 BIM 模板脚手架软件进行设计。该软件针对建筑工程模板脚手架专项工程，在支架与模板排布、安全验算、施工出图、材料统计等各个环节提供专业、高效的工具。辅助工程师设计安全可靠、经济合理的模架专项施工方案。

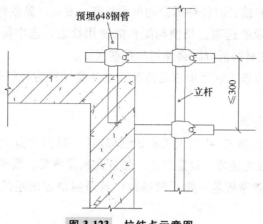

图 3-123　拉结点示意图

1. 模板工程基本参数设置

（1）项目信息

单击"工程设置"选项卡→"项目信息"，弹出"项目信息"对话框，填写当前项目的工程概况信息，如项目名称、所在地、建设规模、结构类型、建设单位等信息。此对话框的信息会影响施工专项方案名称，以及"工程建设概况"列表对应项的内容。

（2）模板支架材料库

单击"工程设置"选项卡→"模板支架材料库"，弹出"模板支架材料库"对话框（图 3-124）。通过材料库管理模板支架所有的构配件，并影响模架设计时"构造参数"中做

图 3-124　模板支架材料库

法的构配件可选项，材料统计时杆件拆分的可用长度，安全计算里构配件的截面特性、材料特性。通过勾选配件目录的选项，切换构配件的使用状态，选中特定规格的构配件，修改"尺寸"组内该构配件在材料拆分时会使用的那些尺寸。

在模板支架设计前应该了解当地市场情况，对各类材料进行统计，将合适的材料规格、尺寸录入软件中。

（3）危大工程识别标准

单击"工程设置"选项卡→"危大工程识别标准"，弹出"危大工程识别标准"对话框（图 3-125）。在布置模板支架前，设置危大、超危大和普通梁、板的区分规则，作为"高支模识别"的判断依据。参考规范一般不做修改，若遇到地方规范严于国家规范时，应当做相应修改。

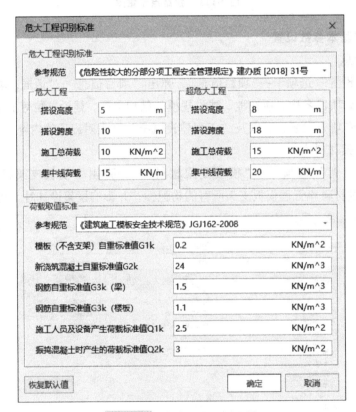

图 3-125 危大工程识别设置

（4）预设参数

单击"工程设置"选项卡→"预设参数"，弹出"预设参数"对话框。在布置模板支架前，根据规范及设计意图对预设参数进行修改，但一般按默认即可，如图 3-126 所示。

2. 模板工程设计

（1）结构模型导入

软件可通过 CAD 识别、GCL 模型导入、GFC 导入等方式生成结构模型，本项目利用前文介绍建模时建立的感染楼模型进行导入，并进行模板支架的设计。

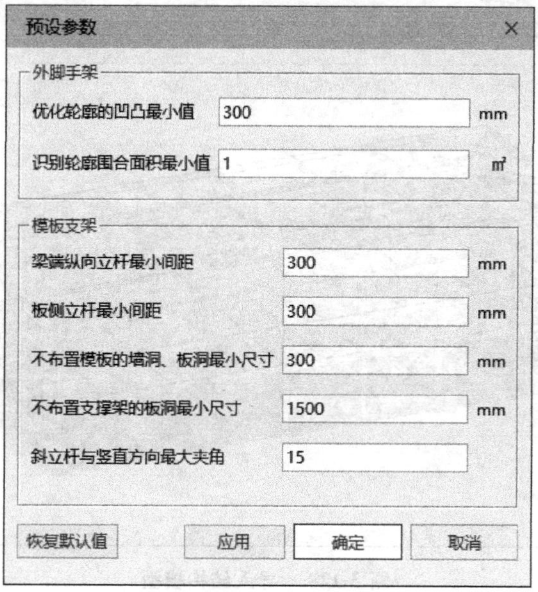

图 3-126　预设参数

单击"结构建模"选项卡→"GFC",弹出"提示信息框",单击"确定"按钮,清除当前楼层信息并导入模型,浏览文件目录,选择"感染楼模型.GFC2",弹出"导入 GFC"对话框,取消勾选除主体结构外的构件选项,如图 3-127 所示。

图 3-127　导入构件选择列表

模型导入后即显示在当前窗口中(图 3-128),对导入的模型进行检查,并确认楼层信息后即可在该模型的基础上进行模板支架的设计。

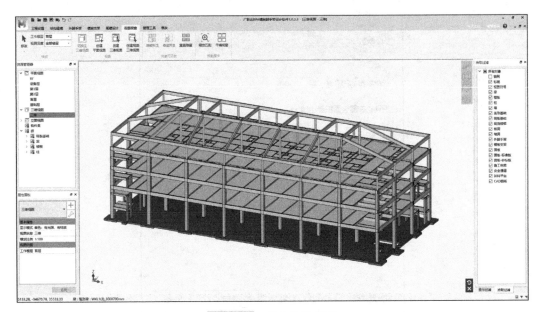

图 3-128　导入结构模型

（2）模板支架危大构件识别

依照《危险性较大的分部分项工程安全管理规定》（建办质〔2018〕31 号文件）对选取的梁、板构件进行高度、跨度、荷载三个维度的高支模判定。根据该文件要求，危险性较大的分部分项工程需要编制专项安全施工方案，而超过一定规模的危险性较大的分部分项工程需要编制专项安全施工方案并组织专家论证。

单击"危大构件识别"，下拉可选择"区域识别""整层识别"或"整栋识别"，开始识别当前所选区域上所有的构件实例。

注意：高支模判别墙，务必使用 Ribbon 上结构建模的"一键处理"功能，以确保识别的准确性。

自动识别的结果会以参数的形式标记在构件上。同时，视图中也会用红色标记超危大支模的构件，用黄色标记危大支模的构件，如图 3-129 所示。

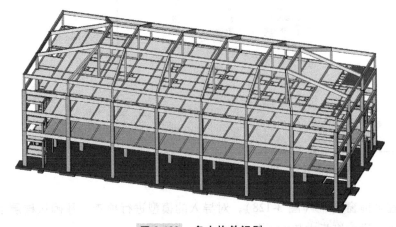

图 3-129　危大构件识别

图 3-129 彩图

软件对于危大构件的判别并非完全正确，对于错误的结构，可选中构件实例后，在"属性面板"修改参数"是否为高支模"的取值，可以对自动识别的结果手动调整，如图 3-130 所示。

单击界面右下角的图标，可以开关高支模构件在视图中的显示状态，如图 3-131 所示。

图 3-130　危大构件属性调整

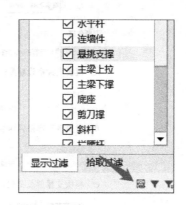

图 3-131　显示高支模按钮

（3）模板支架危大构件汇总

依照《危险性较大的分部分项工程安全管理规定》（建办质〔2018〕31 号文件）对选取的梁、板构件进行高度、跨度、荷载三个维度的高支模判定。

单击"模板支架"选项卡→"危大构件汇总"，下拉展开"区域汇总""整层汇总""整栋汇总"，弹出高支模汇总窗口。

危大构件汇总的结果会以参数的形式标记在构件上。同时，视图中也会用红色标记超危大支模的构件，用黄色标记危大支模的构件（同图 3-129）。

左半部分为高支模汇总表：分为两个表单，即超危大和危大；按楼层、构件类型、构件规格分类，整合同一楼层、同一构件类型的相同规格；构件位置信息包括构件名称及所在轴号位置，并用颜色标识出高危项。

右半部分为结构平面图：按楼层分区，没有高支模的楼层不绘制；给高支模按构件规格命名，并用颜色标识出超危大。

重置识别结果。清除整个项目中，所有构件的高支模识别结果（包含自动识别和手动调整的结果），同时将参数"是否为高支模"设定为"否"。

（4）危险性判断计算书

在高支模识别后，对于已经被标记为高支模的构件，如期望了解被识别为高支模的原因，可以使用这个功能（图 3-132）。

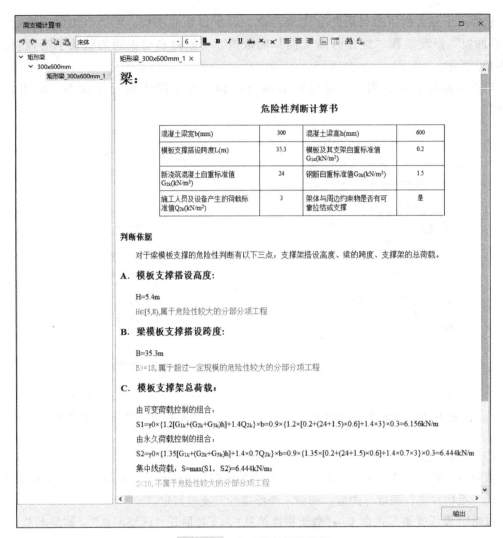

图 3-132 危险性判断计算书

3. 模板支架排布设置

（1）模板支架构造参数

对于不同特征的构件实例，设定它们的做法、材料和排布方式，如梁的主楞是使用方木还是钢管，用一根钢管还是两根钢管，用指定间距排布还是指定个数排布，属于高支模的梁可以区别于普通梁布置，都可以在构造参数对话框修改。

例如，本案例项目为中医院感染楼工程，整体为框架结构，需根据工程特点及意向做法对模板做法中的柱、墙、梁、板的构造参数进行相应的修改。

例如，本工程采购的模板为 15mm 胶合板，方木为 40mm×80mm，盘扣架为 B 型，普通钢管为 φ48mm×3.0mm，螺杆为 φ14mm，初步方案设想顶部采用可调托座，底部采用木垫板，墙柱构件采用双钢管加固。结合这些参数需对各类构件做相应修改。

单击"模板支架"选项卡→"模板做法"，弹出"模板做法"对话框，对梁（图 3-133）、板（图 3-134）、墙（图 3-135）、柱（图 3-136）的模板支架参数进行设置。

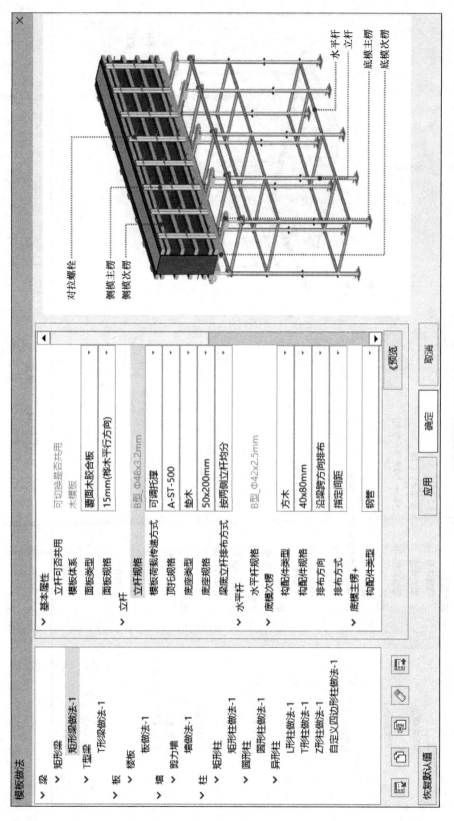

图 3-133　矩形梁做法

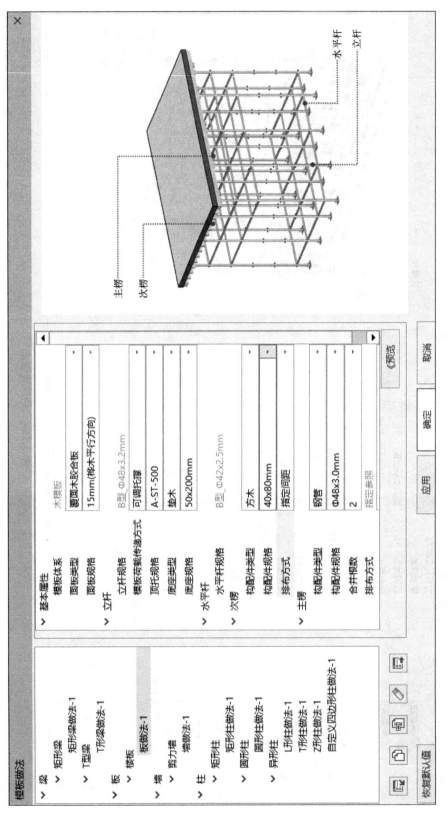

图 3-134 板做法

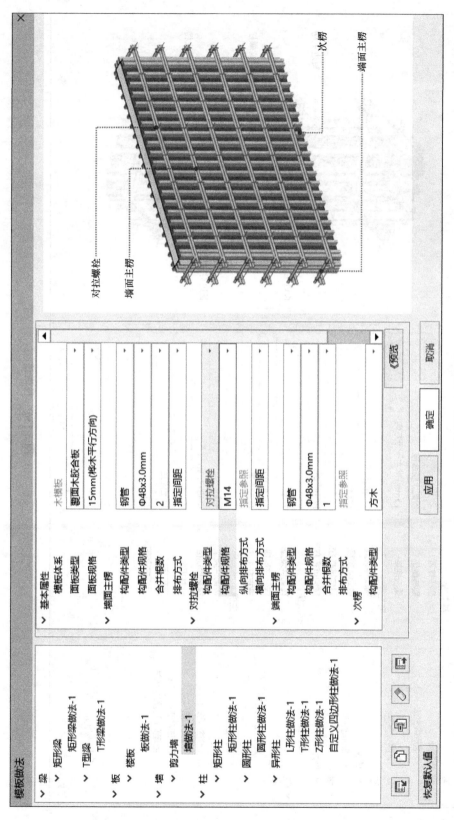

图 3-135　墙做法

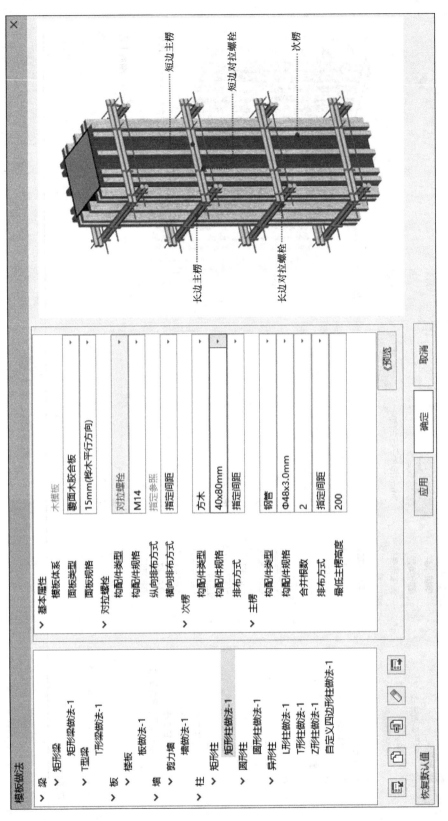

图 3-136　柱做法

（2）排布设置

设置当前项目模板支架的立杆平面排布、竖向排布，以及对话框、主次楞等构配件排布和互相扣减的整体规则，使模板支架的排布结果符合规范的安全原则和构造要求。

单击"模板支架"选项卡→"架体设置"，弹出"架体设置"对话框，对相关参数进行设置，如图 3-137 所示。

图 3-137　架体设置

构造要求。依据当前架体类型对应的规范进行填写，本项目采用的是盘扣式支撑架，可参照《建筑施工承插型盘扣式钢管脚手架安全技术标准》，对构造要求的各项参数进行设置，如图 3-138 所示。

立杆边界范围。立杆至大梁/小梁侧的距离范围：调大距离范围有助于减少调节跨（"大梁"的定义由"大梁的截面面积大于等于"参数决定，除"大梁"外的普通梁，都属于"小梁"）。立杆至墙/柱边的距离范围：墙/柱的实体与梁、板紧贴时，立杆排布按此参数保持与柱临接面的避让关系，但距离增大意味着墙/柱边主楞或次楞的悬挑长度增大。立杆距悬挑边的距离范围：悬挑边包括悬挑板边、悬挑梁端；大于板洞跨度阈值的板洞边，也作为悬挑板边；查询相应的规范及依据工程经验，可将参数值按图3-139所示调整设置。

图 3-138　构造要求设置

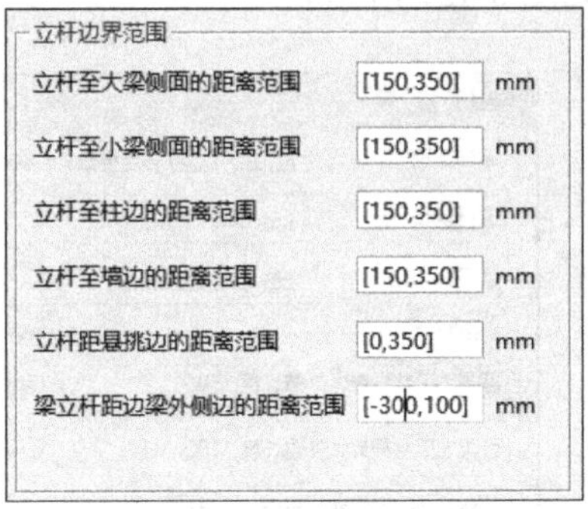

图 3-139　立杆边界范围

排布策略。软件的排布规则推荐策略有三个：宜用于形状规则的框架结构，梁、板支架对齐拉通优先；宜用于剪力墙结构，按房间单元排布，立杆排布列数少；宜用于框架、框剪结构，非模数跨优先置于跨中。本项目为框架结构，并依据盘扣式架体的模数特性及现场施工的便利性，应选择"宜用于形状规则的框架结构，梁、板支架对齐拉通优先"。

细部处理。梁板架体不对齐的处理：由于盘扣架体为固定模数，当遇到立杆错开时，宜采用延伸加密；若立杆不共用可选择拉结水平杆的方式，通常为拉结两排。

支撑架的调节跨做法。本项目采用盘扣式支撑架，非模数的调节跨需采用扣件式钢管进行调节，调节跨应向两端延伸一跨，如图3-140所示。

（3）架体排布

根据施工经验及相应规范，涉及危大的分部分项，架体横纵间距不应超过900mm，步距不应超过1500mm，因此架体排布的参数设置应符合上述尺寸规格。

图 3-140　支撑架的调节跨做法

梁支撑架的参数设置：梁的支撑架可分为梁下不增设立杆和增设立杆两种情况，而梁底是否增设立杆的情况应依据梁截面的大小，经过验算后确定，此时可根据施工经验，暂定截面面积为0.1m^{2}以上的梁底增设1根立杆，截面面积为0.3m^{2}以上的梁底增设2根立杆，然后根据软件快速验算的结果调整架体参数。

根据以上暂定的参数值，经过快速验算后，发现本项目其中两项不满足，单击"查看"按钮，查看验算不通过的原因，结论均为次楞验算不通过，可通过调节底模次楞间距150～200mm，再次验算后，验算结果为通过。

板支撑架的参数设置：板的参数设置较为简单，支架横纵间距设为900mm，步距设为1500mm，次楞按常规设置为200mm。快速验算后显示均为通过。

　　柱支撑架的参数设置：柱的参数设置可先按默认值进行快速验算，验算后发现有多项不满足。查看验算结果，可知结论为次楞、对拉螺杆不符合要求，而软件默认主楞间距为800mm，会导致次楞计算跨度过长，对拉螺杆轴力大。因此可通过减小主楞间距，使验算符合要求。

　　以上设置调整完成后，还需要勾选"结构边缘自动布置斜立杆"和"跨楼层布置支架"，不勾选时架体生成不合理（图 3-141a），勾选后非地面层边梁或板洞边缘自动向下一层结构内倾斜布置斜立杆，自动向下跨楼层寻找底部支撑面直到地面，这样才安全合理（图 3-141b）。

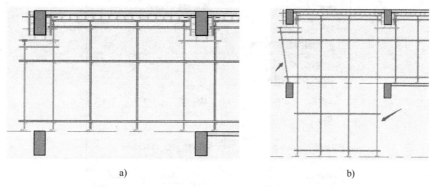

a) b)

图 3-141　结构边缘斜立杆及跨楼层布置支架设置

　　至此，架体排布的参数设置已完成，由于本例工程项目体量小，可在三维视图下，选择整栋楼进行一次性的排布，单击"模板支架"选项卡→"架体排布"，弹出下拉菜单，单击下拉菜单中的"区域排布"，弹出"经验参数"对话框，单击"排布"按钮，完成后效果如图 3-142 所示。

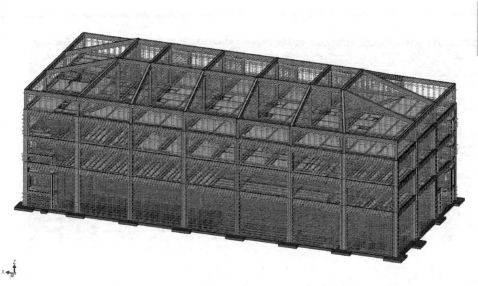

图 3-142　感染楼整体排布效果

（4）剪刀撑布置

盘扣式支架水平斜撑没有标准构件，可采用钢管每隔4~6个标准步距设置，并依据 JGJ 130—2011《建筑施工扣件式钢管脚手架安全技术规范》设置水平剪刀撑参数；盘扣式支架竖向斜撑为标准构件，并依据《建筑施工承插型盘扣式钢管脚手架安全技术标准》设置竖向剪刀撑参数。设置结果如图 3-143 所示。

图 3-143　剪刀撑参数设置

单击"模板支架"选项卡→"剪刀撑手动排布"，弹出下拉菜单，单击下拉菜单中的"区域排布"，进入选择模式，选中内架架体，单击"√"按钮，弹出"模板支架剪刀撑参数设置"对话框，单击"确定"按钮。水平剪刀撑设置效果如图 3-144 所示。

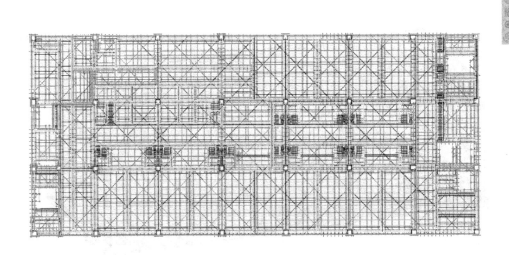

图 3-144　水平剪刀撑设置效果

（5）架体清除

若支模架需调整，则需要先清楚已生成的架体，单击"模板支架"选项卡→"清除架体"，进入选择模式，选中内架架体，单击"√"按钮。

4. 模板工程专项方案成果输出

（1）模板支架导出计算书

对于已排布模板支撑架的构件，可查看详细的安全验算过程，或者获取计算书用于方案交底、专家评审。单击"计算书"，进入选择模式，勾选要输出计算书的构件，单击"√"按钮，进入"计算书"对话框，单击"输出"按钮保存。

（2）模板支架专项方案

广联达 BIM 模板脚手架设计软件可一键生成模板支架专项方案。单击"专项方案"后，选择需要导入的计算书；确认需要导入的计算书后，生成模架专项方案，可修改专项方案名称及保存成 Word 文档；若没有对模型中构件进行架体验算，生成计算书，此时单击"专项方案"，会直接生成模架专项方案，不需要选择导入计算书，专项方案中也不会有计算书。

（3）立杆平面图

单击"模板支架施工图-立杆平面图"，在弹出的视图列表中选择要出图的楼层，然后单击"确定"按钮，此处可以选择一个或多个楼层。如果仅选择了一个楼层，则会进入该楼层平面的预览窗口，选择了多个楼层将不会进入预览窗口。单击"保存"按钮，即可指定路径，保存成 DWG 文件。也可以进行区域出图：单击"模板支架施工图-立杆平面图"，进入"选择模式"，选择要出图的架体，然后单击"√"按钮。此处可以选择一个或多个构件，进入预览窗口。单击"保存"按钮，即可指定路径，保存成 DWG 文件。

（4）剖面出图

首先创建剖面视图，单击"模板支架施工图-创建剖面视图"，在视图中单击两点来确定剖切线的位置；然后进行剖面出图，单击"模板支架施工图-剖面出图"，在弹出的视图列表中选择要出图的剖面图，单击"确定"按钮。此处可以选择一个或多个剖面图，如果仅选择了一个剖面图，则会进入该剖面图的预览窗口；选择了多个剖面图将不会进入预览窗口。单击"保存"按钮，即可指定路径，保存成 DWG 文件。

（5）墙柱大样图

单击"模板支架施工图-墙柱大样图"，进入"选择模式"，选择要出图的构件，单击"√"按钮。此处可以选择一个或多个构件，进入预览窗口。单击"保存"按钮，即可指定路径，保存成 DWG 文件。

（6）墙柱平面图

单击"模板支架施工图-墙柱平面图"，在弹出的视图列表中选择要出图的楼层，单击"确定"按钮。此处可以选择一个或多个楼层。如果仅选择了一个楼层，则会进入该楼层平面的预览窗口；选择了多个楼层将不会进入预览窗口。单击"保存"按钮，即可指定路径，保存成 DWG 文件。

（7）模板接触面积

软件可根据项目的接触面积计算模板面积用量，单击"整栋接触面积"，则直接输出整个项目的接触面积计算结果；单击"区域接触面积"，会进入多选模式，在框选构件实例后，单击左上角的"√"按钮，则输出当前选中构件的接触面积计算结果；单击"整层接触面积"，会弹出楼层选择对话框，在选中一个或多个楼层后，单击"确定"按钮，则输出当前选择楼层所有构件的接触面积计算结果。在接触面积对话框中单击"输出"按钮，可以将当前的统计表格以 Excel 文档保存在指定路径下。

（8）模板支架材料拆分规则

材料拆分规则为项目级设定，后续工程量计算以该规则为依据，工程量计算需基于已排布的架体，模板支架的材料拆分涉及立杆、水平杆、剪刀撑。在拆分前，可按工程需要设定拆分规则，如图 3-145 所示。单击"材料配制"按钮，弹出"材料拆分规则"对话框，单击"确定"按钮保存。

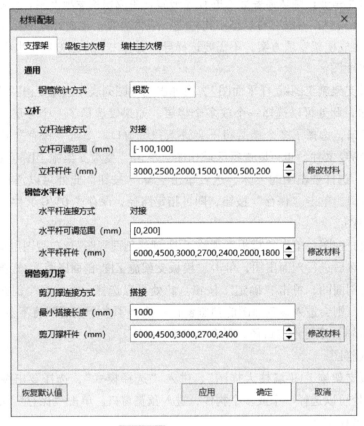

图 3-145　材料拆分规则

（9）模板支架材料统计

可以进行整层统计：下拉"材料统计"命令，单击"整层统计"，弹出楼层选择框，选择并确定，弹出整层材料估算 Excel 表格。也可以进行整栋统计：下拉"材料统计"命令，单击"整栋统计"，弹出整栋材料估算 Excel 表格。还可以选择架体统计：下拉"材料统计"命令，单击"选择架体统计"，进入选择模式，单击"√"按钮，弹出区域材料估算 Excel 表格。

3.4　脚手架工程数字化施工模拟

脚手架工程是施工现场为工人操作并解决垂直和水平运输而搭设的各种支架，主要用于建筑工地上用在外墙、内部装修或层高较高无法直接施工的地方。脚手架系统是建筑工地中不可或缺的部分，它为工人提供了安全的工作平台，并帮助他们更高效地进行各种作业。这些系统通常由竹、木、钢管或合成材料等制成，可以根据具体需求进行定制。它们在建筑、维护和装饰工作中发挥着至关重要的作用，尤其是在高空作业时，脚手架为工人提供了安全网和稳定的支撑。在搭设和使用脚手架时，必须严格遵守相关安全规定，以确保工人和项目的安全。

3.4.1　脚手架工程专项施工方案

1. 脚手架工程简介

（1）脚手架的概念

上一节通过模板工程对内脚手架（支撑架）进行了系统介绍，本节便主要针对外脚手架（作业架）进行介绍，以下统称为脚手架。脚手架是建筑施工中堆放材料和工人进行操作的临时设施。

（2）脚手架的作用

可以使建筑工人在高空不同部位进行操作；能堆放及运输一定数量的建筑材料；保证建筑工人在进行高处操作时的安全。

（3）脚手架的分类

脚手架类型有很多，针对项目的结构类型、成本控制、项目定位、施工工艺等，选择不同的外架体系，每种体系各有优劣，有着最佳的适用范围，择优选取，按不同搭设形式可分为：立式钢管脚手架，爬架（传统钢管式爬架、半钢式爬架、全钢式爬架），悬挑脚手架（工字钢挑架、花篮拉杆式挑架）等。

1）立式钢管脚手架。传统的钢管脚手架就是建筑外层用钢管搭建的脚手架，外面再罩一层绿色安全网。立式钢管脚手架（图 3-146）承载力较大、装拆方便、搭设灵活，由于钢管长度易于调整，扣件连接简便，因而可适用于各种平面、立面的建筑物与构筑物用脚手架，加工简单，一次费用较低，这类脚手架不适用于高层建筑的搭建，建造工序烦琐且需要多次拆除安装。

2）传统钢管式爬架。传统钢管式爬架（图 3-147）在构造上同钢管双排架完全相同，即在四层半高度的双排架上安装提升系统，使其能够实现上升下降的功能，成本相对较低。

3）半钢式爬架。半钢式爬架在传统钢管爬架的基础上，又采用特制的连接片，将钢网片连接在外侧竖向钢管或者横向大横杆上替换了原安全网（图 3-148a），其他的构造直接不变，此架体建立高度为楼层四层半左右的楼层高度，其通道如图 3-148b 所示。因为钢网片和安全网相比重很多，成本也就高于传统钢管式爬架，同时价格比全钢式爬架低。

图 3-146　立式钢管脚手架

图 3-147　传统钢管式爬架

a)

b)

图 3-148　半钢式爬架

4）全钢式爬架。全钢式爬架是在半钢式爬架的基础上，淘汰内部钢管，架体全部换用型钢及钢板等其他钢材进行组合焊接加工而成的（图 3-149a）。架体的高度为四至五层楼高，其通道如图 3-149b 所示。全钢式爬架的成本比其他两种爬架的成本都高。

a)　　　　　　　　　　　　　　　　　　　　b)

图 3-149　全钢式爬架

5）工字钢挑架。对于高层建筑来说，工字钢挑架（图 3-150）相比传统的立式钢管脚手架，造价便宜，适应性广，承载能力强，搭拆方便，建筑结构使用范围广。

图 3-150　工字钢挑架

6）花篮拉杆式挑架。花篮拉杆式挑架（图 3-151）相比于传统的工字钢挑架具有更多优势，它优化了悬挑梁穿墙洞封堵不严易导致外墙渗漏，悬挑梁后端压环预埋烦琐，材料损耗大，拆除工期较长等问题。

图 3-151　花篮拉杆式挑架

（4）脚手架的组成

脚手架类型有很多种，本书以盘扣连接的架体为例，来解读脚手架的组成，盘扣式脚手架节点的组成如图 3-152 所示。

根据立杆外径大小，盘扣式脚手架的型号可分为标准型（B 型）和重型（Z 型）。脚手架构件、材料及其制作质量应符合 JG/T 503—2016《承插型盘扣式钢管支架构件》的规定。

B 型：即 48 系列的盘扣式脚手架，立杆直径为 48.3mm，主要用于房建与装饰装修、舞台灯光架等领域。

Z 型：即市场上常说的 60 系列的盘扣式脚手架，立杆直径是 60.3mm，主要用于重型支撑，如桥梁工程。

另外，盘扣式脚手架立杆连接方式又分为外套筒连接与内连接棒连接两种形式，如图 3-153 所示。目前市场上 60 系列的盘扣式脚手架一般采用内连接，也就是连接棒在立杆

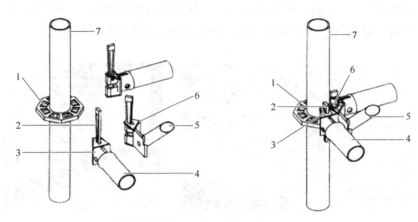

图 3-152 盘扣式脚手架节点的组成

1—连接盘 2—插销 3—水平杆杆端扣接头 4—水平杆 5—斜杆 6—斜杆杆端扣接头 7—立杆

内部连接。48 系列的盘扣式脚手架一般是外套筒连接，也有采用内连接棒连接的，尤其应用在舞台架、灯光架等领域。

图 3-153 盘扣式脚手架立杆连接方式

1）连接盘。连接盘焊接于立杆上，是连接横杆及斜拉杆的构件，可扣接 8 个方向扣接头的八边形或圆环形 8 孔板，如图 3-154 所示。

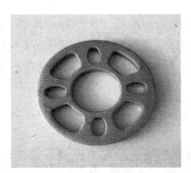 

图 3-154 连接盘

2）可调底座与可调托撑。可调底座插入立杆底端可调节高度，安装在立杆底部可调节架体高度，丝杠理论最大调节范围为 100～450mm，一般控制在 100～300mm 内（图 3-155a）。可调托撑插入立杆顶端可调节高度，安装在立杆顶部可调节架体顶部高度，上部放置铝合金梁或工字钢梁，丝杠理论最大调节范围为 100～450mm，一般控制在 100～300mm 内（图 3-155b）。

a)　　　　　　　　　　　　　　　　b)

图 3-155　可调底座与可调托撑

3）标准基座与立杆。标准基座焊接有连接盘和连接套管，作为架体搭设起步之用，上部焊接外套管，底部插入可调底座，顶部可插接立杆的竖向杆件（图 3-156a）。立杆焊接有连接盘和连接套管的承插型钢管脚手架的竖向杆件，用于与标准基座相连接，是主要承力构件。每隔 500mm 焊接一组圆盘，有 500mm、1000mm、1500mm、2000mm、2500mm、3000mm 的长度规格（图 3-156b）。

 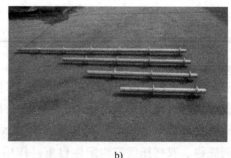

a)　　　　　　　　　　　　　　　　b)

图 3-156　标准基座与立杆

4）水平杆与斜杆。水平杆两端焊接有扣接头，可与立杆上的连接盘扣接，使得架体可以向外延伸，有 300mm、600mm、900mm、1200mm、1500mm、1800mm、2400mm、3000mm 等长度规格（图 3-157a）。注意：水平杆的公称长度是立杆轴线间的距离，所以实际长度比公称长度短一个立杆的直径。斜杆两端装配有扣接头，可与立杆上的连接盘扣接，用于竖向固定立杆，防止变形，形成三角形稳定结构，增加架体整体刚度（图 3-157b）。水平杆、斜杆与立杆盘口节点如图 3-157c 所示。

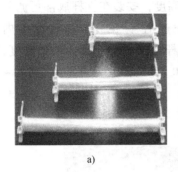
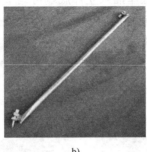

a)　　　　　　　　　　b)　　　　　　　　　　c)

图 3-157　水平杆与斜杆

2. 脚手架设计验算

（1）基本规定

根据立杆外径大小，脚手架可分为标准型（B 型）和重型（Z 型）。脚手架构件、材料及其制作质量应符合《承插型盘扣式钢管支架构件》的规定。根据《建筑施工承插型盘扣式钢管脚手架安全技术标准》的规定，杆端扣接头与连接盘的插销连接锤击自锁后不应拔脱。搭设脚手架时，宜采用不小于 0.5kg 锤子敲击插销顶面不少于 2 次，直至插销销紧。销紧后应再次击打，插销下沉量不应大于 3mm。插销销紧后，扣接头端部弧面应与立杆外表面贴合。脚手架结构设计应根据脚手架种类、搭设高度和荷载采用不同的安全等级。脚手架安全等级的划分、脚手架结构重要性系数 γ_0 取值应符合表 3-12 的规定。

表 3-12　脚手架的安全等级和结构重要性系数

作业架	支撑架		安全等级	结构重要性系数 γ_0
搭设高度/m	搭设高度/m	荷载设计值		
≤24	≤8	≤15kN/m² 或≤20kN/m 或≤7kN/点	Ⅱ	1.0
>24	>8	>15kN/m² 或>20kN/m 或>7kN/点	Ⅰ	1.1

（2）荷载

作用于脚手架上的荷载可分为永久荷载和可变荷载。

永久荷载包括支撑架永久荷载和作业架永久荷载。

支撑架永久荷载包括三部分：支撑架的架体自重 G_1，包括立杆、水平杆、斜杆、可调底座、可调托撑、双槽托梁等构配件自重；作用到支撑架上荷载 G_2，包括模板及小楞等构件自重；作用到支撑架上荷载 G_3，包括钢筋和混凝土自重及钢构件和预制混凝土等构件自重。

作业架永久荷载，即架体及构配件自重 G_4，包括立杆、水平杆、斜杆、可调底座、可调托撑、脚手板、栏杆、踢脚板、挂扣式钢梯、安全网等构配件自重。

可变荷载包括支撑架可变荷载和作业架可变荷载。

支撑架可变荷载包括三部分：施工荷载 Q_1，包括作用在支撑架结构顶部模板面上的施工作业人员、施工设备、超过浇筑构件厚度的混凝土料堆放荷载；附加水平荷载 Q_2，包括作用在支撑架结构顶部的泵送混凝土、倾倒混凝土等因素产生的水平荷载；风荷载 Q_3。

作业架可变荷载包括风荷载 Q_3 和施工荷载 Q_4。其中，Q_4 包括作业层上的操作人员、临时放置材料、运输工具及小型工具等。

作业架永久荷载标准值取值应符合下列规定：脚手架架体及构配件自重可按实际重量取值；木脚手板和钢脚手板自重标准值可按 $0.35kN/m^2$ 取值，钢笆片自重标准值可按 $0.15kN/m^2$ 取值；作业层的栏杆与挡脚板自重标准值可按 $0.17kN/m^2$ 取值；脚手架外侧满挂密目式安全立网自重标准值可按 $0.01kN/m^2$ 取值，钢板冲孔网自重标准值可按实际自重取值。

作业架可变荷载标准值取值应符合下列规定：作用在作业架上的施工荷载应根据实际情况确定，且防护脚手架、装修脚手架和砌筑作业脚手架的标准值，分别不应低于 $1kN/m^2$、$2kN/m^2$ 和 $3kN/m^2$；作业架同时施工的作业层层数应按实际计算，且作业层不宜超过 2 层；作用在作业架的风荷载标准值应按《建筑施工承插型盘扣式钢管脚手架安全技术标准》的相关规定计算。

荷载分项系数。计算脚手架的架体构件的强度、稳定性和节点连接强度时，荷载设计值应采用荷载标准值乘以荷载分项系数，分项系数取值应符合表 3-13 的规定。

表 3-13 脚手架荷载分项系数

验算项目		永久荷载分项系数 γ_G	可变荷载分项系数 γ_Q
强度、稳定性		1.3	1.5
地基承载力		1.0	1.0
挠度		10	1.0
倾覆	有利	0.9	0.9
	不利	1.3	1.5

（3）作业架设计计算

脚手架的结构设计应根据 GB 50009—2012《建筑结构荷载规范》、GB 50017—2017《钢结构设计标准》、GB 50018—2002《冷弯薄壁型钢结构技术规范》和 GB 50068—2018《建筑结构可靠性设计统一标准》的规定，采用概率极限状态设计法，采用分项系数的设计表达式。

作业架设计计算应包括下列内容：立杆的稳定性计算；纵横向水平杆的承载力计算；连墙件的强度、稳定性和连接强度的计算；当通过立杆连接盘传力时的连接盘抗剪承载力验算；立杆地基承载力计算。

当杆件变形量有控制要求时，应按正常使用极限状态验算其变形量。受弯构件的容许挠度不应超过 $L/150$ 与 10mm 的较小值（L 为受弯构件跨度）。

支撑架立杆几何长细比不得大于 150，作业架立杆几何长细比不得大于 210；其他杆件中的受压杆件几何长细比不得大于 230，受拉杆件几何长细比不得大于 350。

当立杆不考虑风荷载时，应按承受轴向荷载杆件计算；当考虑风荷载时，应按压弯杆件计算。

钢材的强度设计值、截面面积等设计参数应符合《建筑施工承插型盘扣式钢管脚手架安全技术标准》的规定。

标准型（B型）脚手架可调底座和可调托撑的承载力设计值按100kN采用，重型（Z型）脚手架可调底座和可调托撑的承载力设计值应按140kN采用。

当无风荷载时，立杆承载计算包括下列内容：立杆轴向力设计值、立杆计算长度、立杆稳定性。

采用组合风荷载时，立杆承载计算包括立杆轴向力设计值和立杆段风荷载作用弯矩设计值。

立杆稳定性计算（此处省略介绍）。

连墙件验算包括连墙件的轴向力设计值、连墙件的抗拉承载力、连墙件的稳定性；当采用钢管扣件做连墙件时，需进行扣件抗滑承载力的验算。

（4）地基承载力计算

可调底座底部地基承载力应满足《建筑施工承插型盘扣式钢管脚手架安全技术标准》要求。当脚手架搭设在结构楼面上时，应对支承架体的楼面结构进行承载力验算；当楼面结构承载力不能满足要求时，应采取楼面结构下方设置附加支撑等加固措施。

（5）构配件计算

盘扣节点连接盘的抗剪承载力计算。当三脚架用来抵抗外部作用时，应进行承载力验算；在立杆承载力验算时，应计入由三脚架产生的附加弯矩。

3. 脚手架工程构造

（1）一般规定

脚手架的构造体系应完整，脚手架应具有整体稳定性。应根据施工方案计算得出的立杆纵横向间距选用定长的水平杆和斜杆，并应根据搭设高度组合立杆、基座、可调托撑和可调底座。脚手架搭设步距不应超过2m。脚手架的竖向斜杆不应采用钢管扣件。当标准型（B型）立杆荷载设计值大于40kN，或重型（Z型）立杆荷载设计值大于65kN时，脚手架顶层步距应比标准步距缩小0.5m。

（2）作业架

作业架的高宽比宜控制在3以内；当作业架高宽比大于3时，应设置抛撑或揽风绳等抗倾覆措施。当搭设双排外作业架时或搭设高度24m及以上时，应根据使用要求选择架体几何尺寸，相邻水平杆步距不宜大于2m。双排外作业架首层立杆宜采用不同长度的立杆交错布置，立杆底部宜配置可调底座或垫板。当设置双排外作业架人行通道时，应在通道上部架设支撑横梁，横梁截面大小应按跨度及承受的荷载计算确定，通道两侧作业架应加设斜杆；洞口顶部应铺设封闭的防护板，两侧应设置安全网；通行机动车的洞口，应设置安全警示和防撞设施。

双排作业架的外侧立面上应设置竖向斜杆，并应符合下列规定：在脚手架的转角处、开口型脚手架端部应由架体底部至顶部连续设置斜杆；应每隔不大于4跨设置一道竖向或斜向连续斜杆；当架体搭设高度在24m以上时，应每隔不大于3跨设置一道竖向斜杆；竖向斜杆应在双排作业架外侧相邻立杆间由底至顶连续设置。

连墙件的设置应符合下列规定：连墙件应采用可承受拉、压荷载的刚性杆件，并应与建筑主体结构和架体连接牢固；连墙件应靠近水平杆的盘扣节点设置；同一层连墙件宜在同一水平面，水平间距不应大于 3 跨；连墙件之上架体的悬臂高度不得超过 2 步；在架体的转角处或开口型双排脚手架的端部应按楼层设置，且竖向间距不应大于 4m；连墙件宜从底层第一道水平杆处开始设置；连墙件宜采用菱形布置，也可采用矩形布置；连墙件应均匀分布；当脚手架下部不能搭设连墙件时，宜外扩搭设多排脚手架并设置斜杆形成外侧斜面状附加梯形架。三脚架与立杆连接及接触的地方，应沿三脚架长度方向增设水平杆，相邻三脚架应连接牢固。

4. 脚手架工程专项施工方案案例解读

以下以中医院项目脚手架工程为例，解读重点部分的施工方案。

（1）工程概况

本项目住院楼（15 层）外脚手架选择方案如下：5 层以下采用普通落地式脚手架，5 层～15 层采用花篮拉杆式悬挑脚手架，悬挑自 5 层底板开始，在 5 层、9 层、13 层底板各悬挑一次（4 层、4 层、4 层），搭设高度为 15.2m、15.2m、16.2m，最大搭设高度为 16.2m。上部电梯间、楼梯间等从屋面顶单独搭设落地架。

以上涉及落地脚手的方案详见落地脚手架施工方案，本例方案解读针对花篮拉杆式悬挑脚手架。

（2）施工进度计划

本项目住院楼施工总体流程：各挑架层浇筑混凝土→进行持续养护→安装型钢挑梁，花篮拉杆式悬挑脚手架的施工进度计划见表 3-14。

表 3-14 花篮拉杆式悬挑脚手架的施工进度计划

楼栋号	第一挑搭设时间	第二挑搭设时间	第三挑搭设时间	拆除时间（随装修计划有所调整）
住院楼	2022.5.1	2022.6.11	2022.7.11	2022.12.30

（3）材料与设备计划

材料配置见表 3-15，普通钢管型与盘扣型的材料要进行区分，表中有两种型号的钢管可选其中一种。

表 3-15 材料配置

名称	规格/型号	用途	单位	总需用量	材质
扣件		连墙件	个	7000	铸钢
普通钢管	φ48.3×3.6/600	连墙件	根	3500	Q235
钢管（盘扣钢管）	B-LG-2000/2500/3000	立杆	t	140	Q345
	B-SG-900	横向横杆	t	60	Q235
	B-SG-300/600/900/1200/1500	纵向横杆	t	140	Q235
	B-XG-1500×2000	外斜杆	t	45	Q195
	B-XG-900×2000	外斜杆	t	1	Q195
	B-XG-600×2000	外斜杆	t		Q195
	B-XG-300×2000	外斜杆	t		Q195

（续）

名称	规格/型号	用途	单位	总需用量	材质
定型钢脚手板	1500mm×240mm	脚手板	块	20000	Q235
安全网	6m×2m，2000目	防坠	张	1800	聚乙烯
防尘安全网		临街/主要道路侧防尘防坠	张	2000	聚乙烯
水平安全网		防坠、防落物	m²	300	聚乙烯
16#工字钢	1.3m	悬挑钢梁	根	830	Q235
16#工字钢	3m	悬挑连梁	根	180	Q235
16#工字钢	1.7m、1.9m	阳角悬挑连梁	根	65	923
拉杆及花篮螺栓	20	钢梁拉结	套	850	Q235
预埋套管	$\phi25$	穿螺栓	套	1660	923
穿墙螺栓	M20，8.8级	钢梁、拉杆锚固	套	850	Q235

承插型盘扣式钢管脚手架的钢管外径允许偏差应符合表3-16的规定。悬挑架设计参数见表3-17。

表3-16　钢管外径、壁厚及允许偏差　（单位：mm）

序号	名称	型号	外径 D	壁厚 t	外径允许偏差	壁厚允许偏差
1	立杆	Z	60.3	3.2	±0.3	±0.15
		B	48.3	3.2	±0.3	±0.15
2	水平杆、水平斜杆	Z 或 B	48.3	2.5	±0.5	±0.2
3	竖向斜杆	Z 或 B	48.3	2.5	±0.5	±0.2
			42.4	2.5	±0.3	±0.15
			38	2.5	±0.3	±0.15
			33.7	2.3	±0.3	±0.15

表3-17　悬挑架设计参数

项目	参数	项目	参数
立杆纵距	$L_a = 1.5\mathrm{m}$	离墙距离	250mm/300mm
立杆横距	$L_b = 0.9\mathrm{m}$	悬挑梁间距	不大于1.5m
步距	$H = 2.0\mathrm{m}$	钢梁悬挑长度	1.3m
小横杆间距	1.5m	架体与结构连接方式	成品工字钢与端板焊接的主梁，成品花篮拉杆
脚手板	定型钢脚手板	花篮拉杆	$\phi20$斜拉杆
连墙件竖向间距	$H_w = 3.9\mathrm{m}$	螺栓	8.8级 H20
连墙件横向间距	$H_w = 3\mathrm{m}$	钢管（连墙件）	48.3×3.6

悬挑架构造及节点。悬挑承力架的型钢挑梁由 16#工字钢（图 3-158a），ϕ20mm 斜拉杆（图 3-158b），中间配有 3 根 ϕ14mm 圆钢和高强螺母组成花篮螺栓。斜拉杆上端通过 8.8 级 M20 高强螺栓固定在建筑物上，下端与型钢挑梁通过 8.8 级 M20 高强螺栓相连接，型钢挑梁由 8.8 级 M20 螺栓固定在建筑物上。外脚手架立杆通过可调底座底部的防滑固定装置与主梁工字钢固定（图 3-158c），立杆通过连墙钢管与建筑物相连，组成一个整体悬挑脚手架供施工人员操作使用。

a)

b)

c)

图 3-158 悬挑架安装

根据工程外截面的不同情况，本工程采用两种长度形式进行悬挑验算：普通型 L1 型梁（设计运用于大部分标准临边），梁长 1.3m，采用单拉杆形式，为普通部位搭设方式；L2 型梁，梁长 1.8m，采用单拉杆形式，为建筑物阳角处。盘扣式 L1 及 L2 型钢悬挑脚手架布置要求见表 3-18。

表 3-18 盘扣式 L1 及 L2 型钢悬挑脚手架布置要求

项目	布置要求	项目	布置要求
脚手架排数	双排	搭设高度/m	16.2
主梁建筑物外悬挑长度 L_x/mm	1300（L1） 1800（L2）	悬挑方式	普通主梁悬挑（L1） 连梁悬挑（L2）
纵、横向水平杆布置	纵向水平杆在上	梁/楼板混凝土强度等级	C25（搭设时）
主梁合并根数	1	主梁材料规格	16#工字钢
立杆纵距/m	1.5	立杆横距/m	0.9
立杆步距/m	2	立杆计算方法	单立杆

（续）

项目	布置要求	项目	布置要求
脚手板	一步一设	连墙件布置方式	两步两跨
挡脚板	一步一设	连墙件连接方式	螺栓连接
横向斜撑	一步一设	钢管类型	$\phi48.3\times3.2$
锚固点设置方式	锚固螺栓	安全网	全封闭
基本风压/（kN/m²）	0.3	地区	浙江嘉兴

（4）工艺流程

型钢悬挑式脚手架搭设的工艺流程：预埋套管→安装穿墙螺杆→底层或下层脚手架立杆套顶丝→安装（锚接）主梁 I16 工字钢（搁置在下层脚手架立杆顶丝上）→安装阳角（及避开柱子部位）连系梁 16# 工字钢→立柱→安装纵向扫地杆→安装横向扫地杆→铺设定型钢脚手板→安装第一道纵向水平防护栏杆→安装第二道纵向水平防护栏杆→安装第二步纵向水平杆→安装第二步横向水平杆→铺设定型钢脚手板→安装第二步水平防护栏杆→加设专用竖向斜杆→安装斜拉杆→张挂安全网→拆除钢梁下支撑顶丝→搭第三步架→完成。

（5）施工准备

实行项目经理负责制，项目部配备五大员，各班组长承担本工种施工管理任务，一切工作由项目部负责主持和召集。由项目经理按模板工程的施工要求负责召集各有关人员组成项目部，落实班组，统筹部署和实施本脚手架工程施工的各项具体工作。进场前，由项目部组织对参与施工的技术、管理人员、班组长进行质量、安全技术交底，明确各人的分工职责和岗位责任，落实责任到人。由项目部根据劳动力需求计划集结劳动力，选定施工班组，并进行必要的技术培训及安全教育。

（6）技术准备

项目技术负责人组织相关人员编制本方案并报公司技术负责人及总监理工程师审批。脚手架搭设前，应由项目技术负责人向全体操作人员进行安全技术交底。安全技术交底内容应与脚手架专项施工方案统一，交底的重点为材料控制、搭设参数、构造措施、操作方法和安全注意事项。安全技术交底应形成书面记录，交底方和全体被交底人员应在交底文件上签字确认。

（7）组装流程

施工放线→预埋下层套管→预埋上层套管→位置复核→混凝土浇筑→安装悬挑型钢→立杆定位固定→架体搭设→花篮螺栓上下拉杆安装→连系梁安装→架体内外封闭→脚手板的铺设要求→连墙件布置→其他注意事项。

施工放线：根据批准的施工方案，按设计图用卷尺量出各预埋套管的准确位置，并做好标记。

预埋下层套管：预埋套管为 $\phi25mm$ 的钢套管；控制预埋铁管中心线距板底 80mm 左右，所有预埋铁管应处于同一水平面上；预埋铁管应采取可靠方式充分固定，防止在混凝土浇捣时发生位移。

预埋上层套管：预埋上层套管必须与钢梁中心线统一偏移 50mm，以确保拉杆不与脚手架立杆碰撞。套管要求埋置在梁的中上部。

位置复核：套管预埋好后，派专人对套管的平面布置尺寸和高度位置进行复核，确保套管的位置偏差减小到最小。

混凝土浇筑：混凝土浇筑过程中，应派专人跟踪作业，严禁在有预埋套管的位置下料，在振捣过程中，操作人员严禁碰撞套管。

安装悬挑型钢：待混凝土的强度达到要求后，拆除梁的侧模，疏通预埋梁内套管，将8.8 级 M20 螺栓从套管孔中由内往外穿出。先将加工好的工字钢端部套入放置好的两个螺栓中，再分别在螺栓上加垫片配套两个高强螺母，用扳手将螺母拧紧。转角处采用 Y 形工字钢悬挑梁，并增设连系梁，确保不利转角部位的安全，如图 3-159 所示。待转角两侧悬挑梁安装完成后，测量钢梁的间距并下料，随后将外侧钢梁与悬挑梁进行焊接。

利用下步脚手架水平杆作为支撑

图 3-159　转角处采用 Y 形工字钢悬挑梁

立杆定位固定：根据立杆定位，在型钢主梁或纵向连梁上表面立杆位置处，采用专用可调托座，防止立杆滑移，如图 3-160 所示。

架体搭设：悬挑钢梁安装并验收合格后开始搭设架体。悬挑脚手架搭设的几何尺寸：纵距 1.5m、横距 0.9m、步距 2m、内侧立杆距建筑物的距离 0.3m 或 0.25m。第一步架体的组装是整个架体安装质量的关键，必须严格控制水平度、垂直度和离墙距离。立杆底部须设置可调底座，可调底座的垂直度控制在 5mm 以内，可调底座伸入立杆的长度不应小于 150mm。相邻立杆接头错开，以保证支架整体刚度，立杆垂直度 ≤ $L/500$ 且不超过 50mm。同一横杆两端高度差不超过 5mm。当安装误差超过允许范围时，应调整合格后才能组装下一步。每搭设 2 步架后，必须将架体内立杆与

图 3-160　立杆定位固定

结构拉结，保证架体整体性，以及防止架体外倾。架体外立面采用专用斜杆在纵向长度及高度方向满设。

花篮螺栓上下拉杆安装：待悬挑上一层混凝土达到强度后，拆除梁侧模，将高强螺栓加垫片从套管中由内往外穿出，并将上拉杆的耳板与螺栓用双螺母加垫片固定牢固。将下拉杆与工字钢上的耳板用螺栓加垫片进行初步固定，待上拉杆伸入后牢固固定。将花篮螺栓孔与下拉杆丝扣对接不断旋转，然后松开耳板螺钉，将花篮螺栓伸入上拉杆丝扣旋转，直至旋转不动，然后用工具将花篮螺栓旋转至下拉杆耳板与工字钢耳板正好可以伸入螺栓后，及时穿入螺栓并拧紧螺栓。最后用工具将花篮螺栓旋转，直至旋转不动，确认拉杆拧紧后，结束上下拉杆的安装。悬挑层脚手架搭设完成后，及时用旧模板将悬挑层封闭处理。维护，拉结拉好，应对所有牙具采用黄油包裹保护；定期检查花篮螺栓是否锈蚀、松动。

连系梁安装：本工程外脚手架转角处及局部有柱子处，采用两根 16#工字钢焊接在悬挑钢梁上，连系梁与悬挑主梁焊接成整体。

架体内外封闭：脚手架外侧在立杆内侧必须设密目式安全网，且满足桐乡市建设主管部门认证的合格密目式安全网，应用不少于 18 号铅丝张挂严密。脚手架在作业层与主体结构的空隙应设置水平防护网，在中间不超过 10m 设置一道用模板封闭的硬隔离。脚手架悬挑梁所在层采用胶合板全部硬封闭。

脚手板的铺设要求：本工程采用定型钢脚手板，一步一设满铺形式，钢脚手板的挂钩应稳固扣在水平杆上，并处于锁住状态。为方便脚手架的上下，在架体内设置专用爬梯，在每栋单体的南侧及北侧各设置一道。

连墙件布置：连墙件宜采用菱形布置。连墙件按每层两跨（两步两跨）布置，即脚手架与建筑物按水平方向 3m，垂直方向按楼层标高不超过 3.9m 布置拉结点。拉结点在转角范围内和顶部处加密。连墙件中的连墙杆应呈水平设置，当不能水平设置时，应向脚手架一端下斜连接。连墙件应从底层第一步纵向水平杆处开始设置，当该处设置有困难时，应采用其他可靠措施固定。拉结点应保证牢固，防止其移动变形，且尽量设置在外架纵横向水平杆结点处。宜靠近主结点设置，偏离主结点的距离不应大于 300mm。

其他注意事项：钢管架应设置避雷针，分置于主楼外架四角立杆之上，并连通纵向水平杆，形成避雷网络，并检测接地电阻不小于 10Ω。在施工电梯预留位置形成开口型脚手架，所以在端部应由架体底部至顶部设置连续的横向斜拉杆。斜拉杆上固定结点铁板外侧采用双螺母加固。悬挑架沿建筑物纵向间距最大处不应大于 1.50m，悬挑架斜拉杆仰角不能太小，普通型挑梁斜拉杆仰角应大于 45°。

（8）操作要求

脚手架安拆人员应取得相应资格证书，持证上岗，并正确使用安全帽、安全带，穿防滑鞋。脚手架搭拆前，技术负责人对脚手架的安拆人员进行详细的安全技术交底，并履行签字手续。在施工现场显著位置公告危大工程名称、施工时间和具体责任人员，并在危险区域设置安全警示标志。每搭完一步脚手架后，应按《建筑施工承插型盘扣式钢管脚手架安全技术标准》中表 D.0.2 的施工作业脚手架验收记录表的规定进行验收。定期检查脚手架，发现问题和隐患,在施工作业前及时维修加固,以达到坚固稳定,确保施工安全。严格控制施工荷载,脚手板不得集中堆料施荷,施工荷载不得大于 $2kN/m^2$,上下施工不能同时超过两层,确保较大安全储备。

(9)脚手架拆除要求

拆架前,应全面检查脚手架的扣件连接、连墙件、支撑体系等是否符合构造要求,应清除脚手架上杂物及地面障碍物。拆架时应划分作业区,周围设绳绑围栏或竖立警戒标志,地面应设专人指挥,禁止非作业人员进入。拆架程序应遵守"由上而下、先搭后拆"的原则,即先拆拉杆、脚手板、剪刀撑、斜撑,而后拆横向水平杆、纵向水平杆、立杆等,并按"一步一清"原则依次进行。严禁上下同时进行拆架作业。连墙件必须随脚手架逐层拆除,严禁先将连墙件整层或数层拆除后再拆脚手架;分段拆除高差不应大于 2 步,如高差大于 2 步,应增设连墙件加固。外墙装饰阶段拉结点要求,确因施工需要除去原拉结点时,必须重新补设可靠、有效的临时拉结点,以确保外架安全可靠;拆除时要统一指挥,上下呼应,动作协调,拆下的材料要徐徐下运,严禁抛掷。运至地面的材料应按指定地点随拆随运,分类堆放,要"当天拆当天清",拆下的构配件应按品种、规格分别存放。脚手架拆除应配备良好的通信装置。如遇强风、大雨、雪等特殊气候,不应进行脚手架的拆除,严禁夜间拆除。翻掀垫铺钢笆应注意站立位置,并应自外向里翻起竖立,防止外翻将钢笆内未清除的残留物从高处坠落伤人。

3.4.2　脚手架工程应用

本项目脚手架工程采用广联达 BIM 模板脚手架软件,包含模板支架和外脚手架两个方面的功能。

1. 脚手架工程参数设置

(1)外脚手架材料库设置

单击"工程设置"选项卡→"外脚手架材料库",弹出"外脚手架材料库"对话框。通过材料库的设置,可以管理外脚手架的所有构配件,同时将影响外脚手架的配置参数、外脚手架支撑参数中构配件的可选项,杆件拆分的可用长度(材料统计时),以及构配件的截面特性、材料特性(安全计算时)。

通过勾选配件目录的选项,切换构配件的使用状态,选中特定规格的构配件,修改"尺寸"组内该构配件在材料拆分时会使用的那些尺寸。

在外脚手架设计前应了解当地市场情况,对各类材料进行统计,将合适的材料规格、尺寸录入软件中(图 3-161)。

自定义杆件尺寸:在"尺寸"组选中列表中某行,单击"复制"按钮,复制增添新的尺寸,双击"型号""长度(mm)",自定义型号名称及该型号的长度,如图 3-162所示。

(2)架体参数(盘扣式)

本案工程外脚手架采用盘扣式架体,架体设计前需要根据相关规范对架体参数做相应修改,如图 3-163 所示。

图 3-161 外脚手架材料库

图 3-162 自定义杆件尺寸

　　落地支撑：盘扣式外脚手架由于是模数立杆，当基础有高差时，立杆节点盘标高错开，水平无法连接，因此可以通过底部加可调底座的方式调节立杆高度，使节点盘处于同一高度（图 3-164）。

图 3-163 架体参数设置

图 3-164 落地支撑

悬挑支撑:《建筑施工扣件式钢管脚手架安全技术规范》规定,钢梁截面高度不应小于 160mm,锚固钢梁的 U 型钢筋拉环或锚固螺栓直径不应小于 16mm,钢梁固定端长度应大于或等于 1.25 倍悬挑长度(图 3-165)。

每个型钢悬挑梁外端宜设置钢丝绳或钢拉杆与上一层建筑结构斜拉结。钢丝绳、钢拉杆不参与悬挑钢梁受力计算。结合前文表中参数对支撑参数进行设置。

常规双排外脚手架,除了基本的架体之外,还需布置纵向斜撑、安全网,搭设高度超过 24m 时还需布置横向斜撑,感染楼搭设标高为 -1.000 ~ 17.916m(顶部需超出结构顶 1.2m),搭设高度为 19m,无须布置横向斜撑。

杆件:本例工程采用 B 型盘扣式架体,依据《建筑施工扣件式钢管脚手架安全技术规范》《建筑施工承插型盘扣式钢管脚手架安全技术标准》及杆件模数,立杆纵距设置为 1500mm、横距 900mm、步距 2000mm,如图 3-166 所示。

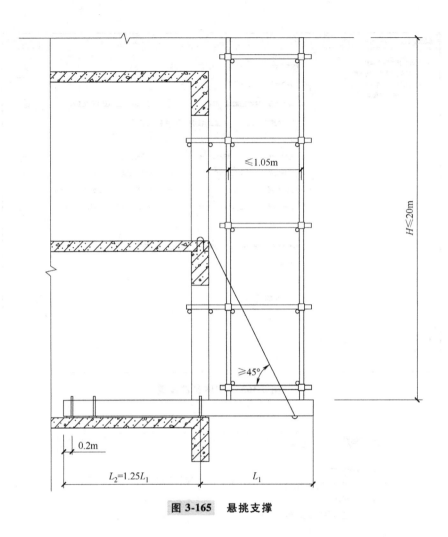

图 3-165　悬挑支撑

图 3-166　杆件参数

　　立杆型号从外脚手架材料库中选取，并根据当时市场供应情况，适当选取材料规格，根据本例工程所在地情况，选取立杆规格为 2.5m 及 1.5m 两种。

　　纵向斜撑：依据《建筑施工承插型盘扣式钢管脚手架安全技术标准》，应间隔不大于 4 跨设置一道竖向或斜向连续斜杆；当架体搭设高度在 24m 以上时，应每隔不大于 3 跨设置一道竖向斜杆。竖向斜杆应在双排作业架外侧相邻立杆间由底至顶连续设置（图 3-167）。

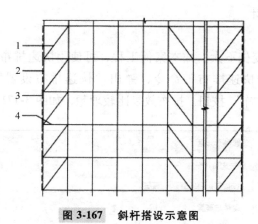

图 3-167　斜杆搭设示意图

1—斜杆　2—立杆　3—两端竖向斜杆　4—水平杆

根据《建筑施工承插型盘扣式钢管脚手架安全技术标准》，本例中纵向斜撑设置如图 3-168 所示。

纵向斜撑	横向斜撑	连墙件	脚手板	拦腰杆	弧形轮廓
排布方式	平行		跨数	1	
步数	1		间隔跨数	4	
连续排布列数	1				

图 3-168　纵向斜撑设置

连墙件：连墙件数量的设置除满足计算要求外，还需复核表 3-19 中的规定，由该表可知，本例工程最大间距可设置为三步三跨。

表 3-19　连墙件布置最大间距

搭设方法	高度/m	竖向间距	水平间距	每根连墙件覆盖面积/m²
双排落地	≤50	$3h$	$3L_a$	≤40
双排悬挑	>50	$2h$	$3L_a$	≤27
单排	≤24	$3h$	$3L_a$	≤40

注：h—步距；L_a—纵距。

脚手板：盘扣式脚手架有配套的脚手板，铺设层数为 3，选择冲压钢脚手板。

拦腰杆：拦腰杆即每层作业层的护栏，盘扣式步距为 2000mm 时，分别在 500mm 和 1000mm 处设置栏杆，如图 3-169 所示。

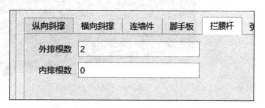

图 3-169　拦腰杆设置

2. 落地式脚手架设计

（1）快速排布

标准层构成或立面变化不大，如本案例工程，可使用快速排布进行脚手架设计。单击"外脚手架"选项卡→"快速排布"命令，弹出"快速排布设置"对话框，设置参数如图 3-170 所示，单击"排布"按钮。排布效果比较理想，如图 3-171 所示。

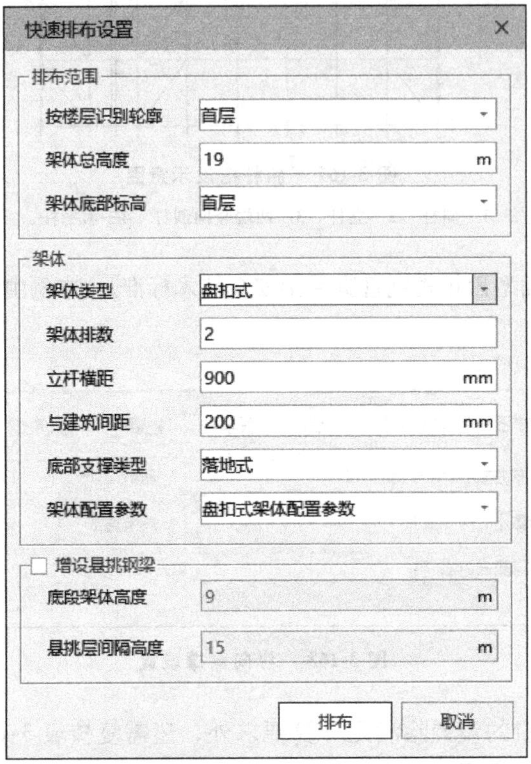

图 3-170 快速排布设置

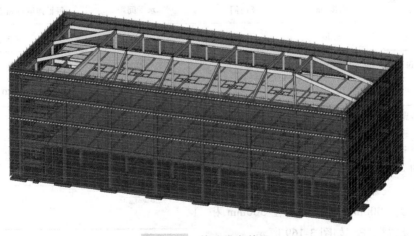

图 3-171 快速排布效果

（2）专家模式

单击专家模式→"盘扣式"选项，进入分块编辑模式，单击"自动创建分块"命令，弹出"自动创建分块设置"对话框，设置参数，单击"确定"按钮，如图 3-172 所示。

自动创建分块设置	×
架体	
架体排数	2
立杆横距	900　mm
与建筑距离	200　mm
高度范围	
高度范围	楼层范围
起始楼层	基础层
终止楼层	RF
确定	取消

图 3-172　自动创建分块设置

起始楼层以上的楼层分块是本层与下层轮廓的交集生成，自动识别不适用于下小上大的建筑造型，可采用分块绘制进行修改；终止楼层分块默认创建高度为 3000mm，如图 3-173 所示。

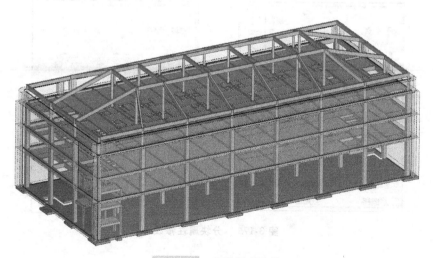

图 3-173　自动创建分块

绘制与修改分块。单击："专家模式"→"盘扣式"选项，进入分块编辑模式，单击"绘制方式"→"偏移值"，在属性对话框设置参数，单击"应用"按钮→绘制分块，如图 3-174 所示。

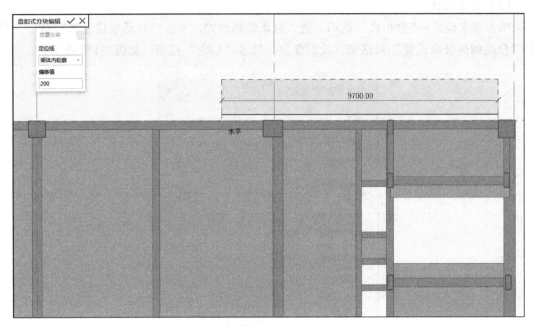

图 3-174　绘制分块

修改分块属性：在分块编辑模式下，选中"分块"，在属性对话框下修改参数（图 3-175），单击"应用"按钮。分块高度调整有两种方式：底部和顶部标高关联加偏移值；底部标高关联加高度值，此时顶部标高为空。

分块_直线	
基本属性	
架体排数	2
立杆横距	1050.0
定位属性	
底部标高	楼层 1
底部偏移	0.000
高度	3000.000
顶部标高	楼层 2
顶部偏移	0.000

分块_直线	
基本属性	
架体排数	2
立杆横距	1050.0
定位属性	
底部标高	首层
底部偏移	0.000
高度	5100.000
顶部标高	<空>
顶部偏移	0.000

图 3-175　分块属性修改

分块修角：在分块编辑模式下，单击"分块修角"→选择修角的第一条轮廓线→选择修角的第二条轮廓线，完成分块修角，如图 3-176 所示。

（3）清除架体

单击"外脚手架"选项卡→"清除架体"，点选或框选需清除的架体，单击"√"按钮。

（4）重排剪刀撑

若需要修改已创建的外脚手架的剪刀撑排布方式，选中架体→单击"重排剪刀撑"→弹出"剪刀撑重排参数设置"对话框→设置参数→单击"确定"按钮；重排剪刀撑不会修改架体配置参数中的剪刀撑参数，只会更新选中的外脚手架的剪刀撑参数值。

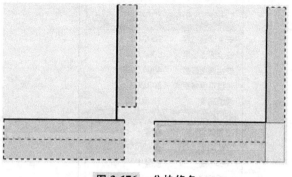

图 3-176　分块修角

（5）重排连墙件

若需要修改已创建的外脚手架的连墙件排布方式，选中架体→单击"重排连墙件"→弹出"重排连墙件设置"对话框→设置参数→单击"确定"按钮。重排连墙件不会修改架体配置参数中的连墙件参数，只会更新选中的外脚手架的连墙件参数值。

（6）施工电梯

下拉"施工电梯"命令→跳转至"修改"选项卡→放置第一点（建筑物轮廓线上）→放置第二点（确定电梯方向）→生成施工电梯。施工电梯的放置与外脚手架无关，只与建筑物外轮廓有关。第一点必须放置在建筑物外轮廓线上，第二点用于确定施工电梯的放置方位。生成施工电梯后，外脚手架会自动剖开施工电梯所占据的位置；后期移动施工电梯后，剖开位置自动更新。施工电梯与建筑物外轮廓线的距离默认为 300mm，可选中施工电梯后在属性对话框内修改参数。

（7）安全通道

下拉"安全通道"命令→跳转至"修改"选项卡→放置第一点（建筑物轮廓线上）→放置第二点（确定通道方向）→生成安全通道。

安全通道符合真实施工场地的用法参数。安全通道的放置与外脚手架无关，只与建筑物外轮廓有关。第一点须放置在建筑物外轮廓线上，第二点用于确定安全通道的放置方位。生成安全通道后，外脚手架会自动剖开施工电梯所占据的位置；后期移动安全通道后，剖开位置自动更新。安全通道与建筑物外轮廓线的距离默认为 200mm，可选中安全通道后，在属性对话框内修改参数，如图 3-177 所示。

（8）卸料平台

下拉"卸料平台"命令→跳转至"修改"选项卡→放置第一点（建筑物轮廓线上）→放置第二点（确定平台方向）→生成卸料平台。

卸料平台符合真实施工场地的用法参数。卸料平台的放置与外脚手架无关，只与建筑物外轮廓有关。第一点须放置在建筑物外轮廓线上，第二点用于确定卸料平台的放置方位。生成卸料平台后，外脚手架会自动剖开施工电梯所占据的位置；后期移动卸料平台后，剖开位置自动更新。可选中卸料平台后，在属性对话框内修改参数，如图 3-178 所示。

图 3-177　安全通道属性

图 3-178　卸料平台属性

3. 悬挑式脚手架设计

（1）快速排布

悬挑式脚手架需要在楼层上布置型钢梁，假设本例工程从 2 层开始悬挑，则快速排布，参数如图 3-179 所示。快速排布后，效果如图 3-180 所示。

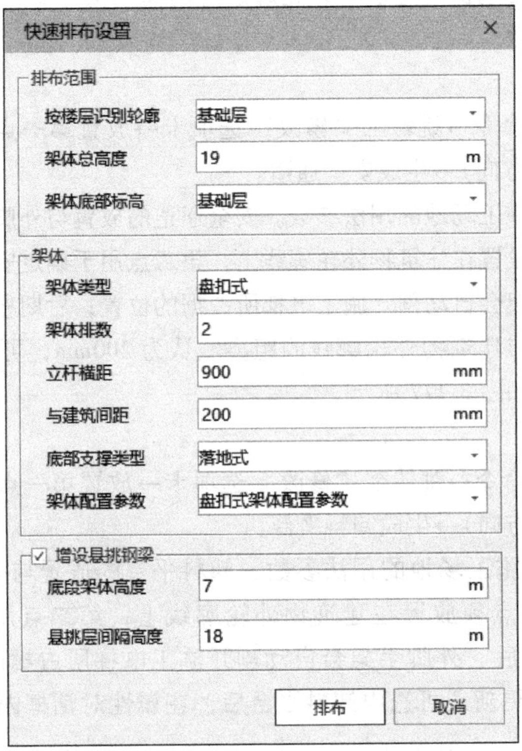

图 3-179　悬挑式脚手架快速排布设置

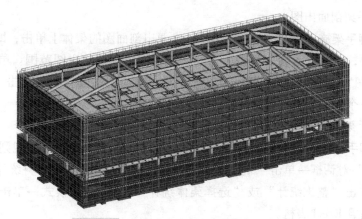

图 3-180　悬挑式脚手架快速排布后的效果

（2）悬挑主梁、悬挑次梁编辑

用于批量修改外脚手架的立杆的支撑形式，切换落地支撑和悬挑支撑布置的位置；精细编辑悬挑主梁、悬挑次梁的位置关系。

选中架体→在"支撑编辑"模式→选中立杆→自动排布架体支撑→手动绘制悬挑主梁、悬挑次梁→单击"√"按钮确认支撑编辑→生成悬挑主梁、悬挑次梁的三维模型。

（3）主梁下撑编辑

在主梁悬挑长度较大或主梁锚固在主体结构侧面时，根据指定的主梁布置主梁下撑；"支撑编辑"模式→选中悬挑主梁→布置主梁下撑/清除主梁下撑→单击"√"按钮确认支撑编辑→生成主梁下撑的三维模型。主梁下撑定位参数如图 3-181 所示。

图 3-181　布置主梁下撑定位参数设置

4. 脚手架工程专项方案成果输出

（1）外脚手架计算书导出

对于已排布的外脚手架，查看详细的安全验算过程，或者获取计算书用于方案交底、专家评审。单击"导出计算书"→进入选择模式→点选单个架体→弹出"计算书"对话框并查看详尽的计算过程→单击"输出"按钮保存。

（2）外脚手架平面出图

单击"外脚手架施工图-平面出图"，在弹出的视图列表中选择要出图的楼层，然后单击"确定"按钮。此处可以选择一个或多个楼层。如果仅选择了一个楼层，则会进入该楼层平面的预览窗口；选择了多个楼层将不会进入预览窗口。

（3）外脚手架立面出图

单击"外脚手架施工图-创建立面视图"，在要出立面图的架体上单击，即可生成立面视图，如果有需要，可以调整立面范围框，确定出图范围。单击"外脚手架施工图-立面出图"，在弹出的视图列表中选择要出图的立面图，然后单击"确定"按钮。此处可以选择一个或多个立面图。

（4）外脚手架剖面出图

单击"外脚手架施工图-创建剖面视图"，在要出剖面图的架体上单击，即可生成剖面视图。如果有需要，可以进入剖面视图，调整剖面范围框，确定出图范围。单击"外脚手架施工图-剖面出图"，在弹出的视图列表中选择要出图的剖面图，然后单击"确定"按钮。此处可以选择一个或多个剖面图。

（5）外脚手架工程量

先设置外脚手架材料拆分规则，如图 3-182 所示，单击"材料拆分规则"按钮→弹出"材料拆分规则"对话框→单击"确定"按钮保存。再进行外脚手架材料统计，下拉"材料统计"命令→单击"整栋统计"或"选择架体统计"→进入选择模式→单击"√"按钮→弹出区域材料估算 Excel 表格。

图 3-182　材料拆分规则

3.5　主体工程数字化施工模拟

3.5.1　3D 施工模拟

1. 3D 施工模拟的概念与意义

随着 BIM 技术的不断推广，BIM 在工程施工过程中的应用点也不断被发掘，由最开始通过三维模型核对施工图，查找施工图问题、三维可视化、工程量统计等，到视觉化应用的 3D、4D、5D 等施工模拟，以及现阶段的 VR 体验、平台化应用、3D 打印、点云扫描等，可以说每一个阶段都有相应的重点应用。下面主要介绍第二阶段也就是视觉化应用中的 3D 模拟。

工程在施工阶段会遇到很多问题，而 3D 施工模拟在这一阶段应用的突出特点就是可视化。3D 施工模拟是通过 BIM 软件对施工工艺、工序等进行模拟，提前发现施工过程中可能会存在的专业碰撞问题、施工难点等，以便提前解决相关问题。同时通过 BIM 软件进行施工模拟后，输出相关的动画、视频，通过工艺、工序动画，给施工人员进行三维交底，提高沟通效率，使其掌握施工过程中的工艺流程，可以防止施工过程中的一些失误，并提前纠正和调整，为工程施工带来安全和质量保证。

2. 3D 施工模拟应用流程

3D 施工模拟首先要确定模拟的对象，针对模拟的对象收集相关资料，做好前期资料准备，然后对模拟的对象进行分析，一是全面了解工艺流程，确定交底内容后提前与主要管理人员沟通；二是确认施工流程，避免现场施工过程中与工艺流程不一致。3D 施工模拟应用流程如图 3-183 所示。

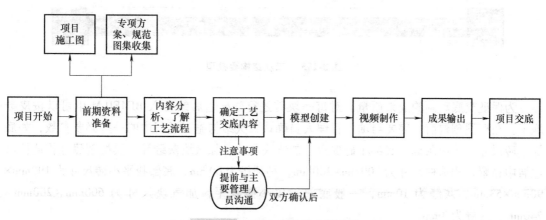

图 3-183　3D 施工模拟应用流程

3. 3D 施工模拟案例解读

（1）施工图解读

拿到施工图后，需要先翻阅结构、建筑的设计总说明，了解图中设计要求的构造柱、圈梁、过梁、翻高等设置原则及砌体墙材质要求。

（2）二次结构施工工艺

BIM 模型创建前，需要进一步确认二次结构施工工艺，明确各工艺施工顺序，为后续模型创建及交底动画打下基础，保证成果的准确性。本例工程的二次结构施工工艺如图 3-184 所示。

4. 二次结构模型创建

（1）二次结构梁模型

交底模型创建时，为了全面反映各个工序，考虑模型中体现构造柱、圈梁的做法，

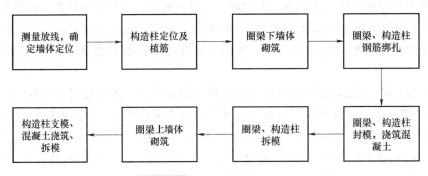

图 3-184 二次结构施工工艺

结合构造柱、圈梁布置要求，模型中框架柱截面尺寸为 600mm×600mm，净距为 6.2m，层高按 6m 设置，梁截面为 300mm×600mm。以其中一跨的梁为例，创建其三维模型（图 3-185）。

图 3-185 二次结构梁模型

为保证交底动画的成果质量，对每一块砖进行建模，后续导入 BIMFILM 中可以按皮数施工。在模型创建前，需要与项目管理人员确认二次结构施工过程中的一些必要参数，如底部小砖尺寸、小砖灰缝、底部小砖皮数、加气块尺寸、加气块灰缝等。模型创建时构造柱考虑居中布置，构造柱尺寸为 200mm×200mm，马牙槎为 60mm，底部找平小砖尺寸为 190mm×90mm×53mm，灰缝为 10mm，一般底部三皮小砖找平，加气块尺寸为 600mm×200mm×240mm，灰缝为 3mm。

（2）砖的参数族

首先需要绘制小砖及加气块的族构件，可以在"土建建模"模块中，选择"更多构件"中的"自定义点式构件"。然后选择"点式族"，进入"在位编辑"中选择"拉伸体"。

首先在梁附近中绘制一个 200mm×600mm 的长方形，然后选择"约束"中的"距离约束"进行参数约束。最后单击标注出来的尺寸长度，进行参数关联。

用相同的步骤做出宽度的参数关联。选择"构件参数"，然后"新建参数"进行高度参数约束，参数中将高度值改为 240mm，最后在"属性面板"中进度高度参数关联。

（3）墙体模型创建

砖的参数族完成后，可以首先绘制参照线，确定构造柱的定位，构造柱考虑居中布置（图 3-186）。

然后建立底部小砖模型，需要注意：构造柱边预留 60mm 马牙槎的位置；底部小砖上下需错缝，如图 3-187 所示。

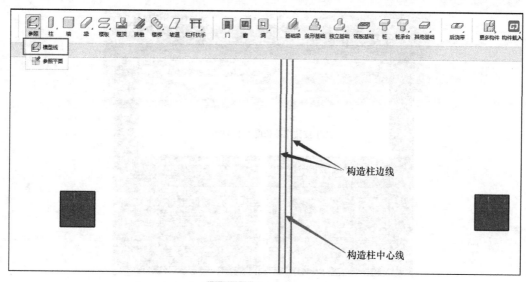

图 3-186 构造柱定位

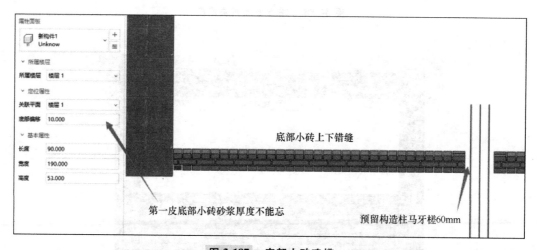

图 3-187 底部小砖建模

用相同的方法建立加气块的模型，需要注意：加气块砌筑过程中，每一皮马牙槎高度不宜超过 300mm；上下皮砖搭接长度不可小于砖长的 1/3，也就是小于 200mm 长的砖不可上墙，如图 3-188 所示。

（4）圈梁、构造柱模型创建

在墙体半高处设置混凝土圈梁，通过"自定义点式构件"中的"点式族"，选择"拉伸体"创建构造柱模型，厚度同墙厚（图 3-189）。

（5）圈梁、构造柱钢筋建模

圈梁、构造柱截面尺寸均为 200mm×200mm，计算其箍筋尺寸，保护层厚度按 15mm 考虑，箍筋直径为 6mm，箍筋中心线尺寸为（200−15×2−3×2）mm = 164mm。通过"自定义点式构件"中的"点式族"，选择"放样体"绘制路径（箍筋轮廓）。4 个角点位置半径为 12mm（按圈梁、构造柱纵筋直径考虑），绘制完成后单击"完成"按钮。

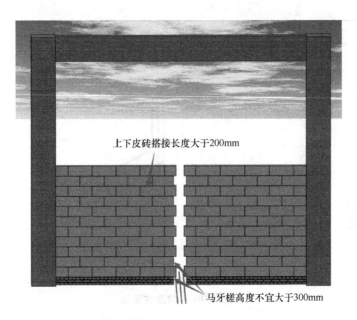

图 3-188 圈梁下加气块建模

上下皮砖搭接长度大于200mm

马牙槎高度不宜大于300mm

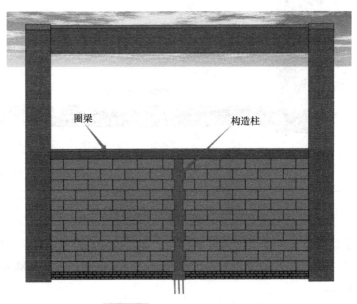

圈梁

构造柱

图 3-189 圈梁下构造柱建模

单击"绘制轮廓"命令，转到"左"视图，打开视图后在"创建实体"位置选择"圆"，绘制一个半径为3mm的圆（箍筋实体），单击"完成"按钮，退出"放样体"界面。在"左"视图中，选择"拉伸体"命令，绘制箍筋锚固端，然后移动至相应的位置，单击"完成"按钮。箍筋模型如图3-190所示。

图 3-190 箍筋模型

补充 4 根构造柱纵筋后，将构造柱箍筋补充到位，然后将构造柱钢筋移动到对应的模型位置。模型创建时需注意：构造柱箍筋施工时，上下端需要加密，且不少于 5 道箍筋，如图 3-191 所示。

图 3-191　构造柱钢筋

补充圈梁的箍筋后，绘制植筋钢筋。构造柱上下各植 4 根，圈梁两端也需各植 4 根，钢筋直径同构造柱、圈梁纵筋直径，如图 3-192 所示。

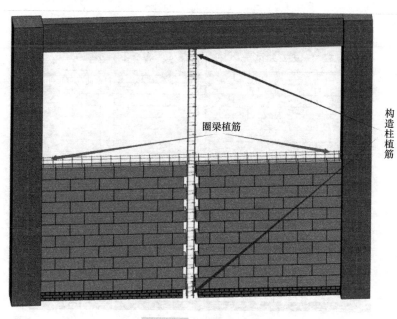

图 3-192　构造柱植筋

（6）构造柱、圈梁支模体系建模

构造柱、圈梁支模体系建模前，需要与管理人员确认支模方案，了解项目上对班组的工艺要求，然后根据对应的 CAD 图建立对应的支模体系，如图 3-193 所示。

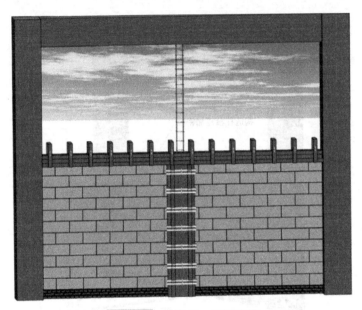

图 3-193　构造柱、圈梁支模

（7）圈梁上部墙体及构造柱支模体系建模

圈梁上部墙体模型创建时，需注意顶部预留 150mm 左右做斜塞砖，若顶部斜塞砖高度小于 150mm，可调整顶部加气块高度以保证满足斜塞砖空间，如图 3-194 所示。

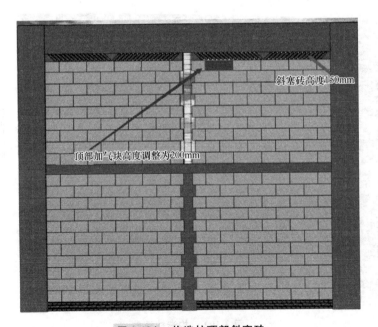

图 3-194　构造柱顶部斜塞砖

墙体模型完成后，补充对应圈梁上构造柱支模体系，注意构造柱顶部浇筑混凝土需预留喇叭口，交底模型就完成了，如图 3-195 所示。

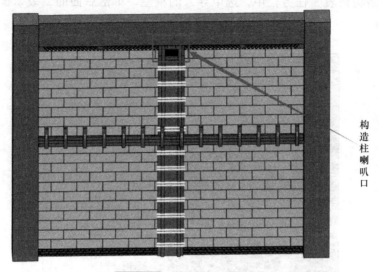

构造柱喇叭口

图 3-195　构造柱浇筑喇叭口

3.5.2　数字化交底动画制作

1. 模型导入

将由 BIMMAKE 创建的交底模型导出"3Ds"文件，存至对应文件夹。然后打开BIMFILM 软件，登录账号后，在"新建"界面随便选择一个地貌进入软件界面。在"施工部署"菜单界面单击"导入"命令，选择前面导出的 3Ds 文件，单击"打开"按钮，随后会跳出"导入设置"界面，合并选择"保留层次结构"，单位选择"毫米"，勾选原点布置，单击"确认"按钮。

BIMFILM 软件中，3Ds 文件导入的模型视觉上不是很舒适，像平面格式，可以在"施工部署"中的"工具"任务栏，选择"模型修复"命令中的"法线修复"，修复前后模型的效果分别如图 3-196a 和图 3-196b 所示。

a)　　　　　　　　　　　　　　　b)

图 3-196　法线修复前后的模型效果

2. 模型处理

由于导入的模型为一个整体，无法直接用于制作动画，因此需要做模型拆解。选中模型，在右侧"结构列表"任务栏中，选中导入的模型，单击后面的二级锁按钮进行拆解，如图 3-197 所示。

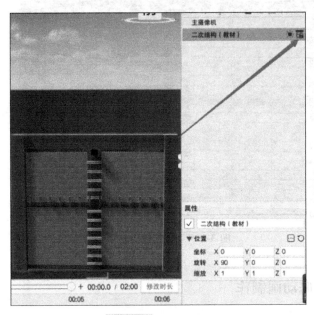

图 3-197　模型拆解

拆解完成后，会有很多的小构件，需要手动进行分类处理，可以先将砌体按每一皮进行处理，按住〈Ctrl〉键进行多选，在"施工部署"界面选择"模型组合"任务栏中的"组合"，进行模型成组，修改对应名称。如第一皮为"第一皮加气块"（图 3-198），其他依此类推进行处理及命名。

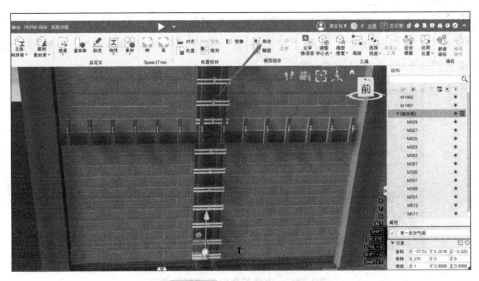

图 3-198　模型整理及命名

根据二次结构施工工艺流程图，在圈梁浇筑完成后需要等待拆模。所以构件命名时，需要区分圈梁上及圈梁下构件，方便后续动画的制作（图 3-199）。

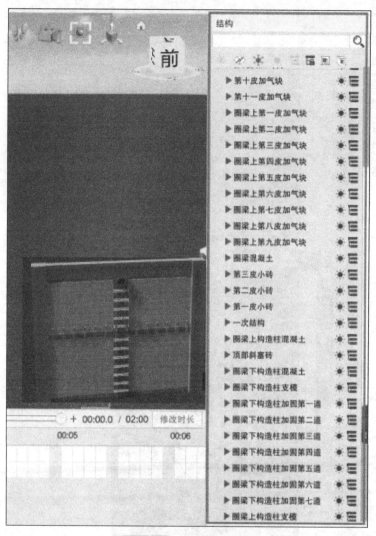

图 3-199　模型整理完成

3. 动画制作

（1）测量放线

在 BIMFILM 软件界面中，单击"基本体"任务栏中的"圆柱"进行"定位控制线"的绘制，在属性界面通过"位置"及"圆柱"界面中的参数调整控制线长度及方向，通过原点位置坐标轴拖拉进行放置；采用相同的方法建立墙体定位线及放线示意线，如图 3-200 所示。

在"施工部署"界面中，单击"施工素材库"，选择"人材机具"面板中"人"的模块，找到"测量员"进行放置，然后调整测量员位置，使其与"放线示意"尽量吻合（图 3-201）。

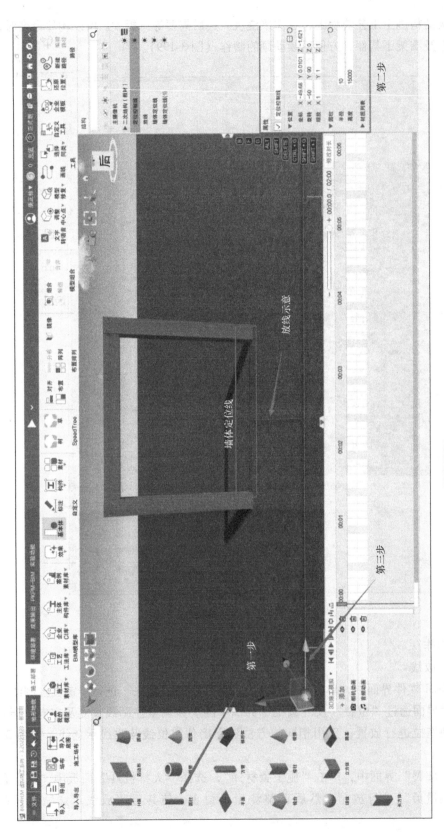

图 3-200　墙体定位放线

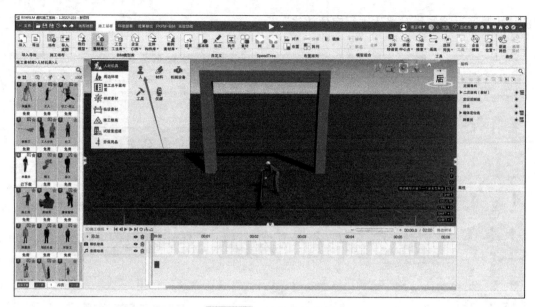

图 3-201　测量人员放置

在"动画添加"任务栏中选择"音频动画",单击"工具"任务栏中的"文字转语音"命令,添加对应的文稿内容"1. 测量放线　一次结构完成后,测量人员通过控制线对墙体进行定位放线,确定墙体及构造柱位置",单击"试听"按钮,试听后单击"插入音频"按钮,将文字内容复制到字幕内容中,如图 3-202 所示。

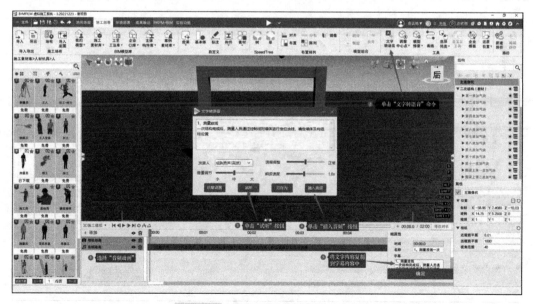

图 3-202　插入测量放线音频、字幕

单击"动画列表"的播放命令,查看其文稿播放速度,在"结构列表"中选中"定位控制线",单击"动画列表"中的"添加"按钮,添加"闪烁动画",将起始帧调整至"一次结构完成后",在"时间轴"上双击,调整其闪烁颜色(图 3-203);将结束帧调整至

"测量人员通过控制线对墙体进行定位放线"后。

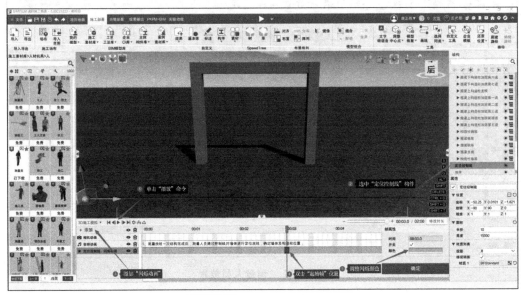

图 3-203   添加"闪烁动画"

　　为控制"定位控制线"构件的显示时间，需选中此构件，添加"显隐动画"，"显隐动画"的起始帧与"闪烁动画"同步，双击后在"帧属性"界面勾选"开关"选项，单击"确定"按钮，如图 3-204 所示；将结束帧设置于本段音频最末端，不勾选"开关"选项。

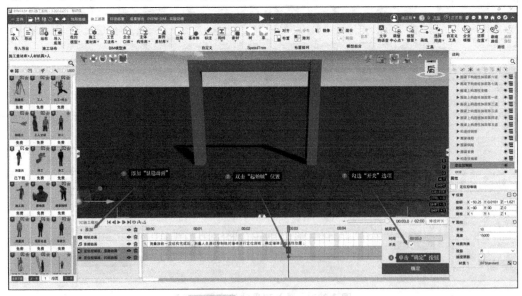

图 3-204   添加"显隐动画"

　　选中"放线"构件后单击添加，选择"剖切动画"，配合测量员做出放线示意，将"剖切动画"起始帧设置于定位控制线"闪烁动画"结束帧。在"帧属性"界面中将"下"处数据调整为"100"，单击"确定"按钮（图 3-205）；将结束帧设置于"测量人员通过控制线对墙体进行定位放线"音频后，界面中将"下"处数据调整为"0"。

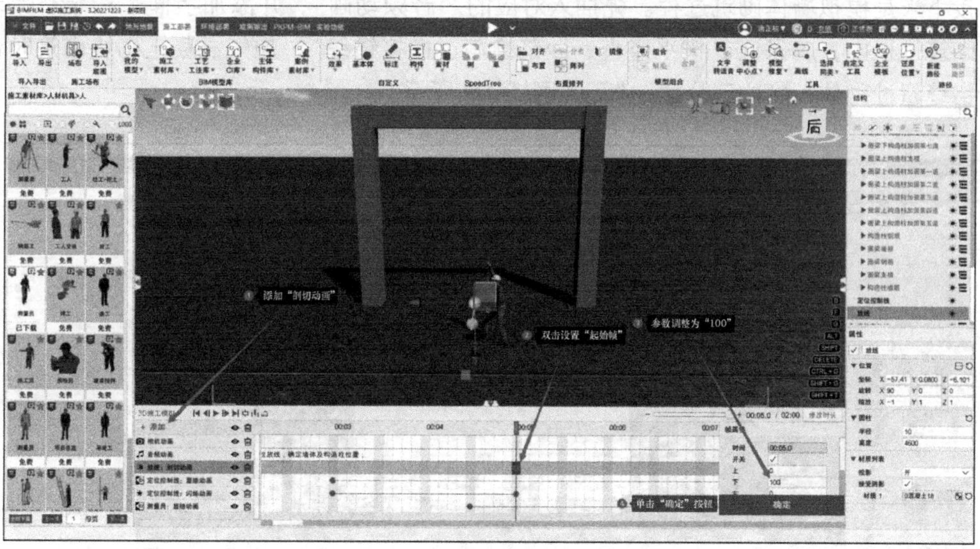

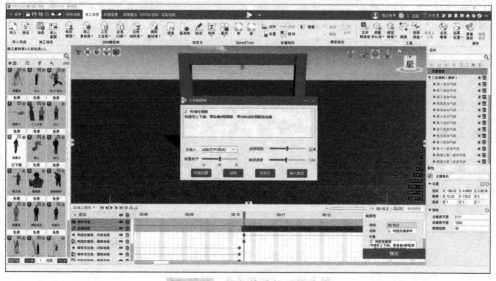

图 3-205　"剖切动画"参数调整

采用上述方法对"放线"构件添加"显隐动画"，起始帧位置同"剖切动画"，结束帧位置设置于本段音频最末端，不勾选"开关"选项；将"测量员"添加"显隐动画"，将起始帧设置与放线构件"显隐动画"前一帧，结束帧同"定位控制线"结束帧；用相同的方法对"墙体定位线"构件添加"显隐动画"及"闪烁动画"。

（2）构造柱植筋

利用上述方法添加对应"音频动画"，并添加字幕"2.构造柱植筋　构造柱上下端，需各植 4 根钢筋，用与构造柱钢筋笼连接"；对"构造柱植筋"构件分别添加"显隐动画"及"闪烁动画"，使其对应"音频动画"时间呈闪烁状态（图 3-206）。

图 3-206　添加构造柱植筋动画

（3）墙体砌筑

接下来是模拟墙体砌筑过程。先插入对应的"音频动画"，并添加字幕"3. 墙体砌筑墙体砌筑过程中，应保证'横平竖直、砂浆饱满、搭接错缝'，加气混凝土砌块砌筑时保证搭接错缝超过砌体长度的三分之一"，如图 3-207 所示。

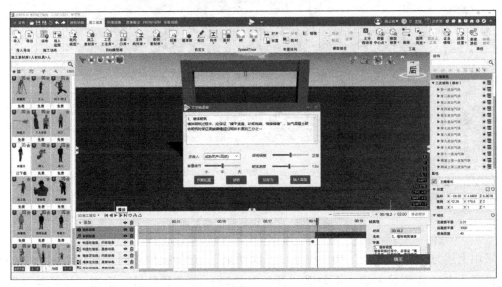

图 3-207　插入墙体砌筑音频及动画

墙体砌筑时是由下而上砌筑，对"第一皮小砖"构件添加"显隐动画"及"剖切动画"。"剖切动画"的起始帧中，将帧属性的"左"调整为"100"，结束帧均为"0"，使其形成一个从左至右施工的动画（图 3-208）；采用相同的方法分别做出圈梁下砌体墙的动画视频，使其总时间在本段"音频动画"时间内。

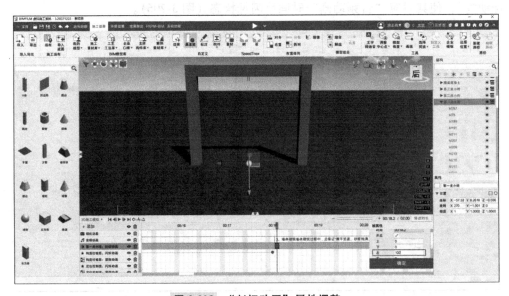

图 3-208　"剖切动画"属性调整

（4）构造柱钢筋笼放置

选择"构造柱钢筋"构件，添加"位置动画"。"位置动画"添加时，可考虑先添加起始帧与结束帧，再调整起始帧所对应的模型位置，这样可以保证结束帧位置模型不偏位（图3-209）。

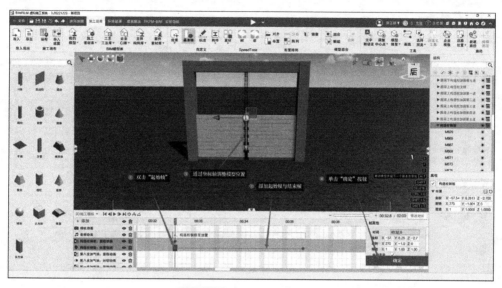

图 3-209　添加"位置动画"

（5）圈梁施工

接下来是模拟圈梁施工过程。先插入对应的"音频动画"，并添加字幕"5. 圈梁施工在两侧框架柱上需各植4根钢筋，用与圈梁钢筋笼连接；然后放置圈梁钢筋笼"；再对"圈梁植筋"构件添加"显隐动画"及"闪烁动画"，对"圈梁钢筋"添加"显隐动画"及"位置动画"，如图3-210所示。

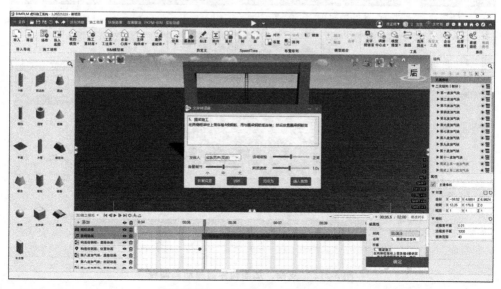

图 3-210　插入圈梁施工音频及动画

（6）构造柱及圈梁支模加固，浇筑混凝土

选中"圈梁支模""构造柱支模""构造柱加固"等构件分别添加"显隐动画"及"剖切动画"，并对"圈梁混凝土"及"构造柱混凝土"构件添加"位置动画"，使其动画持续时间在本段音频动画内，并添加字幕"6.构造柱及圈梁支模加固，浇筑混凝土"，如图3-211所示。

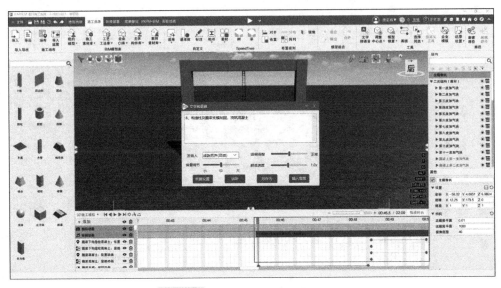

图 3-211　添加圈梁上构件施工动画

（7）圈梁及构造柱拆模

在编辑圈梁及构造柱拆模时需要注意，模型里的模板、加固措施在拆模后不应该显示在动画中，需要对"圈梁支模""构造柱支模""构造柱加固"等构件的"显隐动画"加一个结束帧，结束帧节点为拆模"音频动画"结束，如图3-212所示。

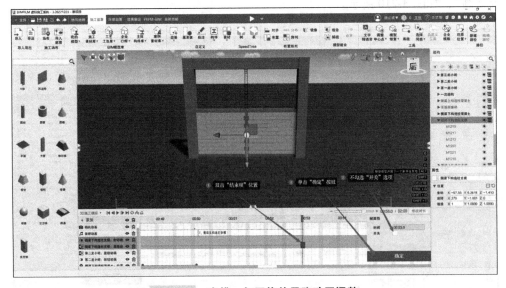

图 3-212　支模、加固构件显隐动画调整

在"圈梁支模""构造柱支模""构造柱加固"等构件原有的"剖切动画"中，添加拆模动画的起始帧与结束帧，总时段为本段音频动画总帧数，将圈梁支模构件的"剖切动画"结束帧中"右"属性调整为"100"，做出从左往右拆模的动画视频，如图 3-213 所示；将"构造柱支模""构造柱加固"构件结束帧"下"属性调整为"100"，做出从下往上拆模的动画视频，如图 3-214 所示。

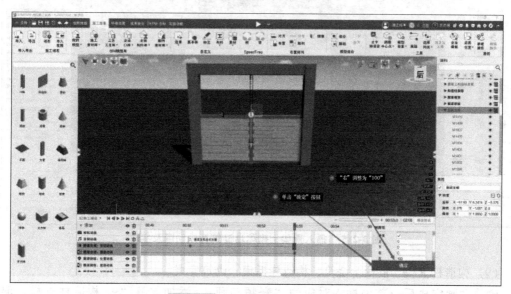

图 3-213　圈梁拆模动画属性调整

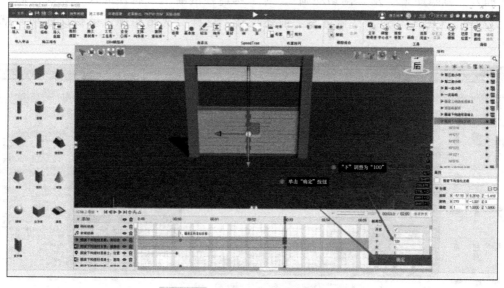

图 3-214　构造柱拆模动画属性调整

（8）圈梁上墙体砌筑

拆模动画完成后，首先添加对应"音频动画"，添加字幕"8. 圈梁上墙体砌筑；顶部斜塞砖施工"，确定总时长；然后对圈梁上的砌体做砌筑动画，分别添加"显隐动画"及"剖切动画"，如图 3-215 所示。

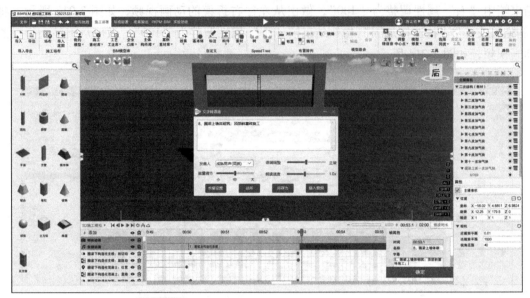

图 3-215　插入圈梁上砌体墙砌筑音频动画及字幕

（9）构造柱支模、混凝土浇筑、构造柱拆模，砌筑完成

砌筑动画完成后，首先插入对应的"音频动画"，添加字幕"9. 构造柱支模、混凝土浇筑、构造柱拆模，砌筑完成"，然后对"圈梁上构造柱支模""圈梁上构造柱加固"构件插入"显隐动画"及"剖切动画"，对"构造柱混凝土"构件插入"显隐动画"及"位置动画"（图 3-216），具体可参考前述操作，这样二次结构施工模拟交底动画就完成了。

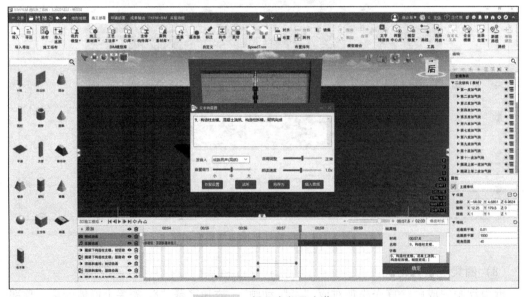

图 3-216　插入音频及字幕

（10）成果输出

整个视频动画制作完成后，在"成果输出"任务栏中单击"输出视频"，发现里面可以设置片头、片尾，而且自带默认模板，也可以进行自定义操作，让导出的视频看起来更加舒适（图 3-217）。

图 3-217　成果输出

3.5.3　4D 施工模拟

1. 4D 进度模拟定义

4D 进度模拟是将进度相关的时间信息和静态的 3D 模型链接，模拟工程项目施工过程和施工进度。它可以帮助项目管理人员直观了解项目进度，及时发现潜在问题和风险，并采取措施优化和调整。通过 4D 进度模拟，还可以评估施工方案的可实施性和可行性，提高项目的质量和效率。

4D 施工进度
模拟制作

4D 施工进度模拟
动画展示

2. 4D 施工模拟应用流程

4D 模拟应用实施前，应先了解常规工艺流程，避免因施工顺序不熟悉导致模拟动画与实际不符。4D 施工模拟应用流程如图 3-218 所示。

3. 模型准备

为了展示 4D 施工模拟效果，可以将搭架子、支模板、钢筋绑扎的工序添加进来。但由于钢筋构件较多，导致模型较大，本案例工程中不体现钢筋绑扎的工序。可以将原有模型导入广联达 BIM 模板脚手架设计软件，生成模架模型。以下将中医院项目的感染楼作为案例进行讲解。

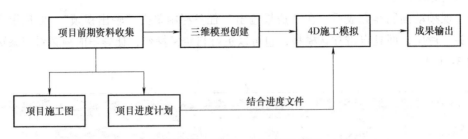

图 3-218　4D 施工模拟应用流程

（1）模型导入

打开广联达 BIM 模板脚手架设计软件后，单击"新建项目"，模板支架选择"盘扣式"。新建完成后，单击功能区"导入"界面，可导入".gcl"".gfc"格式模型，选择".gfc"格式模型，导入原有模型，考虑模型大小的问题，导入时选择一次结构构件即可。

（2）模板支架模型生成

在资源管理器界面将楼层切换至首层，在菜单栏"模板支架"中选择"架体排布"，然后直接单击"排布"，这样首层的支模架就能直接生成了，如图 3-219 所示。

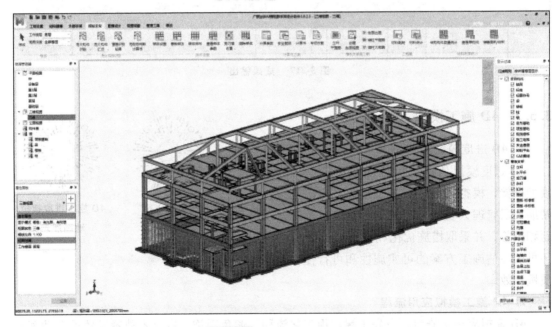

图 3-219　架体排布生成完成

（3）模型导出

首层架体生成完成后，在菜单栏中选择"管理工具"，然后导出 3Ds 文件。模板支架模型最好一层层地导出，这样导入 BIMFILM 中不需要再按楼层整理模型；主体结构也可以在广联达 BIM 模板脚手架设计软件中导出，导出时选择"主体结构"即可。

4. 动画制作

（1）模型导入及整理

新建 BIMFILM 文件后，导入模板支架、主体结构的 3Ds 格式模型，然后对其解开二级锁，进行整理。

（2）界面切换

模型整理完成后，将界面切换至"4D 施工模拟"，单击后，会跳出"清空当前动画信息"的提醒，说明 3D 施工模拟与 4D 施工模拟无法在一个文件中存在，单击"是"按钮。完成后，软件中会跳出"设置项目时间"选项，可以直接单击"确定"按钮；此项也可以修改，不会影响后续动画制作。

（3）进度计划导入

接下来导入感染楼的进度计划，在"动画列表"中单击"导入"按钮，选择对应的进度计划文件，单击"打开"按钮。

（4）模型关联

导入完成后，在"结构列表"中选择"主体结构"的"基础层"，在"动画列表"中单击"关联选中模型"，如图 3-220 所示。

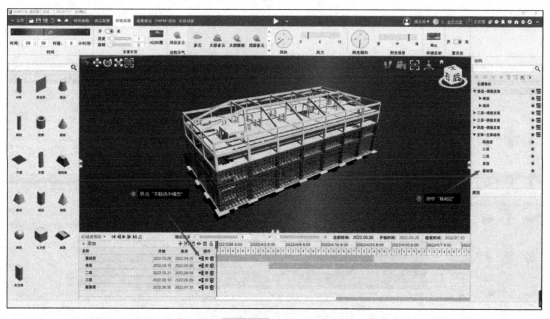

图 3-220 模型关联

（5）工序起止时间调整

模型关联完成后，会发现在"基础层"前多了一个小三角符号，单击这个小三角符号，就能看到关联进去模型的开始时间及结束时间，可以单击对应的时间按进度计划进行修改（图 3-221）。

（6）动画添加及调整

点开小三角符号后，会发现在基础层的模型下，还有一个生长动画的子任务，如果误删了，还可以通过单击"添加"按钮，插入各种视频动画，如图 3-222 所示。

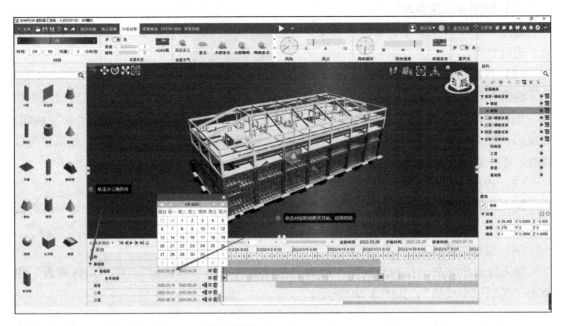

图 3-221　工序起止时间调整

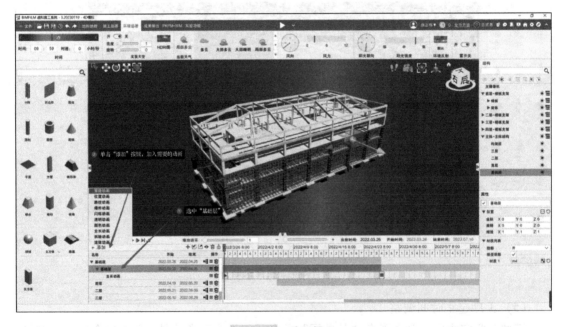

图 3-222　动画插入

对于"生长动画"，不能通过拖拉时间轴上的小三角符号进行调整，只能通过修改开始时间、结束时间进行调整。双击小三角符号，会跳出"帧属性"框，可以选择动画方向，如图 3-223 所示。

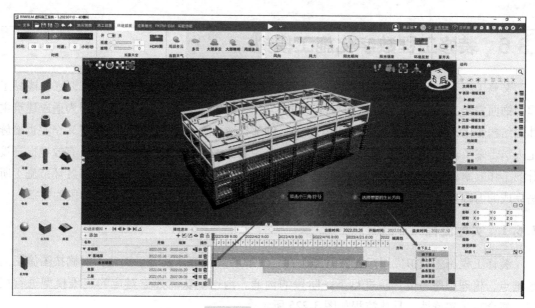

图 3-223　动画方向调整

基础层完成后，进行首层的进度模拟，在首层中分别关联模板、架体、一次结构等模型，调整对应的持续时间及动画方向即可。通过相同方法完成其他楼层的动画模拟，4D 施工进度模拟就可以完成了（图 3-224）。

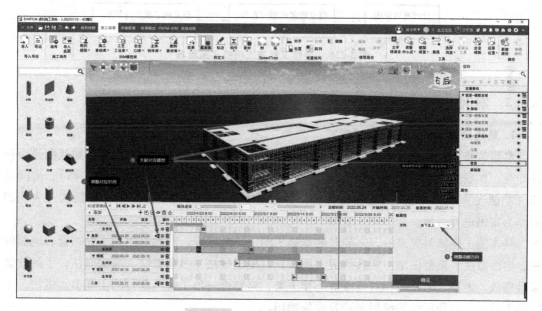

图 3-224　其余楼层生长动画制作

（7）成果导出

整个生长动画制作完成后，在"成果输出"任务栏中单击"输出视频"命令，可以发现里面可以设置片头、片尾，而且自带默认模板，也可以进行自定义操作，让导出的视频看起来更加舒适。

3.6 装修工程数字化施工模拟

装修工程主要包括抹灰工程、门窗工程、吊顶工程、涂刷工程、轻质隔墙工程、裱糊工程、饰面安装工程等。随着建筑结构设计的多元化和现代化，建筑装饰装修工程为适应建筑主体的结构变化，施工时选用的材料种类较多，细部构造更趋于复杂，产生大量交叉作业也给施工人员带来了较大的困难。装修工程模拟将其应用到工程的装饰装修设计阶段，有效地提高设计的工作效率；将其应用到施工阶段，提前对施工过程中各道工序进行模拟，将各环节施工所需完成的内容全方位地展示处理，确保装修工程有序进行，有效地提高了施工阶段的效率。

3.6.1 实施流程

装修工程施工模拟应用应先熟悉施工图，了解各部位节点及施工工艺，明确按图施工的重难点，梳理问题与设计院进行下一阶段的沟通。沟通确认后建立对应的三维模型进行模拟，复合其可实施性，具体流程如图 3-225 所示。

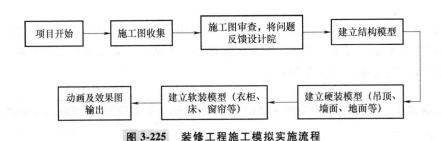

图 3-225 装修工程施工模拟实施流程

3.6.2 案例工程应用

1. 熟悉装修做法和家具布置摆放

拿到装修施工图后，需要先查看建筑平面图，主要是复核装修施工图与原建筑图是否存在冲突。如墙体定位（影响房间的开间大小）、墙体材质（采用隔墙板还是砖砌）、房间功能（功能改变可能对应的做法也会调整）等。以下以某住院楼项目工程标准层的三人间病房作为案例进行讲解。

基本施工图核对完成后，需要对装修施工图进一步核查，熟悉卫生间平面布置、地面做法、墙面做法、顶棚做法；熟悉病房平面布置、地面做法、吊顶做法、墙面做法；了解软装家具摆放，地面、吊顶的相对高度等。接下来，需要进一步了解各部位的工艺节点做法，了解施工顺序，方便后续的模型创建及成果输出。

2. 模型创建

在 BIMMAKE 软件中建立一次结构模型后，通过"更多构件"中的"自定义点式构件"来创建各类节点构件。

（1）吊顶龙骨及其他连接件建模

打开"自定义点式构件"创建界面，首先单击任务栏中的"拉伸体"绘制构件截面。然后通过"构件参数"添加"长度"实例参数。这样龙骨就可以自由修改长度（图 3-226）。注意轮廓绘制时，界面需调整到立面中。

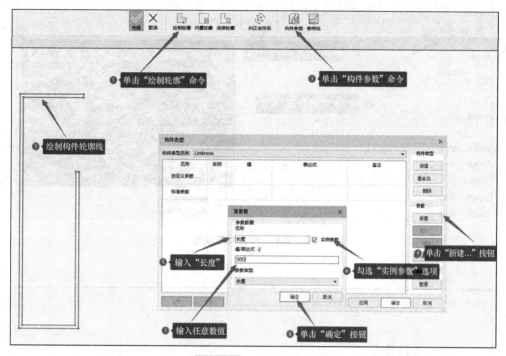

图 3-226 龙骨族建模

（2）装饰吊顶板建模

装饰吊顶板构件可以单击"楼板"进行创建，根据顶面图中分隔尺寸建立 600mm× 900mm 的单个吊顶板模型，然后进行拼接。建立过程中，施工图注明筒灯、喷淋、平板灯等在楼板模型中的预留位置（图 3-227）。

单个吊顶板模型建立完成后，可以通过调整构件材质来改变构件显示样式（图 3-228）。

（3）其他部位构件模型

卫生间地砖建模时，采用"楼板绘制"，然后调整其材质即可；墙砖建模时可以用"墙构件"绘制，调整其厚度及材质；病房区地坪用楼板绘制，调整其材质即可；墙面建模时可以用墙构件绘制，调整其厚度及材质。软装模型，如病床、窗帘、柜子、电视等可以在"构件坞"中寻找对应的族库，再进行调整，如图 3-229 所示。

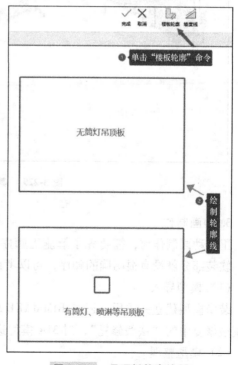

图 3-227 吊顶板轮廓绘制

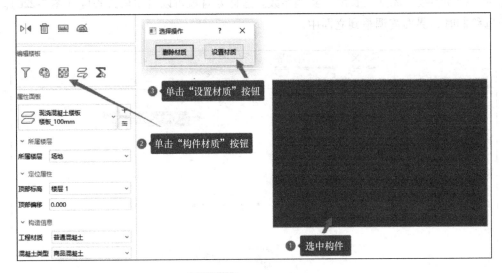

图 3-228 构件材质设置

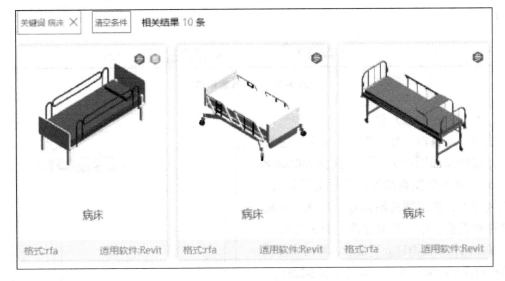

图 3-229 其他部位构件模型

3. 动画制作

工艺动画制作前，需要先了解施工顺序。硬装部分一般是先吊顶，再地面，最后做墙面；软装部分就没有很明确的顺序，可以考虑先病床，再窗帘最后安装灯具等。

（1）模型导入

装修模型建立完成后，通过 BIMMAKE 软件导出 3Ds 文件，导入 BIMFILM 软件中，选择模型修复中的"法线修复"，对 3Ds 模型进行修复，如图 3-230 所示。

（2）模型整理

模型修复完成后，打开二级锁，通过"组合"命令进行构件整理，如图 3-231 所示。

图 3-230 模型导入及修复

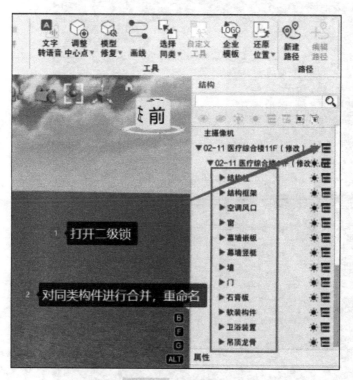

图 3-231 模型整理

（3）吊顶施工模拟

吊顶施工前，需先打吊杆，再安装轻钢龙骨，最后安装饰面板。根据施工顺序，在 BIMFILM 软件中选中"吊杆"添加"剖切动画"，确定起始帧及结束帧后，将起始帧属性中"下"调整为"100"，如图 3-232 所示。

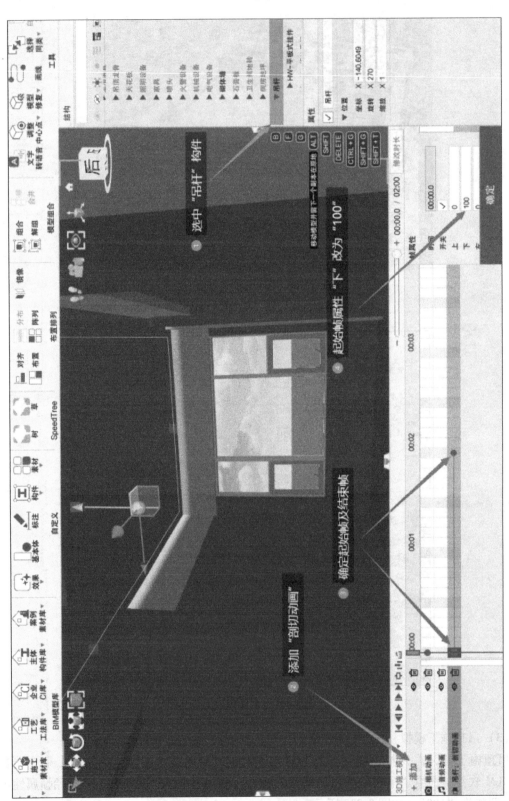

图 3-232　吊杆动画制作

选中"吊顶龙骨"构件添加"剖切动画"，确定起始帧及结束帧后，将起始帧属性中"上"调整为"100"，如图 3-233 所示，同时添加"显隐动画"。

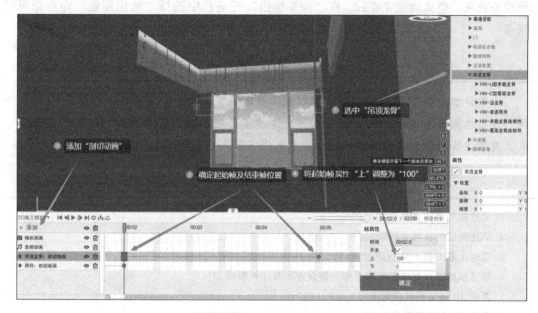

图 3-233　吊顶龙骨动画制作

选中"石膏板"构件添加"剖切动画"，确定起始帧及结束帧后，将起始帧属性中"后"调整为"100"，如图 3-234 所示，同时添加"显隐动画"。

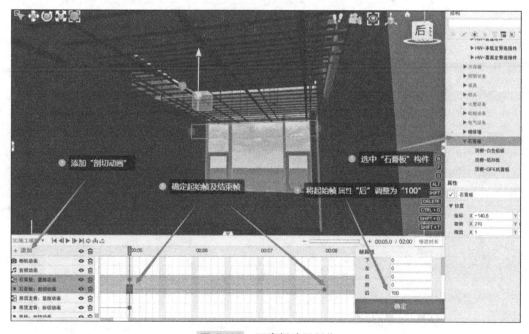

图 3-234　石膏板动画制作

（4）成果导出

以上介绍是以吊顶施工为例，其余地面、墙面、包括软装等施工工序均可添加各类动画达到模拟效果。整体动画完成后，在"成果输出"任务栏中选择"输出视频"命令即可导出视频。

本 章 小 结

本章详细介绍了运用 BIMFILM 虚拟施工阶段制作工程动画的流程。结合案例工程，深入浅出地阐述了基础工程、模板工程、脚手架工程、主体工程、装修工程的施工工艺、建模流程和动画模拟方法，提高读者利用信息化技术进行工程模拟的能力。

思 考 题

1. 简述基坑围护 BIM 应用流程。

2. 简述常见的基坑支护形式。

3. 简述土方工程 BIM 应用流程。

4. 简述承插型盘扣式钢管脚手架的搭设方法及注意事项。

5. 简述 3D 施工模拟应用流程。

6. 简述 4D 施工模拟应用流程。

7. 以自己熟悉的一间教室或者宿舍为例，制作其装修动画。

【知识目标】

掌握 PKPM 一体化数字设计方法。

【能力目标】

培养协同设计能力和工匠精神。

4.1 一体化数字设计流程

4.1.1 PKPM-BIM 建筑全专业协同设计系统

PKPM-BIM 建筑全专业协同设计系统（简称 PKPM-BIM）基于国产自主平台 BIMBase 研发，拥有 100%国产化核心技术，保证信息数据安全。该系统基于中心数据库的构件级协同设计模式研发，支持多人分布式并行工作，数据同步差量上传至服务器，成员间通过构件锁定机制、消息机制确保工作成果的唯一性和关联性，服务端可基于局域网、互联网、公有云、私有云部署；该系统涵盖建筑、结构、给排水、暖通、电气五大专业，支持智能建模、协同设计、规范审查、模拟分析、图纸清单、轻量化展示、对接智慧运维等多场景数字化应用；各专业按照我国 BIM 标准编制，平台内置建筑行业规范，支持伴随设计过程的规范查询和规范检查；建筑专业支持快速建模、识别图样生成模型、规范审查、对接节能分析等多场景应用；结构专业全面优化建模方式，提升建模效率，建立生态环境，与 EasyBIM 施工图对接，实现结构建模、计算、出图的正向设计应用；机电专业支持按系统建模、设备自动连接、专业间碰撞检查、管线综合、净高分析等，支持自动翻模、电气照明自动布置灯、暖通水力计算、给排水喷淋、防雷计算、平面图出图等功能（图 4-1）。

在 PKPM-BIM 的软件体系下，基于自主的 BIMBase 平台，功能支持范围覆盖建筑、结构、水、暖、电、工艺管道等专业，可实现由设计到审查再到施工的全流程应用。可以概括地将此流程归类为"设计协同一体化""设计分析一体化""设计审查一体化""设计算量

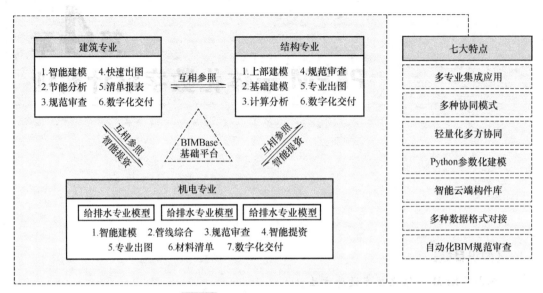

图 4-1　PKPM-BIM 协同设计系统

一体化"四个阶段，将建筑全生命周期设计数据整合到同一个平台数据体系下，与传统的设计流程相比提高了整体工作流程的完整度。

　　下面以某幼儿园项目为例，介绍 PKPM-BIM 全专业协同设计系统及其应用。该项目的协同设计始于方案设计完成之后，包括建筑、结构、给排水、暖通、电气五个专业的三维正向设计，以及模型的数字化应用等。图 4-2 是该幼儿园项目的效果图。

图 4-2　幼儿园项目效果图

4.1.2　设计协同一体化

　　相比 CAD 的绘图过程，三维的正向设计在三维平台的支持下，可以实现各个专业不同设计师在设计过程中更好地交互配合。与传统二维不同的是，在增加了空间高度信息后，各个专业的信息构件可以在整个设计阶段全面立体地呈现出来，这一点让原本复杂的、需要加以人为理解的不同设计人员、不同专业间的提资过程可以以极简单的形式完成。将这种配合融入整个设计流程中，就得到了基于正向设计的协同设计工作模式，这样协同的设计模式的优点是显而易见的：更加流畅的信息传递，将原本相对独立的设计师个体串联起来；在设计的前期就可以兼顾其他人的工作内容，设计团队整体思路更加统一，方向更加明确。这也是软件技术发展带来的新的工作模式。

PKPM-BIM 的协同方式根据工作方式的不同，可大致分为单机协同和基于中心数据库的构件级协同两类。

1. 单机协同

在单机工作模式下，支持模型合并、模型链接，各专业根据需要链接其他专业模型作为自己的设计参照，并在此基础之上进行设计和建模。各专业之间的模型各自独立，相互不影响，所有编辑和修改工作始终在各自的模型中完成，最后将各专业模型进行合模、链接，形成 BIM 全专业模型。

（1）参照模型

底图参照：可将 DWG 文件导入项目中，供多专业参照。参照匹配：可为各楼层匹配不同的 DWG 文件。合并工程：可将同一项目的不同专业（建筑、结构、机电）模型整合，通过视图参照，可以在同一个视口中分层查看不同专业的模型，合并后的工程也便于整体交付，如图 4-3 所示。

图 4-3　合并工程的效果

（2）链接模型

支持 P3D 模型和 PMODEL 模型，可在链接管理中对链接模型的各层显隐、选中状态和模型颜色进行调整，如图 4-4 所示。另外，可接收机电专业的提资，在结构构件上开洞。

2. 基于中心数据库的构件级协同

支持多人分布式并行工作，数据同步差量上传至服务器，成员间通过构件锁定机制、消息机制确保工作成果的唯一性和关联性，通过专业间模型数据共享，互相引用参考，实现全专业协同设计和全流程协同工作。服务端可基于局域网、互联网、公有云、私有云部署，确保模型信息安全。

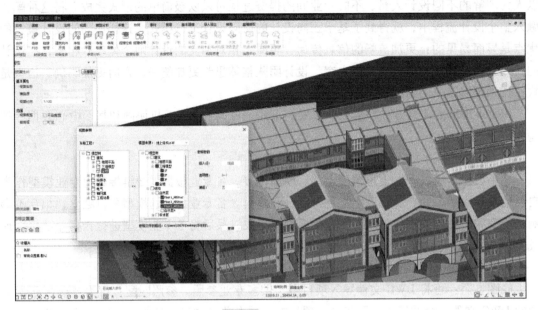

图 4-4　链接模型

本项目主要应用基于中心数据库的构件级协同设计模式，在项目设计初期，通过局域网-协同工作服务器的模式，基于 PKPM-BIM 的协同功能，将参与项目的设计团队共同添加到设计协同网络中。在这样的工作环境下，不同的设计师个体可以实时地将自己所完成的三维建筑信息模型上传分享给团队内的其他伙伴，实现以极简的模式将所有人的工作数据收集组合起来，在设计端做到设计成果的同步"成长"。

三维信息模型的传输相对于二维的"提资"有更加直观的优势，在二维信息模式下，设计团队以各自专业为单位，互相存在专业基础知识的壁垒，提资往往伴随着会议的解释和讨论，解决设计团队内部的自生性问题成为设计过程中需要解决的关键问题之一。尽管会议和人工的讨论已经是当前普遍解决问题的首选方式，但是设计团队的沟通效率问题往往会成为一个项目设计过程中不稳定的因素。

当尝试用三维协同考虑问题时，会有一个直观的优势，即可以在一定程度上，避开专业知识的空白，帮助快速发现问题。三维协同虽然不是一个可以全面依赖的解决方式，但是可以给各专业的沟通打下一个很好的基础，可以让设计团队更加了解彼此之间的想法，给设计工作带来更大的便捷性。

为了避免在协同工作的模式下，个体的操作失误给整体的团队工作带来影响，在协同设计的模式下，增加了"权限"管理的操作，通过明确并限制各个设计工作者需要的合理的修改范围，能够在协同的大前提下将彼此的工作范围更好地区分开，最大限度地降低操作失误带来的影响。

4.1.3　设计分析一体化

PKPM-BIM 在自身的软件生态体系下，可以实现设计不同阶段、不同专业的设计分析工作，在正向设计的流程下，基于同一套模型来完成。如 PKPM 结构计算分析软件、PKPM 绿建节能系列软件、PKPM-PC 设计软件、PKPM 钢结构设计软件、BIMBase 三维工厂全专业协同设计套件等，同一个软件体系下各个应用方向的软件可以实现底层的数据互通，这样大大提升了设计过程的连贯程度。除此之外，基于 BIMBase 平台，可以实现与现行市场下大多数 BIM 数据的对接，面对不同的情况可以有灵活的处理方式。

在此幼儿园项目中，前期阶段建筑设计团队直接基于方案的成果进行了建筑光照分析，如图 4-5 所示。

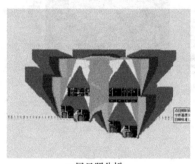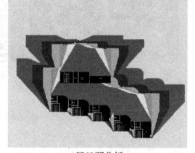

一层日照分析　　　　　　　　　　　　二层日照分析

图 4-5　日照分析

从结果来看，主要功能房间的静态采光系数均值满足采光设计标准要求，采光效果良好；动态采光结果，主要功能房间的 60% 面积比例区域的采光照度值满足不低于 4h/d 的要求，如图 4-6 所示。基于建筑模型直接对接到 PKPM 绿建节能系列软件，分析后可以更灵活地编辑修改。此外，在 PKPM-BIM 中建好模型后，可直接基于同平台传递进行节能、能耗、碳排放、自然通风、构件隔声、绿建施工图分析计算与优化设计，无须二次建模，也避免了数据转换带来数据丢失的问题。

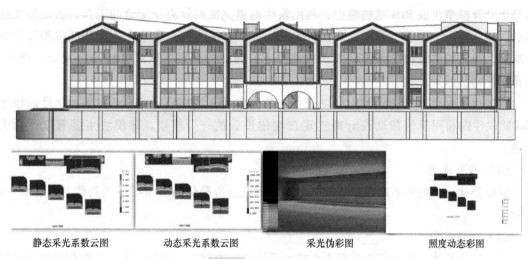

静态采光系数云图　　　　动态采光系数云图　　　　采光伪彩图　　　　照度动态彩图

图 4-6　室内采光分析

对主楼一层左侧的厨房、儿童活动室建筑房间进行自然通风模拟分析，儿童活动室的房间风速为 0.3m/s 左右，房间温度在 31℃ ，房间整体通风情况良好，优于原方案设计要求，如图 4-7 所示。

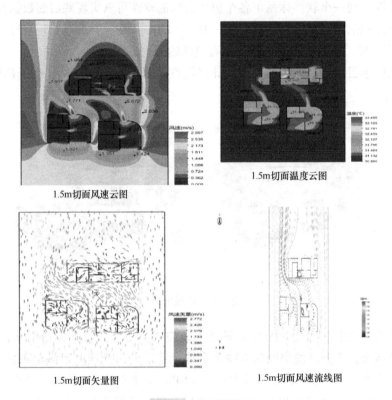

1.5m切面风速云图　　　　1.5m切面温度云图

1.5m切面矢量图　　　　1.5m切面风速流线图

图 4-7　通风模拟

结构设计团队采用 PKPM-SETWE 计算模块和 PKPM-BIM 双向更新配合的模式，结构团队基于计算模型生成 BIM 结构模型，利用软件通道完成增量更新配合的工作，实现传统结构计算设计搭配 BIM 模型建模提资，有效地解决了传统结构计算无法融入 BIM 模型设计中的难题，根据国内结构设计情况在 BIM 概念下打通结构计算模型到 BIM 模型设计的壁垒，取得了不错的效果。

本项目还采用了 PKPM-AID 模块进行结构方案层面的布置比选，PKPM-AID 是内嵌于 PKPM 软件内利用算法帮助设计师实现自动化设计的一个模块。该模块主要有以下两大功能：

（1）截面优选

保证要优化的构件不超限的情况下，自动挑选造价最优的截面赋予到构件上，如图 4-8 所示。

（2）指标控制

使用数学算法，通过缩放截面大小或者墙肢长度的方式，重新分配整体结构平面或者竖向的刚度分布，以达到造价或者结构质量最优且整体指标不超限的效果，同时可以兼顾构件的一些重要指标（如轴压比）不超限。

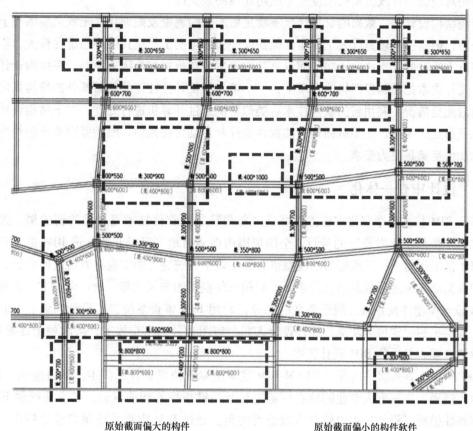

原始截面偏大的构件　　　　　　　　　　　　　原始截面偏小的构件软件
软件将自动优化截面　　　　　　　　　　　　　自动加大至满足受力要求

图 4-8　自动进行截面优化

　　本项目在结构专业团队的设计流程中加入智能比选，利用新的软件技术寻求项目结构受力要求和造价方案二者的最优搭配，达成结构最具性价比的方案，见表 4-1。

表 4-1　结构方案比选

方案	隔震	减震
对建筑的影响	上部建筑无支撑、阻尼器，不影响建筑功能。但缝宽加大，且需设置隔震层，增加地下室埋深，对建筑影响较大	在建筑隔墙内设置支撑、阻尼器，需与建筑专业配合门窗位置，略微影响建筑使用面积
施工周期	隔震层需要额外施工时间、施工周期加长	对施工周期基本没有影响
后期维护	隔震层需要定期维护，隔震沟需要定期检查清理	一般不需要额外维护
综合造价	需要增加隔震层及隔震沟，设备管线需增加柔性连接，土建及机电工程费用均相应增加，后期还有维护费用，实际造价增高较多	增加了设置阻尼器及其连接的费用

　　综上，由于本项目位于 7 度区，楼层较低，隔震层在项目中的造价所占比例较高，因此不宜采用隔震方案。而且本项目地上主体结构平面不规则，抗扭刚度较弱，因而消能器要选

择价格相对较低、可改善结构刚度分布的防屈曲约束支撑。

传统结构设计中，截面的计算结果不满足后所做的调整及截面尺寸配置主要依赖于设计师的经验，调整过程还是以人工为主，但是以经验为主的工作模式的不稳定性较大，不同的人调整所需的时间成本往往不同，而最终结构方案的造价把控也因人而异。在结构设计渐趋成熟，设计成本把控越发严格的环境下，一个项目的设计往往还伴随着额外的结构优化工作量。面对此类情况，利用新的软件技术将类似情况通过计算机进行处理，对于结构设计方案可实现更稳定的把控。原始截面偏大的构件软件将自动优化截面，原始截面偏小的构件软件将自动加大至满足受力要求。

4.1.4　设计审查一体化

基于 BIM 技术的数字化审查工作是近些年建筑行业软件技术发展后的新成果，为了响应国家"加快数字化发展"的号召，全国范围内多省市地区已经开始推进 BIM 报审相关工作。BIM 报审作为一种三维层面的模型审查，相较于传统施工图审查有着自己的优势，基于三维的数据框架来进行规范条文的审查，利用三维模型的先天优势，快、全、准、省地检查出 BIM 设计模型违反重难点规范条文的部分。利用 BIM 审查系统查找设计错误、关联问题构件、提供可视化定位等功能，提升设计人员、审图人员的工作效率，同时便于建设单位、设计单位管理人员进行 BIM 设计管理。

PKPM-BIM 审查模块内置于 PKPM-BIM 建筑全专业协同设计系统中，涵盖建筑、结构、给排水、暖通、电气五大专业的核心规范内容及关键指标的智能审查，各专业提供 BIM 构件报审属性模板，设计过程中结合审查进行内审。通过 BIM 审查系统预判设计错误、关联问题构件、提供可视化定位等，提升设计人员的工作效率，同时便于设计团队进行 BIM 设计管理。

4.1.5　设计算量一体化

BIM 技术可以为工程项目的设计、计量计价和施工，建立和使用互相协调一致的可运算的信息。当设计师在进行 BIM 正向设计时，可提前考虑算量、施工等要求，并使用相应的 BIM 解决方案，将与项目所有相关的信息协调在一起，三维模型、二维图、信息表格和工程量计算都是同一个模型下的图元，实现设计-算量一体化，使算量结果更为精准、快速。

BIM 算量计价应用软件技术路线：

1）依据现有的工程量计量标准、规范统一建模，基于 BIM 模型，自动化算量。

2）依据统一的工程量计算规则进行工程算量。

3）依据分解规则，实现构件级工程量计算和过程可视化。

4）依据 BIM 标准规范实现工程量属性自动化提取，实现结果精准。

正向设计作为三维数据的生产方式，其数据成果的价值及应用方向也会定向拓展，将设计端生产的模型成果直接对接应用至施工造价，是将设计端工作价值的延展，节省掉原本造价应用上重复的数据统计、建模工作等，同时也能够在工程量统计、工程造价方面更加准确地体现设计意图，避免人为转化的不确定因素，将工程设计-施工有效地关联在一起。

本项目在设计 BIM 模型结果相对成熟的阶段，利用 BIMBase 软件体系下的算量模块，进行了模型算量工作，在出图前得到同步的土建清单量信息，对于整个项目的成本做到前置把控。

4.1.6　数字化生产与交付

本项目在设计后端提供了管理、模型浏览方案，即管理平台及轻量化的浏览软件。在正向设计三维设计成果完成后，做到了除传统施工图外，三维模型的成果进一步应用及接力服务于建造施工端。在设计端数字化转型后，建筑信息的上下游利用配合更加紧密，信息作为三维的数字模型存在，可以服务导向项目全生命周期，在各个环节为设计师带来新的思路，为整体的设计工作增值。

本项目应用了建造管理平台来实现 BIM 模型的后期应用。BIM 建造管理平台服务的对象主要是施工企业及一些重大工程项目，为客户提供具有国际领先水平的适合于企业管理成熟度的完整的管理思想、理念和解决方案。BIM 建造管理平台提供工程施工类企业管理咨询工作，提供管理模式并参照国际工程管理标准、惯例和国际工程项目管理协会和美国项目管理委员会的知识体系，加强企业的项目管理、财务控制、成本管理及 CRM 的管理、物资采购、招标投标等管理内容，实现物流、资金流与信息流的统一，为企业决策人员提供及时可靠的决策信息。BIM 建造管理平台以项目全生命周期管理系统为基础，BIM 技术为支撑，集成各专业模型，并以集成模型为载体，关联施工过程中的进度、合同、成本、质量、安全、施工图、物料等信息，利用 BIM 模型的形象直观、可计算分析的特性，为项目的进度、成本管控、物料管理等提供数据支撑，协助管理人员进行有效决策和精细管理。

工程项目 BIM 建造管理平台是一体化集成式系统，统一规划、统一标准、统一建设、统一管理，通过流程审批、控制与业务管理的融合，做到事前有预算，业务过程有合同控制，业务结算有合同及预算管控，有问题能及时跟踪分析，将刚性控制和柔性控制相结合，实现对项目管理可控、可管。

本项目同时利用 BIMBase-Lite 软件进行了轻量化浏览交付，方便设计师和建设单位进行模型快速查看。

BIMBase-Lite 是一款轻便、高效的 BIM 模型浏览器，支持浏览、查看超大三维模型，具有"免安装免激活，安装即用，无需插件"的特点，适用常用 BIM 文件的模型浏览、集成等应用场景。

BIMBase-Lite 支持跨版本浏览 Revit、SKP、IFC、GIM 等文件，支持多格式模型集成，亿级三角面片流畅浏览，无损显示模型与提取显示构件属性，提供显示编辑、测量、漫游、视点保存、动画、分享模型等功能。可实现多模型整合与模型的快速查看。

4.2　PKPM-BIM 数字化设计

各专业之间的配合是贯穿项目重要的环节。在项目前期，先要将各专业标高基点设置一致，保证建筑、机电专业轴网标高信息一致，通常的操作流程为建筑专业建立轴网标高、定好基点，之后将此文件分享给机电专业，机电专业可以基于建筑的方案来进行后续操作。由于本项目是中心数据库的构件级协同设计模式，所以建筑专业只需将轴网标高信息设置好上传至服务器供其他专业下载即可，后续建筑专业继续展开建模工作，模型建好之后可随时上传服务器，其余专业下载各专业最新模型就可以展开本专业的设计工作。

4.2.1　BIMBase 平台

BIMBase 平台是北京构力科技有限公司研发完全自主知识产权的国产 BIM 基础平台，基于自主三维图形内核 P3D，致力于解决行业信息化领域"卡脖子"问题，实现核心技术自主可控。平台重点实现图形处理、数据管理和协同工作，由三维图形引擎、BIM 专业模块、BIM 资源库、多专业协同管理、多源数据转换工具、二次开发包等组成。平台可满足大体量工程项目的建模需求，实现多专业数据的分类存储与管理及多参与方的协同工作，支持建立参数化组件库，具备三维建模和二维工程图绘制功能。

1. 平台核心能力

（1）几何引擎

平台拥有通用造型能力和专业建模能力，支撑专业软件精细化设计和多源数据模型集成，如图 4-9 所示。

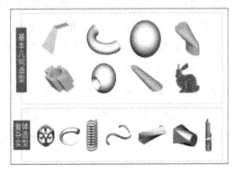 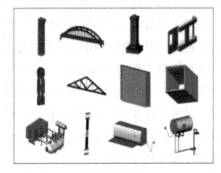

平台基本造型能力　　　　　　　　　　　专业建模能力

图 4-9　几何引擎

（2）渲染引擎

平台支持基本的模型浏览、选择、透明、隐藏、模型树筛选、测量、漫游、剖切等一系列功能，提供材质、光照、阴影等效果，支持选择、捕捉等交互操作。同时，可支持跨平台的多线程渲染，场景动态 LOD 加载、可见性剔除技术可支撑 CIM 大场景渲染，有效支撑设计、审查、仿真、施工、运维等业务领域。本项目的渲染效果如图 4-10 所示。

（3）数据引擎

BIMBase 平台提供数据管理能力，支持数据标准定义、数据管理、高性能运行、轻量化展示等。其中，数据标准包含数据定义模板、数据标准、数据规范检查和自定义扩展数据，数据管理包含增删改查、事务管理和数据协同，高性能包含一级缓存和二级缓存，轻量化展示包含模型轻量化和 Web 端展示。

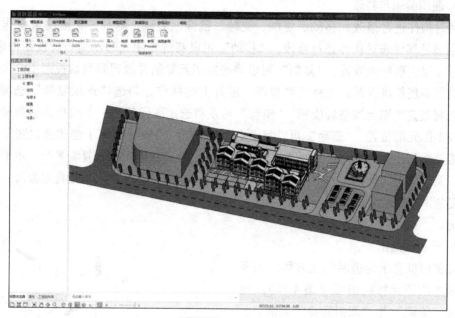

图 4-10　渲染效果

2. 建模能力

（1）图形图元

支持指定点、多段线、多边形、圆弧、圆形线等布置功能。

（2）平面图元

支持快速生成区域封闭的多边形，或者生成正多边形。不同的生成方式采用工具栏切换；指定圆心和半径，快速绘制出圆形；指定椭圆圆心、短轴和长轴，快速绘制出椭圆。

（3）实体

实体支持球、立方体、圆锥、圆柱等实体创建功能。以球为立方体为例进行功能说明，指定长和宽，快速绘制出立方体。绘制完成并选中三维实体，可以使用属性面板或者夹点对实体进行修改。

（4）形体编辑工具

支持线生成面、面推拉成体操作功能。线生成面是指将线段围成的闭合区域变为面，面推拉成体是通过对选择对象的一个面进行推拉来改变实体的形状，两个功能组合使用。

（5）三维布尔运算

平台支持三维布尔的交、并、差集，会自动生成布尔运算后的几何图形，如图 4-11 所示。布尔运算之前的图形会被删除。

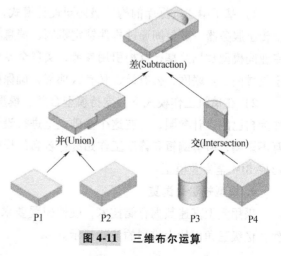

图 4-11　三维布尔运算

（6）通用编辑与修改

支持对构件进行修改、移动、复制、旋转、镜像、删除、阵列、长度测量操作。"修改"可以通过属性表对构件进行修改。"移动"可以将选定图元移动到当前视图指定位置，可使用追踪器实现精确放置。"复制"可以将选定图元复制并放置到当前视图指定位置，可使用追踪器实现精确放置。支持连续复制，重复上述操作，勾选"连续复制"选项。"旋转"可以将选定的图元围绕轴旋转。"镜像"可以将选定图元使用一条线作为镜像轴，来反转选定模型图元的位置。"删除"可以将选定图元删除。"阵列"用于创建选定图元的线性阵列、矩形阵列或弧形阵列：线性阵列是将对象沿一条直线等间距地复制多个；矩形阵列是将对象以两个特定的间距，分别沿两个坐标轴方向均匀复制；弧形阵列是将对象沿一个圆弧线均匀复制。"长度测量"用于测量两点之间的距离。

（7）显示剖面框

图元剖面框显示为透明的立方体，剖面框范围以外的图元将被剖切（图 4-12）。剖面框支持"隐藏"与"取消隐藏"功能。

（8）辅助材质库

"材质库"功能可实现对材质的新建、删除、编辑，并可通过材质库对模型赋予材质。新建材质类型分为颜色材质和贴图材质两种。新建材质支持导入图片贴图、

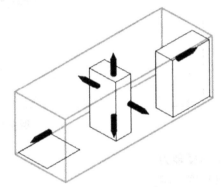

图 4-12　显示剖面框

赋予材质、材质删除、材质编辑、拾取材质等操作。材质设置时支持颜色设置、透明度、高光强度、纹理贴图等功能。纹理支持贴图预览、设置贴图尺寸、贴图位置、映射方式等操作。

3. 协同能力

支持多种协同模式，可利用构件级协同进行云端设计，也可在无网络环境下进行多专业模型整合。

1）基于中心数据库的构件级协同设计模式，支持多人分布式并行工作，数据同步差量上传至服务器，成员间通过构件锁定机制、消息机制确保工作成果的唯一性和关联性，通过专业间模型数据共享，互相引用参考，实现全专业协同设计和全流程协同工作。服务端可基于局域网、互联网、公有云、私有云部署，确保模型信息安全。

2）在单机工作模式下，支持模型合并、模型链接，各专业根据需要链接其他专业模型作为自己的设计参照，并在这个基础之上进行设计和建模。各专业之间的模型各自独立，相互不影响，所有编辑和修改工作始终在各自的模型中完成，最后将各专业模型进行合模链接形成 BIM 全专业模型。

4. 模型轻量化浏览

采用大型高速数据存储技术，硬件配置要求低，存储与显示效率高，支持 50 万以上构件，亿级三角面片大模型的流畅显示。

5. 模型集成

（1）数据导入

可将本地的 SKP、IFC、Pmodel 文件链接到当前模型中，可进行模型查看、修改及大场景的集成应用（图 4-13）。

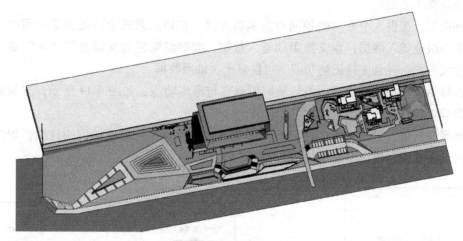

图 4-13　**数据导入效果**

可将本地的 DWG 文件导入当前模型中，作为底图辅助建模或辅助模型校核。导入的 DWG 图支持对其进行基本编辑操作。可将本地的 JWS 文件导入当前模型中，以对其进行查看和修改。

（2）链接参照

在链接模型管理器中可以查看链接的 P3D 文件的名称、链接状态、修改时间、文件路径、嵌套模式等信息，可对链接文件的嵌套模式进行修改，可添加链接文件，删除链接文件，卸载和重载链接文件，可对链接文件进行链接参照。

6. 二次开发

支持常用语言的二次开发，包括桌面端的 C＋＋、C＃、Python 及 Web 端、移动端的 JavaScript。

4.2.2　建筑专业

建筑模块旨在为建筑专业提供快速建模、模型编辑、外部数据对接、模型审查等功能，主要一级功能包括：建筑建模、模型编辑、素材库、外部数据、管理设置、二维、模型审查、清单统计等功能，该软件能够很好地满足行业设计需求，大幅度提高设计师的工作效率。

1. 建筑建模

建模工具主要包括墙、门窗、自定义门窗、板、柱、梁、楼梯、台阶、坡道、屋顶、幕墙、洞口、栏杆扶手、房间布置、区域布置、场地、散水等；提供楼层复制、局部复制，可快速完成建筑模型的搭建。

（1）轴网

轴网工具包括轴网系统、轴网识别、轴网命名、轴网排序和轴网的编辑等，可以通过轴网工具，实现轴网系统创建、单根轴线创建、轴线属性设置等功能。

轴网识别。可以智能识别"底图参照"中图纸的轴网，并直接快速生成相应图纸的轴网，无须再次手动绘制。

轴网绘制。提供4个方向的轴网数据编辑方式，在输入方式上，提供了常用的轴网间距，可双击快速键入数据，也支持手动输入数据，同时编辑栏也支持使用"＊"键、空格键快速生成方式，并且支持记忆功能，可恢复上次轴网数据。

另外提供了单根轴网绘制功能与轴网的命名与排序功能，如图4-14所示，方便对轴网进行二次编辑与修改。

工作平面管理。可以实现多种UCS坐标的建立，实现不同角度轴网的建立，如图4-15所示，可以更加灵活地应对复杂轴网类的项目需求。

图4-14　绘制轴网

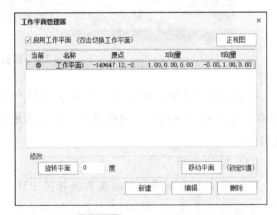

图4-15　工作平面管理

（2）墙

墙体工具可以快速创建所有常见墙体及复合构造墙体，并且可便捷地完成墙体的材质、形式、基准线位置等多种参数设置。

绘制方式上提供了两点直墙、连续绘墙、矩形墙、三点弧墙、圆心-半径弧墙、多边形墙等多种绘制方式，并且可在绘制过程中实现绘制方式的无缝衔接，提升操作体验。拾取功能可直接拾取二维线段生成墙体，极大地提高绘制效率。另外提供了墙体参考线的设置与参考线偏移的快速设置，满足快速绘制复杂设计要求墙体的需求。

软件自带的常用设置集里提供了多种预定义的墙体类型。可以直接双击进行选取并绘制。通过修改墙体的属性栏内属性来进行墙体的楼层属性及偏移属性等参数的修改，并可修改墙体厚度与材质设定，极大增加了墙体自定义设置的可能，满足不同的需求。

（3）门窗

门窗一般是基于主体的构件，可以添加到任意类型的墙体上。可以在平面视图及三维视图中添加门窗构件，并且在不同视图中显示正确的图例。

首先在弹出的门窗样式面板中选择要添加的门窗类型，然后指定门窗构件在墙体上的位置，软件将自动剪切洞口并放置门窗构件。门窗样式面板中预设了多种不同类型的门窗样式，同时提供了自定义门窗的功能，满足自定义绘制特殊样式的需求，如图 4-16 所示。

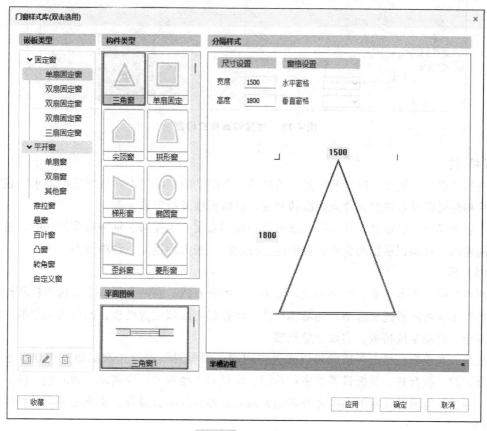

图 4-16　门窗样式

单击自定义门窗进入自定义门窗编辑界面，绘制门窗的样式分隔，如图 4-17 所示，之后单击框板可直接生成门窗样板，再通过单击面板修改门窗的嵌板开启方式，可快速生成特殊样式门窗，如图 4-18 所示。

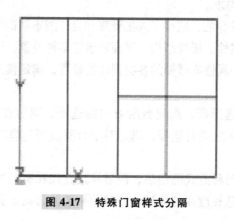

图 4-17　特殊门窗样式分隔

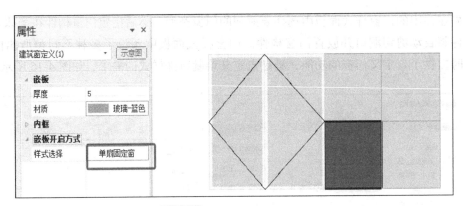

图 4-18 生成特殊样式门窗

（4）柱

柱构件提供了矩形、圆形及自定义绘制柱截面的功能，满足不同柱形式的需求。建筑建模的柱构件可以设置柱的定位点、旋转角度、材料属性及报审属性等。

布置方式上不仅提供了常规的点选布置与旋转布置，也提供了轴网布置的功能，通过框选轴网范围，自动识别轴网交点，自动建立柱构件，极大地提高了建模效率。

（5）板

板构件提供了多边形、矩形和旋转矩形三种绘制方式。同时也提供了框选布板和拾取功能，框选布板可以通过框选围合的墙体构件自动在封闭区域生成楼板，拾取则无须框选自动识别围合，自动生成楼板，实现智慧建模。

板的二次编辑，单击板边缘可以通过弹出的小面板对板进行二次编辑，实现板形状编辑、板开洞、板合并、斜板设置等多种功能，满足对于楼板的不同需求。同时也可结合附着功能，通过计算墙体至板的高度差并自动完成几何形体的贴合操作，实现墙体附着到板。

（6）梁

梁构件提供了多种截面形式，并自动绘制与连接楼层的顶部，无须进行高度二次编辑。

（7）楼梯

楼梯构件提供了直跑楼梯、双跑楼梯、L 形转角楼梯、剪刀楼梯四种默认样式。同时提供了自由绘制的功能，在弹出的面板中，可选择梯段、平台或直线、弧线的多种绘制方式，满足绘制不同类型楼梯的需求。

楼梯的阶数等是自动计算的，减少了人工计算和设计图不精确的问题。同时楼梯属性栏中提供了踏板、踢面、扶手属性、梯段结构、平面显示等多种设置，可以实现对于踏板和踢面的厚度、扶手生成位置及相关属性等楼梯的各类属性的设置，满足模型和设计的各类需求。

（8）台阶

台阶构件提供了样式选择器，满足台阶方向的选择，同时在绘制方式上提供了中心定位、两点定长及向上、向下的多种选择，满足对于台阶类型建模的需求。

（9）坡道

坡道支持线性和连续两种方式的绘制，能够满足直线和有中间平台坡道的建模场景。绘制过程中，支持通过固定总长度或坡度建模，其他相关值自动计算。连续绘制模式下，坡道的中间平台自动计算并生成几何形体，减少手动操作，提高效率的同时减少手动误差。在属性栏支持构造做法、符号化表达、挡墙、材料等多种设置。绘制完成后，支持拉伸、修改端点高度、转弧形坡道等操作，实现快速修改，修改后相关参数可联动。

（10）屋顶

屋顶构件提供了普通屋顶、双坡屋顶、单坡屋顶等多种屋顶类型，也支持屋顶复合结构。同时在二次编辑中，提供了弧形、坡度设置等多种功能。还可以结合附着功能，通过计算墙体至屋顶的高度差并自动完成几何形体的贴合操作，实现墙体附着到屋顶。

（11）幕墙与幕墙编辑

幕墙构件提供了单元编辑的功能，可以对于幕墙的参数、面板、外框、水平横梃、垂直横梃进行材料、尺寸、截面样式的设置，同时也提供了单元的预览功能，如图 4-19 所示。在绘制方式上，与墙体类似，同样提供了两点直墙、连续绘墙、矩形墙、三点弧墙、圆心-半径弧墙等多种绘制方式，同时也支持拾取功能进行自动绘制。

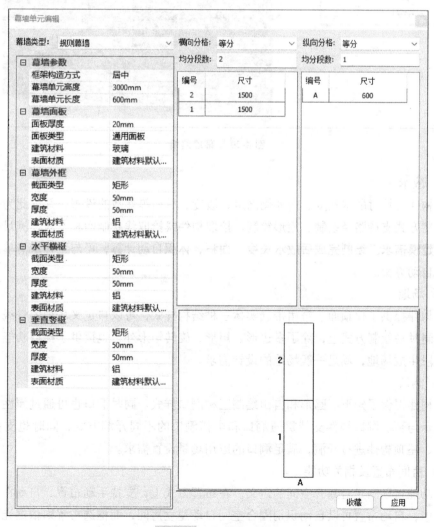

图 4-19　幕墙单元编辑

幕墙编辑。幕墙构件拥有二次编辑环境。选择相应幕墙构件并使用幕墙编辑后，可进入幕墙编辑环境，可以调整幕墙竖梃、横梃的分割，也可单独调整嵌板为门窗，并自定义选择门窗的样式，实现幕墙的复杂设计，如图4-20所示。

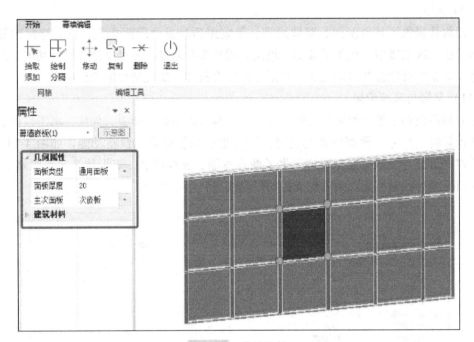

图 4-20　幕墙编辑

（12）散水

散水构件支持对散水宽度、内外侧高度、坡度、材质等参数的设置，并以此为基础进行绘制，绘制方式支持路径绘制、矩形绘制、拾取构件或拾取线绘制四种方式，满足各种场景下的快速建模需求。绘制完成后散水长度、面积、体积自动计算，可与工程量清单统计的对接，实现自动算量。

（13）场地

场地构件提供了仅顶面、带裙带、实体三种结构样式，可以自定义场地的脊线、等高线显示等。同时在绘制方式上，除了多边形、矩形、旋转矩形外，也提供了拾取功能，可以自动识别线段生成场地，满足一般场地的设计需求。

（14）洞口

洞口构件提供了矩形、圆形和自由绘制三种洞口样式。同时洞口也可通过属性栏设置洞口线的显示与否。洞口构件支持贯通洞口和半槽洞口的不同开洞方式，同时也支持对于楼板、墙体、屋顶构件进行开洞，满足洞口的应用场景设置需求。

（15）房间布置及相关功能

房间功能可以满足对划分空间的定义。在布置方式上，支持手动布置、自动布置和框选布置，其中，自动布置可以自动识别围合空间自动建立房间，而框选布置则依据光标框选的范围进行自动分析并自动布置房间。

房间支持墙体中心、墙体内轮廓、墙体外轮廓三种计算方式，并且在生成房间时自动生成面积，满足多种计算规则的需求。可对房间进行设置，包括房间配色方案、标签、房间名称、可见性等进行设置。

（16）栏杆

栏杆构件支持手动绘制、拾取绘制，其中，拾取绘制可自动拾取坡道、台阶，并在构件相应高度上进行布置。软件支持栏杆样式的自定义，可对栏杆构件的顶部横杆、扶手、底部横杆、内部立柱、栏杆柱、面板进行自定义设置。同时也可通过属性栏对栏杆的截面样式、参考线、间距、材质等进行参数设置，满足栏杆的场景设置需求，如图 4-21 所示。

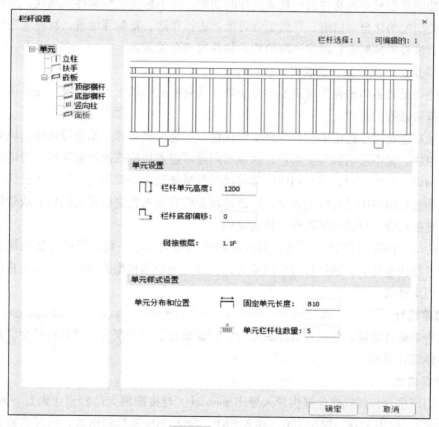

图 4-21　栏杆设置

（17）家具

家具库即素材库，支持二维图块和三维图块的素材。可以选择相应家具素材插入模型中，无须手动绘制。同时素材库也支持导入导出功能，可将自定义的 DWG 文件导入素材库，满足不同的设计需求。

（18）用地控制线

可通过拾取功能拾取二维线段自动生成用地边界线。支持对于颜色、线型及线宽的自定义。

2. 模型编辑

建筑软件提供基本编辑功能，包括：移动、复制、旋转、镜像、阵列、偏移、修剪、延伸、打断、附着、删除附着、组合、过滤器、高级筛选、拾取属性、刷新属性、弹出式编辑小面板等多种灵活的编辑修改方式，辅助进行模型的修改编辑。

（1）附着及删除附着

附着功能支持墙体对屋顶、楼板、楼梯、台阶构件的附着，可选目标楼板、屋顶、楼梯或台阶，将选择墙体附着到目标构件上，软件会自动计算并剪裁构件高度，使得构件与目标构件完美贴合，无须手动计算高度。删除附着则取消相应构件的附着功能。

（2）组合、暂停组、开始组、解组

组合功能是指将不同构件进行批量操作的功能，并不影响单独构件的属性。组合功能支持将不同类型的构件自动结组，开始组后可批量进行移动、复制等编辑；暂停组则暂时失去组合关系，恢复单独编辑；解组则取消相关构件的组合关系。

（3）块定义、块分解、块编辑、块管理

块功能则是将不同构件生成新的构件类型，且复制后的块永远保持统一性，可以实现标准层户型批量修改的需求。

块定义功能是将已选中的构件定义块的属性，可定义块名称、基点等属性；块分解功能是分解选中块，但不影响其他块构件；块编辑则是可进入块的二次编辑环境，可以对于块内构件进行编辑，且修改后，所有相应块都将进行批量修改；块管理功能提供了已建立块的列表，并自动统计模型中已有块的数量，可通过块管理直接布置之前建立的块。块管理中的导入导出、链接功能，可实现块的跨文件的复用。

本次的幼儿园项目有 15 个班级，且班级内空间布局基本一致，所以可使用模块化设计的方式来进行快速建模，通过模型块的组合，快速完成全楼模型的拼装，在后期修改中也可实现一键同步修改。

3. 清单统计

提供清单统计功能，包括建筑面积统计、门窗统计、房间统计、墙构件统计、门构件统计、窗构件统计清单。

4. 数据格式

基于国产平台，建筑软件提供导入导出 pmodel（对接图模大师轻量化浏览、对接 Revit 的数据格式）、导出 FBX、导出 IFC、导入 SKP、导入 3Ds 等数据格式，同时支持视图空间的高清图片导出。

5. 模型审查

根据软件提供的现有规范条文，对 BIM 模型进行提前预审，对审查结果进行批量修改，并支持导出 BIM 模型的审查报告。审查流程如图 4-22 所示。

支持设计过程中在软件内进行全流程的智能审查与模型优化。最终成果支持导出规范数据格式，上传政府端进行交付，同时支持审查报告的导出。

软件内置构件报审属性模板，减少属性挂载的工作量。部分属性实时联动，无须手动填入，关键属性自动计算，以软件辅助设计。软件内支持自审及构件级结果查看，设计过程中检查问题并定位（图 4-23），有效提高设计师建模效率及 BIM 报审通过率。

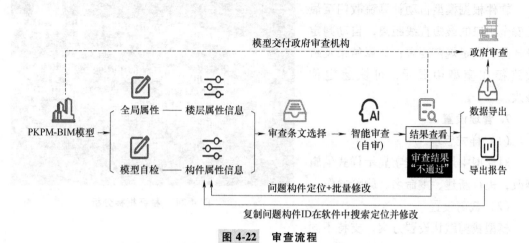

图 4-22　审查流程

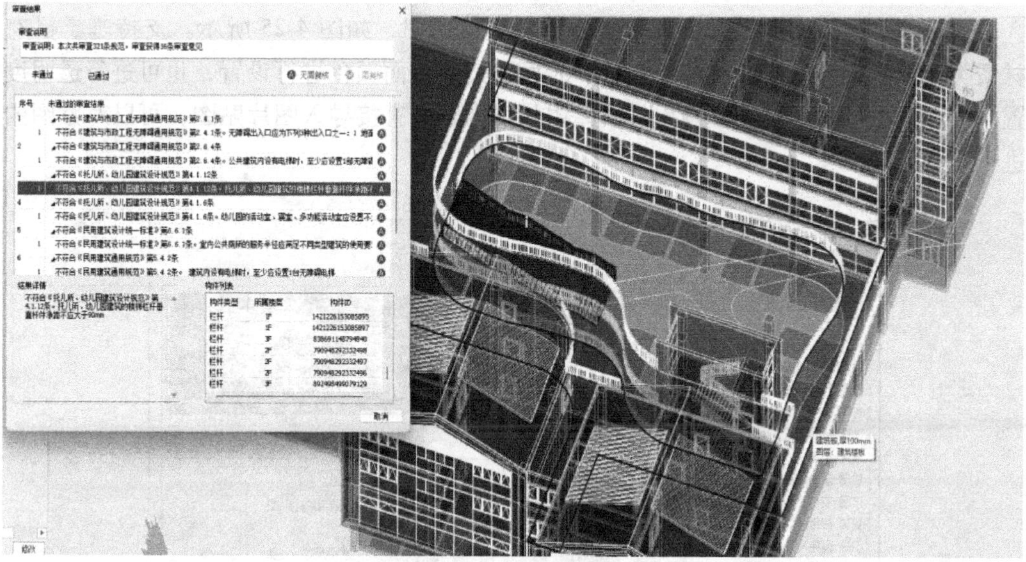

图 4-23　内置报审模块

6. 指标分析

（1）套型指标分析

针对住宅项目，软件支持套型指标分析，可以对套型进行自动判定、自动编号，以及根据面积、居室数量、窗地比等多维度进行套型统计，审查结果以列表形式显示，套型及相关房间可在软件中定位查看，可满足用户边设计边修改的需求，提供设计辅助。

（2）栏杆指标分析

可基于模型进行智能栏杆分析，可踏面情况、至完成面高度、垂直杆间距等相关指标软件自动计算；审查结果以列表形式显示，相关栏杆位置可在软件中直接定位查看；并可自动审查栏杆是否满足规范要求，辅助用户审核设计结果（图 4-24）。

（3）疏散体系分析

软件根据模型自动计算疏散门至最近安全出口的最短直线距离，自动判定设计是否满足规范要求；计算结果及疏散路径在模型中显示，可快速定位修改。

7. 管理设置

（1）样式管理

对模型中尺寸和文字显示样式编辑修改，进行新建、重命名、删除操作。

（2）裁剪设置

模型裁剪默认设置方案，支持不同

图 4-24　栏杆指标分析

墙体类型的不同剪切方案配置；构件间扣减方式可区分承重墙和非承重墙。

（3）材料管理

表面材质：材质库内置大量常用材质，可直接调用，如图 4-25 所示。支持基于已有表面材质类型新建表面材质，对材质名称、表面图案、表面颜色进行设置，也可进行透明度的设置；还可以进行贴图设置，调用材质库中材质内容或直接导入图片贴图，可以对贴图的尺寸进行配置。

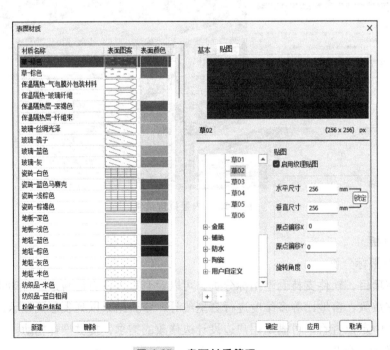

图 4-25　表面材质管理

材料设置：内置多种材料类型，支持基于已有材料类型直接修改，也可新建材料类型，材料名称、表面材质、材料截面填充、属性等都可直接修改，表面材质调用表面材质库中数据，如图 4-26 所示。

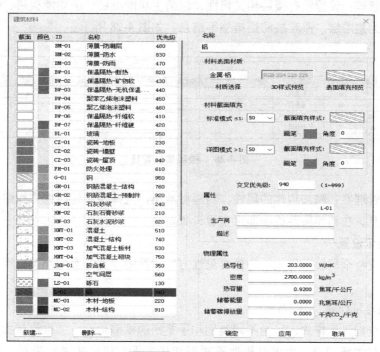

图 4-26　材质设置管理

复合材料管理器：复合材料管理器中支持对已有材料进行修改，也可直接新建复合材料，材料构造层次的截面、建筑材料、厚度、功能构件、是否包络等都可以进行配置，可将复合材料应用于墙体、楼板、屋顶构件。复合材料中建筑材料调用材料设置中的数据，如图 4-27 所示。

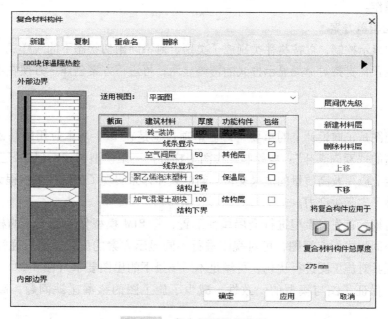

图 4-27　复合材料构件管理

（4）属性设置

楼层属性管理：设置已有楼层相关属性，包括主功能类别、子功能类别、楼层人数、楼层面积、是否为避难层、避难层防烟措施等信息，如图 4-28 所示。

楼层	标高	层高	描述	楼层类型	主功能类别	子功能类别	楼层人数	楼层面积	是否避难层	避难层防烟措施
3	12000.00	5400	3F	普通层					否	
2	6000.00	6000	2F	普通层					否	
1	0.00	6000	1F	普通层					否	
-1	-450.00	450	-1F	普通层					否	

图 4-28　楼层属性管理

类型属性管理器：添加构件的属性，新建标准集，选择要新建属性的构件类型，设置构件相关属性信息，在构件属性栏中即可查看设置属性。

8. 通用显示设置

显示设置支持全局显示样式、构件可见性方案、视图覆盖方案的配置，满足不同项目情况需求。

（1）全局显示样式

控制项目全局显示样式，可为不同类别和子类别的模型构件、二维注释指定线样式，并支持模型构件与注释切换；也可对构件不同剖切状态下的线样式进行设置；可分别对线颜色、线型、线宽进行设置。

（2）构件可见性方案

支持可见性方案的创建及修改，是视图级的可见性控制，可按构件类别或子类别对构件进行可见性设置；可进行方案创建，方便在不同视图中重复调用，创建方案支持复制、重命名、删除等操作。

（3）视图覆盖方案

视图级的显示控制，可按构件类别或子类别，对不同剖切状态下的线样式、填充样式及可见性进行设置；支持对全局显示样式的覆盖显示；可进行方案创建，方便在不同视图中重复调用。

9. 出图

施工图出图是正向设计上的重要一环。本项目也是在 BIM 基本应用的基础上，实现了高质量图和模的"双向奔赴"：像绘制二维图一样进行三维模型创建，创建好三维模型后即进行便捷的专业应用及高质量的成果交付。新的软件体系实现了传统技术流程大量重复工作的减少，提高了实际生产力。

在出图前期，首先对模型进行全局属性配置，将 BIM 模型作为施工图的核心内容，通过二、三维空间生成相应视图，可对视图进行不同显示方案的配置，然后通过显示范围控制、标注等工具对施工图进行优化，可满足不同场景下的出图要求（图 4-29）。通过三维模型直接出图，保证了图与模型的一致性，减少了施工图的错漏碰缺问题，高效保障设计质量。

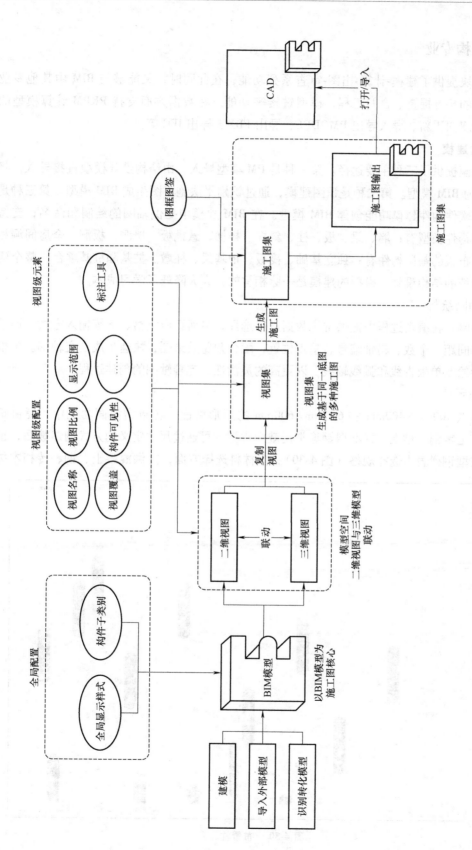

图 4-29　布图、施工图管理和导出

4.2.3 结构专业

结构模块提供了建模-计算-出图-审查系列功能，在此同时，又能够与 BIM 中其他专业进行专业间的相互提资、合并工程、模型链接等功能。在数据方面支持 PKPM 计算模型的导入导出和双向更新、导入导出 PMODEL、导出 FBX、导出 IFC 等。

1. 结构建模

结构建模提供了三种主要途径。第一种是 PM 模型导入，由结构设计模型直接导入，将 PM 模型转为 BIM 模型。第二种是识图建模，通过识别平法施工图生成 BIM 模型。第三种是 BIM 建模，软件构件建模功能创建 BIM 模型。在 BIM 建模中提供轴网的绘制和命名；支持布置的上部构件类型有：墙、梁、板、柱、斜杆、楼梯、悬挑板、墙洞、板洞、全房间洞和梁加腋；可布置的基础构件有：独立基础、筏板、地基梁、柱墩、桩基和桩基承台。整个建模习惯与传统的结构设计、模型的建模是一脉相承的，大大降低了学习成本。

（1）轴网绘制

正交轴网：在编辑过程中提供常用数据进行选择，灵活适应空格、＊等输入方式，通过输入轴网的间距、个数、起轴编号、基点位置，配合预览效果图，快速生成正交轴网。单根轴线：支持绘制单根直线和弧线轴线，以更高的灵活性，完善轴网的创建过程。

（2）布置柱

默认提供 400mm×400mm 和 600mm×600mm 的矩形截面。在新增截面功能中，提供矩形、圆形、工字钢、槽钢、标准型钢等常用截面类型。可通过尺寸定义的方式创建截面，也可以直接在型钢列表中选择规格（图 4-30）。在材料选择方面，提供混凝土、钢、砖和木材

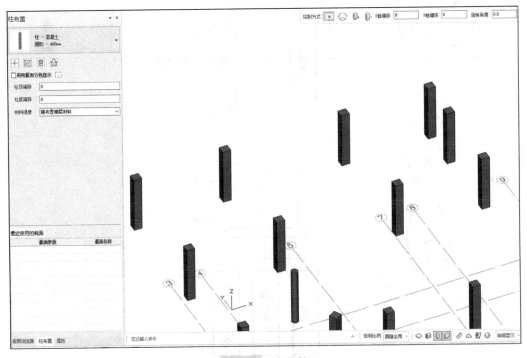

图 4-30　布置柱

作为选择。柱的绘制方式有多种，包括点带窗选、轴选、自由点选和旋转布置共四种布置方式，并可通过输入轴偏移值调整柱的基点。支持调整柱顶、柱底偏移值实现柱的节点偏移。材料强度可以选择随布置楼层材料或者自定义强度。

（3）布置梁

与柱构件相似，梁构件默认提供 400mm×400mm 和 600mm×600mm 的矩形截面，并可以在新增截面功能中创建新的梁截面用于布置。在绘制时，提供点带窗选、轴选、两点单次、两点连续、三点弧、圆心-半径弧共六种方式，通过调整对齐方式和基线偏移，可以灵活绘制多种梁。支持调整梁两端的梁顶偏移值和绕轴旋转的角度。材料强度可以选择随布置楼层材料或者自定义强度，如图 4-31 所示。

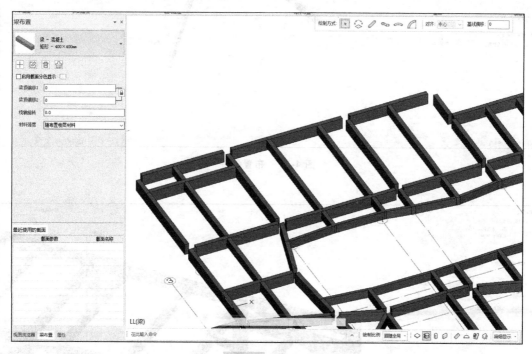

图 4-31　布置梁

（4）布置斜杆

布置斜杆时，输入截面类型、截面参数、材料类别的方式创建斜杆截面。绘制时采用两点单次的形式，默认始端 Z 轴偏移为 0，末端偏移可选择与层高相同或自行输入。在布置栏可输入始端和末端的偏移值、绕轴旋转角度来调整细节，如图 4-32 所示。材料强度可以选择随布置楼层材料或者自定义强度。

（5）布置墙

默认提供 200mm 和 300mm 厚的墙截面，可通过"添加截面"创建其他厚度的墙。墙的布置方式与梁构件类似：提供点带窗选、轴选、两点单次、两点连续、三点弧、圆心-半径弧共六种方式，通过调整对齐方式和基线偏移，可以灵活绘制多种墙。在布置栏可设置墙顶偏移和墙底偏移，材料强度可以选择随布置楼层材料或者自定义强度，如图 4-33 所示。

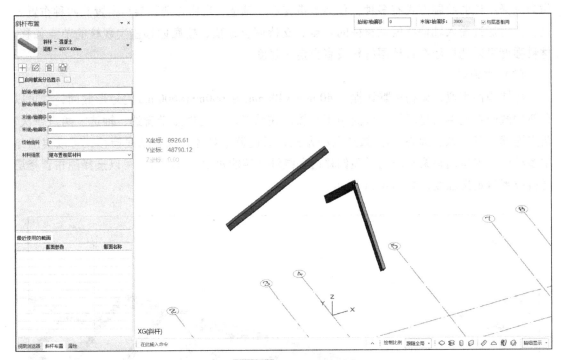

图 4-32 布置斜杆

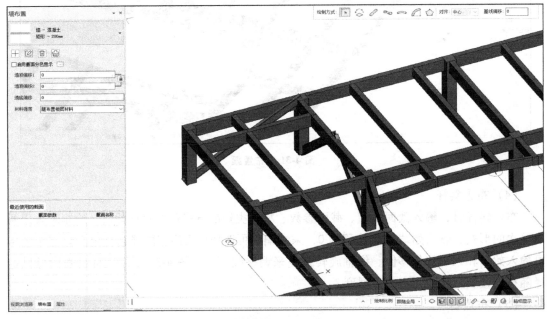

图 4-33 布置墙

（6）布置板

默认提供 200mm 和 300mm 厚的板截面，可通过"添加截面"创建其他厚度的板。板的绘制方式包括拾取布置、框选布置、标高布置、多边形绘制和矩形绘制。拾取布置和框选布置将识别由构件围合的平面，将在该围合平面上按选中的板厚布置板；标高布置会将板顶标高与层高齐平；多边形布置和矩形布置支持自由绘制板构件。在布置栏中设置板的错层值和材料强度，如图 4-34 所示。

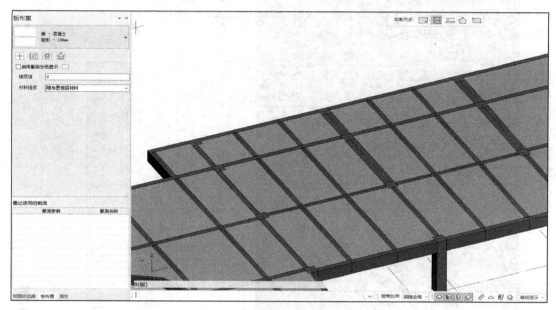

图 4-34　布置板

（7）布置桁架

通过定义跨度、高度、坡度、分段比和杆件截面等参数，创建平面桁架，如图 4-35 所示。

（8）布置楼梯

布置楼梯有标准模式和画板模式两种。

标准模式：通过编辑楼梯的各梯跑的数据与休息平台参数，配合预览图，布置楼梯，如图 4-36 所示。

画板模式：通过编辑楼梯的视图尺寸，生成楼梯模型，如图 4-37 所示。

（9）附属构件及快捷工具

提供悬挑板、墙洞、板洞和梁加腋工具，完善模型细节；拾取，即提取选中构件的截面、偏心、标高等参数来布置相同的新构件；截面刷，即将源对象的截面信息更新到目标构件上。

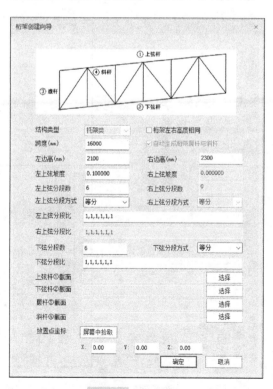

图 4-35　布置桁架

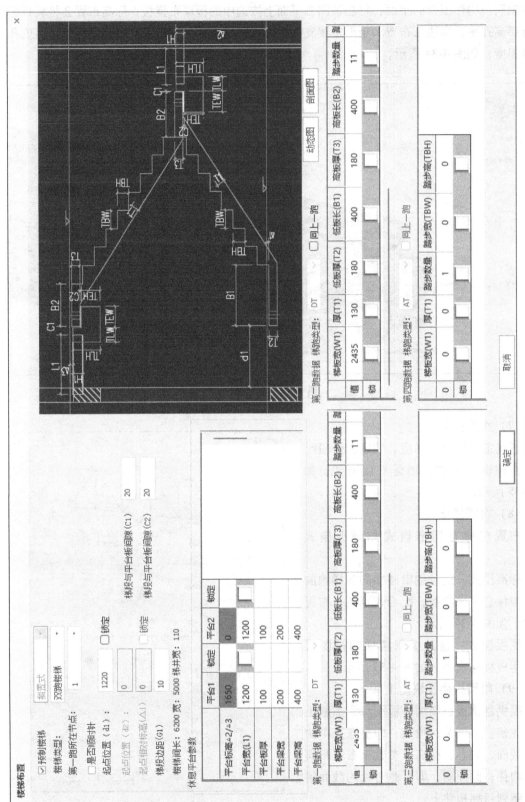

图 4-36 楼梯布置

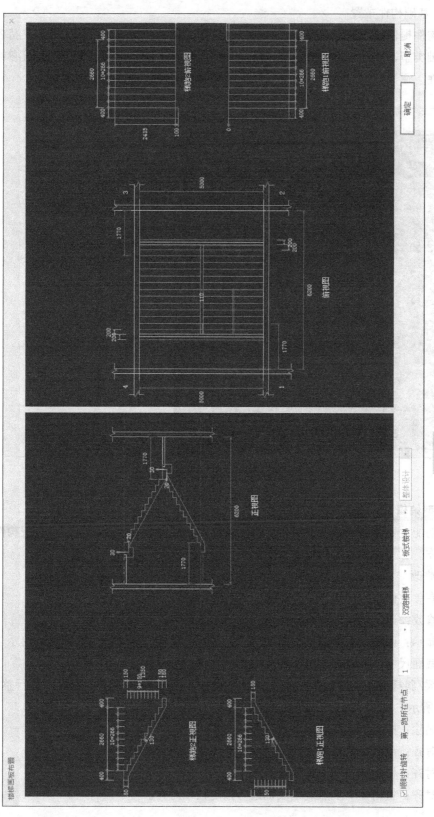

图 4-37　楼梯画板布置

（10）基础构件布置

基础构件提供独立基础、筏板、地基梁、柱墩、桩基和桩基承台的布置。支持各种常见类型的基础类型，通过编辑尺寸参数、移心、钢筋型号、钢筋直径、钢筋间距等参数创建新的基础构件。通过布置栏也可以调整基底标高和材料强度（图4-38）。

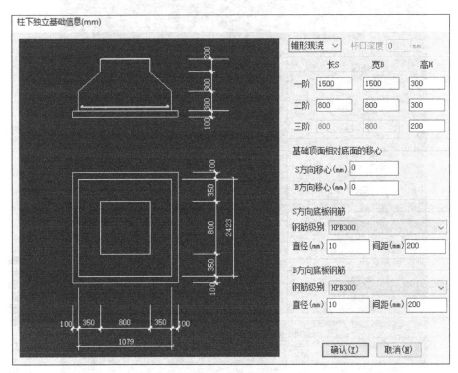

图 4-38　独立基础设置

2. 模型编辑

编辑功能主要提供了修改、组合、增强过滤器、层间编辑、模型调整、查找构件等多个内容的操作。

（1）修改

修改有参数修改、参数显示、对齐、延伸等功能。

参数修改：通过调整构件的参数值，批量修改构件的参数或属性。

参数显示：调整各构件类型的截面尺寸、材料、编号、偏心标高等属性的显示与否，对于显示的截面尺寸，可以双击启用尺寸的在位编辑。

柱（梁/斜杆/墙/墙洞）替换：选择原截面和替换后截面，以层为范围进行整体替换，如图4-39所示。

构件删除：按类型批量删除选定范围内的构件。

通用对齐：可以指定基线，将梁、板、墙构件对齐到选定的基线上。

梁板对齐：将梁标高与选中板对齐。

基线对齐：将构件的基点或基线批量与指定轴线对齐。

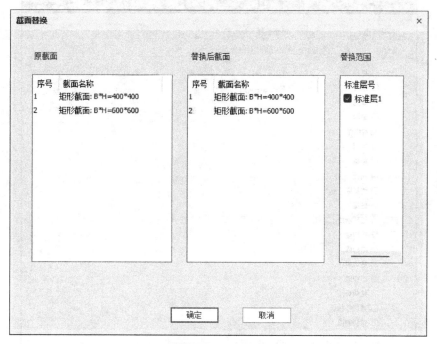

图 4-39　构件替换

通用修改：包含旋转、移动、镜像、复制和删除等常用编辑功能。

构件延伸：延伸使线性构件相交。

（2）打断与合并

对于梁构件和墙构件，可通过相互打断、墙合并、梁合并和强制合并功能，将构件拆分成个体或结合成整体。

（3）组合

对独立的构件进行组合，组合后的构件将作为整体，以整体为单位进行修改和编辑。

（4）增强过滤器

可以使用多种条件筛选需要的构件。对于模型中的构件，可依据构件类型和用户自定义的筛选条件，筛选出满足条件的构件。支持创建多条过滤条件，过滤完成后的构件可添加到选集。通过过滤器的使用，能够迅速查找出所需要的构件，如图 4-40 所示。

（5）层间编辑

通过层间编辑，能够迅速将某个自然层的构件，按照特定的选择方式复制到新的楼层中。楼层复制：支持选择构件类型，指定源楼层后，将源楼层中所选的构件类型完整地复制到新的楼层中。局部复制：以选定的区域为依据，将区域内的构件由源楼层复制到新的楼层中，如图 4-41 所示。

（6）模型调整

模型调整包括模型检查、精度检查、精度调整、偏心调整。通过对 BIM 模型进行检查，对后续对接结构计算时可能出错的地方进行初步的审查和调整，减少因建模错误给后续结构分析带来的不便。

图 4-40　增强过滤

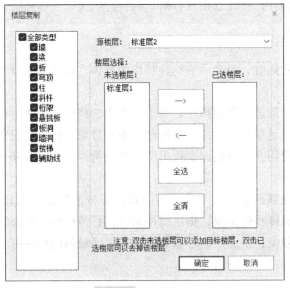

图 4-41　楼层复制

（7）显示

管理界面下，对构件进行显示控制，隐藏不需要进行修改的构件。显示构件：对模型中不同构件的显隐进行控制，可隐藏暂时不用的构件，便于模型的创建。构件颜色：根据用户习惯，对不同构件的颜色、透明度、线宽和线型进行设置。裁剪显示：在裁剪显示模式下，对于不同构件的重合部分进行显示处理。通过布尔运算，对构件的显示做优化处理，更符合实际效果。

（8）类型属性管理器

允许用户管理和选择项目标准集，并支持为系统和自定义构件添加属性。

3. 计算分析

对于已经创建好的 BIM 模型，通过"同步至 PKPM"（图 4-42），将自动生成对应计算模型（即 PM 模型），并跳转到 PKPM 的前处理界面，接力 PM 模型的进一步处理及后续的计算分析。

用户也可以在 PM 模型上直接修改计算模型，通过"同步至 PKPM-BIM"同步更新 BIM 模型，

图 4-42　计算分析模块

并可使用"显示更新信息"查看修改内容，实现 BIM 结构模型与计算模型的双向更新，如图 4-43 所示。

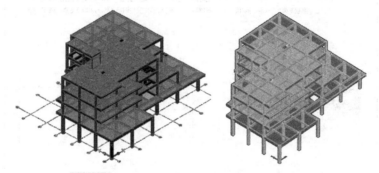

图 4-43　BIM 结构模型与计算模型的双向更新

4. 施工图管理

目前软件提供了 PKPM 施工图模块中的梁、板、柱、墙的计算结果转钢筋实配功能，且提供了对施工图的编辑功能；可以生成结构施工图，具体包括墙柱定位图、结构模板图和梁板柱配筋图，并支持导出 PDF 和 DWG 的施工图文件。

此外，通过 EasyBIM 模块，可以根据计算结果生成平法施工图，在模型发生变更时，可以根据模型对施工图进行增量更新。

5. 结构审查

结合平法配筋图与 BIM 模型，支持结构规范审查。通过对 JGJ 3—2010《高层建筑混凝土结构技术规程》、GB 50011—2010《建筑抗震设计规范》（2016 年版）和 GB 50010—2010《混凝土结构设计规范》（2015 年版）中的条文进行拆解，以施工图、模型与计算结果为依据，对不满足规范强条、不满足构造要求和不满足计算结果的情况进行审查，并可根据审查结果定位构件。既可对设计结果进行自检，又可为正式报审提供保障。

（1）图纸识别

在模块内，将 BIM 模型与平法施工图比对，使图中的钢筋标注数据与模型数据打包，

并导出成不同审查地区需要的数据格式。

（2）智能审查

将审查文件上传至服务器后，可以在审查结果中查看未通过的审查结果。

（3）结果查看

审查结果表格将罗列未通过的条文，并显示详细的计算结果和构件信息，如图 4-44 所示。双击对应的构件可以直接在模型中高亮显示。

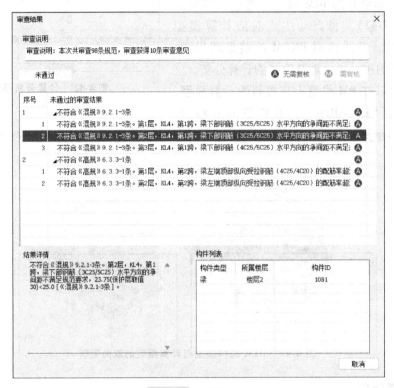

图 4-44 审查结果

（4）导出报告

将审查结果导出 Word 文档至本地。

（5）构件查找

输入构件 ID，在模型中定位构件。

6. 协同设计

（1）参照模型

底图参照：可将 DWG 文件导入项目中，供多专业参照。参照匹配：可为各楼层匹配不同的 DWG 文件。合并工程：可将同一项目的不同专业（建筑、结构、机电）模型整合，通过视图参照，可以在同一个视口中分层查看不同专业的模型，合并后的模型也便于整体交付（图 4-45）。

（2）链接模型

支持 P3D 模型和 PMODEL 模型，可在链接管理中对链接模型的各层显隐、选中状态和模型颜色进行调整（图 4-46）。另外，可接收机电专业的提资，在结构构件上开洞。

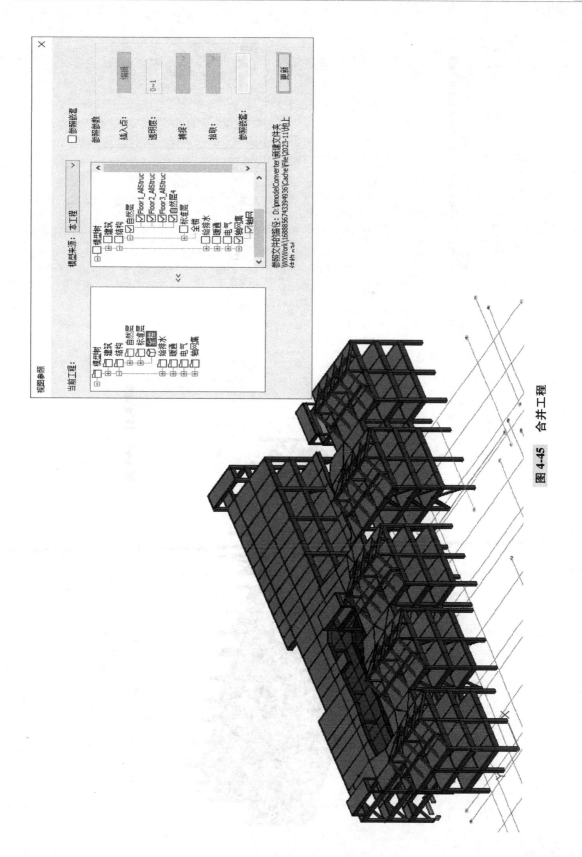

图 4-45　合并工程

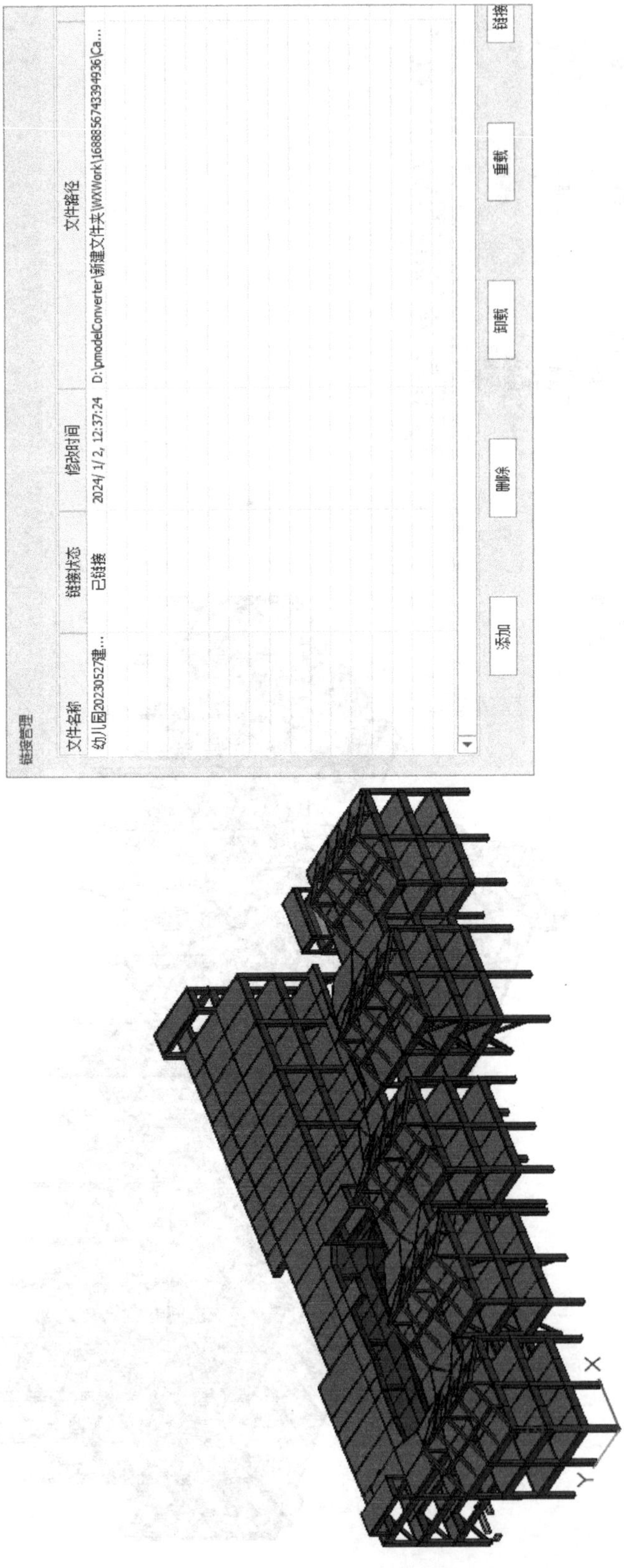

图 4-46　链接模型

（3）设备提资

如结构构件开洞：获取机电专业的提资信息，选择需要开洞点位，生成结构板洞或墙洞。

（4）碰撞检查

勾选范围内各专业构件类型，如图 4-47 所示，将检索构件碰撞处，并用红色圆圈标出，生成列表。

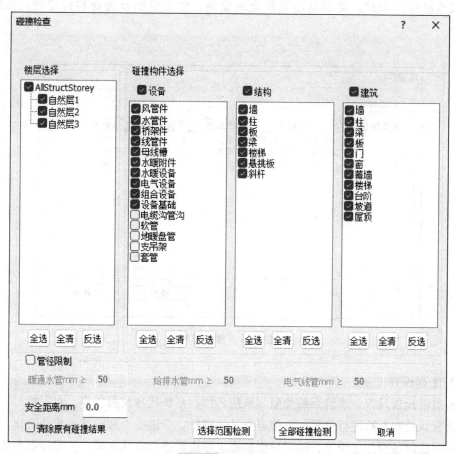

图 4-47　碰撞检查

7. 外部数据

可调用系统内置的常用参数化组件，也可自行创建组件。支持导入 PMODEL 模型，支持导出 PMODEL 模型、FBX 文件和 IFC 文件，可用于对接其他平台、数据整合和渲染。

4.2.4　暖通专业

1. 建模工具

暖通专业可实现通风系统、防排烟系统、空调水系统、采暖系统、多联机系统等三维模型创建；可智能识别管道与末端设备连接路径，如风管与风口、空调水管与风机盘管等，自动完成系统路由连接；支持轴流风机识别管道一键布置并生成对应连接件；基于暖通模型可进行二维符号化表达，快速生成各系统平面图；并支持直接在软件审查平台中选择暖通规范条文开展 BIM 模型审查，对不合规构件进行定位，应用丰富模型编辑工具进行优化调整。

（1）楼层管理

可直接读取建筑楼层层高及标高信息，右键视图参照可参照建筑、机电其他专业模型。在完成单层模型建立后，可通过楼层复制功能，选择复制及参考楼层，以及需复制的系统类型，完成全楼模型创建。楼层复制支持全层复制、分支复制及选择构件复制，如图 4-48 所示。

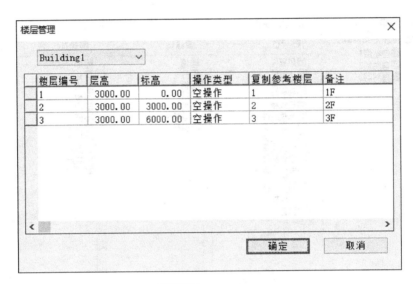

图 4-48　楼层管理

（2）工程设置

建模前可设置风管、水管系统类型、系统名称、系统代号及颜色等，也支持对管道默认连接件及默认绘制参数进行设置，如管道交叉处理时，管道是否加四通或自动避让，捕捉管道标高不一致时是否加竖管等，绘制模型根据工程设置进行默认生成。工程设置参数支持导出模板进行复用。

（3）风管/水管布置

风管布置界面进行风管截面类型、材料、风管尺寸、管道标高等参数设置，绘制管道同时赋予相应属性信息并支持修改；并且支持根据风量计算风管管径尺寸，风速、比摩阻、沿程阻力根据当前风管尺寸和风量实时计算显示。

风管识图建模功能支持导入 DWG 图，自动识别边线、法兰线及尺寸标注图层等，快速完成风管从二维到三维的转化，如图 4-49 所示。

水管布置方式同风管，并支持多管绘制，设置水管系统类型、管径、标高及间距等，直接完成空调或采暖水系统供回水管道绘制；自动连接功能可自动识别水平管道相对位置关系，快速完成对应连接，如图 4-50 所示。

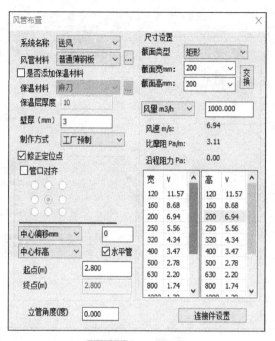

图 4-49　风管布置

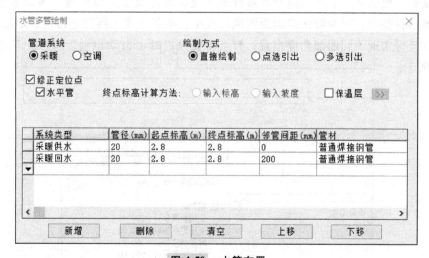

图 4-50　水管布置

（4）设备及附件布置

自带设备库提供建模所需暖通专业设备及阀门附件等构件，如空调机组、风机盘管、风机、风口等，并支持对设备构件进行自定义创建（图 4-51）。

机房设备：暖通设备库提供多种类型机房设备满足建模需求，如冷水机组、空调机组、水泵等；设置标高选择点位进行布置后支持旋转方向；设备管口可直接引出对应系统管道进行后续路由连接；并可通过属性栏修改几何和专业属性参数。

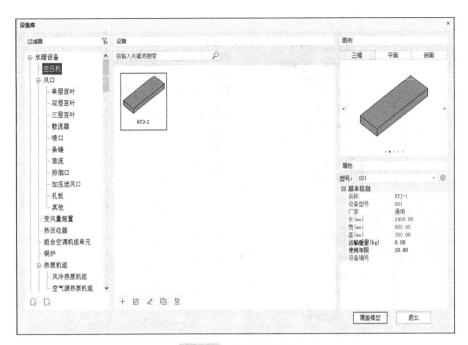

图 4-51　设备库管理

　　末端设备：提供风口、风机盘管等多种末端设备构件类型选择布置。风口包括散流器、百叶风口等多种类型，可参数化自由设置风口大小；布置方式支持管上布置、矩形布置等多种方式，并且可实现不同面部角度布置；管上布置风口时可自动识别管道匹配其系统类型，如图 4-52 所示。

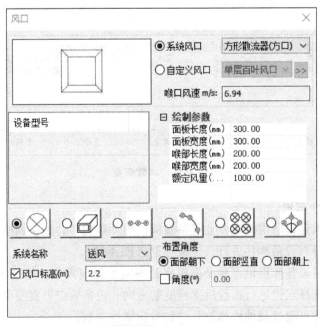

图 4-52　风口设置

附件设备：支持直接识别管道进行阀门、仪表等附件设备布置；并且包括多种类型，如风阀支持圆形和矩形管道阀门布置；布置方式支持按管口、按阀门大小进行布置；对已布置阀门可通过替换布置功能进行类型替换；对阀门进行删除，管道保持原有连接状态。

（5）设备连接

各系统建模过程支持智能识别管道与末端设备连接路径，自动完成系统路由智能化连接。如空调冷冻水系统水管与风机盘管通过鼠标右键菜单框选，一键自动完成连接，对于交叉部分可自动生成扣弯进行避让。

风管与风口可设置主管支管连接方式、风口标高处理等参数，进行智能连接，并自动生成对应连接件。管线之间提供弯头、三通等连接工具进行快速连接；并且可对连接件样式及参数进行替换和调整。多联机系统可通过多联机连管功能快速完成冷媒管与室内外机智能连接，并自动生成分歧管；采暖系统同样提供智能连接工具完成路由快速生成。风机连接功能可识别风机和风管连接路径，生成相应连接件，快速完成风机和风管自动连接，如图 4-53 所示。

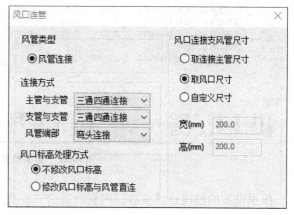

图 4-53　风口连管

2. 模型编辑

软件提供管线、设备、分支的快速编辑功能，绘制完成的管线支持通过管道编辑进行管线的对齐、合并、打断、空间搭接、局部调整等，如图 4-54 所示。同时可对选取给排水的整个分支进行分支的复制、移动、删除、镜像等。

图 4-54　管道编辑工具

管道对齐工具：可支持对风管、水管进行水平或竖直方向对齐，风管可实现中心对齐、顶对齐、底对齐多种对齐方式，水管支持水平管和立管进行对齐。

局部调整工具：可选择局部调整工具对管道快速进行垂直或偏移避让调整，支持设置调整管道距离范围，选择升降角度及单侧或两侧升降方式来满足避让需求。

分支调整：可对系统管线及其连接件整个分支进行复制、移动、删除等常用操作；分支标高可实现整个分支系统标高调整，并提供是否调整末端设备标高选项满足实际需要。

属性编辑：支持通过属性栏对管道几何属性和专业属性进行修改编辑，模型根据属性值实时调整，如尺寸、标高等属性可直接进行修改。

3. 计算工具

（1）多联机校核计算

多联机校核计算功能可识别选择系统分支中多联机室内机和室外机制冷量等参数，自动计算出多联机系统的总制冷量、总制热量及制冷配比率等，如图 4-55 所示。

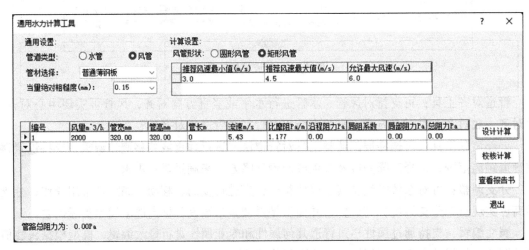

多联机系统计算

系统列表：系统划分1			查看本系统全部设备						
			重新计算						

多联机　校核结果

序号	设备型号	设备ID	所在楼层	制冷量(KW)	制热量(KW)	与室外机高差(m)	实际管长(m)	实际冷量(KW)	实际热量(KW)	系统名称	备注
1	四面出风嵌入式标	54546161		2.20	2.50	-0.679	17.715	2.200	2.500	系统划分1	
2	四面出风嵌入式标	54546161		2.20	2.50	-0.679	14.576	2.200	2.500	系统划分1	
3	四面出风嵌入式标	54546161		2.20	2.50	-0.679	11.036	2.200	2.500	系统划分1	
4	四面出风嵌入式标	54546161		2.20	2.50	-0.679	8.468	2.200	2.500	系统划分1	
5	X系列全直流变频	54546161		135.00	150.00	无	无	8.800	10.000	系统划分1	室外机

室内机总制冷量为：8.800KW；　　室内机总制热量为：10.000KW；
室外机总制冷量为：135.000KW；　室外机总制热量为：150.000KW；
室外机制冷配比率为：6.52%；　　室外机制热配比率为：6.67%；　　实际能力校核设置

图 4-55　多联机系统计算

根据设置的校核计算参数，内置计算公式，完成配管高差及管长的校核计算，校核界面选项卡会显示各校核选项的计算值，并匹配限制要求，自动判断是否校核通过。支持进行限制修改，进行多联机系统重新计算。

（2）交互输入水力计算

交互输入水力工具可支持输入相关参数快速完成风管、水管的设计计算及校核计算；软件内置管道比摩阻相关计算公式，在界面选择流速和列表中输入流量，计算合适的水管管径或风管的宽、高尺寸，进而计算出管道流速、比摩阻、总阻力等参数，如图 4-56 所示。计算完成后可支持生成 Word 文档的计算报告书。

通用水力计算工具

通用设置：
管道类型：○水管　●风管
管材选择：普通薄钢板
当量绝对粗糙度(mm)：0.15

计算设置：
风管形状：○圆形风管　●矩形风管

推荐风速最小值(m/s)	推荐风速最大值(m/s)	允许最大风速(m/s)
3.0	4.5	6.0

编号	风量m³/h	管宽mm	管高mm	管长m	流速m/s	比摩阻Pa/m	沿程阻力Pa	局阻系数	局部阻力Pa	总阻力Pa	
1	2000	320.00	320.00	0	5.43	1.177	0.00		0.00	0.00	设计计算
											校核计算
											查看报告书
											退出

管路总阻力为：0.00Pa

图 4-56　水力计算

4. 出图

软件提供多种出图方式，可实现单专业平面图、机电管综平面图、模型的局部剖切、机房大样图等。同时可对生成二维图进行通用及专业标注，专业标注可自动读取三维模型中对应管径尺寸等数据信息，并且模型修改后，通过刷新功能可自动更新标注数据显示。生成平面图支持导出 DWG 格式。

软件提供基于暖通模型的二维符号化表达，快速生成各层对应的各类系统平面图，如空调风平面图、空调水平面图、采暖平面图等。平面图设置中支持对平面图出图比例、设备附件的施工图符号图块表达及施工图标注参数进行详细设置。不同系统构件管道支持进行图层设置。

5. 规范审查

暖通专业的规范检查涵盖通风与空调工程施工规范、消防设施通用规范等，支持直接在平台选择对应暖通规范条文开展 BIM 模型审查，审查结果支持软件内查看（图 4-57～图 4-59），并对不合规构件进行精准定位，应用丰富模型编辑工具进行优化调整，避免人工定位导致的修改误判，辅助设计师提高设计质量，减少返工。

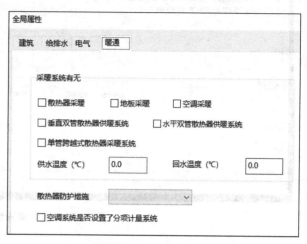

图 4-57　设置全局属性

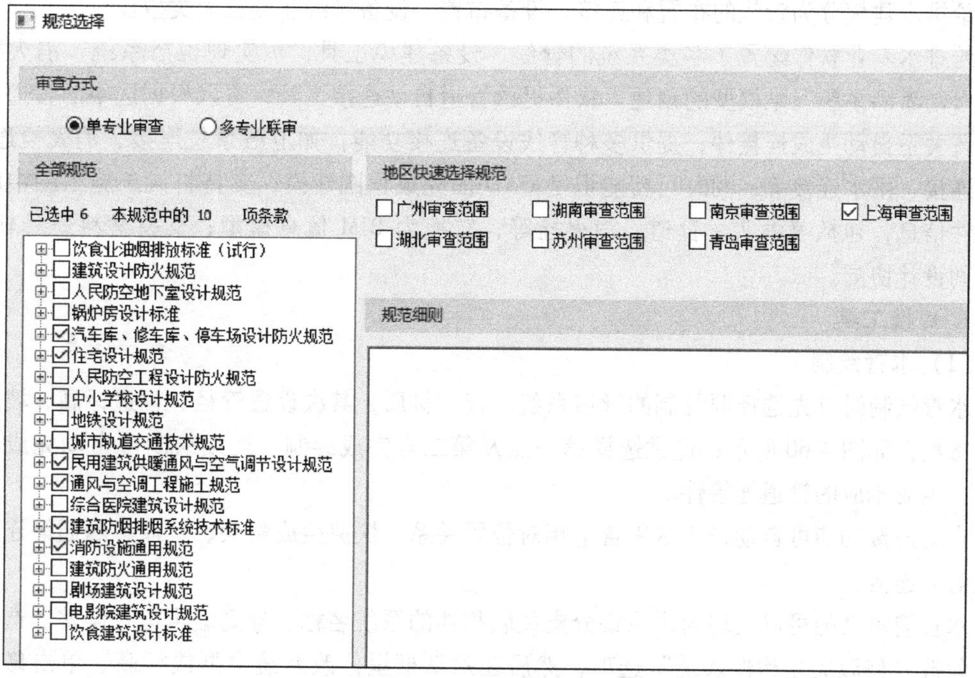

图 4-58　选择审查范围

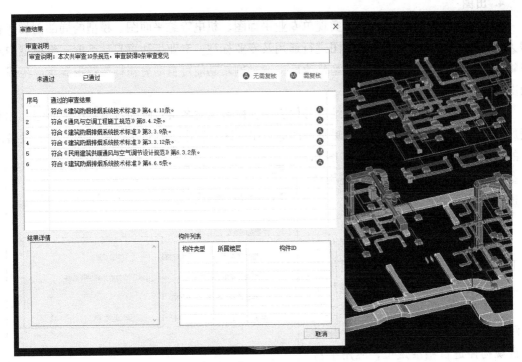

图 4-59　查看审查结果

4.2.5　给排水专业

给排水建模分为管线的布置和连接、设备布置、设备管线连接三大类型。

给排水专业软件配置了各类系统的管线、设备建模工具，可实现卫浴系统、消火栓系统、自动喷洒系统三维模型的创建。软件提供管道自动连接工具，可以根据选中的管道数量及位置关系自动生成连接件；提供多种管线设备连接功能，如卫浴系统连接、消火栓连接、喷淋连接、雨水连接等；同时可智能识别 CAD 图完成识图建模，支持将天正施工图中的主要构件信息，包括喷淋头、管道、消火栓等，转换为 BIM 信息模型；支持材料统计输出，专业间设计协同。

1. 建模工具

（1）水管绘制

水管绘制时首先选择要绘制的管道系统、管道材质，其次设置管径、管道标高、坡度等管道参数，如图 4-60 所示；通过选择第一点及第二点完成绘制，连续绘制可自动完成管道连接，生成相应的管道连接件。

自动连接功能可自动识别水平管道相对位置关系，快速生成弯头、三通、四通等连接件完成对应连接。

水管编辑功能可以实现对水系统分支关联构件的系统名称、标高编辑进行调整。选中构件，勾选"修改关联构件系统"选项，然后在对话框里修改系统类型或标高，单击修改完成分支编辑。

（2）卫浴系统

卫生器具包括浴缸、洗手盆、小便器、大便器、洗涤槽、淋浴、水龙头、洗衣机等；可在卫浴布置界面下拉菜单选择，也可单击"扩展"命令进入设备库选择更多类型，如图 4-61 所示；选择设备类型后，设置标高及布置方式，单击选择点位进行布置后，支持旋转确定设备方向。

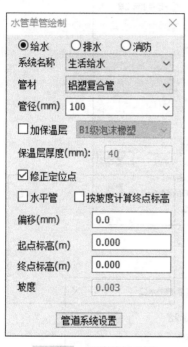

图 4-60　水管绘制设置

图 4-61　卫浴设备选择

卫生器具可在给排水专业布置，也可在建筑专业布置，所用为同一套卫生器具设备，建筑布置的卫生器具也可在给排水专业完成编辑、连接等操作。

卫生器具布置好后，应布置卫生间内相应的给水管线、排水管线，此时可使用卫浴连接功能，框选设备与主管线，自动识别连接路径，完成管线设备的自动连接；每种卫浴器具均可设置给排水选择连接方式，如存水弯类型、存水弯高度、给水管偏移值等（图 4-62）。

（3）消火栓系统

使用消火栓布置功能可布置消火栓栓头、室外消火栓、水泵接合器等设备，布置方式支持任意布置和沿参照物布置，可设置进水口的标高及距参照物的距离；布置组合栓箱功能可布置消火栓箱，内含灭火器及栓头。选择消火栓型号完成相应消火栓箱布置后，可使用消火栓连管功能，框选消火栓箱与消火栓管道，右键确认识别连接路径，完成智能连接，支持与立管、横管的连接（图 4-63）。

（4）自动喷淋系统

布置喷淋系统时有上喷、下喷、水幕、边墙、上下喷五种类型可选择；布置喷头需要输

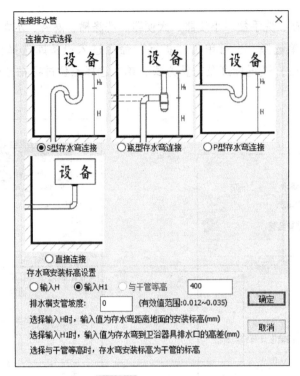

图 4-62　连接排水管

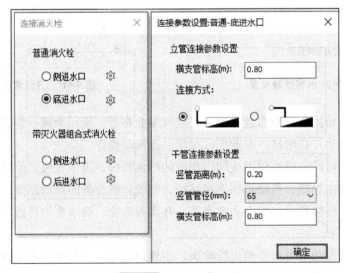

图 4-63　连接消火栓

入喷头标高，选择是否带连接管，以及通过危险等级自动修正行列间距；矩形区域布置时间距会在规范要求内浮动变化，更满足布置需求。

完成喷头布置后，绘制好相应的消防喷淋干管，使用喷头连接功能，完成喷淋系统的连接；最后使用刷新管径功能对整个系统进行初步刷新，使管径基本符合规范要求；喷淋系统支持自动识图翻模功能，通过导入喷淋系统 DWG 图，识别喷淋管道、喷头及标注所在图层，一键完成喷淋系统完整路由模型建立，如图 4-64 所示。对于管道上的阀门需要另行布置，对于局部复杂管线区域支持对部分管道标高进行局部调整翻越管道。

（5）管道附件

管道附件分为给水附件、排水附件两种，均提供各自的布置功能。水阀包括各种阀门、仪表、角阀、三通阀、水管软接头及组合阀，另外，地漏下拉框还支持布置管堵设备、清扫口、检查口、排漏宝等水管附件，Y 型过滤器管道附件设置，如图 4-65 所示。

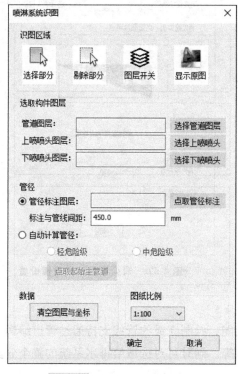

图 4-64　喷淋系统识图设置

图 4-65　管道附件设置

以布置阀门为例，下拉列表选择对应型号，也可通过扩展选项到设备库选择更多型号，然后捕捉管道选择布置点，即可实现自动打断管道完成附件布置。如未勾选"插入非立管时无需旋转"选项，则可以绕管道中心线旋转阀门方向，以使阀柄放置到适合操作的方向。选择"按管口"布置，则阀门可自动识别并缩放匹配管道尺寸；选择"按附件口"布置，则阀门接口尺寸保持不变，通过变径将阀门和管道连接起来。替换功能可实现界面中选择的阀门替换管道上现有阀门。

（6）水管识图建模

给排水系统支持自动识图翻模功能，通过导入 DWG 图，识别管道及标注所在图层，一键完成给排水系统完整路由模型的建立，如图 4-66 所示。

（7）消火栓箱识图建模

消火栓箱支持自动识图翻模功能，通过导入 DWG 图，识别消火栓箱所在图层，单击图片选择消火栓类型，定义好相关参数，一键完成消火栓箱模型建立，如图 4-67 所示。

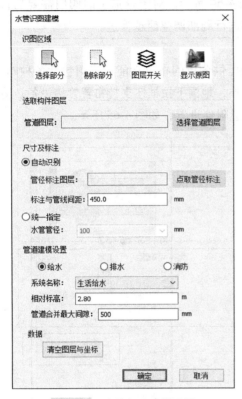

图 4-66 水管识图建模设置

图 4-67 消火栓箱识图建模设置

2. 模型编辑

软件提供管线、设备、分支的快速编辑功能，绘制完成的管线支持通过管道编辑进行管线的对齐、合并、打断、空间搭接、局部调整等。同时可对选取给排水系统的整个分支进行分支的复制、移动、删除、镜像等。

管道对齐工具：可支持水管进行水平或竖直方向对齐，水平管道可实现中心对齐、顶部对齐、底部对齐多种对齐方案，立管对齐可实现横立对齐和边对齐等方式。

局部调整工具：可选择局部调整工具对管道快速进行垂直或偏移避让调整，支持设置调整管道距离范围，选择升降角度及单侧或两侧升降方式来满足避让需求。

分支调整：可对系统管线及其连接件整个分支进行复制、移动、删除等常用操作；分支标高可实现整个分支系统标高调整，并提供是否调整末端设备标高选项满足实际需要。

属性编辑：支持通过属性栏对管道几何属性和专业属性进行修改编辑，模型根据属性值实时调整，如尺寸、标高等属性直接进行修改。

3. 出图

软件提供多种出图方式，可实现单专业平面图、机电管综平面图、模型的局部剖切等。同时对生成二维图可进行通用及专业标注，专业标注可自动读取三维模型中对应管径尺寸等数据信息，并且模型修改后，通过刷新功能可自动更新标注数据显示。生成平面图支持导出

DWG 格式。

软件提供基于给排水模型的二维符号化表达，快速生成各层对应的各类系统平面图，如给排水平面图、消防平面图等。平面图设置中支持对平面图出图比例、设备附件的施工图符号图块表达及施工图标注参数进行详细设置。不同系统构件管道支持进行图层设置。

4. 规范审查

给排水专业的规范检查涵盖民用建筑节水设计标准、建筑给水排水设计标准、建筑防火规范、建筑给水及消火栓技术规范、自动喷水灭火系统、消防给水及消火栓系统技术规范、自动喷水灭火系统设计规范等。

可按地区或按对应的规范来选择条文开展 BIM 模型审查，审查结果可在软件内直接查看，并对不合规构件进行精准定位，应用丰富模型编辑工具进行优化调整，避免人工定位导致的修改误判，辅助设计师提高设计质量，减少返工。

4.2.6　电气专业

电气专业可实现动力系统、照明系统、弱电系统、火灾自动报警系统、防雷接地系统等三维模型创建，包括通风空调、给排水、弱电、电扶梯、站台门、气体灭火等（所有需要用电的设备）的配电（设备与配电箱连接）；桥架和管线的布置与连接；变配电间布置（变压器布置、配电柜布置、配电柜母线连接）等。可实现区域照度计算、房间照度计算、负荷计算及防雷计算，可根据照度计算自动布置灯具。同时可智能识别 CAD 图进行末端点位识别，包括灯具、温烟感、配电箱等，转换为 BIM 信息模型。支持材料统计输出，专业间设计协同。

1. 建模工具

（1）强/弱点位布置

软件提供的基本设备可实现灯具、开关、插座、动力设备的布置，此外设备库提供多种设备构件样式，并支持多种布置方式，如灯具，可自动识别墙、板建筑构件实现沿墙布置、吸顶布置，并支持吸附桥架布置及吊装等布置方式，如图 4-68 所示。

配电箱布置可以分为通用配电箱布置与定制配电箱布置。通用配电箱支持参数化，可设置"回路数"和"线管间距"。通过"回路数"的设置，用户可以为通用配电箱设置默认的箱体上下表面引出线管数量，如图 4-69 所示。配电箱支持设置参数直接引出线管和桥架。

弱电通用设备布置包括综合布线设备布置、消防报警设备布置、广播设备布置、安防设备布置，布置方式分为任意布置、直线布置及弧线布置。具体布置参数的规则可参考灯具布置。如温烟感布置工具可选择探测器类型、布置方式、探测器参数及布置参数快速完成布置。

（2）桥架/线管绘制

桥架功能可在界面中对系统类型、桥架类型、桥架尺寸进行设置和修改。同时可以设置桥架布置标高、桥架偏心距离和桥架角度等绘制参数，管件设置可以设置默认的桥架连接件，如图 4-70 所示。桥架支持设置多种桥架类型。

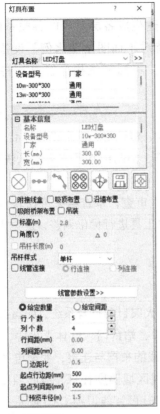

图 4-68 灯具布置设置

图 4-69 配电箱布置设置

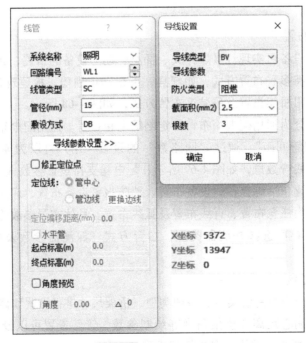

图 4-70 线管绘制设置

　　桥架编辑可对已绘制桥架的系统类型及标高进行分支整体调整；连接工具可以选择对应连接件样式，选择桥架右击智能完成连接。

　　软件提供母线槽和电缆沟绘制功能，其类型及绘制方式同桥架绘制。软件支持设置电缆沟支架类型及支架相关参数。

　　线管布置方式同桥架，另外还支持设置相应参数进行导线、母线槽及电缆沟的布置。

（3）设备连接

　　提供各种连接工具，如灯具-灯具、灯具-开关、温感-烟感等，选择对应元件，右击快速完成各回路路由智能连接。以灯具连接为例，支持设置线管类型、管径及敷设方式等参数，选择对应连接方式，如直接连接、直角连接等，如图 4-71 所示，点选/框选灯具快速完成连接。

　　接口-接口连接可以连接任意设备接口，识别接线盒或连接设备的接口，显示预览红色箭头表示选中的管口，选择连接方式及线管系统类型，右击完成对应连接。

　　设备-配电连接可以识别连接路径快速完成配电箱与设备元件的连接，选择配电箱时可以自动判断是否有电口，若有电口，可以自动分配一个配电箱电口，然后选择设备（不用选择设备管口），根据水平线管标高生成连接关系，如图 4-72 所示。

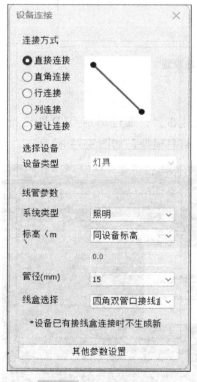

图 4-71　设备连接设置

图 4-72　配电箱智能连接设置

（4）变配电室布置

　　软件提供的变配电室布置可实现变压器、高低压配电柜、设备基础的布置功能，设备库提供多种设备构件样式，并支持多种布置方式，配电柜支持设置编号并自动进行排序。

（5）防雷接地

软件提供的防雷接地功能可实现防雷接地导体布置、接闪器布置、接地角钢布置、接地极布置等。其中，接地导体布置支持自动生成布置卡子和接地极，如图4-73所示。

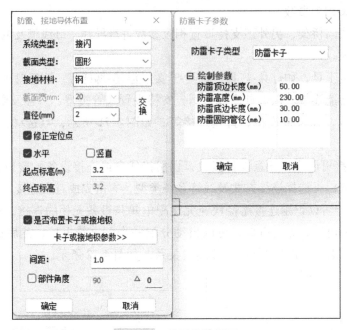

图 4-73　防雷接地设置

（6）识图建模

软件可通过识图建模的方式完成电气点位的快速布置，通过识别 CAD 图进行末端点位识别，包括灯具、温烟感、配电箱等，转换为 BIM 信息模型，如图4-74所示。

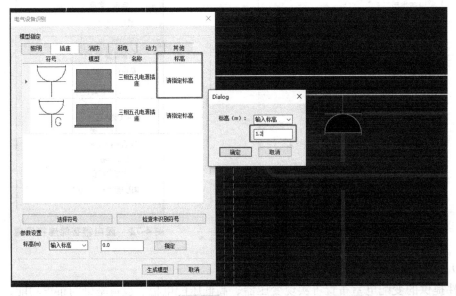

图 4-74　识图建模

2. 模型编辑

软件提供管线、设备、分支的快速编辑功能，绘制完成的管线支持通过管道编辑进行管线的对齐、合并、打断、空间搭接、局部调整等。同时可对选取管线的整个分支进行分支的复制、移动、删除、镜像等。

软件支持线管、桥架的多种调整方式，可实现线管、桥架的升降、偏移，以及桥架的直线、三通、四通升降，支持自定义连接角度，如图 4-75 所示。

属性编辑：支持通过属性栏对管道几何属性和专业属性进行修改编辑，模型根据属性值实时调整，如尺寸、标高等属性可直接进行修改。

3. 计算工具

（1）区域照度计算

区域照度计算可计算空间每点的照度，显示计算空间最大照度、最小照度值，支持不规则区域的计算，充分考虑了光线的遮挡因素。软件内置了多种常用灯具的利用系数，以及不同房间的照度要求，并提供多种类型的灯具参数，支持用户自行扩充，如图 4-76 所示。

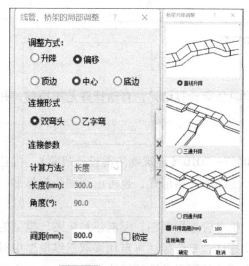

图 4-75　线管、桥架调整

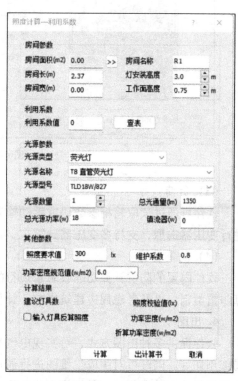

图 4-76　照度计算设置

（2）房间照度计算

软件提供房间照度自动计算工具，通过添加房间标记，选择所需计算的房间。软件会根据所输入的照度要求自动计算结果，并提供相应的布灯方案自动完成灯具布置，如图 4-77 所示。

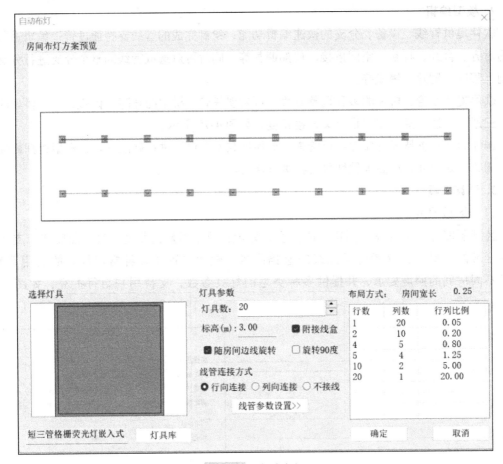

图 4-77 自动布灯

（3）负荷计算

软件可通过读取箱柜参数码或手动输入，根据总负荷计算结果，自动计算无功补偿，并进行变压器选型，支持多变压器计算。

（4）防雷计算

软件内置的防雷计算功能收录了现行的 GB 50057—2010《建筑物防雷设计规范》，可计算防雷类别，以及考虑周边建筑影响，计算结果可绘制成表格形式，也可出详细的计算书。

4. 出图

软件提供多种出图方式，可实现电气平面图、机电管综平面图、配电箱系统图、模型的局部剖切等。同时可对生成二维图进行通用及专业标注，专业标注可自动读取三维模型中对应管径尺寸等数据信息，并且模型修改后，通过刷新功能可自动更新标注数据显示。生成平面图支持导出 DWG 格式。

软件提供基于电气模型的二维符号化表达，快速生成各层对应的各类系统平面图，如照明平面图、火灾自动报警平面图、动力平面图等。平面图设置中支持对平面图出图比例、设备附件的施工图符号图块表达及施工图标注参数进行详细设置。不同系统构件管道支持进行图层设置。

5. 规范检查

电气专业的规范检查涵盖火灾自动报警规范、民用建筑电气设计标准、消防应急照明和疏散指示系统技术标准等，可按地区或按对应的规范来选择条文开展 BIM 模型审查，审查结果可在软件内直接查看，并对不合规构件进行精准定位，应用丰富模型编辑工具进行优化调整，避免人工定位导致的修改误判，辅助设计师提高设计质量，减少返工。

4.3　数字化应用

4.3.1　管线综合

机电综合部分可实现模型的碰撞检查功能并导出碰撞报告书，针对问题构件进行快速定位，内置的多种模型调整工具可对模型进行快速调整，并支持复杂位置的模型剖切展示。在完成模型调整后可通过提资开洞功能完成建筑结构开洞。针对 BIM 出图部分，软件内置了多种管线的标注方式，可实现施工图的详细标注，并提供出具材料统计表和施工图清单功能，对接算量统计。软件提供净高分析功能，可智能核查楼层平面净高，导出净高分析平面图。

1. 碰撞检查

完成模型建立后，可通过"碰撞检查"功能直接在平台开展水暖电各专业之间及与建筑专业、结构专业构件的碰撞检查。支持按楼层、专业及构件类型进行检查，设计师可根据系统参数设定管径间安全距离和过滤的管径尺寸，如图 4-78 所示。

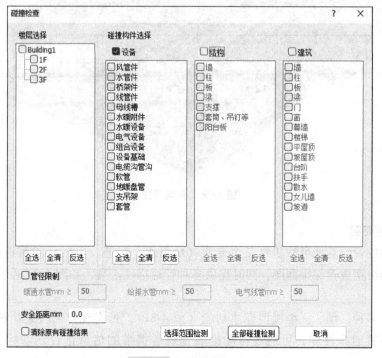

图 4-78　碰撞检查设置

碰撞结果会在模型中生成红色碰撞标记，同时生成碰撞列表及碰撞检查报告书。

2. 模型编辑

通过碰撞列表中快速定位碰撞构件，确定碰撞信息。然后通过丰富的管线编辑工具直接在平台对模型进行优化调整，进行管线综合。

管道对齐功能可以对风管、水管及桥架等管线进行同类别管线对齐操作，支持横管对齐及横立对齐；管道合并/打断功能对机电所有管线类型进行合并或打断操作；空间搭接功能可对不同平面但同类别的机电管线进行搭接连接；裁剪功能通过选择可以实现在空间连接基础上裁剪多余的管道；水暖/电气专业局部调整功能可以对风管、水管、桥架等管线，选定间距进行升降或偏移，生成乙字弯或双弯头进行管线避让，解决碰撞问题。

进行部分模型编辑优化后，可以直接在平台进行碰撞检查复测，然后通过上述相同步骤解决剩余碰撞点问题，直至完成模型优化要求。

3. 剖切视图

软件提供的剖切功能支持记录剖切编号，可针对机电站房、管廊等管线复杂位置进行精细展示。剖切的成果会记录在项目浏览器中，支持多视口切换，剖切模式下支持对构件进行选择和修改，实时调整模型细节（图4-79）。

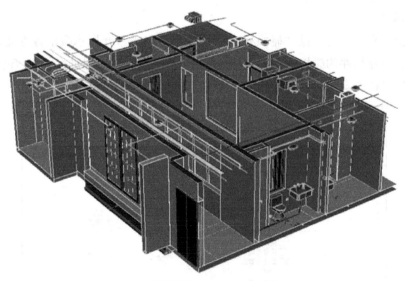

图4-79 剖切视图

4. 管综平面图

软件提供的管综功能可按机电三个专业（给排水、暖通、电气）的系统灵活控制出图范围，一键即可生成管综平面图，同时提供多种管综标注工具，如图4-80所示。

5. 标注

软件提供多种二维、三维模型标注功能（图4-81），可实现管道桥架标注、标高标注、轴测标注、多管道标注等，可通过自动拾取管线所携带的信息进行自动标注，无须手动设置。

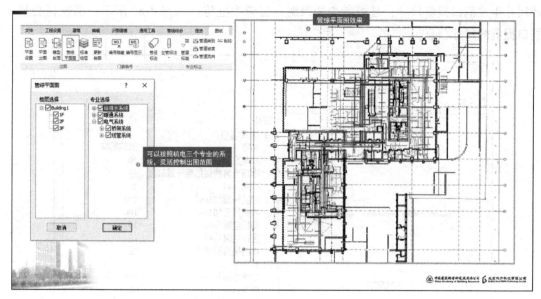

图 4-80　管综平面图

图 4-81　三维标注工具

4.3.2　净高分析与支吊架

1. 净高分析

软件提供净高设置、净高平面、净高检查、净高刷新功能，可实现平面显示、标注、检测，智能核查楼层平面净高信息，并查找不满足净高要求的构件，同时可根据需要更新已存在的净高平面图。

2. 支吊架

软件提供多种类型支架、吊架布置，如钢筋吊架、多层吊架、多层吊架、抗震支吊架、三角支架、多层支架、悬臂支架、单管立式支架、水平支座等。同时支持参数化调整，布置方式支持沿管任意布置、单选布置等，如图 4-82 所示。

4.3.3　提资与算量

1. 洞口提资

机电专业完成建模后，应用自动开洞功能，可识别模型中穿建筑、结构墙或板构件的设备管线，自动生成洞口提资/套管提资，可根据设备管线信息设置开洞提资信息，如不同管径尺寸生成洞口提资尺寸，是否考虑加保温、套管类型等，如图 4-83 所示。属性栏会显示洞口提资的尺寸信息。

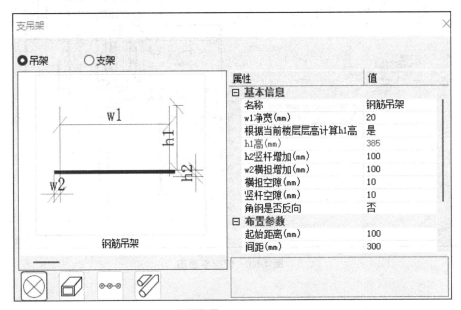

图 4-82　支吊架设置

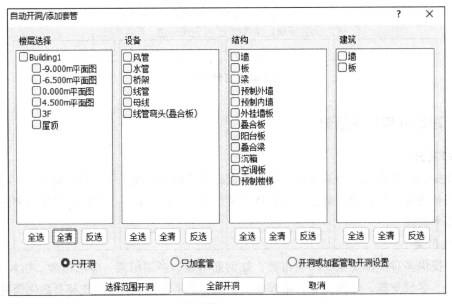

图 4-83　洞口提资

　　生成洞口提资标记后，协同传递给建筑结构专业，然后建筑结构专业在洞口提资标记处可进行实际洞口的处理生成。单击协同设计菜单下的"建筑/结构构件开洞"，在弹出界面勾选"可实际处理洞口提资"选项，单击"生成洞口"命令，则建筑/结构模型构件洞口提资处自动生成相应尺寸洞口。

2. 材料统计

单击材料统计模块中的统计材料功能，勾选统计表所包含的信息，并可通过表格的表头

设置及统计类别设置调整对应统计模式和统计表格样式（图 4-84），单击生成文件，生成材料统计表格，支持生成 Word 或 Excel 文档的设备材料统计表。

3. 算量

在建好 BIM 模型后，切换至算量模块，进行工程量统计，算量流程如图 4-85 所示。

工程设置：根据项目实际情况设置。

选图分类：将模型中构件分类成可进行算量的构件类型。

计算设置：根据项目要求进行计算设置，控制实物量输出项目，对实物量输出项目可进行增加、删除、查看和修改。

规则套用：用于修改和编辑构件工程量输出的计算规则及规则条件。

图 4-84　材料统计

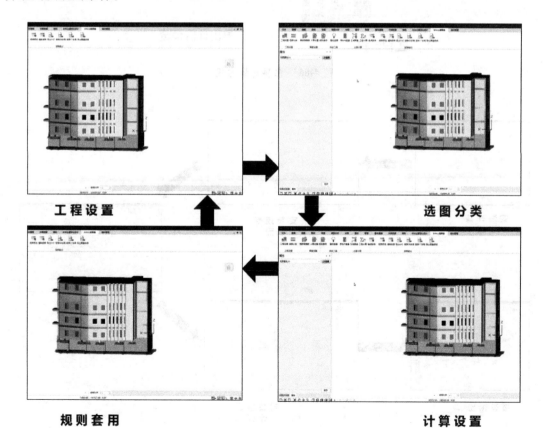

图 4-85　算量流程

提供单构件查量、区域算量、工程计算等多种算量方式，可输出工程量统计表和计价文件，如图 4-86 所示。安装算量流程如图 4-87 所示。

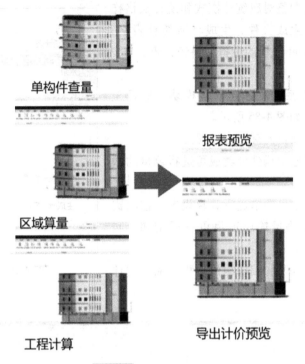

图 4-86 多种算量方式

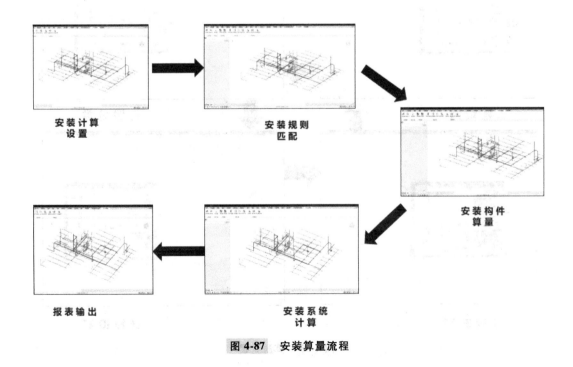

图 4-87 安装算量流程

4.3.4　智能辅助设计

本项目应用到 PKPM-AID 智能辅助模块来进行智能截面优选，得出本次结构设计的最优方案。智能辅助设计模块主要由设计组、智能截面优选、高级指标控制三部分组成。其中设计组为被优化的构件的集合，同时备选截面库也在设计组中定义。在智能截面优选模块中可以定义各个设计组的优化目标（如梁设计组可以指定梁高越小越好，还是造价越低越好），以及优化约束（如可约束应力比不得超过 0.85）。在高级指标控制模块中可以定义各个设计组构件截面的缩放倍数，并设定本次优化任务的约束（如可设定位移角、位移比限值等）与目标（优化目标往往会被设定为结构总质量或总造价）。

1. 智能截面优选操作流程

完成智能截面优选首先需要确定被优化的构件（定义设计组），然后为设计组添加备选截面库，最后确定本次优化任务的优化约束与优化目标后即可进行截面优化。

（1）定义设计组

单击增加可以生成一个新的设计组，继而可以通过手动点选的方式将构件移入或移出设计组，也可以通过筛选条件快速生成一个设计组，如选择了全楼、次梁、材料为钢等筛选条件，即可将全楼的钢次梁都添加到一个设计组中，如图 4-88 所示。

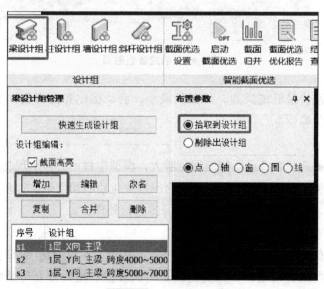

图 4-88　定义设计组

（2）确定备选截面

双击设计组即可查看、编辑备选截面表（图 4-89）。设计组的构件占用过的截面将会自动添加到备选截面表中，扩充备选截面表时可以使用批量增加功能一次性添加多个截面，也可以通过已有截面导入的方式扩充备选截面表。

（3）为各个设计组设定优化约束与优化目标

单击智能截面优选栏的截面优化设置按钮，即可为各个设计组设定优化约束与优化目标。除提供了跨高比、高宽比、梁宽小于柱宽等几何信息的约束外，还提供了配筋率范围、应力比限值等构件指标的约束，可以在不超限的基础上对用户尤为关心的若干指标进行更加严格的限制。

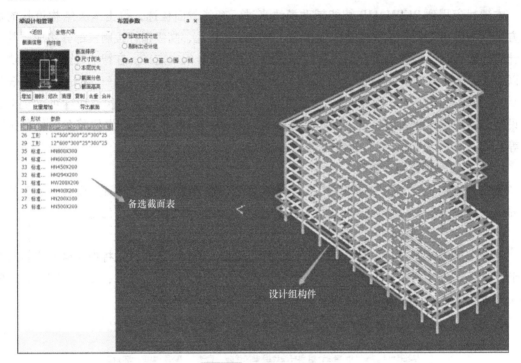

图 4-89　确定备选截面

优化目标可选造价最低或梁高、截面积最小，启动优化界面将会同步展示超限构件数目、材料用量、造价等信息。

（4）截面归并

完成优化后如备选截面库设置的范围足够大，模型中将不会再出现超限的构件，但是为了满足各个构件造价越低越好的目标，可能会出现优化后的模型截面过多的问题。此时可以使用"截面归并"功能来对优化后的模型进一步进行处理。

（5）截面优选优化报告

单击智能截面优选栏的"截面优选优化报告"按钮，即可弹出 Word 版的优化报告。其中包括：材料用量的统计规则、参与优化设计组的设置、初始方案与最终优化方案的对比（包括材料用量对比及整体指标对比），以及各迭代步的详细统计数据等信息。

2. 高级指标控制操作流程

使用高级指标控制时，首先需要划分设计组，在经过关联设计变量（缩放系数）、设定约束目标后，即可进行指标优化操作。

（1）定义设计组

对模型进行分组设计，模型中构件按照后期优化的方向进行分组。

（2）将设计变量关联到设计组

单击高级指标控制栏中的"指标优化设置"按钮，即可将设计变量关联到设计组或截面。

（3）设定约束目标

单击高级指标控制栏中的"约束目标"按钮，即可为本次优化任务设定约束与目标。约束与目标均选择自内置的指标树。

（4）优化结果展示与模型回滚

优化完成后单击"结果与模型回滚"，即可查看历次迭代的结果的数据与图形信息，其中，"是否可行"列中，"0"代表该次结果不满足前面设定的约束，"1"代表满足。

（5）指标控制优化报告

单击高级指标控制栏中的"指标控制优化报告"按钮，即可弹出 Word 版的优化报告。其中包括：材料用量的统计规则、设计变量的设置、初始方案与最终优化方案的对比（包括材料用量对比及整体指标对比），以及各迭代步的详细统计数据等信息。

本 章 小 结

本章以某幼儿园设计项目为例，以三维设计为基调，整体采用 BIMBase 平台下的软件体系及 PKPM 结构设计软件，全流程采用 PKPM-BIM 建筑全专业协同设计系统三维主导的设计模式，通过在设计的全流程中运用 BIM 技术，以新的技术驱动新的模式，打破原有的流程，探索三维正向设计在当前环境下的价值体现，检验当前软件技术对于正向设计的功能支持度，探索数字化设计全新路线。

思 考 题

1. 简述 PKPM 软件如何实现设计协同一体化。
2. 如何利用构件报审属性模板提高建模效率及 BIM 报审通过率？
3. 如何将同一项目的不同专业（建筑、结构、机电）模型进行整合？
4. 举例说明如何进行提资？
5. 简述智能截面优选的操作流程。

【知识目标】

掌握基于 Revit 的协同设计策划方法、各阶段的协同设计流程、专业配合与协同要求。

【能力目标】

培养基于 Revit 的正向设计能力。

本章以某商业项目为例，介绍基于 Revit 的协同设计策划、专业配合和 BIM 正向设计思路和方法。

5.1 协同设计策划

BIM 协同方式是 BIM 正向设计流程中的关键环节，基于 Revit 的协同设计主要通过工作集与链接两种方式组合实现。在项目总体策划时应确定两种方式各自的应用范围及如何组合。本节先对 BIM 协同设计及其两种主要实现方式做出介绍，最后再分析如何进行策划。

5.1.1 协同设计概述

BIM 协同设计是指基于 BIM 模型和 BIM 软件进行各专业的交互与协作，目的是取代或部分取代 CAD 设计模式下低效的工作模式，充分利用 BIM 模型数据的可视化、可传递性，实现各专业间信息的多向、及时交流，从而提高设计效率，减少设计错误。在 CAD 设计模式下，协同设计主要通过 DWG 文件的外部参照进行，由于 DWG 文件的离散性、CAD 图元的结构化，以及 AutoCAD 目前尚不支持多人协作等因素，决定了 CAD 协同方式的局限性——难以确保信息的唯一性。这是 CAD 设计经常发生图纸版本不匹配这类配合失误的根本原因。

BIM 协同设计是 BIM 正向设计优势得以发挥的重要保障，也是与 CAD 设计流程差异性较大的一个环节。设计师如果已经习惯 CAD 普遍较为松散的协同方式，在起初转入 BIM 流程时，面对严谨的协同方式可能会感觉很不习惯。但一旦经历了完整的 BIM 正向设计流程，感受到这种协同方式带来的优势后，就自然会认同这种方式，并且如果再回到 CAD 的协同方式，甚至会产生一种因随意性而带来的"不安全感"。

Revit 主要应用工作集与链接两种方式进行协同，另外 Revit 还提供了 RevitServer 的方式，理论上支持广域网的协同，实际应用还会面临部署复杂，广域网受网速限制，不支持外部链接等多方面的问题。由于 RevitServer 实际存储的是一堆格式为".dat"格式的数据，在打开时才还原为 Revit 文件，因此无法像普通".rvt"格式文件那样被链接，这对于分专业协同的设计模式来说基本不可行。因此，本书仅介绍工作集和链接两种常用方式。

5.1.2　Revit 工作集协同流程

工作集是 Revit 的团队工作模式，由一个"中心文件"和多个"本地文件"的副本组成，多个用户可以通过工作集的"同步"机制，在各自的本地文件上同时处理一个模型文件。若合理使用，工作集机制可大幅提高大型、多用户项目的效率。

跟链接方式相比，工作集的优势在于：

1）多人同时处理同一个模型文件，方便划分工作界面，同时减少 Revit 文件数量，减少链接关系，使模型整合起来更简单。

2）不同的成员，其做出的设置、载入的族都是所有成员共享的，相比多文件同设置，难度大幅降低。

3）不同的成员，其放置的构件、绘制的图元，都属于同一个 Revit 文件，互相之间可以有连接、扣减、附着等关系，这是链接方式所无法实现的。

而工作集也有其缺点：

1）工作集的部署过程较复杂，且稳定性比独立文件要弱一些，偶有中心文件损坏的情况发生，需注意控制同步的间隔不能太长。

2）工作集无法脱离局域网环境（只允许偶尔、个别、短时的脱离），限制较大。

3）参与工作集的人数如果太多，就会经常发生"同步塞车"的状况，需等待较长时间依次同步。一般建议一个中心文件不超过 10 人同时工作，以 6 个人以内为宜。

工作集模式因涉及多人协作，技术细节比较多，本节主要介绍总体策划相关的要点，详细的操作步骤如下：

1）按设好局域网的项目公共目录，进入相应的模型存放路径，新建 Revit 文档或将初始的 Revit 文档拷贝到这里，设好文件名，如"示例项目建筑结构中心文件.rvt"。

2）项目 BIM 负责人打开文件，单击"协作"选项卡→"协作"命令，启用协作。单选"在网络中"协作方式（图 5-1），再保存文件。由于接下来是启用协作后的第一次保存，Revit 弹出"将文件另存为中心模型"提示，这是启用工作共享后第一次保存此项目，因此该项目将变为中心模型。是否要将该项目保存为中心模型？如果是，单击"是"按钮；如果要使用其他名称和/或其他文件位置将文件保存为中心模型，单击"否"按钮，然后使用"另存为"命令保存。本例单击"是"按钮即可。

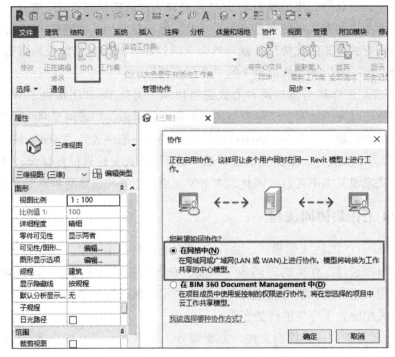

图 5-1　启用协作并保存为中心文件

3）单击"协作"选项卡→"工作集"，在此预设多个工作集，如图 5-2 所示，然后单击"确定"按钮关闭。工作集后续也可以继续添加、修改。

完成后单击"协作"选项卡→"与中心文件同步"，在弹出的设置框中，勾选"用户创建的工作集"选项，同步后关闭中心文件，至此中心文件设置完毕，如图 5-3 所示。

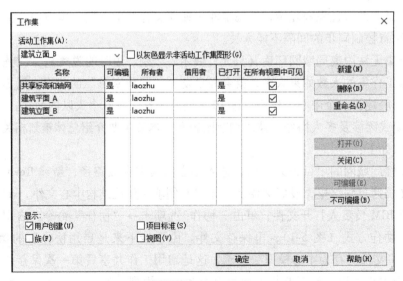

图 5-2　设定工作集

下面介绍各设计人员如何进行本地文件的操作。

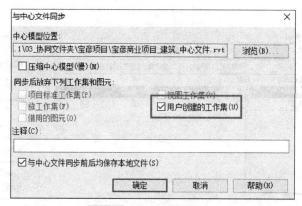

图 5-3　与中心文件同步

1）选择"选项"→"常规"→"用户名"，设置 Revit 用户名，如图 5-4 所示。

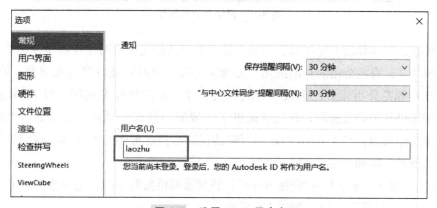

图 5-4　设置 Revit 用户名

2）将局域网路径里的中心文件复制到本地，将文件名改为自己识别的名字，建议将上述"_中心文件"后缀改为本人实名。由于这里已经是本地的副本，对文件命名没有严格要求，可以加日期后缀、阶段后缀作为标记。然后双击"打开"按钮。注意最下面一行提示将变为本地用户副本，直接单击"关闭"按钮即可。

3）建立本地文件后，单击"协作"→"工作集"，将其他人的工作集设为"不可编辑"，仅保留自己的工作集为"可编辑"，同时将自己的工作集设为"活动工作集"，然后才可以开始进行设计工作，如图 5-5 所示。

4）本地文件需定期保存并与中心文件同步。如果工作集中有多人同时同步，则按先后选择顺序依次同步，可能需要等待较长时间。

5）如果需要脱离中心文件变回独立文件，在打开本地文件时，勾选"从中心分离"选项，另存即可。

5.1.3　Revit 链接协同流程

Revit 的链接与 AutoCAD 的外部参照概念大体相近，设计师很容易理解。其优势与劣势与工作集基本上是互补的：它不需要特别的操作，稳定性较好，可以将单个 Revit 文件体量

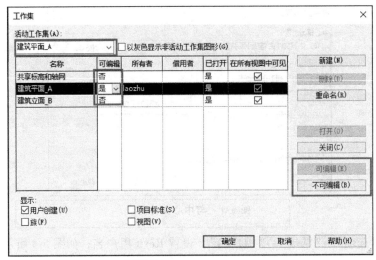

图 5-5　设定工作集权限

控制得比较小,工作环境不受限制,但它无法将各个链接文件的图元互相连接起来,各个文件之间互相独立,有些公用的基准图元(如楼层标高、轴网)及设置(如线型、填充图案、底图的深浅)等需分别设置,也很难访问链接文件里面的构件及视图。但 Revit 的链接与AutoCAD 相比仍然是有改进的,首先它提供了"复制→监视"功能,实现某些类别的图元可以与链接文件共用;其次 Revit 可以引用链接视图的指定视图作为底图,这给设计协同带来了很大的便利。Revit 的链接操作步骤如下:

1)单击"插入"选项卡→"链接 Revit",找到需要链接的模型,定位选择"自动→原点到原点",单击"打开"按钮,如图 5-6 所示。

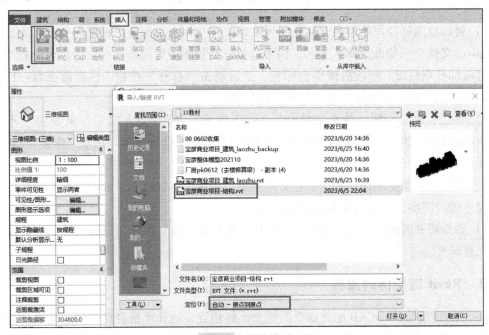

图 5-6　链接模型

2）链接模型，可通过"可见性/图形替换"→"Revit 链接"，选择显示或隐藏，如图 5-7 所示。

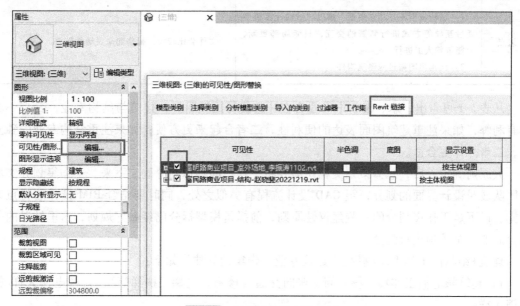

图 5-7　显示或隐藏链接模型

5.1.4　协同设计策划

综合工作集和链接两种协同方式，在项目中如何进行策划，不同设计企业或团队有不同的做法。以一个规模适中的单体建筑（无须进行模型拆分）为例，只考虑常规五大专业（建筑、结构、水、暖、电），主要有以下几种方式：

1）每个专业内部采用工作集协同，每个专业一个中心文件，专业间互相链接。

2）将水、暖、电三个专业合在一起采用工作集协同，分建筑、结构、机电三个中心文件相互链接。

3）将建筑、结构合在一起，水、暖、电三个专业合在一起，分土建、机电两个中心文件相互链接。

上述三种方案如何选择，主要看建筑、结构两个专业合在一起，与水、暖、电三个专业合在一起，各自的优缺点（表 5-1）。

表 5-1　专业组合工作集优缺点分析

类别	建筑+结构	水+暖+电
优点	1）建筑的砌体墙、楼板面层等，与梁、板、柱等结构构件之间可以互相连接、扣减，大大方便了平、剖面处理 2）提资、受资流程简化，统一交互，无须两个专业分开进行	1）三个专业统一设置 2）方便管线综合协调，遇到冲突可以及时调整，实时看到效果 3）提资、受资流程简化，只需统一交互，无须三个专业分开进行

（续）

类别	建筑+结构	水+暖+电
缺点	1）结构模型不是独立模型，难以与结构计算模型通过互导等方式进行频繁的交互，只能局部更新，只能依赖人工进行 2）结构出图需过滤建筑构件	文件会比较大，操作起来灵活性较差

从表 5-1 可看出，水、暖、电专业合在一起优势比较明显；建筑与结构专业，合与不合各有利弊，如果注重建筑图面表达的便利性，二者合起来更方便；如果注重结构专业的独立性，二者分开更合适。

大原则确定以后，总体策划文档还需要将工作集的具体划分确定下来。工作集划分实质是团队成员设计界面的划分，跟 CAD 设计流程有类似之处，同时要结合 BIM 设计的特点来安排。以下是工作集划分的一些建议性原则，前提是模型拆分已经做好规划，这里针对的是拆分后的一个子项进行划分。

建筑+结构的土建 Revit 模型，建筑专业工作集划分建议如下：

1）建筑核心筒工作集。核心筒、竖向交通（楼梯、电梯、扶梯等），含楼电梯大样/核心筒大样。

2）建筑立面工作集。建筑外皮、幕墙、装饰构件等，含立面图。

3）建筑平面工作集：建筑平面的其余内容（内墙、门、房间等）单独一个或多个工作集，看工作量，如果上下楼层区别较大的（如商业），可适当分开，如果楼层平面接近的，尽量同一人完成，含平面制作。

4）其余图面标注、节点大样等，可按工作量划分工作集。

结构专业的工作集划分建议：如果是竖向展开的建筑，考虑按核心筒+外部结构划分；如果是平面展开的建筑，考虑按楼层划分。同时图面标注、出图可单独划分工作集。

机电专业的工作集划分建议：一般按系统划分，如果单个系统工作仍然大，再按建筑分区或者按防火分区细分。

以上是工作集划分的建议性原则，实际项目中除考虑工作界面外，还需要考虑团队成员的组成与特点进行灵活划分，项目过程中也可以随时进行调整。

确定协同方式、工作集划分后，总体策划文档需要把协同过程中的一些基本守则列出，对团队的协同操作进行规范化。

工作集协同，这种协同方式的管理方面的要点如下：

1）工作集协同需要在局域网中进行，为避免冲突，不允许将本地文件脱离局域网，编辑后再拷贝回来同步的做法。如确有需要，需与 BIM 负责人报备，并及时回归中心文件。

2）参与项目的各专业设计人员在 Revit "选项"→"常规"选项中，设定好各自的 Revit 用户名（建议中文实名），便于查找对应的设计人员。

3）工作之前，各专业设计人员需先将自己的工作集置为当前工作集，再创建模型，以避免将自身的模型创建到别的工作集中，同时不允许占用其他设计人员的工作集。

4）设计人员可设置本地文件的同步频率，以便实时将最新文件同步至中心文件。建议每 2h 一次，避免太频繁的同步影响效率。

链接协同，这种协同方式的管理方面的要点如下：

1）各专业已经采用统一的原点坐标系统，链接采取的定位方式为"自动-原点到原点"。链接文件均选择各专业的中心文件。

2）在链接模型文件中，一般选择参照类型为"覆盖"，以避免循环套链接；仅当确定当前文件链接到其他文件时，需要与子模型一起显示，方可选择"附着"。被附着型链接的子模型，不应再被其他父模型所链接，以免重复。举例来说，假如建筑专业的"门楼"单独一个文件建模，链接到建筑主文件中时就应当选择"附着"，并且与其他专业说明，链接建筑专业时不应再选择门楼；而在建筑专业链接结构模型时，则必须选择"覆盖"，因为结构模型同时还会被机电专业所链接。

3）路径类一般设置为"相对"，确保整体文件夹移动或拷贝时，链接关系不会丢失。

4）链接文件后，在"管理链接"中不可随意删除，或随意点选链接进行非相应文件的"重新载入来自"，因为此类操作会使项目文件中的视图所设置的链接视图丢失。

5.1.5　正向设计工作流程

1. 方案设计阶段

设计人员应在概念设计阶段完成项目的选址、找型、立面风格设计、概算等重要设计方向后，利用 BIM 模型结合绿建分析软件完成本项目对周围地形的影响，并基于该模型完成如采光、日照、噪声、室内外流场等基础分析，以及应用参数化特性针对以上绿建分析进行设计优化，以获得本项目的最佳方案设计。

在方案设计后，设计人员应基于概念模型搭建方案模型，并利用方案模型自动生成方案阶段的平、立、剖等设计图。利用方案 BIM 模型的立体、直观化，机电设计人员可以快速根据模型判断出本方案的不利空间、无用空间。将机电设计中管井与不利空间相结合，最大化利用建筑内部空间。同时方案模型中的空间、体量信息也可以作为初步设计中机电设计的设计依据，预估建筑能耗及负荷。方案设计阶段工作流程见表 5-2。

表 5-2　方案设计阶段 BIM 正向设计工作流程

设计阶段	专业	设计内容	BIM 工作
方案设计启动会			
概念及方案设计	建筑	建筑形体创作	体量
		方案平面及立面设计	体量→Revit 族
		建筑绿建分析	Revit 导入绿建软件
方案比选会			
概念及方案设计	结构	柱位布置	结构柱
	建筑	机电设计指标数据	模型细化+空间划分
方案深化及确定会			

2. 扩初设计阶段

扩初设计的目的是对各专业的方案或重大技术问题进行综合技术经济分析，协调各方要求，初步完成结构和机电的设计方案并逐渐完善。由于 BIM 软件的空间性质，使得三维设计过程中大量的施工图阶段的工作提前到扩初设计阶段来解决。扩初设计阶段工作流程见表 5-3。

表 5-3　扩初设计阶段 BIM 正向设计工作流程

设计阶段	专业	设计内容	BIM 工作
扩初设计启动会			
扩初设计	建筑	平面布置	墙、门、立面、板三维模型
扩初设计	结构	竖向及平面布置	梁、板、柱模型
扩初设计协调会			
扩初设计	机电	机房布置	三维模型
扩初设计	机电	路由设计	三维模型
扩初设计	机电	管井布置	三维模型
扩初设计成果协调会			
扩初设计	全专业	净高把控	管线路由综合
扩初设计	全专业	管线预综合	管线路由综合
扩初设计成果验收会			

3. 施工图设计阶段

此阶段是根据已批准的扩初设计或方案，通过详细的计算和设计，为满足施工的具体需求，分建筑、结构、暖通、给排水、电气等专业编制出完整的可供进行施工和安装的设计文件，包含完整反映建筑物整体及各细部构造和结构的施工图。各专业在 BIM 正向设计后施工图设计所需要做的工作及执行的会议可参考表 5-4。

表 5-4　施工图设计阶段 BIM 正向设计工作流程

序号	专业配合工作	提出专业	接收专业	设计内容	BIM 工作
1	施工图设计启动会	全专业	全专业	明确设计内容及注意事项，明确设计原则和统一技术条件	准备各专业基础中心，文件统一原点、轴网，明确专业模型间的链接关系
施工图协调会 1					
2	结构建立第一版模型	结构	建筑	确定结构主体	根据计算模型建立施工图模型
3	建筑提出第一版提资视图，防火分区	建筑	各专业	作为机电专业设计的参照底图、结构专业的配合依据	建筑链接结构进行协同
4	设备专业提资给各专业机房、管井布置	机电	建筑	管井、机房定位、面积需求	建立设备模型

（续）

序号	专业配合工作	提出专业	接收专业	设计内容	BIM 工作
5	结构提资，梁柱信息	结构	各专业	明确开洞情况、梁高，机电专业设计过程中应规避大梁	及时更新各专业模型链接
6	管线初步综合设计	机电	建筑、结构	根据各专业现有设计成果，核对能否满足净高要求，提出设计更改需求	BIM 负责人协助建筑、结构专业解决机电专业发现的问题
施工图协调会 2					
7	建筑提出第二版提资平、立、剖视图，做法，防火分区	建筑	各专业	根据上一轮讨论会提出的设计优化内容进行调整	阶段性 BIM 模型
8	机电专业提资洞口、集水井、排水沟	机电	建筑、结构		更新模型链接，专业间协同
施工图协调会 3					
9	建筑详图绘制	建筑			在建筑出图视图中表达
10	结构细化施工图	结构	各专业		更新模型链接，专业间协同
11	管线综合	各专业		再次复核净高是否满足要求	BIM 负责人统一解决各专业设计过程中遇到的问题，并组织召开管线综合协调会
施工图出图协调会					
12	各专业修改优化施工图	各专业		机电专业完成管线末端调整	利用施工图模型直接生成施工图，基于该施工图进行注释标注等细致化工作
13	洞口复核	结构	机电	复核洞口确保预留准确	
14	校对	各专业			
15	出图	各专业			完善施工图说明、复核施工图缺漏，导出审图要求全套施工图
完善出图最终成果					

4. 成果输出

由于 BIM 正向设计的整合性、动态协同性，在设计过程中需要特别注意加强管理，确保各专业设计推进的条理性、规范性，进而保证协同质量，避免不可控的风险。包括随时成图、随时合模、视图与底图的管理、文档备份等，都与 CAD 设计模式有较大区别，需要设计师从一开始就形成习惯。

在成果交付阶段，BIM 正向设计对成果的整理要求更高，不仅是设计图，还包括原始格式的模型、轻量化的模型、基于模型的衍生成果等，以及如何组织模型的交付，尤其是 Revit 模型的交付。为了能更好地管理模型和防止文件损坏，需要做到以下两点：例行备份，建议每周一次，以方便回溯；阶段性提交成果，提交后按日期备份保存。

各阶段成果交付建议清单如下：

方案设计阶段：方案模型文件（.rvt），轻量化浏览模型（.nwd），方案设计图（PDF/CAD），效果图、虚拟仿真动画等。

扩初设计阶段：各专业 Revit 扩初模型文件（.rvt），整合轻量化浏览模型（.nwd），各专业扩初设计图（PDF/CAD），效果图、虚拟仿真动画等。

施工图设计阶段：各专业 Revit 施工图模型文件（.rvt），整合轻量化浏览模型（.nwd）。

5. 样板通用设置

通用设置包括各专业需统一的设置项，包括线宽、线型、对象样式、填充样式、文字与标注等，均影响到各专业的图面表达是否协调一致。

（1）线宽

与 AutoCAD 主要通过颜色控制线宽的机制不同，Revit 的线宽与颜色不相关，分为多个层级控制，体系比较复杂。其中，最基础的层级是通过对象样式+线宽设置，进行每一类构件的线宽设定。

线宽设定影响全局，不只是本专业，也不只是当前文件，它会影响整个项目。因为当专业间通过链接进行协同时，各自的线宽如果不统一，就会影响到图面的效果，因此需各专业的样板文件统一进行设定。注意：链接文件的构件线宽不会跟随主文件的线宽设置。

线宽通过"管理"→"其他设置"→"线宽"进行设定，分为模型线宽、透视视图线宽、注释线宽三个页面设置，其中最重要的是模型线宽（图 5-8）。Revit 直接按不同比例设置线宽，省去了在 AutoCAD 中打印不同比例图纸时，需选择不同打印样式的步骤，相当于把打印样式表内置于 Revit 文件中。

在设计过程中可通过"细线"命令（默认快捷键 TL）进行单像素线宽显示与实际线宽显示两种模式的切换，在出图阶段建议按真实线宽显示，以更好地控制图面效果。Revit 默认样板的线宽与其他 BIM 软件的线宽设定有较大区别，要考虑项目过程中可能会用到其他主要 BIM 软件，以它的样板线宽为基础进行调整，可以更好地配合其配套族的表达。

如图 5-8 所示，这里 16 种线宽并非一直递增，而是分为序号 1~8、9~16 两部分。一方面是 16 种线宽并无必要；另一方面是两部分可以大致分别对应土建、机电两个专业来设定，更有条理。注意：全局的线宽设定与对象样式的设定互相结合而起作用，需结合企业出图标准调整。

（2）线型

Revit 的线样式与线型图案是两个相关联的概念。AutoCAD 的线型在 Revit 中对应的概念是线型图案，而线样式则是"线宽+颜色+线型图案"的集合。Revit 里如需绘制特殊的线条或将图元表达为特殊的线条时，并不像 AutoCAD 一样直接设置线型，而是通过线样式来设置。

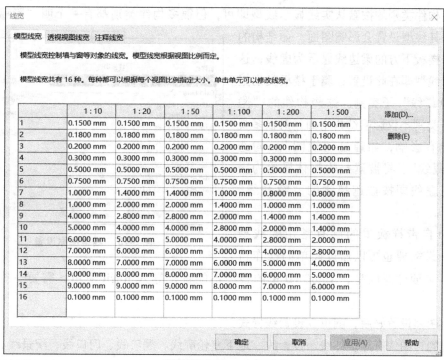

图 5-8　模型线宽设置

通过"管理"→"其他设置"→"线样式"和"管理"→"其他设置"→"线型图案",可分别进入线样式设置(图 5-9)和线型图案设置(图 5-10)。对于样板设置来说,需将常用的线型图案及线样式设置好。

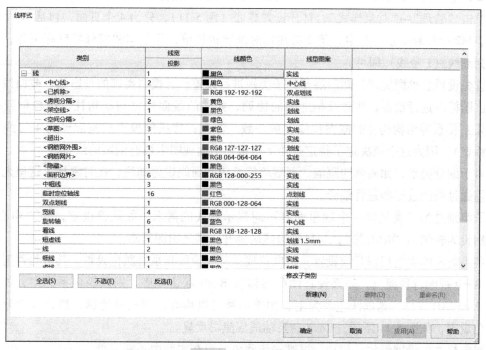

图 5-9　线样式设置

一般构件类别均按默认实线显示线型即可，但很多构件类别都有一个叫"隐藏线"的子类别，其线型设置会影响图面。如结构的模板图中楼板下方的梁边线显示为虚线，这个虚线的线型即在此设置，属于楼板类别里面的"隐藏线"子类别。这些构件的"隐藏线"子类别不仅影响结构平面，对很多视图都可能有影响，如通过"视图"→勾选"显示隐藏线"，将被遮挡的物体显示为虚线，则此虚线即按被遮挡物的"隐藏线"线型显示。

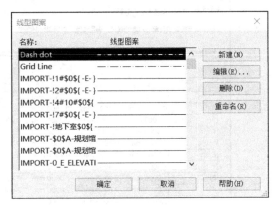

图 5-10　线型图案设置

Revit 自带样板里的已有常用的线型图案，如果需要也可以通过简单的操作自行新增。需要注意的是，AutoCAD 里的线型不能直接导入 Revit 使用，需要一些处理的技巧。

线型图案设置好后，就可以设置线样式。

常用的详图线有建筑红线、投影线、地下室轮廓线、洞口线、门口线、配景线、立面轮廓粗线等，这些线样式可预设在样板文件里。在导出 DWG 文件时，Revit 的图层转换设置可以将不同的线样式转换为不同的图层。

（3）对象样式

对象样式决定了 Revit 模型各类构件在视图中的默认显示样式，包括线宽、线颜色、线型图案，部分构件有默认材质。其中，对出图影响最大的还是线宽设置。

单击"管理"→"对象样式"，打开设置界面（图 5-11），分为 4 个页面，包括 78 个模型类别、142 个注释类别，其中，第 2 页注释对象比较简单，除图框和部分特殊标记外，大部分设为细线（1 号线）即可。

首先设置各模型类别，然后展开其子类别进行设置。各模型类别的投影线、截面线线宽根据出图标准进行设置，注意互相之间的协调，如墙的截面线宽与结构柱、结构框架（即结构梁）楼板等结构构件的截面线线宽应一致。注意：楼板的投影线宽应设为 1 号线（最细的线宽），因为这个值决定了特定条件下楼板在平面视图中填充图案的线宽。

对于细分类别，如墙体的隔墙、面层墙等希望截面线设为细线，在对象样式这里无法实现，需通过视图过滤器进行细分。

子类别是为了满足同一个族里面有不同显示样式的需求，如风管设置，其"中心线"子类别设为较细的"中心线"，与风管边线区别开，满足出图需求。

各类对象的颜色根据习惯设置。机电管线系统一般按其系统颜色设置，其余构件需考虑的是 Revit 视图背景颜色，如果设计团队习惯按 Revit 默认白底，则以深色系为主；如果习惯像 AutoCAD 一样，则以浅色系为主。如果两种习惯均有，则较难协调，建议大部分构件按黑色设置，如图 5-11 所示，Revit 会自动适应黑白反显。

对象样式的设置细致、烦琐，很难一步到位，可在实践中不断完善。

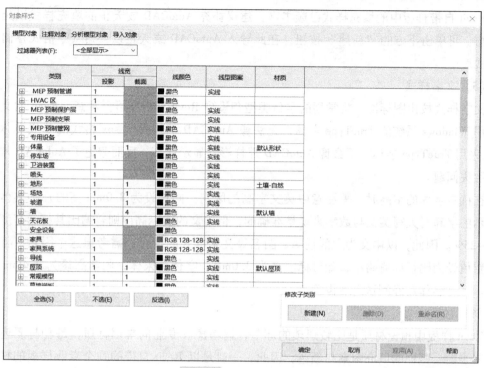

图 5-11　对象样式设置

（4）填充样式

在 Revit 中进行材质定义、图元图形及填充区域类型设置时，需要为其指定填充图案，以使 Revit 图形视图（一般指出图视图）中的图元显示符合传统工程图的表达习惯。

通过"管理"→"其他设置"→"填充样式"，打开填充样式的设置框（图 5-12）。Revit 的填充样式分为绘图与模型两类。模型填充图案按真实尺寸设置，绘图填充图案则按工程图打印尺寸设置。当填充图案只用来表达样式、不表达真实分格尺寸时，用绘图填充；反之，则使用模型填充。如外墙面需表达贴砖数量与大小时，其材质的表面填充需使用模型填充。

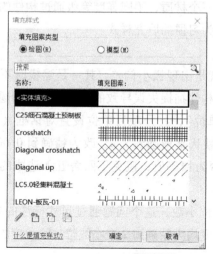 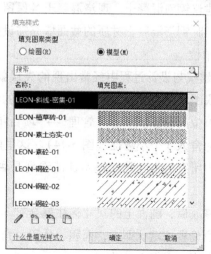

图 5-12　填充样式的两种类型

Revit 自带样板中的填充样式已颇丰富，建议补充 AutoCAD 或天正的填充样式以延续表达习惯。可单击下方的"新建"按钮，在此导入 AutoCAD 或天正以".pat"格式存储的填充样式。

（5）文字样式

文字样式按出图标准，将常用的字体类型预设到 Revit 样板即可。注意，Revit 的文字只能使用 Windows 系统的 TrueType 字体，无法像 AutoCAD 那样使用 shx 格式的单线字体。但 Revit 采用 TrueType 字体，不会像 AutoCAD 那样影响显示速度，反而避免了 AutoCAD 常见的字体丢失问题。

在确定字体的字高时，需注意中英文字高的区别。同样设为 8.0mm 高的几种字体，这个标示的字高对大写英文与数字来说是准确的，但中文的实际高度则普遍比其标示高度要高 15% ~ 25%。因此，以中文为主的说明、图名等文字样式的设定，需考虑这个因素，将字高的设置值设为比目标值略小，如目标字高为 3.0mm，字体为宋体，则字高设为 2.4mm 比较合适。各个字体最好测试之后再确定。

（6）材质

Revit 样板中预设材质是比较烦琐的环节，需考虑各专业的常用材质，每种材质还需要考虑其表面、截面的填充图案与颜色，因此，一般是以 Revit 自带的几个专业样板的材质传递到同一个样板文件中，再进行增减。需注意以下事项：

1）样板中不自制贴图。Revit 的贴图是记录绝对路径，因此使用自制贴图的文件传递给其他人时，很容易发生找不到贴图的情形。特殊需求可各个项目自行处理，企业样板则需避免。

2）样板中的材质需尽量精简，命名要规范。

3）同时注意结构材质对构件连接的影响，在结构构件建模规则中将会看到，同样是钢筋混凝土构件，如果分别采用不同的材质，构件连接后的截面将无法融为一体，对图面造成相当大的影响。因此，需避免同类材质有多个近似名称出现，以免误选。为了建模方便及图面表达，建议钢筋混凝土、现浇混凝土各保留一个材质，不同强度等级通过构件的专门参数来记录。同时钢筋混凝土材质的截面填充需设为习惯的填充样式。

（7）单位

Revit 建模与设计过程中经常出现的失误就是出现极小偏差。其一是建模时不严谨或原本参照的底图不精确导致的；其二是非正交的构件捕捉失误导致的。解决这个问题的关键点在于长度单位的设置。单击"管理"→"项目单位"，打开项目单位设置对话框（图 5-13），将长度设为舍入 3 个小数位（图 5-14）。这里默认是精确到 mm，改为精确到 0.001mm，在建模过程中所有的临时尺寸提示都能看到是否为精确值，避免了四舍五入造成的潜在偏差掩盖。

这样修改后，图面上的尺寸标注就会有 3 位小数，这个问题通过尺寸标注的参数解决。其余的单位设置按默认即可，面积、体积、角度均为精确到 2 个小数位。除长度的单位符号设为"无"外，其他均应有单位。

图 5-13　项目单位设置

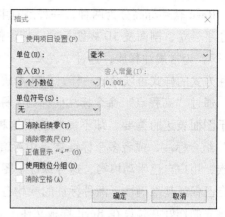

图 5-14　长度单位格式设置

（8）捕捉

在捕捉方面，Revit 默认的捕捉点极多，带来便利的同时也容易造成误捕捉。可通过"管理"→"捕捉"，不勾选"捕捉远距离对象"和"捕捉到点云"两个选项，或根据需要勾选（图 5-15）。

（9）尺寸标注

Revit 的尺寸标注样式设置选项很全面，基本上可以完全按习惯的样式（如天正的样式）设置，内置于样板文件中即可。需注意以下问题：

标注字体也只能使用 Windows 的 TrueType 字体，这里同样设为仿宋，但 Windows 自带的仿宋字体英文与数字其实是宋体。如果对此很介意，可选择自己认为合适的字体，需确保字高与设定值基本一致；或网上搜索西文字符也是仿宋的第三方字体，但这样就无法保证其他人打开时还能保持原有的样式。

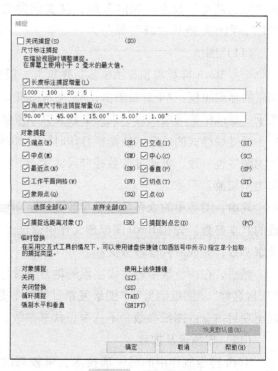

图 5-15　捕捉设置

由于样板文件的长度单位设为"3 个小数位"，因此单位格式处就不能按项目确定，需将其设为"0 个小数位"。Revit 的尺寸标注为连续标注，且不会自动避让，密集处需手动移动文字进行避让。Revit 标注轴网时默认向上或向左，因此标注视图上侧或左侧轴网时，通常会出现尺寸界线倒置问题。有时会影响图面，需手动拉动每一个参照点。更简单的方法是针对轴网尺寸标注复制一个"反向"的标注样式，将"尺寸界线长度"与"尺寸界线延伸"两者参数值对调，即可实现"反向"的效果。

（10）标高标注

Revit 软件标高分为两种，一种是有主体的标高，通过"注释"→"高程点"，进行标注，可在平、立、剖面及 3D 视图标注，标注值即拾取点的标高；另一种则是没有主体的"标高符号"，为常规注释族，通过"注释"→"符号"，进行放置，标高值由用户手动填写。两种标注方式的样式可以做成一样，但其本质是不一样的。

通过"高程点"命令标注的标高，标高值即模型真实标高，不会出错。但有些情况下由于图面表达的需要，却不能直接用这种方式标注标高，比如常见的"建筑标高+结构标高"组合标注，或者多个标准层集中标高，就无法使用"高程点"命令，只能通过常规注释族，用户自己手动填写，这样保证了图面符合表达要求，但数据与模型没有关联，靠设计师自己保证其准确性。两种标注的族均有多种样式，分别对应上标、下标、实心三角等，均应预先制作好并预设在 Revit 样板文件中。

用高程点标注的标高需注意其基点的设置。如上例的标高，当其类型参数"高程原点"由"项目基点"改为"相对"时，其实例参数"相对于基面"即变为可选，选择基面为"2F"，则标高值从"2F"算起。

（11）图框

企业 Revit 样板需预设图框族，图框族一般需要准备常规的 A2、A1、A0 及其各种加长加高的标准图框，A4 封面图框，A3 文本图框，设计变更单图框等几种。做法类似，关键点在于：通过标签读取项目、视图参数及共享参数，使图框里的字段关联至图纸或项目的参数值。通过线样式的设定，使图框打印时区分细线，保持与 CAD 设计的图框一致，标准图框族的图签也一致，可通过参数控制尺寸大小，实现多种尺寸规格放于同一个族里面，通过不同类型切换。

其中，图签里的众多字段除少数关联至项目信息或视图自带参数外，均需关联至项目预设的共享参数。先在 Revit 图框族文件中通过"管理"→"共享参数"，按图签需求逐个建立共享参数，完成后共享参数文档。

然后，在图框族中需生成字段的地方放置标签，再关联至对应的共享参数。少数标签如"项目名称""图纸编号""图级发布日期"等是 Revit"图纸"自带的可选参数，可直接关联至项目信息或图纸参数，不需要设共享参数。

（12）族预设及加载

Revit 样板制作中的另一项技术含量较高的工作就是，为每一种构件预设常用的类型。对于系统族来说，是预先设置常用类型；对于可载入族来说，则是预加载族。这样可以使设计师快速开始设计，而不是每类构件都在用到时才去设置或查找族。土建构件的预设类型仅提供常用的基本类型，但机电管线的类型和系统设置与系统的颜色设置、系统缩写、视图过滤器等是互相配合的，需全盘考虑，因此尽量在样板中设置完善。

这个环节需注意以下几点问题：控制预设类型与预加载族的数量，避免样板文件过于臃肿，在设计过程中再按需从配套族库中加载；命名必须规范，后续复制添加的族类型一般也将延续已有的类型命名，因此一开始就要规范化命名；机电专业样板的预设类型还包括各种机电管线的系统设置，这是难点，可直接按二次开发厂商提供的专业样板设置，或在其基础上进行修改完善。此外，注释符号需预加载的内容很多，土建与机电各自需要加载的族各不相同。

在应用 BIM 过程中，BIM 资源一般以库的形式体现，如 BIM 模型库、BIM 构件库、BIM 户型库等，这里将其统称为 BIM 资源库。随着 BIM 应用的普及，BIM 资源库将成为企业信息资源的核心组成部分。

BIM 资源的利用涉及模型及其构件的产生、获取、处理、存储、传输和使用等多个环节。随着 BIM 的普及应用，BIM 资源库规模的增长将极为迅速，因此建议设计企业采购成熟的族库管理软件进行管理。

5.2　专业配合

专业配合的一个重要内容是专业之间的模型与视图互用。类似 CAD 设计流程中的"套底图"，BIM 设计也有类似的操作，如机电专业引用建筑、结构专业的模型文件及设置好的视图作为底图，建筑专业引用机电专业的模型。

5.2.1　信息唯一性原则

信息的唯一性原则是指一个信息只出现一次，其余地方只是引用。这样可以确保同一个信息在不同地方都是一致的，即使不断更新迭代，所有引用都可以同步更新。这在建筑设计流程中本应是一个基本的原则，"某一专业的设计成果"与"其他专业所引用的该专业成果""提交给业主的设计成果"，都应该是同一信息（同一文件、同一版本），各专业在不断深化设计、版本迭代的过程中，各方拿到的都是同一份最新版本的文件，这样就可以避免很多因版本不一致导致的专业冲突问题。

这恰恰是传统 CAD 设计流程时常被诟病的一点，版本不一致导致的专业配合失误很普遍，可以说是影响设计质量的一个关键原因。究其原因，主要是二维 DWG 文件是非结构化的信息，各专业之间的信息耦合要求不高，设计人员缺乏这方面的主动意识，而企业又未必能提供一个强制性的协同平台环境给设计人员使用，因此难以做到信息的唯一性。当然也有设计企业通过协同平台或强制性的管理措施实现了信息唯一性，这对设计质量的提升应该是相当有益的。

在 BIM 正向设计的流程中，这个问题的重要性更凸显出来，因为 BIM 是结构化的信息，各专业之间的信息耦合要求非常高，同时 BIM 文档的集成度也比以往高得多，一个专业的文档中的一个或几个文件，一旦脱节，其影响的范围会更广。因此，信息的唯一性是 BIM 正向设计协同质量的关键一环。所幸的是，BIM 设计软件已考虑到这个问题。两大主流 BIM 设计软件 Revit 与 ArchiCAD 均支持团队工作模式。以 Revit 的工作集协同方式为例，单专业的多人协作均在同一个中心文件中进行，保证了单专业的信息唯一性、多专业之间直接以中心文件链接中心文件，保证了专业之间对接的信息唯一性，因此在技术层面具备了实现的条件，但同时也需要从管理层面加以落实，具体有以下几方面：

1）由于 Revit 的工作集记录的是中心文件的绝对路径，因此，存放项目公共设计文件的局域网地址一旦建立就应避免修改。

2）由于 Revit 链接关系记录的是文件的绝对路径或路径的相对关系，为避免频繁重新链接，上述项目公共设计文件夹的子目录架构也需避免修改。尤其需注意工作路径的文件夹不要加日期后缀，也不要加阶段后缀，这样才能将协同关系持续下去。仅当需要备份时才将工作文件复制到带日期或阶段后缀的文件夹里。

3）各专业的中心文件一旦建立就应避免改名，因此一开始就应该规范命名不要加日期后缀，也不要加阶段后缀。

4）各专业共用或多专业共用的图元、构件，如轴网、楼层、卫浴洁具、部分机械设备等，原则上只应出现一次，避免重复。主要通过 Revit 的"复制/监视"功能实现。

5.2.2 互提资料

专业间互提资料是伴随设计过程持续、频繁进行的专业配合操作。在 CAD 设计过程中，前期的机电设计条件以文字提资为主，设计过程中的提资则主要以平面图"云线+注释"的方式来表达。BIM 正向设计流程的提资形式与此基本一致，但需结合 Revit 软件的特点及协同流程做一些调整。

提资大致可分为两类：本专业做出修改，通知被影响到的其他专业；本专业需要其他专业做出修改，将需求提给对方。

Revit 常规提资的流程如图 5-16 所示。需注意的是，Revit 的云线功能比较特殊，它有一个"修订序列"的属性，本意是对不同时段或不同用途的云线进行分组，但该功能藏得比较深，很多用户并没有使用这个属性，只是简单地用来圈示。如果希望做到比较有序的提资管理，就需要使用这个功能。

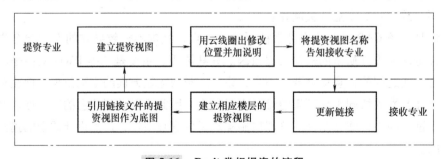

图 5-16　Revit 常规提资的流程

下面以实例具体说明。假设当前专业为建筑专业，当建筑平面布局做出调整，需告知其他专业，操作流程如下：

1）在建筑专业的 Revit 文件中，发出的修改主题，也是所谓的修订序列。执行"视图"→"修订"，在弹出的"图纸发布→修订"对话框中，单击"添加"按钮，新建一个序列，设置日期与说明，"发布到"与"发布者"分别指"接收人→接收专业"与"提资人→提资专业"，其他按默认即可，如图 5-17 所示，于是新增了一个"负一层平面调整"的序列。

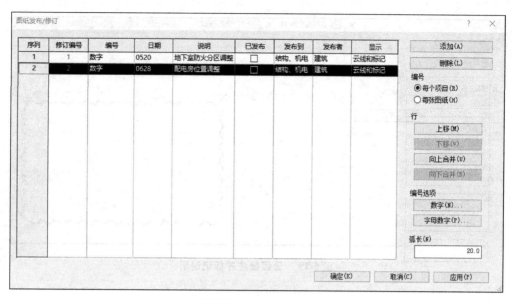

图 5-17　设置修订序列

2）建立专门的提资视图。在项目浏览器中选择需要提资的视图，右击选择"复制"→"带细节复制"，修改视图名称，建议有明确的日期与"提资"字样，方便接收专业在后面的步骤中查找引用。然后，视图属性中的"视图分类→用途"设为"04 提资"，于是在项目浏览器中就自动归入相应的提资目录下，方便查找与管理，如图 5-18 所示。

3）进入该视图，用"注释"→"云线批注"，修改位置，云线的"修订"参数未选择前面刚新建的修订系列，然后在"标记"参数里录入说明文字。注意，云线在"标记"与"注释"两个参数供用户填写（且无法添加项目参数或共享参数）都可以，只要跟标记族对应就可以。这里使用了标记参数，注释参数备用。然后通过"注释"→"标记"对云线进行标记。标记族已根据需要进行了修改，并非 Revit 自带的标记族，如图 5-19 所示。

图 5-18　设置提资视图

4）整层批注完成后（图 5-20），保存文件。然后将修改主题、对应的视图名称，通知相关专业设计人员。

5）收到提资通知后，相关专业设计人员更新链接文件，然后以相应楼层的平面图为基础新建提资视图（图 5-21），在视图可见性设置处，将该链接文件的显示设为"按链接视图"（图 5-22），并选择提资通知里提到的视图。

6）设置好后，即可查看提资方的资料（图 5-23）。注意，本例在链接文件处勾选了"半色调"选项，如果不勾选，底图效果就与前面的批注一致。至此提资流程结束。

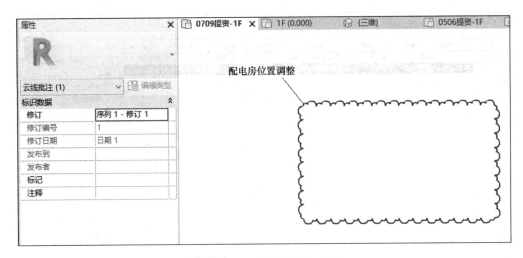

图 5-19　云线批注并标记说明

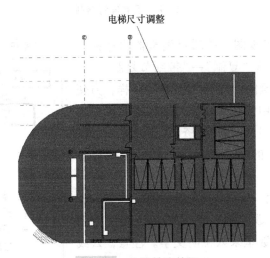

图 5-20　云线批注效果

图 5-21　新建提资视图

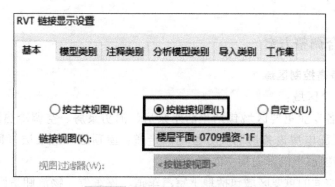

图 5-22　该链接文件的显示设置

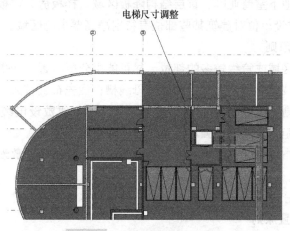

图 5-23　接收方查看提资效果

以上展示了建筑专业平面有修改时，向其他专业发出提资的流程。另一种提资是要其他专业修改配合的流程，如机电专业就设备机房的设置向建筑专业提资，以上的流程也是一样适用的。但有一种更简易的方法，当各专业的配合熟练以后，可以按图 5-24 所示的流程操作。

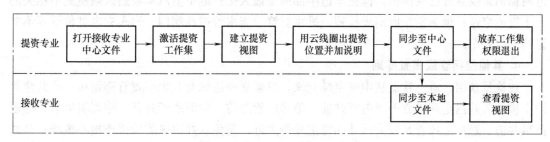

图 5-24　简化的提资操作流程

举例来说，假设机电专业需要建筑结构专业在机房处设集水井及排水沟，又或者机电专业需要在结构构件处预留洞口或预埋套管，当征得建筑结构专业设计师同意后直接打开建筑结构专业的 Revit 中心文件，新建或激活"机电提资"的工作集，然后同样复制视图、云线批注，再同步至中心文件，最后放弃工作集权限退出。这样就完成提资了，接收专业同步中心文件即可查看。

5.2.3 管线综合调整方案

1. 建筑空间净高控制区域

主要有以下几个区域：

1）一般机电各专业重要区域包括生活水泵房、消防泵房、空调冷热源机房、风机房、空调机房、高低压配电房设备房防火分区的内走道、屋顶层、避难层（间）或避难通道、机电各专业系统转换层机电管道集中的地方等。

2）建筑功能空间的重要区域包括地下室汽车道、停车位、物流卸货区、电梯厅、泛大堂、大厅、大堂、标准层内走道、餐包房、特色餐厅、中小会议室、多功能厅、音乐厅、剧场、室内运动用房、地下室商业区、首层结构降板区域、样板房、样板段等。

3）建筑专业或建设单位对建筑某些部位有特别净高要求的区域。

2. 机电管线布置原则

一般规定，公共区域或管线较多的部位，尽可能少分层布置，如果一层能布置完就不设两层；优先布置好有坡度的重力排水管和电气母线槽；优先布置较大尺寸的风管、管组。

电气桥架布置原则：电气桥架设置在最上方，这样方便敷设电缆，保证桥架距梁、距柱、距墙边的最少间距要求，保证强电桥架之间的最小距离要求。

水系统压力管道布置原则：上下平行于电气桥架的水管不允许敷设在桥架上方，可以左右并行或布置下一层。

风管布置原则：分层设置，风管布置在最下层或与水管左右并排。

3. 地下室管线布置原则

地下室沉板区域尽量不要集中布置管道，不要布置较大尺寸的风管；地下室汽车库主风管宽高比值尽可能大（规范内），风管厚度最好不要超过 0.4~0.5m；地下室汽车库的风管、电缆桥架、自动喷淋、消火栓主管优先布置到车位上空贴梁底位置，避开主车道；地下室汽车库车位上部空间（宽和高）不足以布置全部机电主管时，电缆桥架可分别平行布置到车道两侧贴梁或靠近柱或柱帽，保住车道中部高度最大化；地下室汽车坡道区域避免不相关的主干管道穿过；地下室车库消火栓箱、排水立管、废水管道及阀门、汽车充电桩位置等不能影响车位停车。

4. 其他空间管线布置原则

建筑屋顶层应避免管道从中间穿越交叉，尽量靠外边缘女儿墙布置管道路由；公共建筑地上楼层公共内走廊，靠近强电管井前、给排水管井前、空调水管井前、空调机房前、排烟排风井前、避免主风管及较大尺寸的管道靠得太近，避免管井出来的管道连接不流畅；公共建筑楼层公共区域机电主管、干管交叉尽量在梁/板空间、主/次梁空间处理，减少占用更多的净高。

5.2.4 预留预埋专项

1. 机电预留预埋

全面检查、优化机电预留预埋。根据规范、设计要求或标准图检查预留洞口、套管的位置和套管选型是否满足要求，分类型进行技术统一预留预埋。

根据工程实际情况列出套管、孔洞的形式，水管、桥架、母线等如何穿过混凝土墙、结构梁等。例如，建筑内部普通隔墙、二次砌体采用预留方形或圆形洞口混凝土墙、结构梁、楼板采用预留洞或普通套管，人防区域采用密闭套管，地下室外墙、水池墙壁采用防水套管等。

机电管线穿结构楼板、剪力墙、地下室外墙区域：使用刚/柔性防水套管，可与管径相同设置；密闭套管，可与管径相同或大 1 号设置；普通预留孔洞必须按比管径大 2 号预留，小管径的至少按 ϕ50mm 预留。

根据技术要求，确定留洞或套管尺寸与机电各专业管道尺寸的关系。例如，圆形密闭套管、防水套管比管道管径大一个或两个型号尺寸，DN40 以下的管道穿结构梁统一预留 DN50 的洞口，方形管道穿建筑隔墙预留洞口沿管道最外边 50~100mm。

多个管道穿建筑内隔墙时，建议管道分组或整合不同类型管道集中留洞，减少预留孔洞难度和工作量。

多个管道同时穿过某个区域的结构梁、混凝土墙时，建议底部平齐，保证综合支吊架应用的连续性。

根据项目营业后业态发展的需求，重要区域增加预留孔洞、预埋套管的数量。

2. 安全性检查

重点检查、优化结构专业的安全性。机电管道穿结构外墙时应采取防水措施，避免室外地下水、雨水长期从管道边缘渗入。

机电管道穿室内结构梁、剪力墙、楼板，原则上应预留洞口或套管，有条件时，小管径管道穿楼板也设预留洞口。

穿结构梁预留洞口宜在跨中、梁中 1/3 范围内，洞口上下距离不小于梁高的 1/3，且距梁两边不应小于 200mm。

混凝土结构墙、梁、楼板洞口小于 300mm 时，钢筋不需要剪断，绕过洞口即可；当预留洞口大于 300mm 时，需按设计要求采取必要的结构补强措施。

在剪力墙上穿洞时，一般对于尺寸小于 300mm×300mm 的洞口，结构专业图面上不另外表示，但提资时各专业需要表示。

对于人防区域顶板、临空墙上留套管，无论套管大小，均需要结构专业确认并在结构图上表示。

设备管道如果需要穿梁，则开洞尺寸必须小于 1/3 梁高度，而且框架梁要小于 250mm，连梁要小于 300mm。开洞位置位于梁高度的中心处。在平面的位置，位于梁跨中的 1/3 处。穿梁定位需要经过结构专业确认，并同时在结构图上标示。

设备专业留洞，需要注意留在剪力墙的中心位置，不要靠近墙边或者拐角处，避免碰到暗柱。柱帽范围的结构楼板上，不可开洞。

框架梁截面高度一般可取计算跨度的 1/14~1/12。悬挑梁高度一般可取跨度的 1/6~1/4，大跨度梁高度一般可取跨度的 1/14~1/8。管线避免通过较高结构梁预埋套管。

5.3 正向设计

5.3.1 建筑专业

1. 案例项目简介

富民路商业项目总用地面积为 3417.64m^2，其中地下建筑面积为 13282.98m^2，地上建筑面积为 5371.36m^2，地下一层，1#楼地上 6 层，2#楼地上 2 层，主要功能为办公、酒店（地下室为汽车库）。图 5-25 为项目效果图。

图 5-25　项目效果图

2. 建筑专业设计与其他专业的协同

一个工程项目从方案设计开始，建筑专业就应该和其他专业密切配合，从大的方面对工程项目进行控制，相互了解。建筑专业要积极吸收各专业的设计师参加方案设计，充分了解其他专业的方案，对各专业的方案做到心中有数，并根据各专业的方案综合考虑，确定出一个合情合理、切实可行的方案。如考虑工程项目的基础形式、采暖方式、建筑消防及给排水形式等。同时，其他专业应主动配合建筑专业，介绍自己专业的有关问题，提供可靠的数据，使得设计有条不紊地进行。到施工图设计开始之前，各专业在项目负责人（一般情况下为建筑专业）主持下，开一个工程项目协调会，除确定本工程项目工程等级、防火等级、抗震设防烈度及主要技术问题和设计周期以外，主要就是确定各专业之间互提资料条件的时间。建筑专业在设计过程中应该注意以下问题：

与结构专业方面的配合要注意结构基础形式影响建筑防水构造做法，底层框架结构要注意托墙梁的梁高（因为托墙梁比一般的梁高，特别是在楼梯设计中净高不够，梯段高 2.7m 时都易碰头），结构梁的偏心和上翻对建筑造型和屋面排水的影响，建筑各种楼地面做法对结构标高相对降低多少。

与给排水专业的配合要注意防火分区要结合消防给水形式，顶层消防给水环路对层高和吊顶影响，以及上下层消火栓位置和建筑门洞口要注意对应。

与暖通专业的配合要了解工程项目的采暖通风方式和系统，采暖通风方式不同，对建筑层高、防火等的要求也不一样。建筑专业进行房间平面功能布置时，要考虑把对温度和湿度要求高的房间靠内布置，要求低的房间靠外布置。工程项目如采用水冷中央空调，建筑专业要考虑到空调冷凝水管线找坡对走廊吊顶的影响。

与电气专业的配合要了解电气设备用房对相邻用房的影响。消防联控，包括防火门位置、等级、有无自动关闭等。建筑物各部位的高度对建筑防雷的要求。

3. 方案设计阶段

（1）设计依据

方案设计是在建筑项目实施初期，根据项目要求和给定的条件确立项目设计主题、项目构成、内容和形式的过程。相较于传统的出图模式（例如，SketchUp 软件建模，导出平立剖图，在 CAD 软件中进行修改细化），采用 BIM 正向设计模式，对建筑单体进行方案设计阶段出图，效率更高。

（2）设计模型

此阶段需要根据项目需求和空间、视线关系，建立方案模型。建模内容主要包含楼层标高与轴网、墙体、楼板、屋顶、门窗，并依据模型推敲平面布局与立面造型，从而优化方案。除具备标准化设计条件的项目应在 Revit 平台下完成，其余项目建议使用设计师熟悉的工具完成方案设计。

（3）设计图完成标准

具体的 BIM 出图操作将在施工图设计阶段进行详细介绍，此阶段主要介绍方案设计阶段出图完成标准。

1）平面图应表达的内容：平面的总尺寸、开间、进深尺寸或柱网尺寸，需标注两道尺寸，各主要使用房间的名称，结构受力体系中的柱网、承重墙位置，各楼层地面标高、屋面标高，室内停车库的停车位和行车线路，底层平面图应标明剖切线位置和编号，并应标示指北针，图纸名称、比例或比例尺。

2）立面图应表达的内容：有定位轴线的建筑物，宜根据两端定位轴线号标注立面图名称（如①~⑩立面图）；无定位轴线的建筑物，可按平面图各面的朝向确定名称（如南立面图）；各主要部位和最高点的标高或主体建筑的总高度，图纸名称、比例或比例尺。

3）剖面图应表达的内容：剖切部位，应根据设计图的用途或设计深度，在平面图上选择能反映全貌、构造特征及有代表性的部位剖切。建筑剖面图内应包括剖切面和投影方向可见的建筑构造、构配件，各层标高及室外地面标高，室外地面至建筑檐口（女儿墙）的总高度，剖面编号、比例或比例尺。

4. 扩初设计阶段

（1）设计依据

扩初设计是基于方案设计进行深化，以及补充完善使之满足编制施工图设计文件的需要。在方案设计阶段的成果基础上，明确本阶段的设计参数和要求，对楼层标高和防火分区、房间的净高和功能、外立面做法、屋面做法等进行确认。

（2）设计模型

主要包括：承重结构的形式、定位及尺寸，以及主要承重结构构件，如内外承重墙、柱网、剪力墙等；主要结构和建筑构造的部、配件，如非承重墙、壁柱、地面、楼板、吊顶、梁、柱、内外门窗（幕墙）、天窗、楼梯、电梯、自动扶梯、中庭、夹层、平台、阳台、雨篷、集水井、台阶、坡道、散水、明沟等；主要建筑设备，如水池、卫生器具等与设备专业有关的设备及位置；有特殊要求或标准的厅、室的室内布置（如家具布置）；立面外轮廓及主要建筑部件的可见部分，如檐口（女儿墙）、屋顶、栏杆和主要装饰线脚等；其他专业需要的竖井，如电梯井、管道井等，以及楼板及承重墙上较大的开洞。

（3）设计图完成标准

具体的 BIM 出图操作将在施工图设计阶段进行详细介绍，此阶段主要介绍扩初设计阶段出图完成标准。

1）平面图应表达的内容：明确轴网定位和本层楼层标高，标明地面设计标高，标注墙体、门窗等主要尺寸；表示主要建筑设备位置、安全疏散楼梯、安全出口等的位置、净宽；明确房间功能分区，标注门窗、幕墙尺寸及编号，车库应标注车位编号。

2）立面图应表达的内容：明确轴网定位和各楼层标高，标注屋顶、女儿墙、室外地面等主要标高或高度；标注外立面主要材质、色彩设计情况等，标明遮阳、材管装置等位置；标注主要建筑部件的尺寸定位，如门窗、幕墙、雨篷、台阶等。

3）剖面图应表达的内容：明确轴网定位，标注各楼层建筑及结构的标高；标注房间名称，标注主要建筑构件（如屋顶、女儿墙、阳台、栏杆等）的标高或高度。

5. 施工图设计阶段

（1）设计依据

此阶段主要工作有两点：第一点是根据初审意见及模型协同结果调整设计，审核审定人参与模型校审，根据施工图 BIM 交付标准完成模型；第二点是依据施工图深度要求添加二维注释、尺寸标注、各专业设计说明、图例等，完成施工图的制作。各类详图可根据设计人员软件掌握情况和策划要求，选择使用 Revit 平台直接完成出图，或导出经 CAD 系统处理完成后出图。

（2）设计模型

此阶段承接初步设计的 BIM 成果进行施工图设计，首先根据初步设计审查意见及各专业意见，搭建施工图设计阶段初步模型，如建筑专业的门窗、幕墙模型深化、立面（造型）模型深化、轮廓构造的深化等；然后根据各专业协同结果调整设计，更新施工图模型，如深化室内部分模型的材质，雨篷、栏杆及建筑面层楼板的细化，施工图详图要求的节点模型等。

（3）设计图完成标准

建筑专业初步设计图包括设计图目录、设计施工说明、总平面图、平面图、剖面图、详图、门窗表、做法表等。

1）平面图应表达的内容：明确轴网定位和内外门窗位置，标注墙身厚度、门窗洞口尺寸；标记房间名称及面积；表示主要建筑设备和固定家具的位置、尺寸及相关做法索引；标注变形缝、预留孔洞、管井等位置、尺寸及做法索引；划分防火分区并表达防火分区面积，表示安全疏散楼梯、安全出口等位置、净宽。

2）立面图应表达的内容：明确轴网定位和各楼层标高，标注屋顶、女儿墙、室外地面等主要标高或高度；标注外立面主要材质、色彩设计情况等；标注主要建筑部件的尺寸定位，如门窗、幕墙、雨篷、台阶等；标记相关构造节点的做法索引。

3）剖面图应表达的内容：明确轴网定位，标注各楼层建筑及结构的标高；标注房间名称，标注主要建筑构件（如屋顶、女儿墙、阳台、栏杆等）的标高或高度；标记相关构造节点的做法索引。

4）详图、门窗表应表达的内容：详图需反映节点处构件代号、连接材料、连接方法及施工安装等方面内容；门窗表需包含建筑物每层门窗位置、尺寸、功能、结构形式等。

6. 设计图处理

（1）平面图

平面视图在项目开始阶段就必须创建，其视图设置（视图深度、可见性设置、精细程度、比例）等信息可以通过选择正确的项目样板来提高创建视图的效率。随着模型的细化，还可以通过"详图线""模型线""线处理""平面区域"等命令来深化设计图。

首先，需要创建平面并设置属性及设定视图范围。按常规设置，剖切面为楼层以上1200mm，底部看至楼层标高，顶部则为 2300mm。如有局部升降，再通过平面区域局部调整。

其次，控制图元显示，隐藏无关的族类别，可以通过"视图"→"可见性"→"图形替换"，进行设置。

最后，添加各类尺寸标注、文字等注释。

（2）立面图

首先，进入楼层平面；然后，单击"视图"选项卡→"创建"命令，在下拉菜单选择"立面"命令，创建立面视图。立面制图原理与平面相同部分不再赘述，以下仅介绍立面图特有的绘制要点。

标高标注：通过"注释"→"尺寸标注"→"高程点"，进行标注，如图 5-26 所示。

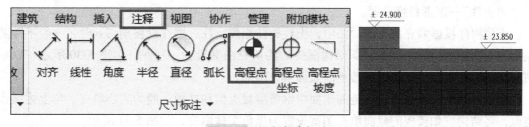

图 5-26　添加标高标注

立面材质标记：通过"注释"→"标记"→"材质标记"，进行标记。点选任意构件，即可将材质标记出来，标记位置可自由控制，如图 5-27 所示。

地坪处理：立面图下方地坪，直接用"注释"→"其余"→"填充区域"，画一道长条的黑色线进行填充。其下方如果还能看到其他构件，如地下室墙体、结构基础等，需用遮罩盖住。"遮罩"命令位于"注释"→"详图"→"遮罩区域"。注意边界线选择"<不可见线>"如

图 5-28 所示。

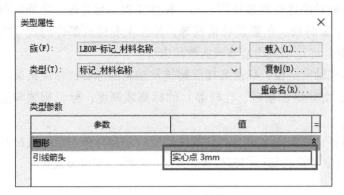
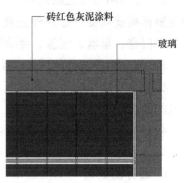

图 5-27　添加材质标注

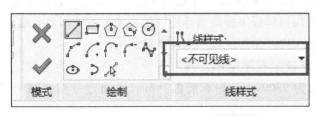
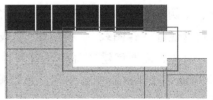

图 5-28　地坪处理

建筑外轮廓：利用详图线直描。首先，创建线样式，通过 "管理"→"其他设置"→"线样式"，进行处理。单击新建子类别，名为 "建筑外轮廓线"；然后，设置线宽为粗线（本例为 8 号线、0.7mm）；最后，用 "注释"→"详图线"，沿着建筑外轮廓绘制详图线，线样式选择 "建筑外轮廓线"，如图 5-29 所示。

（3）剖面图

剖面图与立面的设置与做法相同，本节不再赘述，仅介绍剖面图特有的绘制要点。首先，进入楼层平面，通过 "视图"→"剖面"，选择建筑剖面类型，创建剖面视图；然后，进行 "可见性"→图形替换设置。

土建构件投影填充：在剖面图中，土建构件如梁、柱、墙在没被剖切到时，一般不需要显示表面的材质填充。将梁（即结构框架）的填充图案设为不可见，如图 5-30 所示。以相同方法关闭墙和柱、结构柱、楼板的表面填充图形。

钢筋混凝土构件截面：建施的剖面中钢筋混凝土梁和楼板一般为实心填充。与上述操作类似，将结构框如楼板的截面填充图案设置为黑色实体填充，如图 5-31 所示。

（4）楼梯详图

平面详图：可以用详图索引视图制作。首先，选择 "视图"→"详图索引"，创建楼梯平面详图。然后，进行尺寸标注。楼梯详图的尺寸标注比较特殊，楼梯踏步要用 "踏步宽×踏步数＝梯段尺寸" 的方式进行标注。选择梯段尺寸标注，单击标注行编辑（图 5-32）。在前缀框输入 "踏步宽×踏步数＝梯段尺寸"，本例为 "280×9＝2520"，单击 "确定" 按钮即可。

图 5-29　绘制建筑外轮廓线

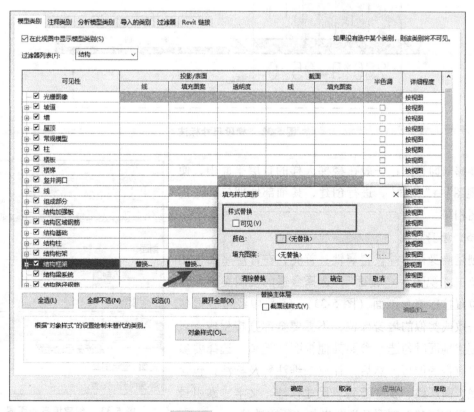

图 5-30　关闭梁表面填充

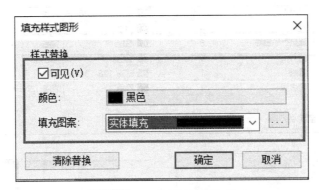

图 5-31　设置楼板截面填充

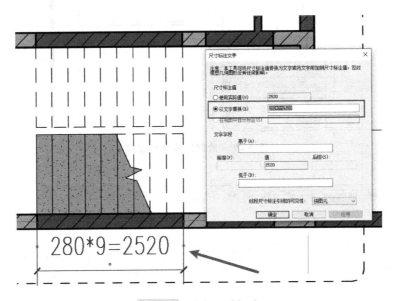

图 5-32　梯段尺寸标注

楼梯剖面详图：一般在楼梯大样的首层平面中，使用"视图"→"剖面"，进行创建，其细部处理与其他剖面详图相同。

（5）墙身详图

创建墙身详图并设置属性：首先，在首层平面视图中，单击"视图"→"剖面"，选择合适的视图类型在合适的位置拉出墙身剖面（图 5-33）。项目中经常有很多做法一致或类似的墙身部位，不需要全部直接生成，只需在创建剖面时勾选"参照其他视图"选项，选择要参照的已有视图即可。然后，补充二维注释及标注，包含折断线、面层线、坡度箭头、尺寸标注、文字、索引号等，其操作同其他剖面及详图操作，不再赘述。

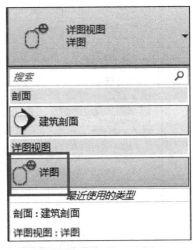

图 5-33　创建墙身剖面图

（6）门窗大样

首先，创建门窗大样视图，选择"视图"→"创建"→"图例"，新建图例视图，输入名称"门窗大样"，比例选择"1：50"，单击"确定"按钮，进入新建门窗大样视图。然后，放置门窗图例构件。放置具体的构件有两种方式：一是通过"注释"→"构件"→"图例构件"，选择所需族类型放置；二是在项目浏览器的族目录里，选择族类型，拖到图例视图中注意选择立面视图（图 5-34）。最后，进行标注尺寸，如图 5-35 所示。复杂门窗需两道尺寸线，窗一般还需标注窗台高度，此时直接用详图线绘制楼层线。

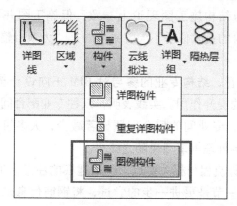
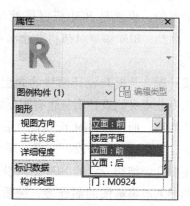

图 5-34　放置门窗图例构件

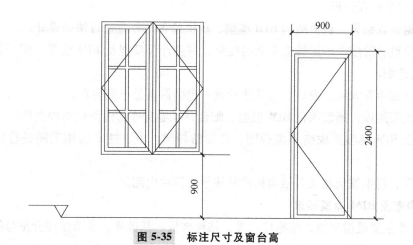

图 5-35　标注尺寸及窗台高

（7）门窗明细表

门与窗需分开列表统计，以窗表为例，单击"视图"→"创建"→"明细表"→"数量"，选择"窗"类别；再根据需要选择字段，设置过滤条件、排序、格式、外观等，本例添加

"类型""宽度""高度""底高度""合计"等字段，按类型标记升序排列，不勾选"逐项列举每个实例"选项。完成后生成列表。表格标题、列标题均可自己修改，可直接在表格中的备注栏输入各个门窗的说明。按上述步骤创建好门窗大样立面、门窗明细表，通过详图视图输入必要的门窗说明，然后放进设计图视图排版，完成门窗大样图的绘制。

5.3.2　结构专业

结构专业的 BIM 正向设计与其他专业有一个明显的区别，即 BIM 模型与其本专业的计算分析是分离的，也就是 BIM 模型虽然与结构施工图理论上一致，但施工图并不来源于 BIM 模型。因此，BIM 模型对结构专业本身的贡献似乎不大，更多的是"为项目整体专业协调做贡献"。

但从设计配合及提升设计质量的角度看，结构专业的参与对 BIM 正向设计至关重要，同时对结构专业本身的设计质量也有明显的提升作用。实践表明，以往专业配合问题中结构专业占比相当高，而加入 BIM 正向设计后，专业间的配合问题显著减少，大多可在设计阶段予以解决，因此后期的修改、变更、现场处理等事项也随之减少。

本节主要介绍结构专业的 BIM 正向设计流程与相关要点，包括建模的注意事项、PKPM 计算模型的导入、模板图的制作等，最后一节是更进一步的尝试，将钢筋信息录入结构构件，并手动按平法规则标注梁、柱图。

1. 结构专业 BIM 正向设计流程

现阶段，结构专业 BIM 正向设计的流程大致如下：

1）建筑专业方案确定后，将结构构件拆分为独立的结构模型，或归入结构的工作集，视策划阶段确定的协同模式而定。

2）根据建筑方案图，结构专业应用 PKPM 或 YJK 结构软件建立计算模型，进行结构体系的选型优化及计算分析。

3）根据计算结果，调整结构 BIM 模型，提供给各个专业进行协同设计。

4）初步设计阶段，根据其他专业的提资，调整计算模型及 BIM 模型，需确保两者同步进行，以免遗漏。

5）参与初步管线综合设计，与其他专业一起确保满足净高要求。

6）施工图阶段，继续深化 BIM 模型，配合建筑墙身等部位细化结构构件。

7）基于 BIM 模型形成结施模板图，并与结构梁、板、柱平法施工图进行比对，确保一致。

8）拓展，将钢筋信息录入结构构件并按平法标注出图。

2. 结构专业 BIM 建模要求

结构构件主要是指结构、结构柱、梁、结构楼板、基础等。本节主要介绍与结构专业图面表达相关的一些规则。

（1）结构构件建模规则

楼层标高可以在建筑标高以外再设一套结构标高，这样结构构件就可以直接按结构标高设置，大部分无须再设偏移值；楼板边界原则上仅允许包含一个区域，不建议一个楼板构件包含不同区域的做法。单独自成一个区域的楼板，更有利于软件处理计算，在处理结构出图的连接关系中也便于操作，防止出现错乱。

楼板开洞通过"结构"→"洞口"→"井"完成设置。所有结构混凝土构件（墙、柱、梁、板）应根据设计要求设置材质，如结构材质均为钢筋混凝土，构件的混凝土等级编号用文字的形式记录通过"属性"→"材质和装饰"→"混凝土等级"，混凝土等级项目参数采用共享参数的方式添加。混凝土等级编号的信息录入，为后期用 Revit 明细表进行混凝土工程算量应用提供数据支持。

墙、柱、梁、板设置要点：开启房间边界，混凝土等级信息录入，结构材质选择，勾选"结构"选项，不勾选"启用分析模型"选项，如图 5-36 所示。

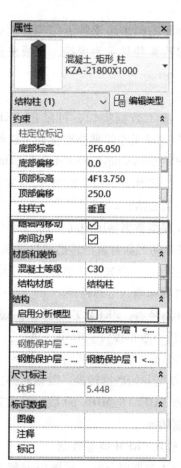

图 5-36　结构构件属性设置

（2）结构构件连接

在 Revit 中，构件之间的连接实际上是扣减关系，连接的双方有一方保持不变，另一方被扣减，这个扣减关系可以切换。连接关系对于土建专业非常重要，涉及图面表达、工程量统计、可视化表现等，因此需要重视。构件连接通过"修改"→"连接"命令完成，配套的还有"切换连接关系""取消连接"两命令，图 5-37 所示为构件连接效果。

原则上，土建构件的连接优先级与其受力体系、施工顺序基本是一致的，即结构柱→结构墙→结构梁→结构板→填充墙→建筑面层楼板。

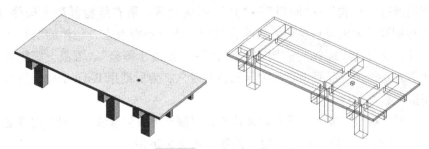

图 5-37　构件连接效果

结构的平面图图面表达依赖于结构构件连接，在结构规程下，梁板连接后梁线显示为虚线，梁板未连接则显示为实线，如图 5-38 所示。

3. 数据导入

PKPM 已开放了数据接口，可以把 PKPM 的模型导入 Revit 中。在进行这项工作前需要准备如下软件：PKPM 软件、Revit2020、PKPM-RevitSetup。PKPM-RevitSetup 为 Revit 载入 PKPM 模型数据的插件，完成 PKPM 软件安装后可在 PKPM 软件安装路径找到该插件。

图 5-38　连接关系效果对比

（1）PKPM 模型数据导出中间格式

PKPM 软件启动界面有数据转换接口选项，里面提供了丰富的数据接口，其中也包含了 Revit 的数据转换接口。首先从"新建"→打开工程，开始转换工作。软件弹出"选择工作目录"界面，按提示输入工程路径。

在选择工作路径后，PKPM 启动界面出现"案例工程"缩略图，单击"案例工程整体模型"→模块选择→数据接口→Revit，执行上述命令，进入 JWS 文件选择界面。

PKPM 弹出弹窗，选择需要转换的 JWS 文件。在 PKPM 模型存放路径找到文件格式为".jws"的结构模型开始数据转换。数据转换完成后，数据文件默认储存在 PKPM 模型路径，在文件夹内生成 BAOYAN_MDB. txt 数据格式文件，作为转换到 Revit 的中间格式文件。至此完成 PKPM 数据转换。

（2）Revit 载入 PKPM 模型数据

在载入 PKPM 数据模型时，需要先安装 PKPM-RevitSetup 到相应的 Revit 版本，本例使用 Revit2018 进行演示。在 Revit2018 中选择结构样板新建 Revit 文件。在 Revit 载入 PKPM 数据的具体操作如下：单击"数据转换"→PKPM 数据接口→导入 PKPM。从 PKPM 模型文件路径选择"案例工程_MDB. txt"文件导入 Revit 中。导入 PKPM 数据的设置中，勾选梁、柱、支撑、墙、楼板/悬挑板、命名轴线（图 5-39），再导入 PKPM 数据。

重新生成新的三维视图（图 5-40），着色模式下会形成闪面。出现该情况时，是软件默认打开了分析模型，将分析模型关闭即可。

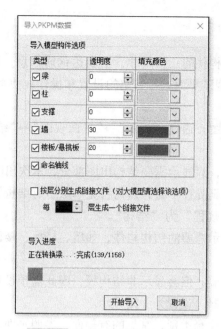

图 5-39　Revit 导入 PKPM 模型

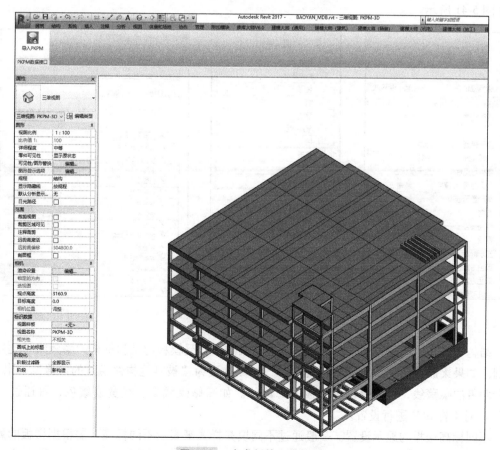

图 5-40　生成新的三维视图

4. 施工图设计阶段

（1）结构模板图制作

结构模板图仅表达结构构件的几何尺寸，不表达钢筋信息，因此，在 Revit 中基本上可以实现，但需要在 Revit 对视图平面进行特定的设置和操作，使得结构模型的平面效果满足二维制图表达要求。

首先，创建结构平面视图，通过"视图"→"平面视图"→"结构平面"完成，创建新的结构平面视图。

然后，设置视图的范围，只显示需要结构出图部分，本次出图为结构首层平面图。如无局部抬高，可直接从楼层标高处往下看，只需看见本层所有结构梁板即可。

设置视图属性：设置"规程"为"结构"。

设置视图可见性，只显示需要的结构构件，如墙、楼板、楼梯、竖井洞口、结构柱、结构框架等。

结构规程不显示非结构墙，但会显示非结构板，因此需预设视图过滤器，过滤出建筑楼板面层楼板，并添加该过滤器，设置为关闭显示。

清理图面，关闭多余的注释类别，常见的有剖面、参照平面、参照点、参照线等。

隐藏不需要的构件，如首层结构图不需要表达出室外台阶、出室外找坡等结构构件，结果如图 5-41 所示。

图 5-41　视图可见性设置界面

结构平面图的线型控制。结构平面图中的梁虚线，受模板与结构框架的隐藏线子类别所控制。如果梁族参数"显示在隐藏视图中"按默认设为"被其他构件隐藏的边缘"，则同时显示两者的隐藏线，否则仅显示楼板的隐藏线。如需修改线型、线宽或颜色，可通过"管理"→"对象样式"进行设置。

不同标高楼板的显示设置。一般通过不同填充样式来表示不同标高，需根据楼板的属性设置视图过滤器，以图 5-42 所示的楼板为例，自标高的高度设置为−50mm。

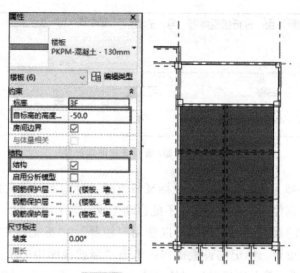

图 5-42　结构降板示意图

在视图可见性设置中的"过滤器"页面，新建一个名为"结构楼板（-50）"的视图过滤器。设置"结构楼板（-50）"过滤器规则，使过滤器仅对楼板类别生效，过滤器规则中设置楼板的自标高的高度偏移等于-50mm，且楼板带有结构属性，如图 5-43 所示。

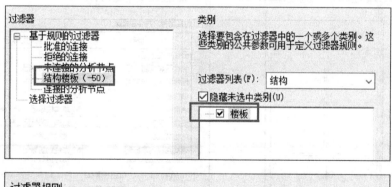

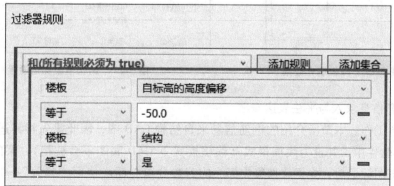

图 5-43　结构降板过滤器设置

将该过滤器添加至当前视图，然后设置其表面填充图案为倾斜 45° 的红色实线（图 5-44）。

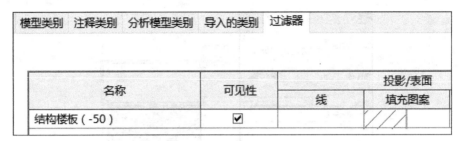

图 5-44　投影/表面填充图案设置

完成效果如图 5-45 所示。注意，当板标高修改时，过滤器对其失效，需要按新的标高添加过滤器；各种填充代表的标高图例，不能自动生成，需手动绘制。

梁截面标注。梁的截面尺寸标注，可以使用"注释"→"标记"→"全部标记"，快速批量标记，再适当调整位置。标记的设置操作：单选"当前视图中的所有对象"选项，勾选"结构框架标记"选项，载入的标记为"M_结构框架标记：标准"，如图 5-46 所示。生成的梁截面尺寸图可以与结构施工图进行对比，检查模型的梁截面尺寸是否正确。

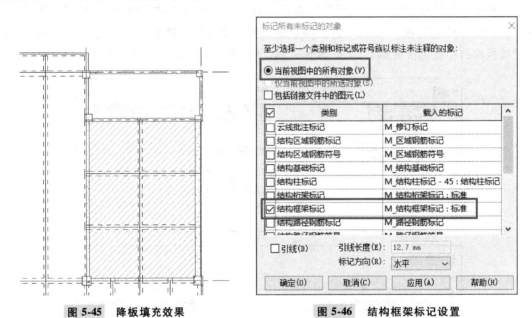

图 5-45　降板填充效果　　　　**图 5-46　结构框架标记设置**

（2）钢筋信息录入与平法表达

前期准备工作。本节所介绍的钢筋信息来自结构 CAD 图，因此需先将其适当整理，再链接到 Revit 软件中，并设为线框模式（线框模式下 CAD 底图不会被挡）。梁的分跨处理。在给梁进行出图标记前，先把梁按集中标注的跨数分跨打断。使用"修改"→"拆分图元"，对每一跨梁进行拆分（图 5-47）。

钢筋参数的录入。Revit 钢筋录入需人工逐条填写参数，效率极低，为提高参数录入效率，建议使用插件拾取 CAD 底图中的标注，自动识别标注的钢筋信息，提高效率。结构柱的信息录入与结构梁的操作流程一致。

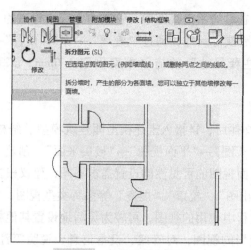

图 5-47　结构梁的分跨拆分

5.3.3　机电专业

1. 给排水专业

给排水专业在扩初设计阶段与施工图设计阶段在设计图内容上差异并不大，为了满足不同时间节点的成果需要，这里展开描述在不同阶段的给排水正向设计内容。

扩初设计阶段需要的成果：初步设计说明、平面图、洁具布置（不需要尺寸定位及连管，由建筑专业放置）、立管布置（给水、排水、消防、喷淋、冷凝水、阳台雨水、雨水立管）、消火栓布置（建筑专业放置，给排水专业调整）、灭火器布置、水泵房布置（不需要尺寸定位及原理图绘制）、喷头布置。

本节不对设计流程进行详细说明，主要了解 Revit 软件在正向设计上需注意的事项与要点。需要先对样板文件进行处理，包括 MEP 设置、创建视图及设置、出图设置、建模要点说明等。

（1）MEP 设置

MEP 设置即管道类型与系统设置，Revit 机电专业的基础设置位于"管理"→MEP 设置→机械设置，其中有多项设置对图面表达有根本性影响，需在样板文件中预设好。

管线交叉打断表示：在平面中，管线交叉时，安装高度较低的管线需要打断表达（图 5-48a），这可通过设置隐藏线来实现。首先绘制 MEP 隐藏线，然后设置单线的值为 0.5mm（图 5-48b）。

图 5-48　管线交叉打断表示方法

立管符号尺寸设置：在单线平面视图中，管道的立管由管道的"升/降"符号表达，均为统一尺寸，无法表达立管实际尺寸，通过"管理"→"MEP 设置"→"机械设置"→"管道设置"，设置"管道升/降注释尺寸"的值（本案例取 1.0mm）来修改平面中管道立管的尺寸。

（2）创建视图及设置

机电专业新建 Revit 文件后，链接入土建模型即建筑模型、结构模型。在复制→监视链接模型的标高后，通过"视图"→"平面视图"→"楼层平面"，创建对应标高的楼层平面。

由于建模与出图对平面视图的可见性的设置需求不同，建议根据需要，基于新建的楼层平面，复制出"建模""出图""校审""提资"等多种类型视图，并创建对应的视图样板。

建模视图是在建模过程中使用的视图，可较为灵活地设置其他构件的可见性。

出图视图是出图时使用的视图，对管线、设备信息、说明等注释可在本视图中进行标注，同时为了图面整洁，需要关闭其他与本专业无关的构件及临时使用的注释等。

视图设置。给排水平面视图的通用设置如下："规程"设为"卫浴"，"显示隐藏线"设为"按规程"（在此规程中，管线交叉重叠部分会有打断表示）。

管线需要单线表达，本视图的详细程度设为中等、视觉样式设为隐藏线。特别需要注意视图的比例，需要在开始出图时确定好图纸的比例，避免后期图面的调整。

出图平面的"视图范围"一般设置在当前层高与上一层标高之间。管道、喷头等构件虽然在剖切面之上，但不要超过顶部标高，就会显示在视图中。给排水专业部分构件（如排水管道、地漏、雨水斗等）需要布置在视图范围以外时，在出图平面中将不可见，若将视图范围往外扩大，则可能出现其他层多余的构件，使得 Revit 的平面区域减少，调整局部区域的提图范围，具体操作如下：在"视图"→"平面图"，选择"平面区域"功能，绘制需要调整视图范围的区域，调整平面区域的视图范围即可。

（3）出图设置

出图带文字线型表示。由于部分设计院的给排水工程图习惯使用带文字的线型表达管线系统，而 Revit 本身不支持带字母的复杂线型，因此需要在对应的管线上使用"按类别标记"对管道的系统缩写进行标记。但当管线有移动、打断等操作时，这些标记很容易错位，需反复调整优化图面。改进的做法是使用 Revit 自带功能导出 DWG 文件再出图。

注释比例是指定在单线视图中绘制的管件和附件的打印尺寸。无论图纸比例为多少，注释比例尺寸始终保持不变。使用注释比例尺寸，在图纸比例大于 1∶100 的版面中，容易出现图例表达错误。可以通过"管理"→"MEP 设置"→"机械设置"→"管道设置"，修改"管件注释尺寸"的值（如设为 3.0mm）来调整注释比例尺寸。若局部不需要注释比例，可以对应管件、附件的属性窗口中，取消勾选"使用注释比例"选项；若本项目不要使用注释比例，建模开始之前可以通过"管理"→"MEP 设置"→"机械设置"→"管道设置"，取消勾选"为单线管件使用注释比例"，建模时会默认不勾选"使用注释比例"选项。

对于图面标注，管线标注需预设多种管线标记族，如管径、标高、坡度等，根据需要选用。Revit 无法直接进行多管标注，一般通过分别标注，排列整齐，再用详图线手动绘制引线（图 5-49）。手动多管标注效率低下，一般通过插件进行标注。

对于立管标注，需要输入立管的立管编号（图 5-50），Revit 管道没有立管编号这一参数，需要在样板文件中预先添加共享参数，对应的标记族也需要添加此共享参数。

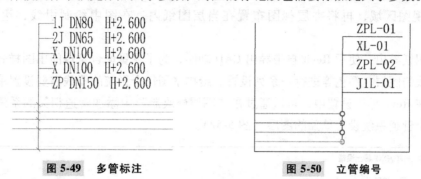

图 5-49　多管标注	图 5-50　立管编号

对于立管提资视图，建筑平面中一般需要显示给排水立管，做法是在机电模型中创建立管提资视图，在平面中套用对应提资视图的方式来实现。

对于创建立管提资视图，需要基于出图平面复制一个新的视图，在该视图中关闭其他无关的构件，只保留给排水管道。立管提资视图仅需要表达给排水的立管，若平面中管线较少，可以手动选择立管以外的管线并隐藏，若管线过多，可以通过新建过滤器实现，给排水立管均需要添加"立管"来实现。操作如下：在"过滤器"界面选择"给排水立管"，"类别"中勾选"管道"选项，"过滤条件"设为"立管编号，参数存在"。可将"立管编号"为"空"的所有管道过滤出来，再关闭其可见性，从而达到在视图中仅表达立管的效果（图 5-51）。

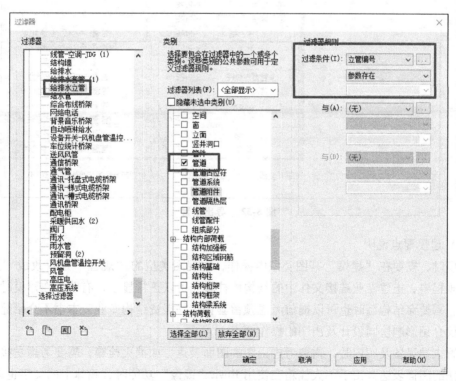

图 5-51　立管提资视图设置

对于夹层管线布图，夹层平面一般习惯由当层平面使用引线引出，即布置在同一张图中。但 Revit 不能像传统 CAD 设计一样在平面中引出，只能通过新建夹层平面视图，裁剪夹层视图区域，再将夹层视图布置在当层图纸内，在图中绘制引线，达到出图的效果。

对于图纸导出，使用 Revit 自带导出 CAD 功能，为了尽量贴合常规的出图样式，需要对导出后管线的图层、颜色等进行一系列设置。给排水图每个系统的管线需要设置单独的图层及颜色，在 Revit 导出设置中，可以通过在"图层修改器"中添加管道相关的系统类型的方式，为每个管道系统设置单独的图层（图 5-52）。

图 5-52　导出设置

（4）建模要点说明

建模时，需要在"建模"视图类型中操作，本视图类型的"规程"建议改成"协调"，在协调规程中，土建专业链接文件中的结构墙柱填充可以正常显示，有助于在建模时避开结构专业，需要穿结构墙时也可以提前考虑预留套管，并提资结构专业。本书不介绍建模基本操作，仅介绍影响协同设计及出图的操作要点。

布置末端设备及阀门时，需要考虑出图的图面表达，如消火栓箱，需要考虑左接、右接两种接法的图面表达。由于消火栓箱在使用 Revit"镜像"功能时，箱体上的文字也会镜像。为避免出现这种情况，需分别创建两种接法的消火栓箱族。

给排水管线创建方法与常规建模方法一致，在出图平面中管线呈单线显示，对管线材质无法直观查看。为了保证与设计说明管材使用一致，以及项目后期材料表统计无误，在建模时一定要注意正确选择管道的类型。若绘制时没注意管材设置，也可以通过选中整个系统的管线（包括弯头、三通等配件），使用"修改｜选择多个"，选择"编辑"的"修改类型或重新应用类型"选项修改该系统管材。

对于管道、设备连接，BIM 正向设计的基本要求是，管道与管道、管道与末端、管道与设备间必须是连接关系。在模型完成时，可以通过〈Tab〉键切换选择，检查当前系统的完整性，是否有遗漏连接的构件，不允许出现对齐假接的情况。设备与管线连接时，可以选中设备，通过"修改｜机械设备"→"连接到"命令，快速将管线与设备连接。

对于带坡度管道的连接。带坡度的管线在连接时比较容易出错，因为无法精确知道支管连接主管三通处的标高，经常导致支管连接主管时因高差太大而无法连接。带坡度管道绘制、连接具体操作如下：由高位往低位方向绘制主管。绘制时，选择向下坡度并设置坡度值。由主管处往高位方向绘制支管。绘制时，选择继承高程及向上坡度，绘制主管时一致，即可捕捉主管任意位置的标高。若绘制时忘记设置坡度，可在整个系统的管线绘制完成并连接后（包括立管），选中整个系统的管道及管道配件，使用"修改｜坡度"，在"坡度编辑器"中所需的"坡度值"，单击"完成"按钮，软件会根据立管的上游及下游，自动判断坡度的方向进行放坡。

（5）施工图设计阶段

施工图设计阶段 MEP 设置、建模要点、创建视图及设置与扩初设计阶段基本一致，不再赘述，此处主要讨论施工图设计阶段还需补充的内容。需补充内容：设计说明、精确定位的管线（包含尺寸及标高）、设备统计表、卫生间大样图、水泵房大样图、系统图等。

给排水平面图详细标注。详细标注，通常采用插件标注。需要设置标注样式为"××（系统缩写）-DN××（管径）-H+××（中心标高）"，单位一般为 mm。

设备统计表。设备及材料可以通过 Revit 软件自带明细表功能进行统计。本节以管道为例介绍如何应用此功能统计特定的设备。单击"视图｜明细表"→"明细表"→"数量"，选择"管道"，给明细表起名为"管道明细表"。单击"确定"按钮后，在字段列表中选择所需的字段。设置排序方式依次为类型、材质、直径，注意最下方不要勾选"逐项列举每个实例"选项。单击"确定"按钮后，生成明细表。

提示：给排水设计开始前，需链接已有土建模型（也可采用工作集方式），设计过程中管线应避开建筑、结构构件。当风管、电气等专业的路由初步确定后，给排水专业需链接设备各专业模型，进行协同碰撞调整，并且，在深化调整至出图的整个过程中，应及时、不间断地与各专业协同。

2. 暖通专业

本小节结合某商业项目进行暖通正向设计的阐述。该商业项目土建模型如图 5-53 所示，地上六层局部两层，地下一层，主要功能：地下室为汽车库及设备用房，地上为办公和酒店。针对本案例工程的功能分布，暖通专业主要进行地上、地下的消防系统通风和空调系统通风设计。

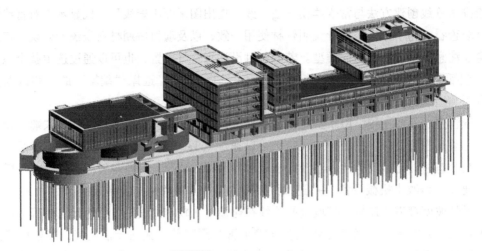

图 5-53　案例项目土建模型

暖通专业与给排水专业的 BIM 正向设计流程比较相类似，本节不再赘述。暖通空调专业本身的管线，也包含风管、管道两大系统，本节更侧重介绍风管系统的模型表达及出图。

在专业设计方面，Revit 本身有房间与空间功能辅助进行冷热负荷的计算、风管水管压力的计算，但与国内的规范对接及使用习惯不太相符，一般建议通过国内厂商开发的插件工具进行计算，本书不做展开介绍。

（1）扩初设计阶段 MEP 设置

与给排水专业一样，暖通专业的基础设置同样通过"管理"→"MEP 设置"→"机械设置"完成，不同之处在于风管的平面表达为双线。

风管交叉或层叠表示。不同高度的风管交叉或层叠时，下方的风管应显示为虚线。建议设置操作如下：首先勾选绘制 MEP 隐藏线；然后设置合适的线样式，内部间隙设为"0.5mm"，外部间隙设为"0"（建议值）。但该项设置并非完美，Revit 的风管在隐藏线模式下无法显示中心线，不符合国内的制图标准，因此，一般通过将风管设为部分透明来显示中心线，而且风管有一点透明度，上述设置就无效了。

风管尺寸分隔符。这是一个很细微的设置，它影响了风管尺寸标注时长宽之间的符号。Revit 自带样板是一个英文字符"x"，当用宋体等字体标注时观感不佳，建议这里设为中文的乘号"×"（图 5-54）。

风管类型与系统设置。与管道类似，Revit 机电样板中应预设常用的各种风管的类型及系统。风管没有材质的概念，其类型主要考虑连接方式。几种风管类型主要区别在于竖直方向如何对正，中心对正与底对正的两种风管类型，其三通与四通所使用的族类型不一样。风管系统则与管道系统类似，各个系统设置图形替换（也即线型及颜色）、材质、缩写，注意线颜色与材质颜色互相对应，如图 5-55 所示。

风管系统属性中还有一项设置需要注意，即"上升/下降符号"，就是风管立管的符号设为"阴阳"（图 5-56），就是以往惯用的折线，但在剖面上，其转角只能在左下，无法变到右上。

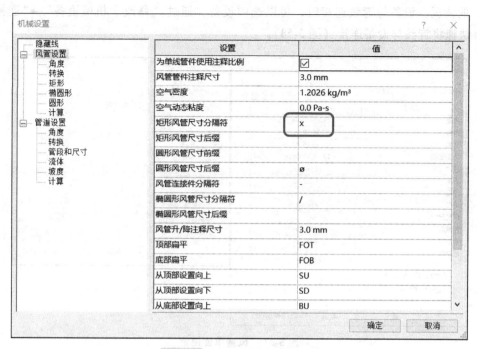

图 5-54　设置风管尺寸分隔符

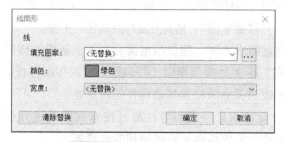

图 5-55　设置风管系统属性

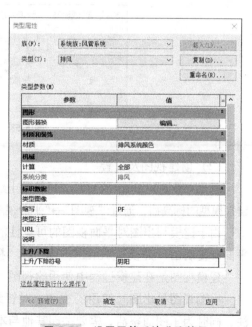

图 5-56　设置风管系统升降符号

风量单位设置。Revit 默认按升/秒（L/s）计算风量，需改为惯用的"立方米/小时"（m³/h），可通过"管理"→"项目单位"→"HVAC"→"风量"设置（图 5-57）。

管道与管道、管道与末端、管道与设备间必须是连接关系。在模型完成时，可以通过〈Tab〉键切换选择，检查当前系统的完整性，是否有遗漏连接的构件，不允许出现"对齐假接"的情况。设备与管线连接时，可以选中设备，通过"修改｜机械设备"→"连接到"命令，快速将管线与设备连接（图5-58）。

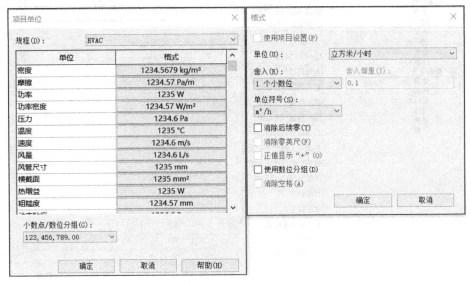

图 5-57 风量单位设置

图 5-58 设备连接到风管

（2）创建视图及设置

机电专业新建 Revit 文件后，链接到土建模型，即建筑模型、结构模型。在"复制｜监视"链接模型的标高后，通过"视图"→"平面视图"→"楼层平面"，创建对应标高的楼层平面。

由于建模与出图对平面视图的可见性的设置需求不同，建议根据需要，基于新建的楼层平面，复制出"建模""出图""校审""提资"等多种类型视图，并创建对应的视图样板。

建模视图是在建模过程中使用的视图，可较为灵活地设置其他构件的可见性。

出图视图是出图时使用的视图，对管线、设备信息、说明等注释可在本视图中进行标注，同时为了图面整洁，需要关闭其他与本专业无关的构件及临时使用的注释等。

（3）风管/空调水管平面表达

风管平面表达最关键的地方在于风管中心线的表达。默认的情况下，视觉样式设为"隐藏线"，风管就把中心线盖住了不显示。

解决方法是将风管设置一点透明度，只要大于"0"即可。在视图可见性设置处将风管相关的类别全部透明度设为1，风管中心线就显示出来了。

此外，风管的边线、中心线的线宽要求不一样，边线为粗线，中心线为中线，且线型为虚线。通过"管理"→"对象样式"进行设定，中心线的线型图案为专门设定。这些关联的设置应在 Revit 样板文件中预设好（图 5-59）。

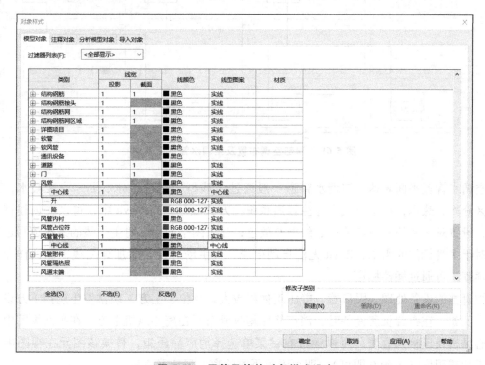

图 5-59　风管及管件对象样式设定

风管按此设定后，本项目地下车库局部消防风管平面表达如图 5-60 所示；局部空调布置及空调水管平面表达如图 5-61 所示。

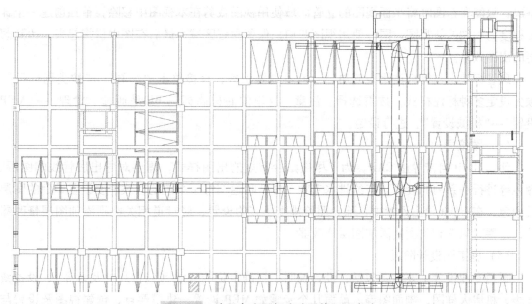

图 5-60　地下车库局部消防风管平面表达

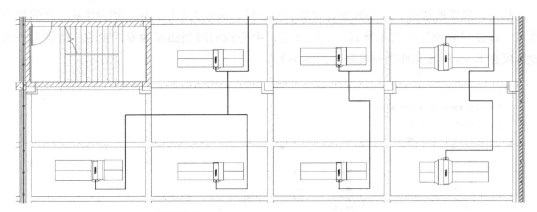

图 5-61   局部空调布置及空调水管平面表达

空调水管道平面表达。空调水管道一般通过"线型"区分供水、回水、冷凝水，通过颜色区分冷、热水，在主干线上标注管道系统的方式表达。在 Revit 中，可以在创建管道系统时，设置对应系统的系统缩写、线型及颜色；在出图平面中，对主干线的系统缩写进行标注。对于多管标注的需求，Revit 无法自动生成，可手动对位并添加详图线，但这样操作会比较烦琐，可通过插件标注。

被遮挡的设备处理。因风管、静压箱体积较大，且位于上方，经常发生遮挡下方设备的情况。例如，在布置机房设备时，消声静压箱一般布置在离心风机上方，在平面视图中会遮挡离心风机及连接的立管，可以通过右键菜单选择消声静压箱，替换该图元在视图中的显示，添加透明度（大于 0 即可），即可看见下方的离心风机及立管。

立管符号尺寸设置。在单线平面视图中，管道的立管由管道的升/降符号表达，均为统一尺寸，无法表达立管实际尺寸，空调水立管一般尺寸较大，若需要表达实际尺寸，则需要将平面视图的详细程度改成精细，又会与单线表达管道冲突。这个矛盾目前没有完美的方法解决，只能在布图时将平面视图的立管区域使用视图裁剪在本视图中移除，单独创建一个详细程度为精细的新视图，同样使用视图裁剪只保留立管区域，最后在图中拼接起来，达到想要的出图效果。

风管标注。风管标注比较简单，一般不需要引线，直接单击"注释"→"按类别标记"，预先设定多种标注样式，按需选择。注意，这里的底标高标记 BL 是通过"管理"→"MEP 设置"→"机械设置"，进行设定。

（4）图纸导出

使用 Revit 自带导出 CAD，为了尽量贴合常规的出图样式，需要对导出后管线的图层、颜色等进行一系列的设置。与给排水专业一样，暖通图每个系统的管线需要设置单独的图层及颜色，在 Revit 导出设置中，除参照给排水小节的设置，对管道相关类别添加图层修改器外，还需对风管相关类别添加图层修改器。

（5）施工图设计阶段

暖通专业设计主要内容包括：设计说明、精确定位的管线（包含尺寸及标高）、设备统计表、机房大样图、剖面图等。前面几个步骤如 MEP 设置、建模要点、创建视图及设置与扩初设计阶段基本一致，不再赘述，此处主要讨论施工图设计阶段还需补充的内容。

暖通平面图详细标注。除了扩初设计阶段的管线标注外，还需注意风口标注和说明性质标注。风口标注比较麻烦，习惯上采用集中标注的方式，一组风口只标一个，但会标注总数。一组风口有 15 个，这 15 个没有很理想的方法读取到，只能在风口标记族里添加一个风口数量共享参数，由设计人员手动计数后填写。注意风量单位默认为 L/s，需在项目单位处设定为 m^3/h。说明性质的标注，由于没有主体，可以使用 Revit 的"文字"功能进行文字说明；由于多专业工作集协同设计，建议新建本专业使用的文字类型，避免与其他冲突。若需要其他样式的文字说明，如线上文字等，可以新建常规注释族。

设备统计表。设备及材料可以通过 Revit 软件自带明细表功能进行统计。本节以风机盘管为例介绍如何应用此功能统计特定的设备。单击"视图"→"明细表"→"明细表"→"数量"，选择机械设备，给明细表起名为"风机盘管明细表"。单击"确定"按钮后，在字段列表中选择所需的字段。注意，默认的前几个字段都是机械设备公有的参数或属性，唯有最后一个"风机盘管型号"为风机盘管族所特有参数（需为共享参数），这是为了后面单独将风机盘管族过滤出来。切换到过滤器页面，设置过滤条件为风机盘管型号、参数。切换到排序→成组页面，设置排序方式依次为标高、族、类型。注意，不要勾选最下方的"逐项列举每个实例"选项。切换到格式页面，将风机盘管型号参数隐藏。单击"确定"按钮后，生成明细表。

注意，Revit 明细表不支持族、类型、材质作为过滤条件，给明细表带来很大不便。解决方法如本例所示，通过特定族的特定参数进行过滤。如果没有这样的参数，则需通过设定注释或类似参数的值来过滤。

暖通设计开始前，需链接已有土建模型（也可采用工作集方式），设计过程中管线应避开建筑、结构构件。并且作为设备管线中的大管线，风管应优先排布，因此，需与水电专业设计沟通，并确定风管的大致路由及高度。设备各专业均有大致路由时，暖通专业需链接设备各专业模型，进行协同碰撞调整，并且，在深化调整至出图的整个过程中，应及时、不间断地与各专业协同。

3. 电气专业

电气专业往往是最后一个接受其他专业提资的专业，因此，其 BIM 正向设计流程与水、暖专业略有不同，主要包括：核对链接的土建模型及提资资料；预估系统，确定电气相关机房并提资给建筑专业；在初步设计阶段，绘制桥架主路由；参与初步设计管线综合，复核桥架主路由；在施工图阶段，接收土建、给排水、暖通专业的提资；布置末端设备；线路连接；分专业制图。

方案设计阶段比较简单，电气专业需要预估系统和机房提资给建筑专业。电气专业在创建本模型前，需要将土建模型链接到本项目文件中。项目不使用共享坐标时，仅需将土建模型通过原点到原点的方式链接至本项目；若项目中使用了共享坐标，为了后期整合，需要将土建模型通过原点到原点链接至本项目后，再获取土建模型的坐标。通过单击"管理"选项卡→"坐标"命令→"获取坐标"命令，选中土建链接模型，即可获取土建模型的共享坐标，如图 5-62 所示。

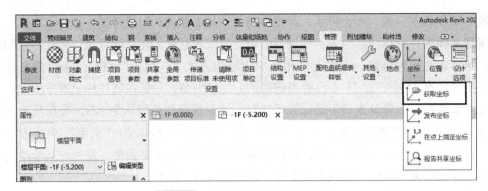

图 5-62　获取土建模型的共享坐标

（1）扩初设计阶段

扩初设计阶段实施操作包括桥架绘制、末端点位设计、层叠设备构件的平面表达、导线的连接四部分。

1）桥架绘制。绘制桥架之前要对桥架类型进行设置，电气专业与水暖专业不同之处在于，电缆桥架只有类型，没有系统，只需设置桥架类型。但在视图控制方面就没有那么方便，需要在视图过滤器中加入大量的设置才能区分各专业的桥架类型。

在 Revit 样板中应预设常用的电缆桥架类型，如果项目中有新的需求，可基于样板文件中的类型复制出新类型，再修改创建（图 5-63）。为了方便在模型中对各电缆桥架系统区分及后期出图时控制其显隐等情况，要求养成良好的建模习惯，在创建系统时应保证"电缆桥架"的名称与"电缆桥架配件"的名称统一。

图 5-63　桥架类型设置

在平面视图画电缆桥架路由时，不能只单纯考虑二维平面的走向，同时必须专题会商三维的关系，以提高设计图的准确性，减少后期变更。对于一些复杂区，如电井的竖向关系、外电进入户内的预留洞区域等，要利用 BIM 可视化的优点，二维与三维结合，以保证设计的准确性。

在建模过程中需要注意以下要点：

竖向的电缆桥架建模设计要保持其"完整性"。例如，电缆桥架由首层电井引至屋面层，建模时电缆桥架应在首层电井位置画屋面层所需高度，而不是由每层一段竖向电缆桥架拼接而成，目的是更加清楚看到电缆桥架的竖向关系与结构专业的协调关系。

建模时，注意不同电缆桥架系统相互连接的情况。在初步设计或施工图设计初期，布置桥架时还没有精细化调整避让，当不同系统的桥架在同一高度绘制时常常误连接（图 5-64），左侧的表达是正确的，右侧的电缆桥架相互连接是不正确的。当前解决这个问题有两种方法，可根据不同项目情况而选用：

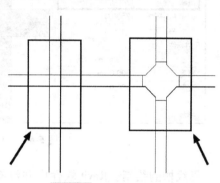

图 5-64　桥架的误连接

第一种方法是绘制水平电缆桥架模型时，不勾选"自动连接"选项（图 5-65），但此时 T 形桥架连接也不会自动连接，需要手动连接。该选项可随时切换。

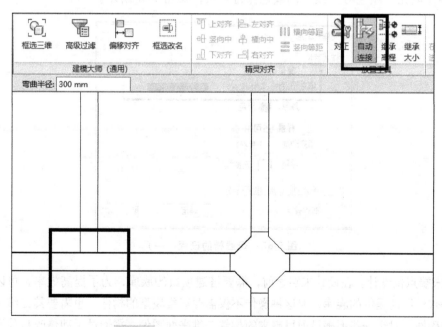

图 5-65　绘制桥架时的"自动连接"选项

第二种方法是绘制水平电缆桥架时，不同的电缆桥架先暂时放在不同的"高程"（图 5-66），绘制完成后再调整其高度，即后续再进行避让。因为不同高度的桥架不会自动连接。

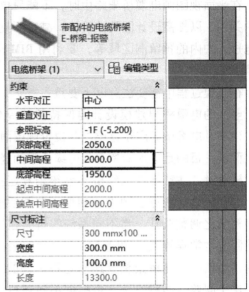

图 5-66　不同高度的桥架不会自动连接

母线槽的绘制。Revit 软件中并没有"母线槽"构件类型，一般仍是用电缆桥架绘制，为更贴近其真实的效果，可以在"过滤器"的设置"填充图案"中，设置"前景"为"可见"，"实体填充"颜色与"线"的颜色保持一致，如图 5-67 所示。

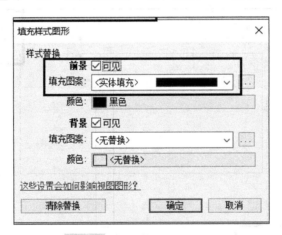

图 5-67　母线槽的设置（一）

2）末端点位设计。在设计末端之前，需要搭建项目的族库，为了提高效率，可以参考使用鸿业等软件厂商提供的族库，但这种操作不仅需要三维模型的构件，也需要其二维平面图例表达的准确性，对于一些不满足项目需求的构件二维平面图例，需通过手动修改构件参数的方法，使其达到想要的表达效果，因电气专业涉及的族数量很大，因此这是个长期迭代的过程。

末端设备的布置应依据实际情况，使每个设备与设计的信息一致。包括放置高度、安装方式、设备型号、尺寸等，如配电箱安装方式是挂墙明装高度 1500mm，则布置时需在偏移参数处设置相应的高度（图 5-68）。

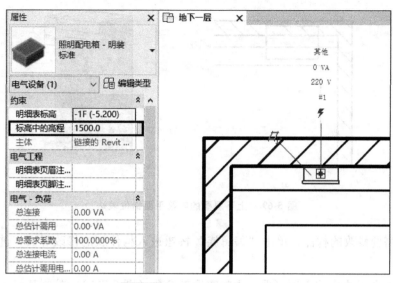

图 5-68　母线槽的设置（二）

① 吸顶安装的末端布置。在电气专业中，照明系统和火灾自动报警系统有一些末端设计为吸顶安装，对于这些吸顶安装的设备，需要手动添加剖面视图，量取该区域的高度，再设置好对应的参数布置，过程比较烦琐。目前 Revit 软件并没有较好的解决方法，为了提高效率，可以使用插件，如鸿业的自动吸顶功能，快速地将末端一键放置于板下。

② 火灾自动报警系统的末端布置。在项目中，火灾自动报警系统的末端布置需要考虑梁位、加腋板等情况，可以借助结构平面来辅助布置，可参见梁底图设置。需注意的是，其他专业的末端是通过放置二维平面图例来表达的，所以在布置其他专业的末端时，在视图样板中先将需要的构件显示出来，根据排烟系统的阀门位置布置相应的二维平面图例。

BIM 审查系统的要求。推广的 BIM 审查系统，对一些末端的构件参数设置提出了更加严格的要求，如消防设备参数设置中，消防设备属于"火警设备类型"，族名称要包含"报警""火警"等；照明设备参数设置中，照明设备属于"灯具"类型或者照明设施类型，消防应急照明、灯光疏散指示灯标志的族名称包含"消防应急照明""灯光疏散指示标志"等，更详细的要求可参考相关标准。

3）层叠设备构件的平面表达。机电设备或末端都常常遇到这种情况：平面位置一样或很接近，高度则上下层叠，需同时在平面图上表达。如果是 CAD 绘图，无须考虑太多，平面并排绘制即可，施工方也知道如何安装。但用 BIM 设计就面临这样的问题：层构件在平面上也是层叠的，无法实现三维按实际位置、二维按错位表达。

解决方法是改造设备族，对二维图形添加位移参数（图 5-69a），使其可以在三维位置不变的情况下（图 5-69b），二维符号可灵活移动，实现动力系统中两个配电箱在同一位置的不同高度上下层叠时电箱平面的错位表达。

为同时满足三维模型与二维平面的表达，需要在配电箱的二维平面图例中添加 Y 轴方向的参数（图 5-70a），使其可以通过修改参数达到项目需求。而在电气专业的其他系统中，类似的问题可以参考这个方法，调整构件的图例使其满足制图要求，具体操作如下：

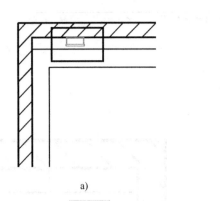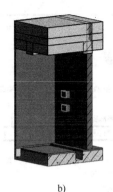

a)　　　　　　　　　　　b)

图 5-69　上下层叠的电箱平面错位表达

① 选择需要修改的构件，单击"编辑族"按钮进入构件族的修改界面，进入"参考标高"平面。

② 绘制一个 X 方向的参照平面，添加实例族参数（图 5-70b），控制其与 X 轴的距离。

"参数数据"设置如下："名称"为"图例偏移"，"规程"为"公共"，"参数类型"为"长度"，"参数分组方式"为"尺寸标注"。

③ 用"对齐"命令将平面图例的边与刚绘制的参照平面对齐并锁定。

④ 载入项目，设定偏移距离，二维符号即偏移出去，而三维位置保持不变。

⑤ 如果需要，还可以添加 X 方向的偏移值，使其可以在两个方向上偏移。类似设备族均可同样处理。

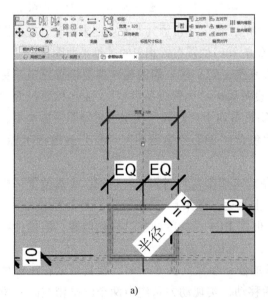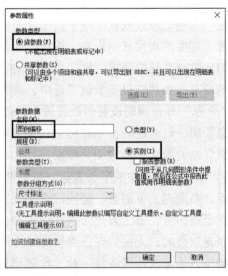

a)　　　　　　　　　　　b)

图 5-70　添加参照平面及距离参数

4）导线的连接。Revit 的导线并不像电缆桥架构件有具体的三维模型信息，导线只有二维平面的信息，只能在平面视图中绘制。Revit 自带的导线类型绘制方式有 3 种，分别为

"弧形导线""样条曲线导线""带倒角导线",可根据项目情况选择相应的导线连接方式。

注意,导线不同于其他三维模型构件或二维线条图元,很多编辑功能对它无效,如对齐拆分图元、修剪/延伸等功能。所以,在电气专业中,导线连接设备末端时,尽可能"一步到位",减少修改的次数。如果要修改已经连接好的导线,需手动选择该导线,然后拖动导线上的点进行修改,这种做法的效率非常低。下面举例详细说明。

① 动力系统中,常是导线在电缆桥架敷设至末端附近,只有通过手动绘制导线的方式在电缆桥架连接至末端,而当用"带倒角导线"绘制一条有 90° 拐角的导线时,并不能实现 90°,而是形成一个倒角关系的导线,想要修改为 90° 时,则需要在导线的每一个倒角区域,手动添加多一个"顶点"。具体操作如下:选中导线,选择要修改的导线,然后鼠标右键菜单中选择"插入顶点",将该顶点拖至倒角区域(图 5-71)。

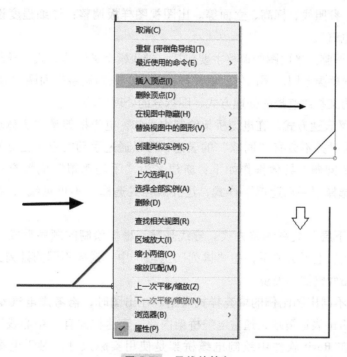

图 5-71　导线的转角

② 照明系统的回路常用导线套线管连接照明灯具,可以通过创建系统的方式快速连接各照明灯具等并形成系统回路,但生成的导线很难达到出图效果。导线不水平、导线连接设备点不可控制等,需手动拖拽导线上的点进行调整,效率很低且效果不佳。

③ 火灾自动报警系统可以参考照明系统的连接方式创建的"火灾系统"。需要注意的是,火灾自动报警的平面视图需要显示很多不同系统的导线,但在一些狭小的空间内,布置火警设备末端的同时,还有很多导线经过,导致平面视图上混乱不清。

总而言之,导线想要达到制图要求还需要较多的手动处理,这也是限制电气专业参与 BIM 正向设计的原因之一。因此,从这个角度看,相关软件还有待升级完善。

(2)施工图设计阶段

施工图设计阶段实施操作可分为注释样式设置、出图视图样板设置、平面图的调整、

BIM 正向设计成果输出四部分。

1）注释样式设置。在动力系统中，常用的注释样式有两种，分别为"线上线下文字"和"多行文字"，如有需要，可以通过新建"常规注释族"载入项目中使用。

2）出图视图样板设置。出图视图样板的设置是根据制图平面的要求对平面视图中的一些构件可见性、电缆桥架的表达样式等设置，如在动力系统中，需表达"卷帘门控制器"构件，而"卷帘门控制器"为"火警设备"在平面视图显示的同时面临一个问题就是，其他不需要表达的"火警设备"也会同时在平面视图中显示，可以在"过滤器"中将不需要的"火警设备"单独设置其"可见性"，实现这部分设备在动力系统平面视图中不显示。其他系统采用相同的方法设置。

在"注释类别"将 Revit 软件中用于辅助作用的注释标记关闭，关闭剖面、剖面框、参照平面、参照点、参照线、标高、立面等。出图视图样板调整：详细程度设为"中等"显示，规程设为"电气"。

3）平面图的调整。平面图的调整主要包括：母线槽交叉表达方式、导线"上下层"关系调整方式、电缆桥架不同出图比例的填充样式表达、末端设备平面图被遮挡的处理方式、导线被土建模型的某些线遮挡的处理方式、图拆分的处理方法。

① 母线槽交叉表达方式。在电缆桥架绘制中可知，电缆桥架是"实体填充"表达，当母线槽有交叉情况时并不会有"间隙"的表达，可以通过手动的方式在交叉位置添加"填充区域"解决这个问题。具体操作如下：新建名为"手动遮罩"的填充样式。然后单击"注释"→区域，选择"手动遮罩"样式，边界线样式选择"不可见线"，在交叉处两侧绘制遮罩。

② 导线"上下层"关系调整方式。导线是默认根据绘制的顺序形成"上下层"的关系，若想调整导线的上下层关系，在"排列"选项卡中，选择不同的排列方式调整该导线的顺序关系，使图面整洁、美观。

③ 电缆桥架不同出图比例的填充样式表达。在出图时，需考虑电气专业导出 PDF 图中的电缆桥架是否能表达清晰，通常电缆桥架内部的表达样式有"中心线"或添加"填充图案"等，前述在 Revit 软件中绘制电缆桥架是使用实际尺寸，对于电缆尺寸宽度小于100mm 时，用"中心线"表达。在导出 PDF 图时，基本上看不清表达的是电缆桥架，所以在实际项目中可以根据项目实际情况选择不同的电缆桥架的表达方式，避免这些有"分歧"的表达。以下介绍用"填充样式"表达电缆桥架内部的操作步骤：在视图样板的"过滤器"界面中，单击"填充图案"命令，弹出"填充样式"图形对话框，设置相应的填充图案，然后在"出图视图样式"的"模型类别"选项中，关闭电缆桥架、电缆桥架配件的"中心线"。

④ 末端设备平面图被遮挡的处理方式。末端设备的平面图例表达完整是制图标准的要求，而在 Revit 软件中，出图时设置为"隐藏线"模式，这样会导致末端图例与电缆桥架或者末端图例与土建模型的某些构件交叉时，末端设备图例会被"隐藏"一部分，这样就与制图标准不符合。解决这类问题，需要在"视图样板"的"模型类别"中将动力系统的设备类型和电缆桥架及电缆桥架配件设置一定的透明度（注意：电缆桥架和电缆桥架配件只

需设置 1% 的透明度，以避免影响母线槽的填充样式）。

⑤ 导线被土建模型的某些线遮挡的处理方式。由于设置了"配线交叉间隙"，链接的土建模型中的某些线与导线交叉时，部分导线被隐藏，可以在"Revit 连接"中选择"基线"，然后通过"管理"→"其他设置"→"半色调"→"基线"完成操作，勾选"应用半色"选项，不仅能将导线显示完整，同时让建筑模型"淡显"，更体现本专业内容。

⑥ 图拆分的处理方法。在项目中，需要将一张图拆分成两张及以上时，可以在"项目浏览器"中选择对应的平面视图，通过"复制作为相关"的功能进行复制，并在总的平面视图中先用临时的详图线绘制拆分的位置，然后在拆分的平面视图中，打开"裁剪视图、注释裁剪"，出现一个范围框，双击该范围框进入"轮廓编辑页面"，根据详图线绘制相应的轮廓线即可。

4）BIM 正向设计成果输出。由于 BIM 正向设计的整合性、动态协同性，在设计过程中需要特别注意加强管理确保各专业设计推进的条理性、规范性，进而保证协同质量，避免不可控的风险。具体包括：随时成图、随时合模、视图与底图的管理、文档备份等，这些都与 CAD 设计模式有较大区别，需要设计师从一开始就形成习惯。

在成果交付阶段，BIM 正向设计对成果的整理要求更高，不仅是图纸，还包括原始格式的模型、轻量化的模型、基于模型的衍生成果等，如何组织模型的交付，尤其是 Revit 模型的交付。所以为了能更好地管理模型和防止文件损坏。建议做到以下两点：例行备份，建议每周一次，以方便回溯；阶段性提交成果，提交后按日期备份保存。

方案设计阶段成果交付清单包括：方案模型文件（.rvt）、Navisworks 轻量化浏览模型（.nwd）、BIM 界面出具的方案设计图（.pdf/.dwg）、效果图（.jpg）、虚拟仿真动画（.mp4）等。

扩初设计阶段成果交付清单包括：各专业 Revit 扩初模型文件（.rvt）、整合 Navisworks 轻量化浏览模型（.nwd）、BIM 界面出具的各专业扩初设计图（.pdf/.dwg）、效果图（.jpg）、虚拟仿真动画（.mp4）等。

施工图设计阶段成果交付清单，除了各专业 Revit 施工图模型文件（.rvt）外，还包括以下内容：

① 整合 Navisworks 轻量化浏览模型（.nwd）、管线综合图（如预留预埋图）、各专业图、综合支架图、剖面图（.pdf/.dwg）。操作如下：单击左上角选项栏，选择"导出→ DWF/DWFx"，弹出"DWF 导出设置"对话框，单击"下一步"按钮，对文件进行命名后，保存类型选择"DXFx 文件（*.dwfx）"，单击"确定"按钮。

② BIM 界面出具的各专业扩初设计图（PDF/CAD），操作如下：单击左上角选项栏，选择"导出"→"CAD 格式"→"DWG"，弹出"DWG 导出"对话框，选择"导出设置"，单击"下一步"按钮，对文件进行命名后，保存类型选择"AutoCAD 2013 DWG 文件（*.dwg）"。如果需要区分其他专业，建议勾选"将图纸上的视图和链接作为外部参照导出（X）"选项，最后单击"确定"按钮。

③ 管综模型复杂节点视图（.nwd）、净高最不利点视图（.nwd）等，操作如下：将模型导出"DWFx"格式后，使用 Navisworks 打开模型，利用软件自带的漫游和测量工具，检

查复杂节点和净高最不利点。

④ 其他衍生成果，如效果图（.jpg）、虚拟仿真动画（.mp4）等。操作如下：导出 FBX 或 IFC 等格式模型，导入光辉城市、3Ds Max 等专业渲染软件，进行贴图、光照等场景布置，生成实景效果图、仿真动画等。

本 章 小 结

本章以某商业项目为例，假设读者已经具有一定的 Revit 软件操作基础，从专业应用角度，介绍基于 Revit 的协同设计策划，在项目方案设计阶段、扩初设计阶段、施工图设计阶段的协同设计流程，以及建筑、结构、水暖电等专业的配合和协同要求，解答读者在 BIM 正向设计中可能遇到的问题，提高 BIM 正向设计的应用能力。

思 考 题

1. 简述 BIM 正向设计与传统设计模式的区别。

2. 简述 Revit 工作集协同流程。

3. 简述 Revit 链接协同流程。

4. 简述建筑专业设计与其他专业协同的主要事项。

5. 简述结构专业 BIM 正向设计的流程。

【知识目标】

理解和掌握 CIM 虚拟场景与集成的方法。

【能力目标】

具有 CIM 场景搭建、修改与数据信息应用的能力。

本章以某中医院项目为例，介绍城市信息模型（City Information Modeling，CIM）在工程项目的进度、安全、质量、文档、物联网、智慧管理等方面的应用。

6.1 CIM 技术平台

城市信息模型技术平台（图 6-1）是集成 BIM 建筑信息模型、GSD 地球空间数据、IoT 物联网数据、AI 算法等众多先进技术，通过 1:1 复原真实城市空间信息，构建三维城市空间模型和城市动态信息的有机综合体。

6.1.1 GIS 数据处理

1. 数据来源

地理信息系统（Geographic Information System 或 Geo-Information System，GIS）是一个创建、管理、分析和绘制所有类型数据的系统。常见的 GIS 数据有倾斜摄影、DEM、DOM 数据等。

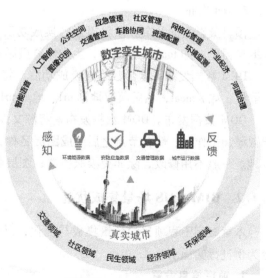

图 6-1　CIM 数据逻辑图

1）倾斜摄影文件来源。通过无人机进行地形扫描，之后通过图像处理软件 Context Capture、Photo scan、Open Drone Map 等，生成 OSGB 倾斜摄影文件，OSGB 文件坐标系建议统一选用 WGS84 坐标系。

2）DEM、DOM 数据来源。数字高程模型（Digital Elevation Model，DEM）是对地球表面地形地貌的一种离散的数学表达，DEM 数据包括平面和高程两种信息。数字正射影像图（Digital Orthophoto Map，DOM）是对航空（或航天）相片进行数字微分纠正和镶嵌，按一定图幅范围裁剪生成的数字正射影像集，它是同时具有地图几何精度和影像特征的图像（图 6-2）。DEM 和 DOM 数据均可通过天地图、水经注等地图软件下载。

图 6-2　DOM 数据

2. 数据处理

倾斜摄影数据处理。首先进行数据检查，倾斜摄影数据导出为".osgb"格式，处理前尽量不修改或者改动原始数据的目录结构。一般正常的目录结构为：当前目录中有一个 Data 目录及至少一个 XML 文件（坐标系和位置信息）转换的，当前目录就是输入目录。原始数据在切片的，范围尽量切大，保持最上一层级的片数为 100 个以内。切片的图片的分辨率设置为 512 像素×512 像素。然后进行倾斜摄影转换。转换过程中可以查看输出目录文件是否在生成，确保程序运行没有异常。

DEM 数据处理。首先进行数据检查，DEM 数据格式为".tif"格式。然后进行高程转换。转换过程中可以查看输出目录文件是否在生成，确保程序运行没有异常。

DOM 数据处理。DOM 数据格式为".tif"，无须进行转换，可直接上传服务器生成 url 地址。

3. url 发布

倾斜摄影数据发布。倾斜摄影转换成功后，将对应文件进行打包，上传服务器，放到 Web 容器里，如 tomcat 中即可，生成倾斜摄影 url。

DEM 数据发布。地形数据转换成功后，将对应文件进行打包，上传服务器，放到 Web 容器里，如 tomcat，然后获取地形 url。地形 url 规则如下：http://+ip 域名+端口+文件路径。

DOM 数据发布。DOM 数据发布需将源文件上传至服务器后，通过 Geoserver 服务器进行配置添加工作区、储存节点之后生成图层名称，根据图层名称进行 url 发布。其中，发布的 ip 地址一般不用修改，除非更换服务器；图层名称部分需修改成对应的图层名称。

6.1.2　BIM+GIS 场景集成优化

本章案例工程项目的场景集成与优化，以鲁班工程管理数字化平台为例进行实操演示。

1. 项目信息设置

进入鲁班企业基础数据管理中心，通过账号（手机号/邮箱账号/鲁班通行证号）、密码的形式登录，若是多个企业的子管理员，登录时需要选择登录的企业。

BIM+GIS
场景集成与优化

（1）企业信息设置

企业信息设置包含企业图标、企业简介、企业名称、英文名称等信息。单击"编辑"按钮可修改企业信息，其中，企业名称、企业管理员、详细地址、注册邮箱、密码验证为必填项。手机、注册邮箱默认是注册时提供的手机号和邮箱，同时也是超级管理员登录账号。修改企业信息需要验证密码，该密码即超级管理员的登录密码。

（2）岗位设置

"岗位"用于 CIM 技术平台应用中流程审批中的"审批人"设置。单击"岗位设立"进入岗位设置界面。单击"添加岗位"输入岗位名称、备注，单击"确认"按钮完成添加；也可以"批量添加"，一行视为一个岗位，输入多行完成可多个岗位添加。可以"编辑"修改岗位名称，也可以"删除"岗位，注意：必须该"岗位"下没有人员时方可删除。

（3）公司组织

公司架构体系的创建：集团公司→分公司→子公司→项目部。如需创建分公司，单击上一级组织名称，单击"+"按钮，在弹出页面输入分公司信息创建即可。选中需要编辑的组织，单击"编辑"按钮，在弹出页面编辑分公司信息即可进行编辑；选中需要删除的组织，单击"删除"按钮，即可删除。单击"设置负责人"选择人员，可以将该人员设为集团、分公司负责人。

在左侧选择不同的公司层级，显示对应分公司人员。单击"角色"筛选出授权该角色的人员。单击"搜索"通过姓名、鲁班通行证搜索人员。单击"添加人员"，可以通过输入鲁班通行证账号/手机号、姓名，选择角色类型，进行人员添加。通过勾选人员左侧方框，可以将对应人员进行删除。单击"组织架构图"，可更加直观地将列表以架构图的形式进行展示。

（4）项目创建

项目创建分为房建项目与基建项目两类，除"项目信息"与"项目划分"略有不同外，其余内容基本相同，下面以房建项目创建为例介绍具体操作。

单击"房建项目"，通过选择不同的层级，右侧会显示该组织层级下对应的项目部，选择左侧对应分公司层级，单击"添加项目"，可对项目进行新建。

对已经创建好的项目，单击项目右侧"编辑"按钮，在弹出页面，可以对项目信息进行修改。单击"设置负责人"，可以将指定人员设为项目负责人。

"项目信息"选项：可对项目部的项目名称、项目经理、开竣工日期及相关方等信息，可进行编辑设置，带 ＊ 信息为必填信息。信息完善后单击"保存"按钮，完成项目信息设置。

"坐标"选项：用于后续场景应用时项目地图项目位置显示。

"表单库"选项：包含质检评定表单库、电子档案表单库、工序报验表单库、资料管理表单库及实验室表单库。在项目创建完成后，工程管理数字化平台对应模型进行表单引用。

"项目划分"选项：可根据项目体量大小对项目的分部分项工程划分进行添加或删除，从大到小依次为项目部、标段、单项工程、单位工程。

"项目组织"选项：在该选项面板下创建本项目部中不同参建方（建设方、监理方、施工方）的组织结构与岗位，在工程管理数字化平台的组织架构及添加人员时可岗位索引该项内容。

以施工方为例，单击"管理部门"进行创建，其中，建设方、监理方默认为管理部门，不需要特意切换。

选择"中医院项目部"，单击"添加部门"，进入添加部门页面，输入部门名称"工程部"，单击"确定"按钮完成部门创建，创建部门不限数量，在此处创建的项目组织树在工程管理数字化平台的组织架构中展示。选中对应部门，可以对部门信息进行删除与编辑。

选中创建的部门，以工程部为例，单击"添加岗位"，输入对应的岗位名称，如工程部长，单击"确定"按钮完成岗位的创建。可以用"编辑""删除"命令，分别对当前岗位进行编辑、删除。

选择"中医院项目部"，单击"施工班组"，进入添加班组页面，输入班组名称"混凝土班组"，单击"确定"按钮完成班组创建。该处创建的施工班组，可在工程管理数字化平台中的作业人员进行索引。编辑与删除班组操作同"岗位"的编辑与删除。

选择"中医院项目部"，单击"工作区域"，进入添加工作区域界面，输入工作区域原名称"医疗综合楼地下一层"，单击"确定"按钮完成工作区域的创建。该处创建的工作区域，在工程管理数字化平台中的作业人员进行索引。编辑与删除工作区域操作同"岗位"的编辑与删除。

单击"添加工种"，进入添加工种页面，选择"工种类型"→"普通工种/特殊工种"，选择普通工种，输入工种名称"混凝土工"，单击"确定"按钮完成工种创建，该处创建的工种，在工程管理数字化平台中的作业人员进行索引。编辑与删除工种操作同"岗位"的编辑与删除。

项目部人员账号可以通过"引入公司人员"和"添加外部人员"两种方式添加。单击"引入公司人员"，从集团人员中选择或搜索进行引入。单击"添加外部人员"，进入"批量添加人员"界面，选择要克隆的人员，输入"通行证账号""用户名"进行人员批量添加。

组织人员添加后，可以对人员进行"编辑人员信息""资料目录授权""设置电子签名""项目岗位设置"等操作。其中，"项目岗位设置"可设置人员在项目部内的职能岗位，独立于公司岗位之外。具体操作如下：选中人员后，单击"组织变更"，更改人员所属"组织"（部门），设置人员为"施工方-工程部"。单击"确定"按钮后完成组织变更，进行岗位选择，单击"确定"按钮后完成岗位设置。选中人员，单击"移除项目人员"，可以对该项目人员进行移除。

（5）项目权限管理

单击"角色授权"，在进入的界面，单击"添加角色"，进行角色信息完善。"角色名"可根据项目要求自由定义，如"项目经理"，每个角色对应不同权限。可从下拉"角色类型"栏在默认、业主、监理、施工四项中选择角色类型。"备注"选项可对权限设置备注信息，方便记忆。

"功能授权"模块下，每个图标代表一个应用端，每个应用端细分到指定功能的授权。只有授权后才能正常使用该项功能。以工程管理数字化平台中的 iWorksWeb 为例，进入菜单查看授权，授权内容可分为工作台、BIM 管理系统、安全、质量、物料、质检、投资等多个模块，每个模块下具体功能操作可根据角色需要进行具体单独授权。将权限分配完成后，单击"保存"按钮确认，即通过定义角色赋予人员不同权限。

单击"组织"选择不同层级，显示对应层级人员，支持按组织层级的关键字搜索。单击"角色"可筛选出授权该角色的人员。单击"项目"下拉选择项目，显示授权了对应项目的人员，可按项目权限和项目归属筛选人员。单击"搜索"命令可通过姓名、鲁班通行证搜索人员。

选择"对应组织"，单击"添加人员"弹出添加人员窗口，可下拉选择输入鲁班通行证/手机号码、姓名、角色、岗位，单击"确认"按钮完成人员添加。单击"批量添加"，可在弹出框中下拉选择组织，单击"克隆"下拉选择克隆人员，克隆所选人员的角色、岗位、资料目录、工程、工作集、项目等授权，根据要求输入通行证账号和姓名，可实现快速添加账号。如需将账号删除，可单选或勾选多个账号后，单击"删除人员"按钮，确定后进行删除。在人员右方"操作"栏，可以对人员进行信息编辑、资料授权、设置电子签名、查看服务详情。单击"编辑人员信息"，跳转至人员信息编辑界面，单击"编辑"修改用户基本信息。

在"客户端节点授权"对基础客户端、系统客户端、BIM 应用套餐、定额库、工程管理数字化平台等应用进行授权，单击"未授权"后，图标变为"已授权"表示授权完成，再次单击取消授权。在"项目授权"，勾选项目，分配项目、标段、单项工程、单位工程的可见权限。在"工程授权"，勾选工程，分配工程模型的可见权限。在"工作集授权"勾选工作集，分配工作集的可见权限。在"场景工程授权"，勾选工程，分配场景工程的可见权限。在"Luban Go 组织层级授权"，勾选数据大屏的集团、分公司、项目部数据可见权限。

返回到"人员授权"界面，单击对应人员后方"授权资料目录"按钮，弹出"资料授权"对话框，授权人员资料目录使用权限。可根据需要授权对应企业或项目部资料权限。

2. BIM 管理系统

登录工程管理数字化平台。输入账号、密码，单击"登录"按钮进入选择企业页面，如果该账号拥有多个企业的权限，需要选择企业进入。工程管理数字化平台登录成功后直接进入工作台页面，进入导览页面可以看到工程管理数字化平台的具体应用，通过单击"BIM 管理系统"进入系统内部进行模型导入与场景编辑。

工程管理数字化平台基于三维图形进行项目管理，网页端流畅加载、浏览与管理模型，支持漫游、剖切、属性、过滤等多种操作。同时可导入 GIS 数据、FBX 模型等进行场景整合，形成 CIM 场景。场景可与工程 WBS 工作分解结构关联，实现业务数据与 BIM 模型的有效结合，将建筑全生命周期中所有参建的信息保存在模型之中，做到一模多用。

3. GIS 数据导入

工程管理数字化平台支持导入 GIS 模型为倾斜摄影、DEM（数字高程模型）、DOM（数字正射影像图），GIS 数据处理上传服务器生成 url 链接之后，可通过链接方式访问 GIS 模型。

（1）GIS 数据新增

登录工程管理数字化平台，进入 BIM 管理系统后，单击"GIS 管理"，然后单击左侧"新增"按钮，选择模型类型（倾斜摄影、DEM、DOM），输入模型名称和模型地址（即发布生成的 url 链接），单击"确定"按钮完成 GIS 模型添加。新增完成后，GIS 数据为待处理状态，等待处理完成后即可进行查看与引用。

（2）GIS 数据查看

GIS 数据处理完成后，可单击"查看"按钮对 GIS 模型进行查看。单击"相机复位"快速恢复视图初始位置，单击"剖切"对 GIS 模型进行剖切，单击"测量"对 GIS 模型进行两点测量、多点测量与角度测量。"框选放大"开启后可将视图放大至框选范围，"漫游"开启后可对 GIS 模型进行漫游，通过〈W〉〈A〉〈S〉〈D〉键进行前后左右移动，通过〈Q〉和〈E〉键对人物进行下降和上升移动。"设置"开启后可对阳光强度、光源方向、天气、高亮颜色、天空盒、背景颜色等进行调整与设置，可以对模型进行光照分析。

4. BIM 模型导入

（1）BIM 模型转化

工程管理数字化平台 BIM 模型上传支持".pds"格式和".ifc"格式。其他软件生成的模型，如 Bentley、Revit、Rhino、Civil3D、Takla 等，可以通过下载对应的鲁班万通插件进行 PDS 文件输出之后再进行上传。以 Revit 为例，在安装完鲁班万通插件之后，会在软件菜单栏新增鲁班万通面板，单击进入鲁班万通，可以导出 PDS 文件。

（2）BIM 模型上传

登录工程管理数字化平台，进入 BIM 管理系统，单击"模型管理"→BIM 模型，在右上方选择对应的项目部，在该界面下可以对已经上传完成的模型进行筛选，通过根据组织、抽取状态、更新时间、工程名称、更新人等关键字搜索查看上传的工程模型。

上传工程。第一次单击"上传工程"，提示下载并安装上传插件，按照提示进行下载安装，安装完成后再次单击"上传工程"，提示打开插件，单击"打开"按钮会根据目前工程管理数字化平台的账号进行登录。弹出上传的窗口，单击弹出窗口的"上传工程"跳出"选择文件"页面，选择需要上传的工程文件（.pds/.ifc 格式），单击"打开"按钮。选择对应工程文件，单击"打开"按钮选择上传的节点位置，选择模型类型（工程模型、临建模型）、工程类型（预算模型、施工模型），选择完成后，单击"确定"按钮完成上传。在"历史记录"查看上传文件的"处理状态"显示"处理成功"，代表该工程已经上传成功。

（3）BIM 模型抽取

模型上传完成后，需单击模型右侧"抽取"按钮进行轻量化抽取，如果上传的模型在"抽取状态"显示"抽取失败"，代表该工程没有办法被引用，需单击"抽取"按钮重新抽取，抽取完成后，可以进行模型引用。"下载"和"删除"按钮可以对工程模型进行下载和删除操作。

（4）BIM 模型查看

单击工程右侧"查看"按钮，进入模型查看界面。单击"相机复位"，可快速恢复视图初始位置。单击"构件树",可查看模型构件 EBS 树,通过勾选设置构件显隐。选中构件,单击"属性扩展"之后,再单击"新增属性",可以对构件属性进行扩展添加,如混凝土浇筑信息、责任人等。选中构件,单击"构件信息",可查看构件属性、资料、二维码、质量、安全、质检资料等信息。单击"测量",可对模型进行标高、两点距离、多点距离及角度测量。单击"剖切",可对模型进行 X 平面、Y 平面、Z 平面或 XYZ 剖切盒方式剖切。单击"路径漫游",可以通过鼠标或键盘方式设置漫游路径,使视口按照指定路径进行漫游。单击"批注",可对视口添加批注,生成并保存视口照片。"选择方式"确定构件选择的方式,可以通过单选、多选或全选方式对构件进行选择。单击"分享"生成模型分享链接,其他人员可以通过网页链接方式进行模型查看。单击"标签显隐",可控制与模型或构件相关的质量安全标签是否显示或隐藏。开启"设置"后可对阳光强度、光源方向、高亮颜色等进行调整与设置(图 6-3)。

(5)场景创建

进入 BIM 管理系统主页面,右上角切换所在项目部,单击"场景管理",之后单击"新建场景",通过输入"场景名称"和"项目位置",完成原始场景创建(图 6-4)。

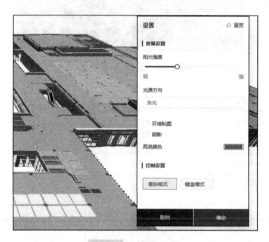

图 6-3　效果设置

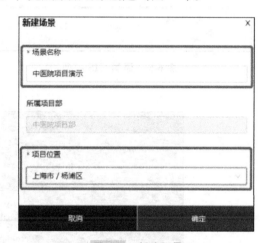

图 6-4　新建场景

(6)场景编辑

原始场景创建完成后,单击场景右侧"编辑"按钮,进入场景编辑界面。单击界面左侧"GIS"按钮,之后单击"+"按钮新增 GIS 模型,在界面右侧可以看到项目中所有导入的 GIS 模型,选择与本场景相关的倾斜摄影或 DEM、DOM 数据,单击"确定"按钮完成 GIS 模型导入,如图 6-5 所示。

注意:如果倾斜摄影文件导出的坐标系为局部坐标系,为避免 BIM 模型与倾斜摄影模型尺寸存在偏差,需对坐标系进行调整。单击"GIS"页面⊕按钮,输入坐标系转化公式进行转化,一般默认为如下公式:$+proj = tmerc + lat\_0 = 0 + lon\_0 = 107.25 + k = 1 + x\_0 = 500000 + y\_0 = 0 + a = 6378140 + b = 6356755.288157528 + units = m + no\_defs$,如图 6-6 所示。

(7)模型导入

单击界面左侧"模型"按钮,之后单击"+"按钮新增 BIM 模型或模型集合,在界面右侧可以看到所有上传至本项目部的模型，可勾选选择部分或全部 BIM 模型进行导入。如选择模型集合进行导入，需输入集合名称（图 6-7），后期可将模型集合作为整体进行操作。模型导入完成后如图 6-8 所示。

图 6-5　添加 GIS 模型

图 6-6　设置工程坐标系

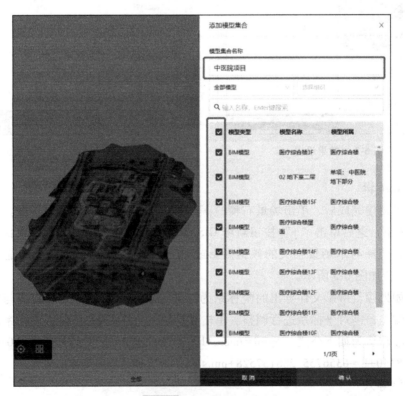

图 6-7　添加模型集合

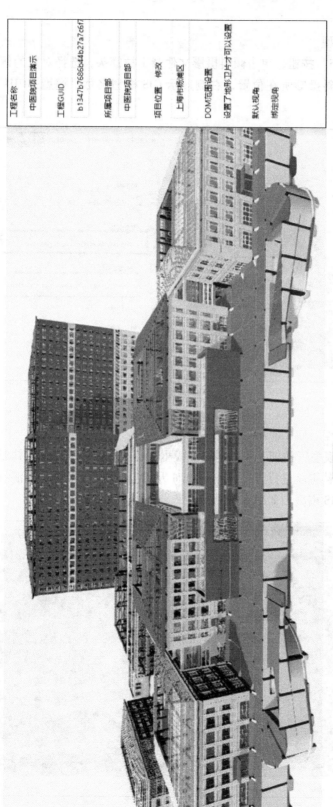

工程名称	
中医院项目演示	
工程GUID	
b1347b7686b44b27a7c6f7	
所属项目部	
中医院项目部	
项目位置	修改
上海市场浦滩区	
DOM无图设置	
设置了地形卫片才可以设置	
默认视角	
绑定视角	

图 6-8　BIM 模型导入

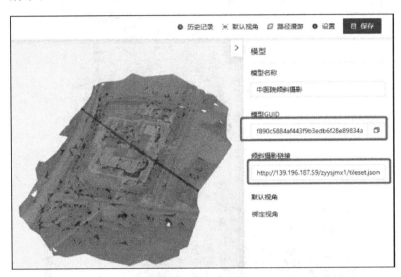

5. GIS 模型处理

（1）显示 GIS 模型

单击页面中"GIS"按钮，单击倾斜摄影文件旁下拉箭头，选择对应的倾斜摄影数据双击，页面可跳转至倾斜摄影所在位置，右侧显示 GIS 模型名称、模型 GUID 与倾斜摄影链接，如图 6-9 所示。

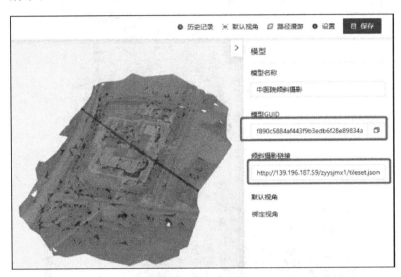

图 6-9 显示 GIS 模型

（2）GIS 模型处理

单击下方"GIS 模型"按钮，可以对 GIS 模型进行压平，添加水体、掩膜及进行挖洞处理。针对倾斜摄影文件可以进行压平操作，DEM 及 DOM 数据可以进行挖洞操作，水体及掩膜可以适用于三种 GIS 模型，如图 6-10 所示。

图 6-10 GIS 模型处理

单击"压平"按钮,可针对倾斜摄影文件中凸起的建筑物进行压平至水平面,之后可以在压平区域放置高精度 BIM 模型进行替换。单击"压平"按钮,可以通过绘制矩形或多边形描绘出压平轮廓(图 6-11)。绘制完成后按〈Enter〉键完成压平绘制,结果如图 6-12 所示。水体、掩膜、挖洞的绘制放置同压平的操作基本一致。

图 6-11　压平处理

图 6-12　压平处理后效果

6. BIM 模型位置调整

(1)模型位置粗调

单击页面中"模型"按钮,选中需要移动的模型或模型集合,双击可跳转至模型所在位置,在模型选中高亮状态下,可对模型进行移动、缩放、旋转、基点移动、定位、移动到视口、下落到地面、坐标移动等操作(图 6-13)。

图 6-13 模型位置调整

（2）确定 GIS 模型坐标

将 BIM 模型移动至 GIS 模型所在位置，首先需要确定 GIS 模型所处坐标，之后通过坐标粗略移动至 GIS 模型所在位置，再通过移动、旋转、下落至地面等操作对模型位置进行精确匹配。将场景编辑界面跳转至倾斜摄影所在位置，单击右侧"绑定视角"，然后单击"保存"按钮，将当前场景保存。绑定视角后，指挥中心打开后默认为绑定时的窗口视角（图 6-14）。

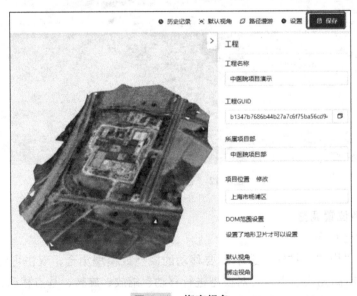

图 6-14 绑定视角

返回工程管理数字化平台页面，单击 ⊞ 按钮打开指挥中心，在左上角搜索框搜索场景名称，将场景切换至当前创建的"中医院项目演示"场景，如图 6-15 所示。

图 6-15　在指挥中心切换项目场景

单击下方 ⬚ 按钮，之后单击 ➕ 按钮，选择某个图钉样式，在倾斜摄影中心位置单击进行坐标提取，如图 6-16 所示。

图 6-16　坐标提取

单击投影坐标系旁下拉菜单，将坐标系切换为地理坐标系，单击 按钮，然后将坐标进行复制，如图6-17所示。

（3）移动 BIM 模型位置

再次切换回 BIM 管理系统中进行场景编辑。选中所有 BIM 模型，使其高亮显示，单击 按钮，将 BIM 模型进行坐标移动。先单击选取模型中点，然后将指挥中心中复制的坐标，对应填入经度、纬度、高度的输入框内（图6-18）。注意，此时坐标移动同样为地理坐标系，单击"确定"按钮完成 BIM 模型初步移动。

图 6-17　复制坐标

图 6-18　输入地理坐标

（4）调整 BIM 模型位置

再次单击模型或倾斜摄影，将页面跳转至对应视角，BIM 模型与倾斜摄影重叠在同一画面中。之后通过"移动"与"旋转"命令进行模型位置调整，如图 6-19 所示。调整后，BIM 模型的位置如图 6-20 所示。

图 6-19　微调模型位置

图 6-20　位置调整后的 BIM 模型

7. 场景优化

（1）水体创建

进入场景编辑界面（图6-21），单击下方"GIS模型"，单击"水体"按钮，进行水体绘制。使用多边形绘制工具沿河道边缘完成水体边界绘制，结果如图6-22所示。

图6-21　水体绘制前的场景

图6-22　水体绘制完成

（2）景观创建

在BIM管理系统中，景观模型可以通过FBX构件方式进行导入。如松树"树木景观"的创建：单击"模型管理"下拉选择"FBX模型"，单击左侧"新增类型"添加FBX构件组，单击新增的"自定义类型"进行名称编辑，修改为"树木景观"。单击"新增模型"，按照提示添加 FBX 构件，选择本地"松树"FBX 构件，单击"确定"按钮完成 FBX 构件导入，构件轻量化处理完成后即可在场景中进行引用。打开场景编辑页面，对需要放置 FBX 构件的位置进行压平处理。单击"系统模板"，选择导入的"松树"模型，按住鼠标左键拖拽进入场景中进行放置（图 6-23）。

图 6-23　景观创建

选择已经布置好的树木（图 6-24），可以对树木构件进行移动、缩放、旋转、模板区域布置与阵列（图 6-25）等操作。

图 6-24　选中树木

图 6-25　阵列树木

6.2　CIM 技术平台应用

6.2.1　鲁班工程管理数字化平台简介

鲁班工程管理数字化平台以 BIM 技术为核心，深度融合 GIS、云计算、大数据、物联网、移动互联及人工智能等先进信息技术于一体，以 BIM 三维模型为载体，关联工程建设过程中的投资、进度、质量、安全、技术、资料等数据信息，为项目管理提供可视化的基础数据分析，可进行工程项目的全周期、全维度管理，实现精细管理和有效决策，并实现项目级至企业级的一体化、数字化管理，有效解决工程管理效率低、过程不可控、协同管理难等诸多问题。

前面介绍的 BIM 管理系统作为鲁班工程管理数字化平台中的一个模块，主要用于模型整合、场景编辑、WBS 工程分部分项工程划分等基于 BIM 模型的基本操作。其余模块基于该模块引入的 BIM 模型、CIM 场景及 WBS 工程树进行关联，实现工程管理过程中进度、安全、质量、质检计量、文档管理等与 BIM 模型相关联，实现 BIM 技术在建设工程管理过程中的应用（图 6-26）。

1. WBS 工程树创建

登录工程管理数字化平台进入 BIM 管理系统，切换项目部至当前项目部。单击项目部右上侧"WBS"按钮，跳转进入 WBS 配置界面。单击左上方 ＋ 按钮，添加单位工程，以中医院项目感染楼为例，新建单位工程确定为"感染楼"，带 ＊ 号项目为必填项。选中新创建的感染楼，再次单击 ＋ 按钮，添加子单位工程或分部工程，感染楼工程作为独立使用功

WBS 工程树
创建与关联

能单元，规模较小，无须设置子单位工程，直接添加分部工程。感染楼分部工程划分为

基础工程与主体工程两个分部工程（图 6-27）。

图 6-26　鲁班工程管理数字化平台

选中对应的分部工程，可添加分项工程。可对已添加的分部分项工程进行编辑、位置调整、删除、导出和导入。已完成的感染楼分部分项工程划分如图 6-28 所示。

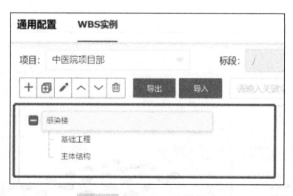

图 6-27　**WBS 工程树创建**

2. WBS 关联

WBS 工程树创建完成后，登录 Luban Center 后台，依次单击"应用配置"→"通用"→"WBS 配置"→"配置"，进行关联设置。在弹出的"节点配置"对话框中，选择"EBS"，单击打开下拉菜单选择要进行关联 BIM 模型的最下层节点。当前项目分部分项工程划分至分项工程，则选择"分项工程"，之后依次确定、保存，完成关联设置（图 6-29）。

图 6-28　已完成的感染楼分部分项工程划分

图 6-29　WBS 节点配置

返回工程管理数字化平台 BIM 管理系统，切换至当前编辑项目部，单击"WBS 映射"，在页面左侧可以看到已经创建好的 WBS 工程树。单击展开，选择要关联 BIM 的节点，单击"关联 BIM"按钮，可以设置关联 BIM 模型、关联构件、关联构件类别。以感染楼基础承台为例，单击"基础承台"→"关联 BIM"→"关联构件"，即完成构件关联。选择"感染楼 1F"，单击"确定"按钮跳转进入构件选择页面，可结合构件树进行显隐设置及多选或全选工具对构件进行选择。单击右上方"确认"按钮，完成构件关联（图 6-30），并可显示已关联的构件（图 6-31）。

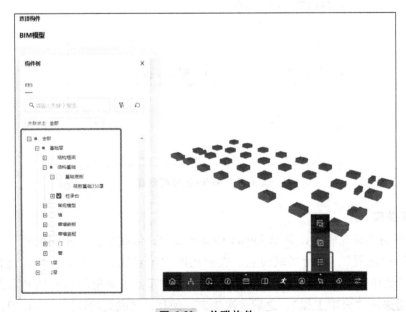

图 6-30　关联构件

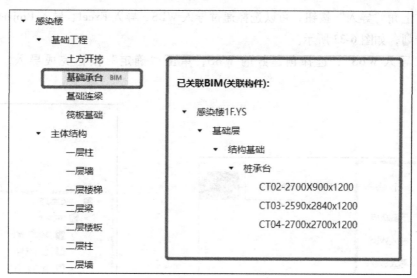

图 6-31　显示已关联的构件

按照上述方法，完成与 WBS 分部分项工程划分关联的所有 BIM 构件。

6.2.2　基于 CIM 的进度管理

登录工程管理数字化平台，单击左上角 按钮，找到进度管理系统，单击切换进入进度管理系统界面。

基于 CIM 的
进度管理

1. 进度计划编制

单击左上角"新增"按钮，选择当前项目保护，输入计划名称、计划类型、计划开始日期、计划完成日期、工作日历、审批流程，单击"确定"按钮完成进度计划的创建，如图 6-32 所示。

图 6-32　新建计划

单击右上角"导入"按钮,可以选择通过导入 WBS、导入 Excel、导入 Project 三种方式导入进度计划,如图 6-33 所示。

单击"导入 WBS",选择创建好的 WBS,单击"确定"按钮完成导入,如图 6-34 所示。

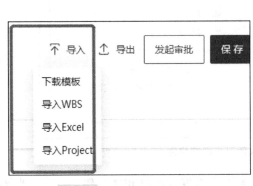

图 6-33 导入进度计划方式

图 6-34 导入 WBS

选择每项 WBS 对应的最下一层级进度计划,单击"计划开始""计划完成"列下的时间,输入责任单位、责任人,进行进度计划信息修改,如图 6-35 所示。单击"保存"按钮完成进度计划的编辑(图 6-36)。

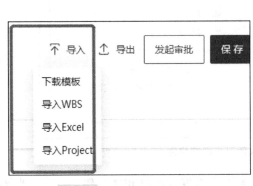

图 6-35 修改进度计划

单击"导入 Excel"前,需先单击"模板下载",通过在下载的计划模板上填写进度计划信息后再进行导入,计划修改与编辑同"导入 WBS"之后的操作。

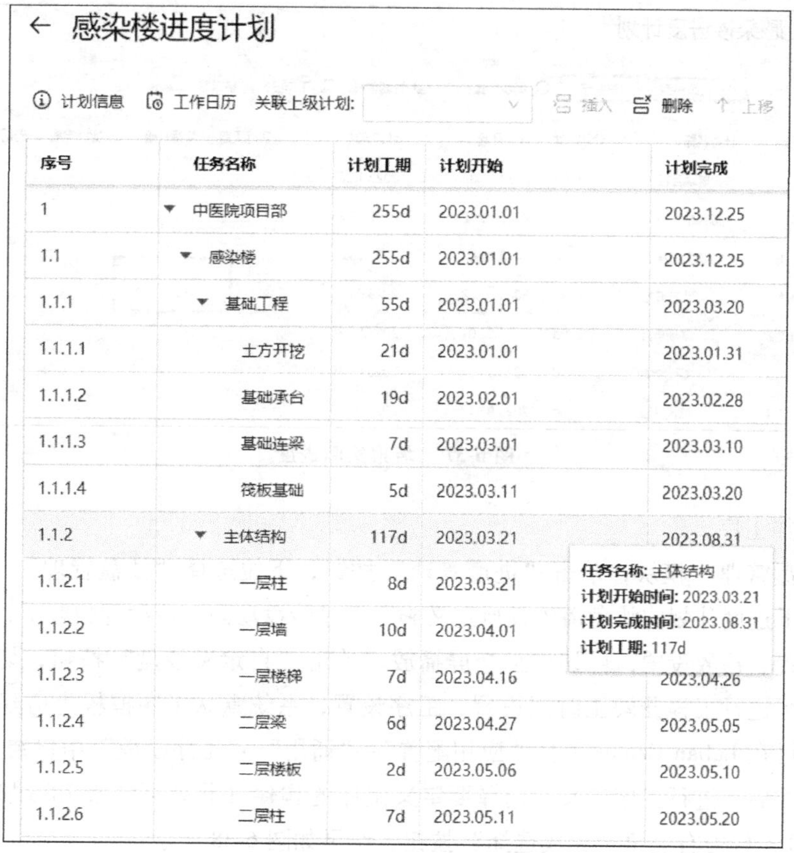

图 6-36　完成进度计划修改

2. 进度计划审批

进度计划编制完成后，单击右上角"发起审批"按钮，选择添加审批人员，单击"确定"按钮，发起进度计划流程审批操作。流程发起后，在鲁班工场 App 端，可对应看到流程审批消息，按照审批流程提交即可完成审批。

3. 实际进度计划填报

单击左上方中间位置"实际进度"，可看到已经编辑完成的进度计划。单击"编辑"按钮，进入实际进度计划填报界面。单击展开进度计划，选择最下一层级节点，在"实际开始""实际完成"选项进行实际进度填报（图 6-37）。选中当前节点，单击左上方"关联模型""关联照片"按钮，完成进度计划对模型和当前施工照片的关联。

修改完成后，单击右上角"保存"按钮，完成当前进度计划的修改。同时可以单击右上方"导入""导出"按钮，完成进度计划编辑。

4. 进度管理

（1）进度报警

在"进度报警"模块，单击"进度管理"按钮，下拉选择"进度报警"，可查看当前实际进度与计划进度偏差情况，进度滞后 ≥15d 为 Ⅰ 级报警，7d<进度滞后<15d 为 Ⅱ 级报警，进度滞后 ≤7d 为 Ⅲ 级报警。

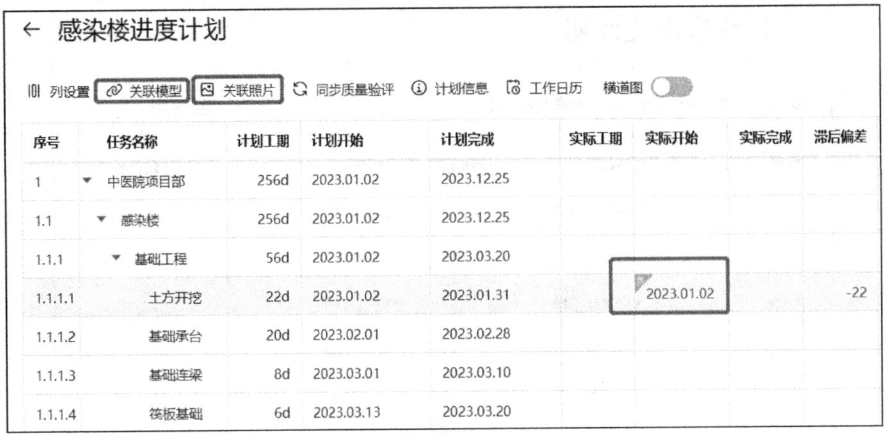

← 感染楼进度计划

|||列设置 �关联模型 ⌕关联照片 ⊙同步质量验评 ⓘ计划信息 🗓工作日历 横道图 ⚪

序号	任务名称	计划工期	计划开始	计划完成	实际工期	实际开始	实际完成	滞后偏差
1	▼ 中医院项目部	256d	2023.01.02	2023.12.25				
1.1	▼ 感染楼	256d	2023.01.02	2023.12.25				
1.1.1	▼ 基础工程	56d	2023.01.02	2023.03.20				
1.1.1.1	土方开挖	22d	2023.01.02	2023.01.31		◹ 2023.01.02		-22
1.1.1.2	基础承台	20d	2023.02.01	2023.02.28				
1.1.1.3	基础车梁	8d	2023.03.01	2023.03.10				
1.1.1.4	筏板基础	6d	2023.03.13	2023.03.20				

图 6-37 填报实际进度

（2）添加工序

在"沙盘管理"模块，单击"进度管理"按钮，下拉选择"沙盘管理"，可打开对应工程进行基于进度计划的沙盘播放或自定义施工工序沙盘动画。沙盘驾驶舱下，可进行动画播放视角设置、播放设置，可切换至全屏播放。单击"自定义沙盘"按钮，切换至自定义沙盘界面，可进行工程开竣工时间设置、工序设置，系统默认工序模板为房建施工工序模板，该模板可在 Luban Center 后台"应用配置"→"通用"→"工序模板"中自定义添加模板。工序设置完成后，进行工序定义。选择要定义工序的构件（此处可结合 EBS 显示与全选工具快速选择），单击右上角"完成选择"按钮，结果如图 6-38 所示。

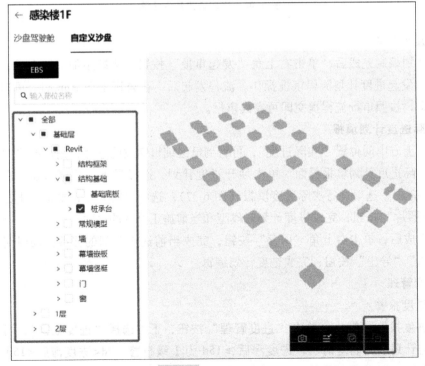

图 6-38 自定义沙盘

单击"添加工序"按钮,选择对应工序,输入计划开始日期、计划完成日期、实际开始日期、实际完成日期,单击"保存"按钮完成该构件工序定义,如图 6-39 所示。

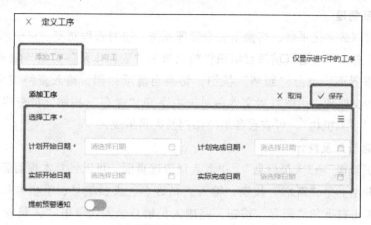

图 6-39　定义工序

全部工序定义完成后,可进行自定义沙盘动画播放。

(3) 异常事件

单击"进度管理"按钮,下拉选择"异常事件"可进行进度专项检查,与进度检查整改记录汇总(图 6-40)。

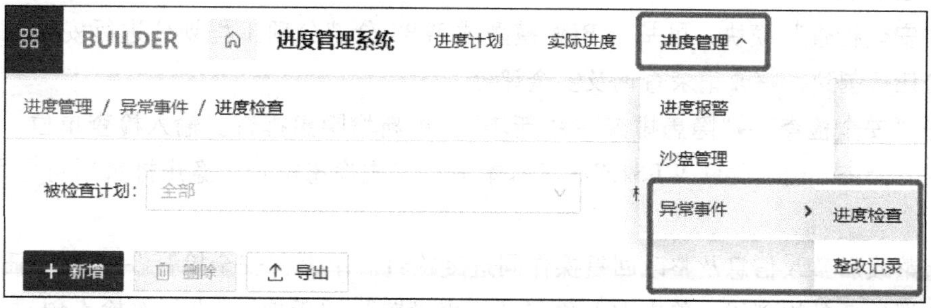

图 6-40　异常事件整理记录

切换至进度检查页面,单击左上角"新增"按钮,输入进度检查编号、被检查计划、检查单位、检查人等相关检查信息,单击右下角"保存"按钮完成进度检查整改的发起。检查完成发起整改后,按照提示输入整改编号、整改期限、整改要求,选择整改人和整改验收人,单击左下角"发起"按钮,完成整改流程发起。整改发起后,可在鲁班工场 App 中收到整改信息,进行整改回复,完成整改。通过"进度管理"→"异常事件"→"整改记录"操作,记录所有进度整改内容。

6.2.3　基于 CIM 的安全管理

1. 基础设置

登录工程管理数字化平台,找到安全管理系统,单击切换进入安全管理系统界面。单击"基础设置"→"编号规则",可进行安全检查编号

基于 CIM 的
安全管理

规则设定。单击左侧"新增"按钮，进入编号规则设定界面。输入编号名称、适用节点，下方添加编码组成内容，单击右下角"保存"按钮，完成安全检查编号规则设定。

2. 安保体系创建

登录工程管理数字化平台，切换至安全管理系统，可对管理制度、岗位职责、责任书等文件进行分类汇总。可查看当前项目组织机构。单击"安保体系"→"管理制度"，进入管理制度新增和管理界面。单击"新增"按钮，切换当前项目部，输入资料编号、资料名称、备注信息，上传文件和引用资料库文件后单击右下角"保存"按钮，扩充当前项目安全管理制度。单击"组织机构"，可查看各单位部门及人员组成。

3. 人员信息录入及统计

单击"人员管理"→"人员信息"，进入人员管理页面，可以针对本项目新增管理人员和作业人员。单击左上角"新增"按钮，输入人员姓名、人员编号、手机号码、部门、岗位等关键信息，单击右下角"保存"按钮，完成人员信息录入。单击"人员管理"→"统计分析"，可查看当前项目人员分部及安全积分排名情况。

4. 设备管理

单击"设备管理"，可针对所在项目普通设备和特种设备信息进行录入。单击"新增"按钮，输入设备名称、规格型号、设备编号、管理人、操作人、附件、设备照片等基本信息，单击右下角"保存"按钮，完成设备录入。

5. 安全检查

在"安全检查"模块，可基于 BIM 模型或 WBS 分部分项工程划分进行安全隐患排查、安全巡检任务创建、整改记录查询及安全评分。

单击"安全检查"→"隐患排查"→"新增"，可新增隐患排查。输入检查单位、检查人、检查分项、检查部位、关联 WBS/EBS 等基本信息完成隐患排查。隐患排查后可立即发起隐患整改。

发起整改后整改信息及整改回复操作同进度检查。单击"安全检查"→"巡检任务"，可进行安全巡检任务的创建。单击左上角"巡检点设置"→"新增"，进行巡检点创建。单击左上角"巡检计划"→"新增"，进行巡检计划创建。输入巡检任务名称、检查单位、检查分项、检查人员、检查日期与频次及巡检点，单击右下角"保存"按钮，完成巡检任务创建。

单击"我的任务"或"任务跟踪"，可查看或跟踪已发布的巡检任务状态。可通过任务日期、关键字、检查单位搜索任务。

单击"安全检查"→"整改记录"，可查看所有安全隐患整改记录，可通过待处理的、我发起的、已处理、抄送我的等方式进行删选。

单击"安全检查"→"安全评分"→"新增"，输入检查编号、检查单位、检查人、检查时间等基本信息，可针对本项目进行安全检查评分。

安全检查评分项可通过 Luban Center 的"应用配置"→"安全评分"，进行添加，或对规范进行引用并设置评分项权重。

6. 安全教育

在"安全教育"模块，可针对已添加人员输入岗前教育记录、安全教育考试及安全培训等信息。单击"安全教育"→"岗前教育"→"新增",输入教育主题、主持人、关联 WBS/EBS、教育时间、参加人、岗前教育照片等基本信息,单击右下角"保存"按钮,完成岗前教育创建。

单击"安全教育"→"教育考试"→"考试试卷"→"新增",输入试卷名称、考试时长等基本信息。单击"编辑"按钮选择试题,设置题目分数,依次单击右下角"确定""保存"按钮,完成试卷创建。试卷题目通过 Luban Center 的"应用配置"→"通用"→"考试题库",新增科目与试题。在"考试记录"中,记录所有参与考试人员考试情况。

单击"安全教育"→"安全培训"→"新增",输入基本信息,引入培训资料,添加需参与考试人员及考试信息,单击右下角"保存"按钮,完成安全培训创建。

7. 安全风险

单击"安全风险"→"辨识评估"→"新增",添加风险源。通过输入风险名称、行为(活动)设备或环境、可能导致的结果等基本信息及事故发生的可能性、频繁程度等风险及措施,单击右下角"保存"按钮,完成风险源创建。

单击"安全风险"→"分级管控",可针对添加的风险源进行安全检查的发起及整改。单击风险源右侧"检查"按钮,输入检查基本信息及附件,单击"保存"按钮并发起整改。

8. 危大工程

单击"危大工程"→"新增",输入当前状态、危大工程名称、分部分项工程范围、类别、关联 WBS/EBS 等基本信息,上传专项施工方案、专家论证文件、验收文件、技术交底等附件内容。单击右下角"保存"按钮,完成危大工程信息创建。

9. 安全活动

在"安全活动"模块,可基于 WBS 或 EBS 添加安全交底、安全会议、安全专项活动。

单击"安全活动"→"安全交底"→"新增",输入交底名称、交底级别、交底编号、关联 WBS/EBS、交底人、交底地点、交底日期、参加人员、附件及影像等信息,单击右下角"保存"按钮,完成安全交底创建。

单击"安全活动"→"安全会议"→"新增",输入会议名称、会议地点、会议时间、会议编号、主持人、会议内容、参会人员等信息,单击右下角"保存"按钮,完成安全会议创建。

单击"安全活动"→"安全活动"→"新增",输入活动名称、活动地点、活动时间、活动编号、主持人、活动内容、参与人员等信息,单击右下角"保存"按钮,完成安全活动创建。

10. 临电管理

在"临电管理"模块,可添加配电箱,进行配电箱专项管理。单击"临电管理"→"配电箱"→"配电箱列表"→"新增",输入保护级别、电箱编号、电箱名称、电箱型号、责任人、电工、使用位置等信息,单击右下角"保存"按钮,完成配电箱管理。

6.2.4　基于 CIM 的质量管理与质检评定

1. 基于 CIM 的质量管理

登录工程管理数字化平台,找到质量管理系统,单击切换进入质量管理系统界面。质量管理中基础设置、质保体系、质量检查、技术交底操作同安全管理中基础设置、安保体系、安全检查、安全交底的操作类

**基于 CIM 的
质量管理**

似，此处不再重复介绍。

2. 基于 CIM 的质检评定

（1）表单配置

登录工程管理数字化平台，找到质检评定系统，单击切换进入质检评定系统界面。单击"基础配置"→"编辑"，可针对导出表单类型、是否导出附件、导出表单名称配置设置。单击"检验评定"，展开左侧 WBS 分部分项工程，选择最下一层级节点，可针对 WBS 添加开工报告、工序检验（施工）、交工评定（施工）、工序检验（监理）、交工评定（监理）表单（图6-41）。

基于 CIM 的质检评定

图 6-41　质检评定管理

表单库通过登录 Luban Center 的"应用配置"→"通用"→"表单库"进行定义。单击"添加"按钮，输入模板目录、模板库名称、类型、地区、专业，完成模板库新增。对已添加表单库进行模板信息设置、新增表单目录、新增表单模板的操作。

选择已添加的表单，单击右侧"模板设计"，进入表单设计器界面。在表单设计器中可以根据需求设计项目需要的表单，也可单击右侧"加载模板"，单击左下方"选择文件"，通过已经配置好的表单模板进行引入。最后单击右上角"提交"按钮，完成表单模板设计。

（2）表单关联

单击"表单库"下方"表单关联"按钮，单击"质检评定"，切换表单模板库至当前添加的表单库，单击表单右侧对应审批流程，将对应表单与审批流程相关联，如图6-42所示。

在 Luban Center 中，单击"组织管理"→"房建项目"，选择当前分公司，编辑项目信息。在右下角"表单库（质检评定）"右侧，下拉选择当前添加的表单库，单击左上角"保存"按钮，完成表单库设置。

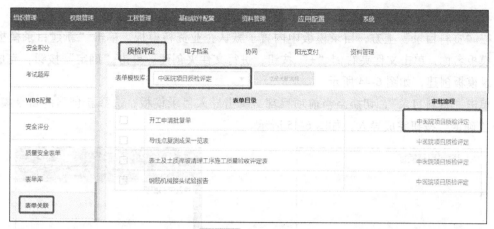

图 6-42　表单关联

（3）表单审批

返回工程管理数字化平台质检评定系统，切换至当前项目部，选择 WBS 对应层级节点，选中"开工报告"，单击"添加表单"按钮，选择对应表单，如开工申请批复单，单击下方"确定"按钮，完成当前审批创建（图 6-43）。

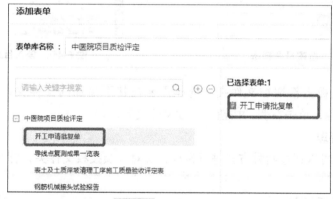

图 6-43　审批单创建

单击已创建的审批流程右侧"编辑"按钮，进入表单填写界面。编辑完成后单击右上角"保存"按钮，完成表单编辑，并关闭当前编辑页面。全部完成编辑可对当前添加的表单进行预览，引用附件、试验报告、知识库等内容及发起审批。工序检验及交工评定审批操作同开工报告。

（4）统计分析

单击"统计分析"，可查看当前项目单位工程、分部工程、分项及子分项工程数量，同时可查看当前项目分部分项工程审批评定完成情况。

6.2.5　基于 CIM 的文档管理

1. 资料文件夹创建

在 Luban Center 中，单击"资料管理"→"资料目录"，选择切换至

基于 CIM 的
文档管理

当前项目部。资料文件夹可通过导入目录模板和新建文件夹两种方式创建。

在"资料目录"上方，目录模板中内置了默认企业资料模板，单击"新建目录模板"，输入模板名称，单击文件夹右侧"+"按钮，进行文件夹创建。单击"确定"按钮，完成资料目录模板创建，如图 6-44 所示。

单击"资料目录"，切换至当前项目部，单击导入目录模板，选择新创建的目录模板，单击"确定"按钮完成导入，如图 6-45 所示。

图 6-44　新建目录模板

图 6-45　导入目录模板

如需在目录模板上新增加文件夹，选择需要在其下增加的文件夹，单击"新增文件夹"，输入文件名称，单击右侧⊘按钮，完成文件夹新建。

2. 资料权限管理

资料文件授权可以通过两种方式进行授权：针对人员授权文件夹，针对文件夹添加授权人员。

（1）针对人员授权文件夹

在 Luban Center 中，单击"权限管理"→"人员授权"，选择需要授权资料的人员，单击右侧⊘按钮，授权资料目录。

在"企业级授权"，下拉选择对应企业，单击企业左侧的"锁"🔒按钮，由关闭变为开启🔓状态。右侧"操作权限"中对预览、上传、下载、修改、删除等项按需进行授权（图 6-46）。

在"项目级授权"模块，下拉选择至当前项目，将文件夹左侧的"锁"🔒按钮，由关闭变为开启🔓状态。右侧"操作权限"中对预览、上传、下载、修改、删除等项按需进行授权（图 6-47）。

（2）针对文件夹添加授权人员

在 Luban Center 中，单击"资料管理"→"资料目录"，切换至当前项目部，单击选择文件夹右侧👥按钮，针对文件夹添加授权人员（图 6-48）。

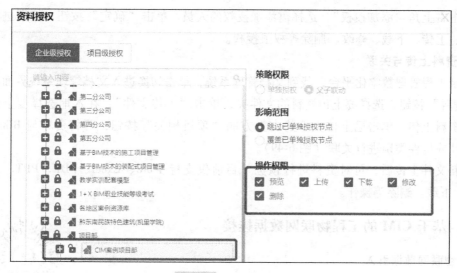

图 6-46 企业级授权

图 6-47 项目级授权

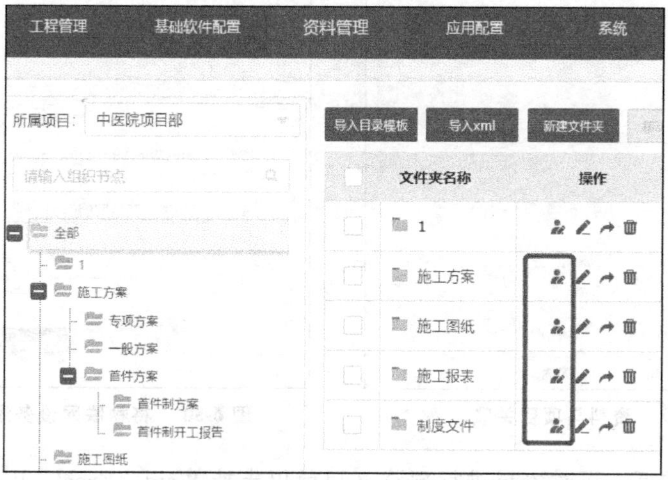

图 6-48 针对文件夹添加授权人员

单击右上角"添加授权",选择需添加授权的人员,单击"确定"按钮,按需进行文件夹预览、上传、下载、修改、删除等权限授权。

3. 资料上传与关联

登录工程管理数字化平台,找到文档管理系统,单击切换进入文档管理系统界面。单击"上传资料"按钮,选择要上传资料的文件夹,单击"上传文件",在本地选择要上传的文件完成资料上传。单击已上传文件的右上方的"项目相关"按钮,可将资料与 BIM 模型、BIM 构件或构件类别进行关联(图 6-49)。

资料文件上传后,可对资料进行预览(目前仅支持 Word、Excel、PDF、PPT、视频等文件)、下载、删除等操作。

6.2.6 基于 CIM 的工程物联网数据挂接

基于 CIM 的工程
物联网数据挂接

1. 物联网数据引入

登录 Luban Center,单击"应用配置"→"通用"→"物联配置",单击"添加"按钮,输入物联名称,选择物联类型、平台厂商,输入平台地址、资产 ID 等信息,单击"监测""保存"按钮,可将物联网设备添加至项目中(图 6-50)。

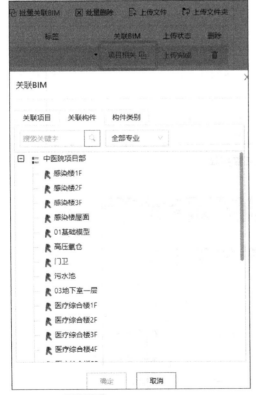

图 6-49 资料与项目关联

图 6-50 将物联网设备添加至项目中

资料文件上传后,可对资料进行预览(目前仅支持 Word、Excel、PDF、PPT、视频等文件)、下载、删除等操作。

2. 物联网数据查看

物联网数据添加完成后，单击右侧🖉按钮可对设备信息进行修改，单击🔧按钮，对物联网数据进行项目授权（图 6-51）。物联网设备信息可在项目部级指挥中心进行查看。

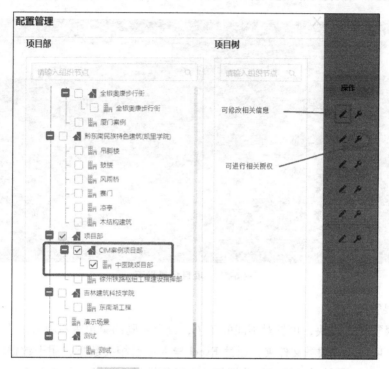

图 6-51　对物联网数据进行项目授权

6.2.7　建设运营指挥中心

建筑企业下辖分公司多、项目多，项目质量、安全、进度、财务等信息数据零星分散，难以整合，企业管理难度不断加大。随着竞争愈发激烈，建筑企业急需一套数据分析整合能力突出的工具来支撑公司内部管理与决策。鲁班建设运营指挥中心系统利用 BIM 平台的大数据分析、整理能力，可实现全集团总部、各子分公司、项目部的信息

建设运营指挥
中心操作与应用

互联互通，以便企业管理层随时掌握项目建设与公司运营情况，提高项目精细化管理和企业管理水平。

1. 企业级指挥中心

登录工程管理数字化平台，找到指挥中心，单击切换进入指挥中心界面。在指挥中心左上角，切换至最上一层级集团公司。在该页面下可以查看工程管理、物资采购、质量安全、企业信息、人员管理、经营管理、合同指标等信息。

登录工程管理数字化平台，找到数据集成中心，单击切换进入数据集成中心界面。在数据集成中心，可针对集团及企业指挥中心面板数据进行编辑。

2. 项目级指挥中心

在指挥中心界面左上角下拉按钮，切换至当前项目部，可查看当前项目部质量、安全信息总览。单击左上角下拉按钮，切换至当前项目部下创建的场景，可切换至项目场景界面，如图 6-52 所示。单击右上角⚙️按钮，BI 编辑命令下，可针对当前面板进行编辑。

图 6-52　项目场景界面

（1）权限管理

在"权限管理"模块，可针对不同的角色，设定不同的菜单查看权限。在"数据管理"模块，可针对项目新建数据文件夹，通过 Excel 导入项目相关数据，用于数据面板展示。在"面板管理"模块，可针对已添加的数据集，进行数据面板新增。在"看板编辑"模块，可新增看板或对当前看板界面进行编辑（图 6-53）。

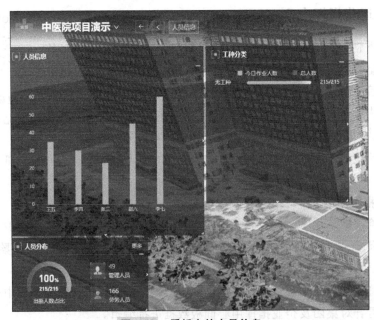

图 6-53　看板中的人员信息

（2）信息查看

场景中单击顶部面板可展示在各业务子系统中产生的相关项目、进度、文档、质量安全等业务数据信息，如图 6-54 所示。其中，物联网数据信息在 AIOT 面板中进行展示。

图 6-54　面板中的各业务子系统信息

（3）场景信息编辑

单击场景中底部相应按钮，可对场景进行相机复位、目录树查看、测量、剖分、标记等操作（图 6-55）。具体操作与场景编辑中 GIS 数据查看方式相同。

图 6-55　场景操作

6.3 CIM 规建管一体化应用

6.3.1 基于 CIM 的智能规划

1. 智能统计

可对城市场景进行矩形或自由绘制选定区域，模拟统计选定区域的土地概况、人口概况、车场信息、总土地面积、总建筑面积、商业信息等（图 6-56）。

图 6-56　智能统计

2. 天空可见度分析

模拟设置视野半径，可基于选定三维场景中任意一点，按百分率统计天空可见度，如图 6-57 所示。

图 6-57　天空可见度分析

3. 可达性分析

模拟设置 3 个不同时间间隔，对分析点进行可达性分析，场景中对于 3 个不同时间间隔可达区域进行不同颜色显示，统计 3 个可达区域范围的总人口、总建筑面积、建筑数量等，如图 6-58 所示。

图 6-58　可达性分析

4. 限高检查

可自由设置限高数值，模拟对三维城区建筑楼宇等进行限高检查，对于自由选定区域的超出限制高度值的建筑进行不同颜色（红色）加亮显示，如图 6-59 所示。

图 6-59　限高检查

6.3.2 基于 CIM 的智慧管理

1. 基于 CIM 的项目管理

基于 CIM 的项目管理包含工程的建设单位、监理单位、施工单位、勘察单位、设计单位等信息。通过数据面板可以定位建筑的具体位置，同时显示其进度、资料、协同信息。

1）进度管理：模拟进度模块通过与 BIM 模型相结合，将工程的各个施工阶段的进展情况清晰直观地展示。

2）安全管理：模拟安全模块通过集成前端的各种监控设备，帮助项目管理人员更有效地把控人员设备安全，保障工程进度及质量。

3）人员管理：模拟项目人员出勤率，统计周出勤人数和各类工种出勤人数，改善工地人员管理难的问题。

4）任务协同：模拟协同模块聚焦于工作流程的电子化，实现随时随地发起，过程可跟踪，结果可查询，有效提高施工的效率。

5）环境监测：模拟环境模块可以实时采集气象数据，监测项目施工现场环境。

6）资料管理：模拟项目资料管理，支持工程图、文档、影音、图片等资料统计，支持在线查看与 BIM 模型关联的资料文件。

7）经济数据分析：模拟项目 5D 经济数据统计分析，可模拟统计项目计划收入、计划成本、计划利润和项目实际收入、实际成本、实际利润数据。

8）能耗分析：模拟通过前端设备，按昨日、日均、累计等类型统计项目用电量。

2. 基于 CIM 的智能运维

1）产业统计：可模拟统计园区入驻企业、入驻人员、办公面积数量，通过数据面板可以定位建筑的具体位置。

2）物业管理：模拟统计园区租赁情况，统计租赁中、待租赁、空置面积等数据，同时可按产业领域统计租赁面积和租金。

3）停车管理：模拟园区停车管理，可按占用、空置、总车位统计车位使用情况，按今日、日均、累计等类型模拟统计停车费收入情况，通过车辆数据面板可以定位车辆的具体位置。

4）能耗管理：模拟通过前端设备，按昨日、日均、累计等类型统计项目用电量。

5）环境监测：模拟环境模块可以实时采集气象数据，监测园区环境，同时通过环境数据面板可定位环境监测位置。

6）安防监测：模拟安全模块通过集成前端的各种监控设备，帮助园区管理人员更有效地把控人员设备安全。

7）运维管理：模拟通过前端的检测设备，统计分析园区配电箱、井盖等相关设施设备运营异常情况，通过设备列表可直接对井盖、垃圾箱进行定位查看。

6.3.3 数字孪生在建筑运维中的应用

以 BIM 标准化模型为基础，整合智能化设备和其他平台数据，为建筑提供更加丰富的三维可视化应用场景，实现建筑运维管理高效、精确、可视、可靠，实现 BIM 技术价值的最大化。打通和底层数据连接，将实时数据挂接在模型上，和模型一起呈现，对数据的接入、储存、呈现、分析、预警、报警等场景进行分析决策管理，并将建筑关键物联点位进行标注，同时可联动单击查看相应信息，有效解决普通运营管理平台多方数据无法横向贯通，呈现无序、不直观，用户无法快速、综合了解建筑整体运营情况，平台使用体验差等问题。

1. 主要涵盖功能

智慧建筑驾驶舱是建筑运营的综合数据看板，可对各类数据综合展示；空间管理，各类空间细分统计，三维动态显示，快速查询定位；设备、设施管理，快速了解设备空间位置、设备信息和运行情况，辅助高效检修维护管理；消防安防，消防、安防监控，报警快速定位，辅助高效处置；能源管理，建筑能耗监测，通过图表的形式展现各个楼层的能耗情况，和总体用电占比、能耗分析结果；资产管理，用于可视化展示和盘点各类建筑资产；数据分析，对平台收集到的数据进行分类存储、统计、分析；决策支持，借助平台收集到的数据及分析结果，为各类建筑运维相关决策提供数据支持；模拟仿真，如消防逃生路径、火灾救援路径、检修维护模拟等。

2. 对 BIM 模型的要求

建筑在竣工交付时提供了一个包含全面信息的、准确的 BIM 模型，模型的深度和精度要求满足当地建筑信息模型竣工交付标准要求。同时需要根据应用功能要求，对 BIM 模型进行标准化梳理和适当的效果优化、美化，以满足展示效果的需要。通过标注、链接等方式实现模型与数据关联，作为数字孪生建筑三维可视化应用的数据基础。

最终应用的 BIM 模型应包含整个建筑场地、所有建筑楼栋、楼层、监控设备点位（定位到相应安装位置）、智能设备点位（定位到相应安装位置）、报警区域（在模型中用空间方式标注）等需要三维可视化呈现的空间、区域、设施、设备。

3. 数字孪生驾驶舱

数字孪生驾驶舱是建筑智慧运营的综合数据看板，可对各类数据综合展示，其中包含整个建筑园区及所含范围内所有建筑的总体运行管理情况，设备运行状态、数据，环境健康数据，动态报警信息及人员出入情况等各方面的内容（前提是相关数据采集硬件设备都已安装到位并能有效提供相关数据信息）。同时基于三维可视化引擎，通过园区景观模型，可以快速对整个建筑及周边情况进行直观了解。

4. 空间管理

辅助管理人员快速、全面了解建筑物内部的结构和空间布局，包括楼层、房间、通道等，以便进行更有效的空间利用和安排。根据对建筑物的使用情况进行监测，方便管理人员快速了解整个建筑的具体信息及公共空间的预约和使用情况，调整空间利用策略，优化空间使用效率。

5. 设备、设施管理

设备、设施管理模块可以让管理人员快速定位设备空间位置、实时查看设备信息和运行情况。比如对电梯管理，实时显示建筑所有电梯运行的示意，可直观了解到电梯运行位置、内部情况及运行参数，方便多维度掌握电梯运行情况；电梯作为频繁使用的设备，且跟建筑用户体验密切相关，所以在该模块主页显示、管理。也可以了解各个楼层的不同系统设备设施分布和运行情况，其中包含每一层水表、电表、空调、排风机、新风机、智能照明等设备。

6. 消防安防

消防安防模块负责对整个建筑所有消防、安防的设备设施进行管理和呈现：消防、安防监控，报警快速定位，辅助高效处置；通过火灾预防、消防设备监测和维护、安全防范和监控、应急响应和预案模拟等方式，提高建筑物的安全性和应急响应能力，确保建筑物内部人员的生命安全和财产安全。

7. 能源管理

能源管理模块可实时监测室内温湿度等环境监测数据及能源使用情况，将相关数据显示在对应的空间，也可通过图表的形式展现各个楼层的能耗情况，以及总体用电占比、能耗分析结果等。

8. 资产管理

资产管理模块可以可视化展示和盘点各类建筑资产，包括它们的位置、数量、状态和使用寿命等信息，辅助管理人员对它们进行维护、优化和更换，如车库、车位、自用及可租售空间等。

9. 数据分析

数据分析模块通过整合传感器数据、设备数据、运营数据、建筑数据等多种数据来源，构建一个真实的建筑数字副本，从而为数据分析提供充足的数据基础，如建筑能耗分析、建筑维护分析、空气质量分析等。

1）建筑能耗分析：对建筑内部各个区域的能耗进行分析，发现能源浪费的瓶颈点和节能潜力，同时通过模拟分析，优化建筑内部的热力环境，提高能源利用效率。

2）建筑维护分析：通过数据分析，预测建筑设备的故障和维护需求，提高维护效率和设备的可靠性，降低维护成本。

3）空气质量分析：通过传感器数据实时监测室内空气质量，通过数据分析，发现空气污染源和空气净化的效果，提高室内环境质量。

数据分析的价值在于可以帮助建筑运维人员快速有效地获得大量数据，从数据中发现模式、预测趋势、分析原因、优化过程，提高建筑的效率、可靠性和安全性。还可以帮助建筑运营者降低运营成本，提高资源利用率，优化建筑物的设计和使用，增加建筑物的价值。

10. 决策支持

决策支持模块借助数字孪生应用平台收集到的数据，通过分析，为各类建筑运维相关决策提供建议和数据支持，如设备替换决策、建筑改造决策、能耗优化决策、应急响应决策等。

1）设备替换决策：数字孪生建筑系统可以通过对设备运行状态进行分析，提供设备替换建议，帮助建筑物管理者及时更新老化设备，避免意外故障和停机时间过长。

2）建筑改造决策：数字孪生建筑系统可以提供建筑改造方案，通过仿真分析，优化改造效果，帮助建筑物管理者在决策改造方案时做出合理决策。

3）能耗优化决策：数字孪生建筑系统可以通过能耗分析，提供能耗优化建议，帮助建筑物管理者降低能耗，减少运营成本。

4）应急响应决策：数字孪生建筑系统可以提供应急响应方案，通过模拟分析，帮助建筑物管理者及时做出应对措施，减少损失。

11. 模拟仿真

模拟仿真模块主要针对有紧急情况发生时，如何快速组织人员疏散、抢修抢救等进行模拟仿真，以便找到最优方案。如发生火灾报警时，及时定位报警点，并模拟建筑物内部的火灾场景，通过火灾模拟计算、数据分析等手段，预测火灾的发生和蔓延趋势，并提供消防应急方案，指导业主逃生自救，帮助消防队员更快、更准确地应对火灾，保障建筑物内部人员和财产的安全。

1）火灾模拟：模拟火灾的起火位置、燃烧过程、烟气扩散、温度变化等情况，帮助消防人员了解火灾发展情况，制定最佳的灭火方案。

2）疏散模拟：模拟火灾时的疏散过程，包括人员疏散速度、疏散路径、出口通道等情况，帮助消防人员了解疏散情况，优化疏散方案。

3）消防设备模拟：模拟消防设备的使用情况，包括灭火器、喷淋系统、排烟系统等设备的使用效果和效率，帮助消防人员选择最佳的设备使用方案。

本 章 小 结

本章以某项目为例，通过鲁班工程管理数字化平台，将 BIM 模型、GIS 数据模型、FBX 构件等模型进行场景整合，理解和掌握在 CIM 虚拟场景中的应用方法，培养 CIM 场景集成能力、软件操作能力与相关管理能力，提升项目信息化管理综合能力与管理水平，发挥数字化应用在建设和运维过程中的价值。

思 考 题

1. 简述 GIS 数据处理方法。

2. 简述工程管理数字化平台导入 GIS 数据的方法。

3. 简述工程管理数字化平台导入 BIM 模型的方法。

4. 简述工程管理数字化平台 BIM 模型位置调整的方法。

5. 简述基于 CIM 的质检评定程序与方法。

6. 简述 CIM 规建管一体化应用场景。

7. 简述数字孪生在建筑运维中的应用。

参 考 文 献

[1] 中国建筑业信息化发展报告（2023）智能建造深度应用与发展编委会. 中国建筑业信息化发展报告（2023）：智能建造深度应用与发展［M］. 北京：中国建筑工业出版社，2023.

[2] 丁烈云. 智能建造推动建筑产业变革［N］. 中国建设报，2019-06-07.

[3] 钱七虎. 关于绿色发展与智能建造的若干思考［J］. 建筑技术，2022，53（7）：951-952.

[4] 刘文鹏. 基于BIM技术的建筑设计模式研究［J］. 建筑设计管理，2022，39（12）：61-69.

[5] 李希胜，刘勤文，王军. 基于BIM的装配式建筑协同设计方法［J］. 土木建筑工程信息技术，2020，12（1）：76-83.

[6] 陶桂林，马文玉，唐克强，等. BIM正向设计存在的问题和思考［J］. 图学学报，2020，41（4）：614-623.

[7] 张保平，贾德登，尹丞玉，等. 大型海水化淡工程全过程BIM正向设计的探索与应用［J］. 土木建筑工程信息技术，2023，15（6）：64-69.

[8] 袁飞，张瑞永，朱亚鹏，等. BIM三维正向设计在白鹤滩—江苏±800kV特高压直流线路工程中的应用［J］. 电力勘测设计，2023（11）：79-86.

[9] 刘彦明，许兴旺. 西安至十堰高速铁路BIM正向设计应用实践及创新［J］. 铁道标准设计，2021，65（12）：63-69.

[10] 贺成龙，乔梦甜. BIM技术原理与应用［M］. 北京：机械工业出版社，2021.

[11] 张西平，刘阳. BIM-FILM工程动画模拟教程［M］. 北京：中国建筑工业出版社，2021.